Hmote2420을 이용한

유비쿼터스 센서 네트워크 응용과 실습

남상엽 · 윤명현 · 이석환 공저

도서출판 상 학 당

머 리 말

유비쿼터스 센서 네트워크(USN : Ubiquitous Sensor Network)란 '필요한 모든 곳에 전자태그를 부착하여 사물의 인식정보를 기본으로 주변의 환경정보(온도, 습도, 오염정보, 균열정보 등)까지 탐지하고, 이것을 실시간으로 네트워크에 연결하여 정보를 관리하는 것'을 말한다. 이것은 궁극적으로 모든 사물에 컴퓨팅 및 커뮤니케이션 기능을 부여하여 언제, 어디에서나, 모든 통신이 가능한 환경을 구현하기 위한 것이다. USN 기술은 유비쿼터스 사회에서 사회적 기반 환경이 될 중요한 기술 중의 하나로서, 이를 통해 전반적인 산업구조 및 시장 구조의 큰 변화를 주도할 기술로써 3대 인프라인 BcN, IPv6, USN의 통합하여 이루어져야 하고 유비쿼터스 환경을 구성하는 초소형, 저가격, 초저전력 센서 소자의 무선 통신 네트워크 기술을 말한다.

기본적으로 센서 필드 안에 있는 센서 노드는 감지된 정보를 베이스 스테이션(기지국/0)으로 전달하고, 베이스 스테이션은 인터넷과 같은 기존의 네트워크를 통해 사용자에게 해당 정보를 제공한다.

USN이 기존의 Ad-hoc 네트워크와 다른 가장 큰 특징은 배터리와 같이 제한된 자원을 갖는 센서 디바이스(센서+통신모듈+MCU+배터리)를 활용하여 서비스가 구현되어야 한다는 것이다. USN에서 사용되는 프로토콜인 ZigBee기술은 IEEE 802.15.4를 활용하여 망계층 및 라우팅기술, 그리고 보안기술 및 응용계층 등의 상위계층 기술을 말한다.

본 교재에서 사용하는 TinyOS는 이벤트 발생에 의한 상태 전이 방식을 채택한 상태 머신 기반의 프로그래밍 개념을 사용한 운영체제로써, 제한된 메모리 공간의 효율적인 이용과 프로세싱의 동시성 등을 지원해 주는 운영체제이다.

본 교재에서는 고성능 저전력의 MSP430 MPU을 사용하였으며 RF Chip은 TI사의 CC2420을 사용하여 IEEE802.15.4 스택을 지원하고 편리한 USB인터페이스를 통해 데이터 프로그래밍 및 센싱된 데이터의 수집이 가능하며 확장 슬롯을 통해 다양한 센서 보드의 확장이 가능한 장비인 Hmote2420 USN 시스템을 사용하여 실습이 가능하도록 서술되었다. 이 USN키트는 임베디드 시스템과 홈 네트워크 시스템을 연동하여 실습을 통합하여 구축할 수 있다.

이러한 유비쿼터스 시대에 기초적인 USN 시스템 기술력이 필요해짐에 따라 《Hmote2420을 이용한 유비쿼터스 센서 네트워크 응용과 실습》을 이론과 응용실습 중심으로 구성하여 발간하게 되었다.

특히 이 교재는 각 과정의 핵심적인 기본이론을 숙지하고 기초적인 USN 시스템 설계방안 및 환경 설정을 이해를 통하여 이론을 검증 실습하는 데 주안점을 두었다.

또한 컴퓨터, 전자, 제어, 통신 분야 관련 학생 및 초보 개발자를 대상으로 한 USN 시스템에 대한 기본학습을 위한 교재로서, 처음 USN 시스템을 접하는 학생에게 쉽고 빠르게 접근할 수 있도록 하는 데 초점을 맞추어 편찬되었다.

따라서 USN 시스템 개발 및 환경 구축에 대한 이론을 통해 USN 시스템의 작동 원리에 대한 이해와 감각을 키우는 데 부족함이 없을 것이라 생각된다.

단지 전반적인 이해를 통하여 해당 USN 실습 타깃 시스템인 Hmote2420을 통해 응용과 실습을 접목해 보면 보다 많은 이해 및 능력향상에 도움이 될 것으로 판단된다.

본 교재의 주요 구성은 다음과 같다.

제1장 유비쿼터스 센서 네트워크의 개요, 제2장 유비쿼터스 센서 네트워크의 프로토콜, 제3장 유비쿼터스 센서 네트워크의 운영체제, 제4장 유비쿼터스 센서 네트워크 환경설정, 제5장 TinyOS-1.x 설치 및 Hmote2420 패치, 제6장 LED 제어 실습, 제7장 Timer를 이용한 모스부호 실습, 제8장 UART 인터페이스를 이용한 모스부호 실습, 제9장 조도 센서 제어 실습, 제10장 마이크 제어 실습, 제11장 온도/습도 센서 제어 실습, 제12장 네트워크 설정 및 송신/수신 프로그램 실습, 제13장 TOSMsg 패킷과 inject 실습, 제14장 CC2420의 어드레스 필터 실습, 제15장 CC2420의 RSSI와 LQI 실습, 제16장 마이크 센서와 RF 송수신 실습, 제17장 제어문을 이용한 조도 제어 실습, 제18장 온도/습도 센서와 멀티홉 네트워크 실습, 제19장 네트워크를 이용한 Hmote2420 제어 실습, 제20장 채팅 프로그램으로 구성되어 있다.

끝으로 이 책을 집필하는 데 많은 도움을 주신 (주)하이버스의 김태형 사장님, 영업본부의 김원호 이사님, 이경섭 부장님, 방수준 차장님, 노성동 과장님, 기술연구소의 조성칠 소장님, 손종현 대리님, 권성태 팀장님과 전반적인 검토 및 실습해주신 김승한 연구원 등 관계자 여러분, 도서출판 상학당의 관계자 여러분과 강민영, 남상석에게 감사의 마음을 전한다.

이 교재를 집필하면서 USN 관련 기존 도서를 출판하신 교수님들, 기존 USN 관계자 여러분 및 USN 관련 분야의 전문가의 조언과 자료제공에 대하여 깊이 감사드린다. 이 교재는 USN관련 실습관련 솔루션으로 이 책이 보다 많은 USN 인력 양성에 힘이 되어주기 바란다.

저 자 씀

차 례

제 1 장 유비쿼터스 센서 네트워크의 개요

제 2 장 유비쿼터스 센서 네트워크의 프로토콜

제 3 장 유비쿼터스 센서 네트워크의 운영체제

제5장 TinyOS-1.x 설치 및 Hmote2420 패치

제6장 LED 제어 실습

제7장 Timer를 이용한 모스부호 실습

제 8 장 UART 인터페이스를 이용한 모스부호 실습

제 9 장 조도 센서 제어 실습

제 10 장 마이크 제어 실습

제 11 장 온도 / 습도 센서 제어 실습

제 12 장 네트워크 설정 및 송신 / 수신 프로그램 실습

제 13 장 TOSMsg 패킷과 inject 실습

제 14 장 CC2420의 어드레스 필터 실습

제 15 장 CC2420의 RSSI와 LQI 실습

제 19 장 네트워크를 이용한 Hmote2420 제어 실습

제 20 장 채팅 프로그램

제1장
유비쿼터스 센서 네트워크의 개요

1.1 유비쿼터스 센서 네트워크의 구성 및 특징

1. 유비쿼터스 센서 네트워크(USN)의 개요

최근 정보통신 환경에서는 음성 데이터, 영상 멀티미디어 등 모든 정보의 디지털화를 바탕으로 네트워크 기술의 적용 범위를 일반 생활의 영역으로 확장시켜 가고 있다.

유비쿼터스 센서 네트워크(USN : Ubiquitous Sensor Network)란 필요한 모든 곳에 전자태그를 부착하여 사물의 인식정보를 기본으로 주변의 환경정보(온도, 습도, 오염정보, 균열정보 등)까지 탐지하고, 이것을 실시간으로 네트워크에 연결하여 정보를 관리하는 것을 말한다. 이것은 궁극적으로 모든 사물에 컴퓨팅 및 커뮤니케이션 기능을 부여하여 언제, 어디에서나, 모든 통신이 가능한 환경을 구현하기 위한 것이다.

USN 기술은 다가올 유비쿼터스 사회에서 사회적 기반 환경이 될 중요한 기술 중의 하나로서, 이를 통해 전반적인 산업구조 및 시장구조의 큰 변화를 주도할 기술이다. 그러나 USN 기술 하나로는 큰 변화를 주도하기에는 부족하다. 즉, 정부의 IT839 전략의 3대 인프라인 BcN, IPv6, USN의 통합이 이루어져야 한다.

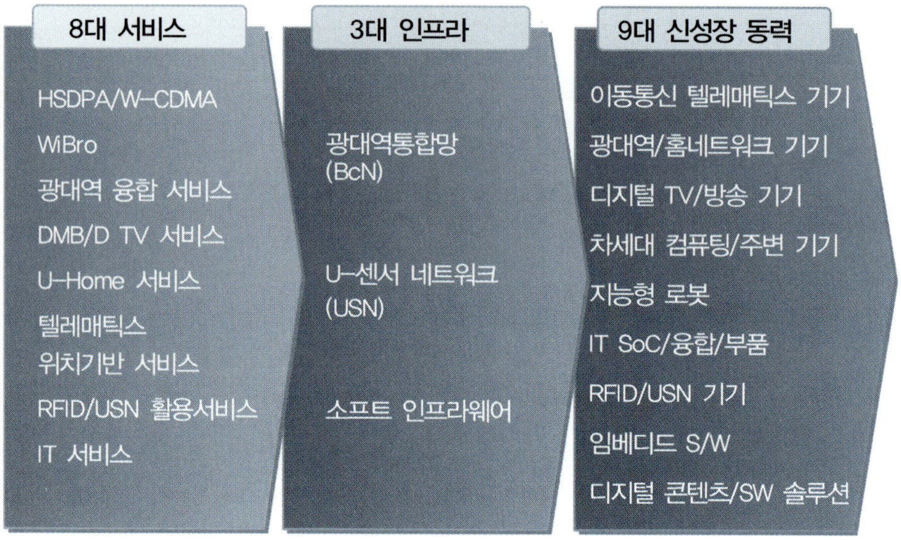

[그림 1-1] U-IT839 전략

USN은 정부 중심으로 이루어지고 있는 IT839전략의 핵심인 3대 인프라의 구성요소 중 하나로 모든 사물에 전자태그 또는 센서를 부착하여 사물과 환경 정보를 수집하고 네트워크를 통하여 실시간 정보를 구축·관리할 수 있는 환경을 제공함에 목표를 두고 있다. 또한, USN은 다양한 분야에 대한 자동화가 가능하게 하며 이러한 기술을 통해 텔레매틱스, 홈네트워크, 재고관리, 환자관리, 동물관리, 자연재해관리, ITS 시스템 등 인간에게 편리한 다양한 서비스를 제공할 수 있다.

USN에 관련된 연구, 즉 센서 및 센서 네트워크에 대한 연구는 오래 전부터 계속되어 왔다. 국내에서뿐만 아니라 국외에서는 이미 WSN(Wireless Sensor Networks)이라는 이름으로 많은 연구가 진행되어 오고 있다.

USN 분야에 가장 대표적인 것으로 ZigBee Alliance를 꼽을 수 있다. ZigBee는 물리 계층과 데이터 링크 계층을 IEEE 802.15.4 기반으로 네트워크 계층부터 상위 계층을 구축한 저전력 센서 네트워크로 AA 배터리 두 개만으로 몇 달 동안의 수명을 유지할 정보로 전력 효율이 높다. 또한 ZigBee는 블루투스보다 더 큰 PAN (Personal Area Network)을 구성할 수 있다.

USN은 5가지 기술을 합하여 형성된다.

① 브로드밴드(broadband)를 통하여 동영상을 이용하는 정보량이 풍부한 통신
② 모바일 단말기를 통한 '언제 어디서나'의 실현

③ 상시접속에 의한 자연스러운 통신

④ 배리어프리(barrier-free) 인터페이스로 어린이, 고령자, 장애인 모두 쉽게 이용

⑤ IPv6를 채용하여 ID가 부여된 단말기 수의 대폭적인 증가

USN은 5가지 요소가 맞물려 ① 브로드밴드를 통해 유선 · 무선, 통신 · 방송을 불문한 다양한 네트워크상에서 ② 데스크톱 및 모바일 PC는 물론 휴대전화, PDA(Personal Digital Assistant), 카내비게이션 단말기, 정보가전 등 소위 모바일 정보통신 기기가 IPv6로 접속되어 ③ '상시접속'과 '배리어프리 인터페이스'에 의하여 지금과 비교하면 훨씬 더 자유롭고 쾌적한 콘텐츠를 양방향으로 이음매 없이 주고받는 환경을 창출할 수 있다.

[그림 1-2] USN의 개념은 어느 곳에서나 부착된 태그와 센서로부터 사물 및 환경정보를 감지/저장/가공/전달하여 인간 생활에 폭넓게 활용하는 네트워크를 말한다.

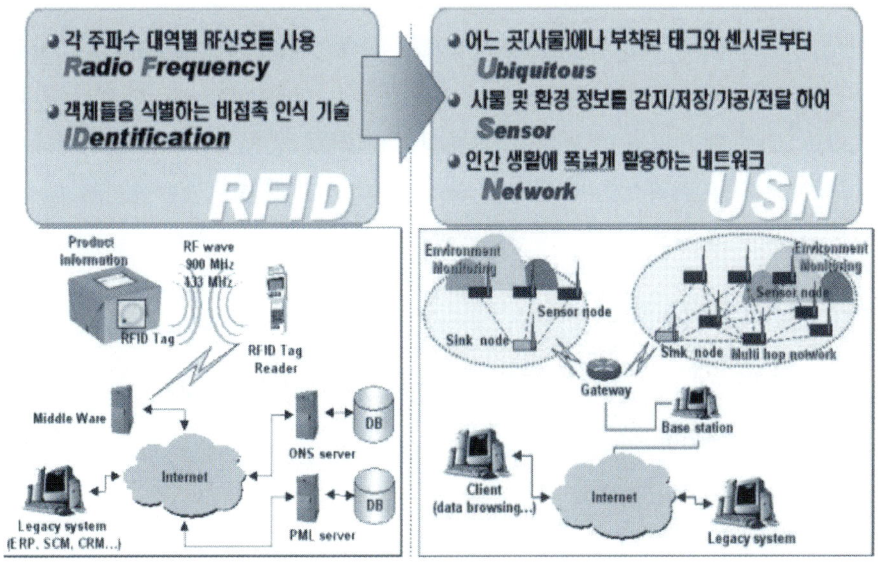

태그	수동형(Read/Write) 능동형(Battery : Long range)
리더	제품정보 인식
미들웨어	수집된 상품 정보 데이터 처리

센서 노드	센서, 통신 모듈, 배터리 포함, 환경정보 센싱/전달
싱크 노드	외부 네트워크 통신을 위한 중계 노드
USN 미들웨어	대량의 센서 데이터를 수집/필터링
USN 응용 플랫폼	다양한 산업 분야에 응용 서비스 제공을 위한 플랫폼

[그림 1-2] USN의 개념

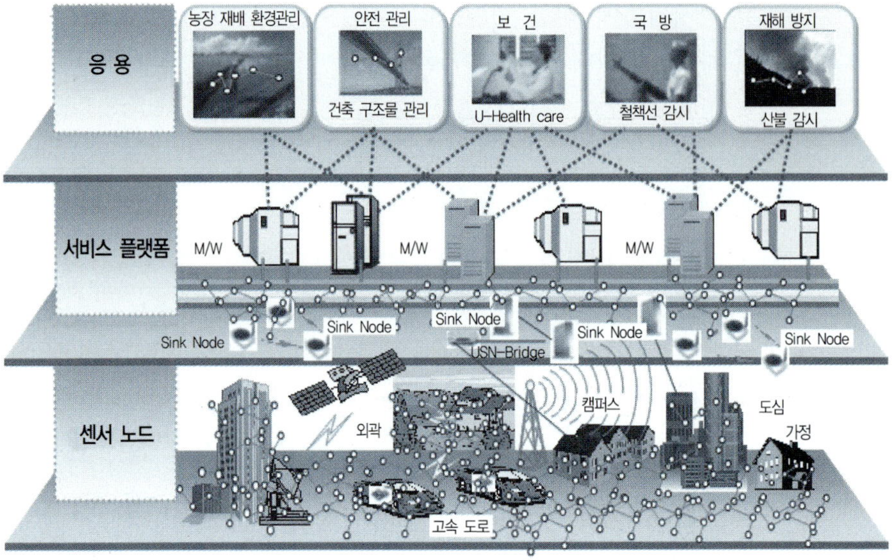

[그림 1-3] USN의 구성

[그림 1-3]은 USN의 구성을 센서 노드, 서비스플랫폼, 응용으로 구성되어 있다.

그 결과 브로드밴드가 가져오는 유통 콘텐츠의 대용량화, 모바일, IPv6가 가져오는 네트워크에 접속되는 기기의 증대, 상시접속, 배리어프리 인터페이스가 가져오는 사용자와 네트워크 관계성의 다양화 등의 변화가 일어난다. 이러한 변화는 각각 독립적으로 일어나는 것이 아니라 복합적, 상승적으로 일어나고 있다.

2. USN의 특징

① 저가이며 공격받기 쉬운 많은 센서 노드로 구성

- 10~100,000개의 노드
- 센서 노드의 위치는 사전에 정해지지 않음
- 각 센서 노드는 저가로 구현되어야 함
- 간섭 저항하는 노드를 구성하기 어려움

② 저전력 소비 특성

- USN의 노드의 구조 및 특성은 소비전력에 크게 의존
- USN 토폴로지 및 동작 특성 등은 소비전력에 크게 의존

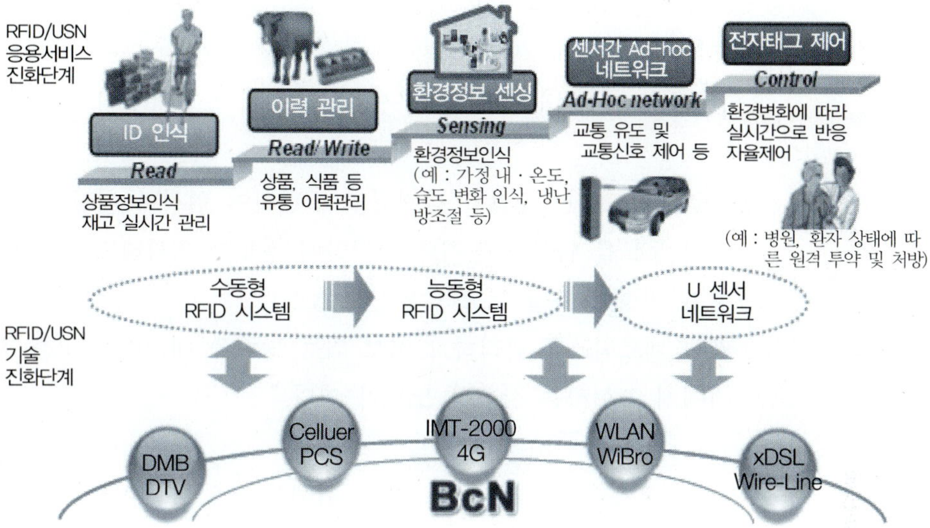

[그림 1-4] RFID/USN의 기술전망

③ 자가 설정이 가능한 네트워크

- 수많은 노드 및 복잡한 네트워크 구성으로 인해 사전 구성이 어려움
- 센서 노드의 실패 가능성 및 새로운 센서 노드 추가시 USN 설정이 가능해야 함
- Ad-hoc 네트워크 특성을 가짐

④ 보안 특성 및 협력적 특성

- 기존의 보안 위협(도청, D.S 공격, 프라이버시 침해 문제) 및 USN만의 보안 위협이 존재함
- 지엽적 동작들이 협력적으로 수행되어 어떤 원하는 동작을 수행하게 됨

3. USN의 구성

유비쿼터스 센서 네트워크의 궁극적인 목적은 모든 사물에 컴퓨팅 능력 및 무선통신 능력을 부여하여 '언제, 어디에서나' 사물들끼리 통신할 수 있는 유비쿼터스 환경을 구현하는 것이다.

유비쿼터스 센서 네트워크는 유비쿼터스 환경을 구성하는 초소형, 저가격, 초저전력 센서 소자의 무선통신 네트워크 기술을 말한다. 기본적으로 센서 필드 안에 있는 센서 노드는 감지된 정보를 베이스 스테이션(기지국/0)으로 전달하고, 베이스 스테이션은 인터넷과 같은 기존의 네트워크를 통해 사용자에게 해당 정보를 제공한다.

유비쿼터스 센서 네트워크를 구성하는 3가지 노드들로서

① 순간적으로 환경정보를 감지하고 변환하여 임시로 저장하는 센서 노드
② 센서 노드를 다양한 동기로 자극하여 정보를 취득하고 상황을 인지하며 사용자 명령에 따라 보고하는 싱크 노드
③ 센서 네트워크를 관리하고 정보 취득 명령을 내리며 보고를 접수하여 사용자에게 표현하는 사용자 노드가 있다.

이것들이 외부의 인터넷과 연결되기 위해서 필요한 게이트웨이 또는 사용자 노드가 수시로 요구하는 네트워크 채널, 다수의 센서 노드들과 싱크 노드가 요구하는 센서 채널이 존재하는 시간 동안 센서 네트워크는 정보를 송수신한다.

이러한 센서 네트워크를 구성하기 위해 필요한 요구사항은 다음과 같다.

① 대규모 센서 노드의 배치(수천 개나 수만 개의 센서 노드 배치)
② 저전력 에너지 소모로 인한 센서 노드 수명 최대화
③ 네트워크 토폴리지 변화의 수용 및 자가구성(self-organization) 네트워크
④ 제한된 병렬 처리능력과 하드웨어 제어구조

4. USN의 기술요소

USN이 기존의 Ad-hoc 네트워크와 다른 가장 큰 특징은 배터리와 같이 제한된 자원을 갖는 센서 디바이스(센서+통신모듈+MCU+배터리)를 활용하여 서비스가 구현되어야 한다는 것이다. USN 관련 주요 핵심 기술들은 센서 디바이스의 수명을 증가시키고, 서비스 신뢰성을 확보하는데 중점을 두고 있다.

USN을 구성하는 주요 기술들은 다음과 같다.

1) 센서 노드 기술

센서 노드는 센싱, 컴퓨팅, 무선통신 기능을 갖춘 초소형 장치로서 노드 간에서

자율적으로 네트워크를 형성하여 외부의 환경 정보를 획득, 처리 및 제어 기능을 수행하는 u-센서(유비쿼터스 센서) 네트워크의 핵심 소자기술이다.

센서 네트워크는 애드 혹(Ad-hoc) 네트워크의 일종으로서 특정 목적을 위하여 센서 노드들과 베이스 노드(싱크)로 형성된다.

- 베이스 노드에서는 연동된 네트워크에서 요구된 서비스를 관련 센서 네트워크로 전달하고, 센서 노드는 서비스의 요구에 따라 또는 이미 설정한 조건의 이벤트발생에 따라 센싱된 정보를 베이스 노드로 전달한다.
- 전달되는 정보는 센싱된 Raw data 또는 주변 센서 노드 간의 협력에 의해 가공된 형태로 저전력을 소모하는 경로를 찾아 전달된다.
- 수집된 정보는 BcN 사용자의 요청에 대한 응답으로서 사용되거나 통계적 자료로 활용된다.

센서 네트워크는 접근이 용이하지 않은 지형이나 재해구조 응용에서와 같이 임의의 위치에 배치되기 때문에, 노드들이 자동적으로 네트워크 구성할 수 있도록 자율배치 및 네트워크 구성 기술이 필수적이다.

수백 내지 수천 개의 다수 노드들에 의한 네트워크 구성, 노드의 높은 밀집성, 빈번한 네트워크 구조 변경, 제한된 에너지 및 컴퓨팅 자원, 점대 다중의 통신 형식 등 일반 Ad-hoc 네트워크와는 다른 센서 네트워크의 특수한 조건과 요구사항 때문에 기존의 Wireless Ad-hoc 네트워킹 기술들을 적용하기 어렵고 센서 네트워크의 특수상황에 맞는 라우팅, 동기화, 위치인식, MAC 등의 프로토콜이 필요하다.

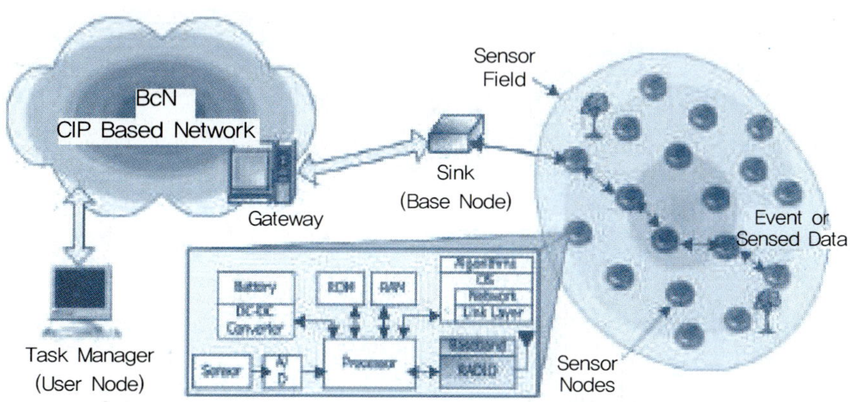

[그림 1-5] 센서 네트워크 기술 구성도

센서 노드들은 다양한 종류의 센서, 실행기(Actuator), 무선통신 칩 및 제어기를 가지며, 센서 네트워크는 센싱정보와 실행기의 제어 정보를 센서 노드들 간에 분산하여 저장하거나 싱크 노드로 무선 통신에 기반하여 전달하므로, 센서 노드는 이들 정보를 제어하고 관리하여 전력소모를 줄이면서 효율적으로 사용자의 요구에 따라 전달하거나 처리할 수 있도록 배치, 운영, 통신할 수 있는 저전력형의 초소형 센서 노드 기술 개발이 필요하다.

2) 배터리 기술

배터리 기술은 센서 노드에 장기적으로 안정적 전력을 공급하여 소자의 원활한 구동을 가능하게 해주는 핵심부품 기술이다. 1차 전지뿐만 아니라 자가 충전 기능이 추가되는 형태의 태양전지나 무선 급전 방식 등의 다양한 기술들이 소개되고 있다.

3) 센서 기술

센서는 인간의 오감(시각, 청각, 촉각, 후각, 미각)을 대신하여 물리계 또는 환경계의 현상을 정량적으로 측정하여 정보를 검출하는 소자 및 시스템으로서 센서 노드의 중요한 구성요소이다. 센서 네트워크의 다양한 응용 영역에 따라 일체식의 다양한 종류의 센서가 필요하므로 조도, 열, 습도, 가속도/지진강도, 음향, 지자기, 위치(GPS) 등과 같은 센서 중 선택적으로 센서 노드에 장착할 수 있어야 하며 다중 이종 센서를 집적할 수 있는 기술이 요구된다.

4) 저전력 기술

센서 네트워크의 전원은 교체가 불가능한 배터리에 의존하므로 저전력 기술 및 효과적인 전력 소모 기술은 각 노드의 수명뿐만 아니라 전체 네트워크와의 수명과 직결, 시스템 차원의 저전력 기술이 중요하다. 저전력 소모를 위한 H/W 설계방법 및 공정뿐만 아니라 통신 방식, 프로토콜, 소프트웨어 개발 시에도 에너지 소모를 줄여주는 방법으로 설계되어야 한다.

5) 운영체제 기술

센서 노드에 탑재되는 운영체제는 프로세싱과 메모리자원이 매우 제한적인 환경에서 수행되는 초소형을 요구하는데 센서 네트워크 응용이 용이하도록 하드웨어와 상위 미들웨어와의 인터페이스가 효율적으로 설계되어야 한다.

상기한 기술적 요소를 만족시키기 위해서는 다양한 RF 및 모뎀기술, MAC 기술, 저전력 HW 및 MCU 기술, Link 계층 기술, Naming과 Addressing 기술, Time 동기화 기술, Localization 및 Positioning 기술, Topology Control, 라우팅 프로토콜 기술, QoS, 보안 등 다양한 기술의 적용 및 기술 간의 최적화 기술이 필요하다.

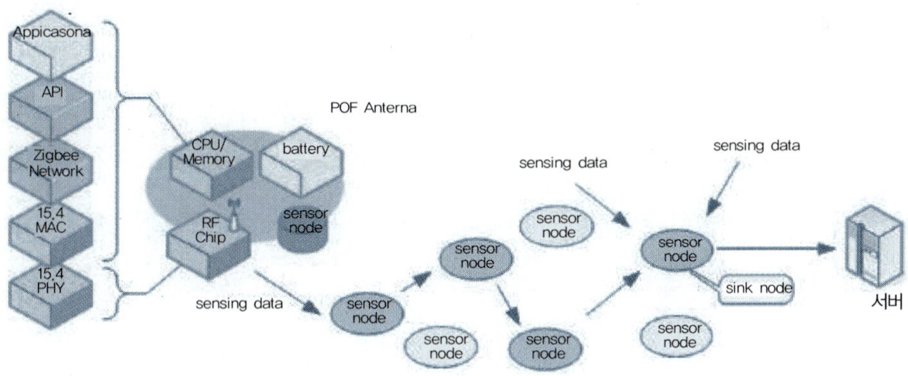

[그림 1-6] 센서망의 구성

5. Ad-hoc 네트워크

센서 네트워크에서의 주요 이슈는 기기의 소형화, 센싱능력, 그룹관리, 안전하고 효율적인 라우팅이며 표준화를 위한 아이템으로는 그룹관리를 위한 키관리와 안전한 라우팅을 위한 전송 프로토콜 분야가 주요 이슈가 된다.

라우팅은 상황인지(context aware)라는 새로운 인자가 부가되어서 소규모 컴퓨팅 환경에서 어떻게 상황인지를 하여 이웃의 센서 기기의 오동작을 인식하여 우회 루트 발견을 실시간적으로 처리할 수 있는 경량의 프로토콜 개발을 목표로 한다. 현재 각광받고 있는 표준은 저전력 저속 무선 네트워크 규격인 ZigBee이다.

이 규격은 Ad-hoc 기반의 무선 링크 계층 기반 네트워크와 상위응용과의 관계를 기술하고 있다. 그러나 P2P(Peer-to-Peer) 프로토콜로는 수많은 센서 기기들과의 통신을 완벽하게 관리한다는 것은 그 전제부터가 어려움에 부딪히게 된다. 만약 센서 기기의 수를 P2P 프로토콜이 관리할 수 있는 한계 수준 이하로 제한한다면 문제를 해결할 수 있지만 그 수보다 많은 센서 기기를 이용하는 환경이 전개가 된다면 네트워크 토폴로지에서부터 문제점을 발생하게 된다.

이러한 관점에서 센서 네트워크와 Ad-hoc 네트워크와의 차이점을 비교하면 다음과 같다.

① 센서 네트워크의 센서 노드의 수가 Ad-hoc 네트워크에서 사용하는 노드수의 수배가 될 수 있으며,
② 센서 노드는 밀집되어 분포가 되며,
③ 센서 노드의 오동작을 허용하며,
④ 센서 네트워크의 토폴로지는 매우 수시로 변화를 하며,
⑤ 센서 노드는 브로드캐스트 통신 환경을 사용하며,
⑥ 전력, 컴퓨팅 능력과 그리고 메모리에 제한적이며,
⑦ 센서의 개수와 오버헤드 때문에 센서 노드는 글로벌 인식자(ID)를 갖지 않아야 할 것이다.

Ad-hoc 네트워크는 AP가 없이 흩어져 있는 무선으로 통신이 가능한 노드들끼리 서로 통신하는 네트워크 구조이다. 이 구조에서는 중간에서 제어하는 노드가 없으므로 각 노드들은 자신이 가질 수 있는 정보를 최대한 활용하여 네트워크에서 통신이 가능하도록 라우팅해야 한다.

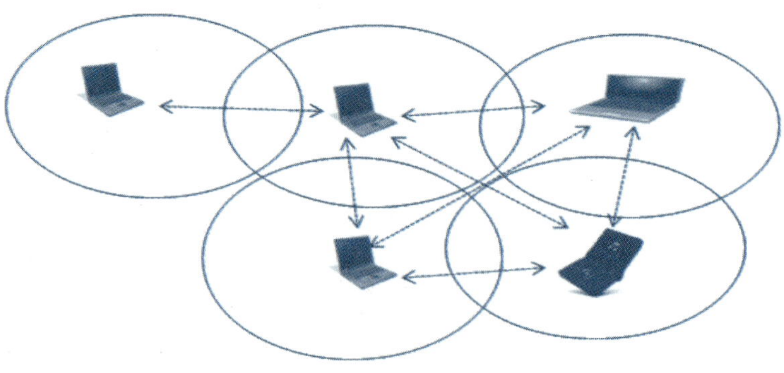

[그림 1-7] Ad-hoc 네트워크 구성

이러한 통신특성 때문에 센서 네트워크에서 노드들 간의 무선통신은 Ad-hoc 통신으로 이루어진다. 즉, Ad-hoc 네트워크의 경우에는 이동단말들이 유선환경에 기반을 둔 기지국이나 AP를 중심으로 구성되는 인프라가 있는 네트워크와는 완전히 다르다.

즉, Ad-hoc 네트워크로 무선 센서 네트워크 시스템에서는 센서 필드 안에 있는 센서 노드들이 네트워크를 구성할 때 사용되는 네트워크 방식이다.

이러한 Ad-hoc 네트워크는 다음과 같은 몇 가지의 주요한 특징을 가지고 있다.

① 유선 기반망 없이 무선이동 호스트로만 구성
② 각 호스트는 라우터의 역할 병행
③ 유선망을 구성하기 어렵거나 단기간 사용에 적합
④ 호스트의 이동에 제약이 없음
⑤ 빠른 망구성과 비용의 저렴화
⑥ 용도－긴급구조 상황, 전쟁, 착용가능 컴퓨팅(wearable computing)

6. Ad-hoc 네트워크의 응용 분야

Ad-hoc 네트워크의 응용 분야는 기존의 기반 통신시설을 배제한다. 그리고 순수한 이동 Ad-hoc 네트워크로만 구성할 수 있는 서비스에는 회의 및 그룹통신 서비스, 긴급구조 서비스, 그리고 군용통신 서비스 등이 있다.

다음은 미국의 표준연구원(NIST, http://www.antd.nist.gov/wahn.home.shtml)에서 요약한 무선 Ad-hoc 센서 네트워크의 응용 분야이다.

① 적의 침투나 이동, 폭발과 같은 정보를 얻거나 감지하기 위한 군사용 센서 네트워크
② 화학적, 생물학적, 방사선, 핵과 같은 공격이나 물질을 감지하기 위한 센서 네트워크
③ 평원, 숲, 대양에서의 환경적 변화를 모니터하거나 감지하기 위한 센서 네트워크
④ 고속도로나 도시의 혼잡지역의 교통량을 모니터링하기 위한 무선 교통 센서 네트워크

⑤ 쇼핑몰, 주차장, 주유소 등과 같은 곳의 안전을 위한 무선 감시 센서 네트워크
⑥ 어느 곳이 비어 있고, 어느 곳에 주차되어 있는지를 결정하는 무선 주차 센서 네트워크

1.2 유비쿼터스 센서 네트워크의 주요 프로젝트 및 응용

1. USN의 주요 프로젝트

유비쿼터스 센서 네트워크는 유비쿼터스 네트워크에 적용되는 범위로 실생활의 모든 분야에 적용할 수 있다. 스마트 홈, 물류/유통, ITS, 헬스케어, 국방, 환경, 로봇, 자동차, 공장자동화 등에 주로 응용한다.

〈표 1-1〉 USN의 주요 프로젝트

프로젝트명	주관 회사	주요 내용	관련 사이트
Future Store	Metro Group SAP, Intel 등	소비자의 구매 편리성을 증대하고 소매업 내부에서 발생하는 프로세서 향상	www.future-store.org
Smarts-Its	ETH(스위스) 칼스루헤대학(독일) VTT(핀란드) 랭커스터대학(영국) 등	일상 사물에 칩, 센서, 프로센서 등을 포함한 smart-its를 식재하여 위치, 시간 등에 따른 상태 변동을 감지할 수 있는 환경을 구축	www.smart-its.org
ParcelCall	EU에서 태그업체, 대학 등의 9개 컨소시엄	수·배송/물류 영역과 통신 네트워크 기술의 통합을 통한 새로운 기회의 발견 및 전 세계적인 지능추적 시스템 실현	www.eltrun.aueb.gr/mygrocer
6Smart Dust	미국 국방성, 버클리대학	실리콘 mote라는 입방체안에 자율적인 센싱과 통신 플랫폼 능력을 갖추어 에너지 관리, 제품의 품질 관리 및 유통 경로 관리, 군사 목적으로 이용	robotics.eecs.berkeley.edu/~pister/SmartDust

1) 스마트 유치원 프로젝트

미국 UCLA의 '스마트 유치원(smart kindergarten)' 프로젝트(http://nesl.ee.edu/projects/smartkg)는 유비쿼터스 컴퓨팅과 센서 기반의 무선 네트워크를 통해 유치원이라는 물리 공간 속에서 유치원 원아들이 어떻게 학습하는지를 규명하기 위한 연구이다. 이 프로젝트는 원아들이 어떻게 말을 배우고, 장난감을 어떻게 활용하면서 학습하며, 원아들 간 또는 원아들과 선생님 간에 어떤 상호작용이 일어나고, 그것이 아동에게 어떤 영향을 미치는지를 분석하고 있다.

즉, 스마트 유치원 프로젝트에서의 무선 인식 기술을 활용하여 센서 네트워크 기술로 아이배지(iBadge)를 부착한 아동과 장난감의 이름과 위치를 실시간으로 파악하고, 상황인식(context awareness) 기술을 통해 원아들이 사용하는 언어인식, 상호작용 특성, 행동감지와 동태적인 변화도 추적했다.

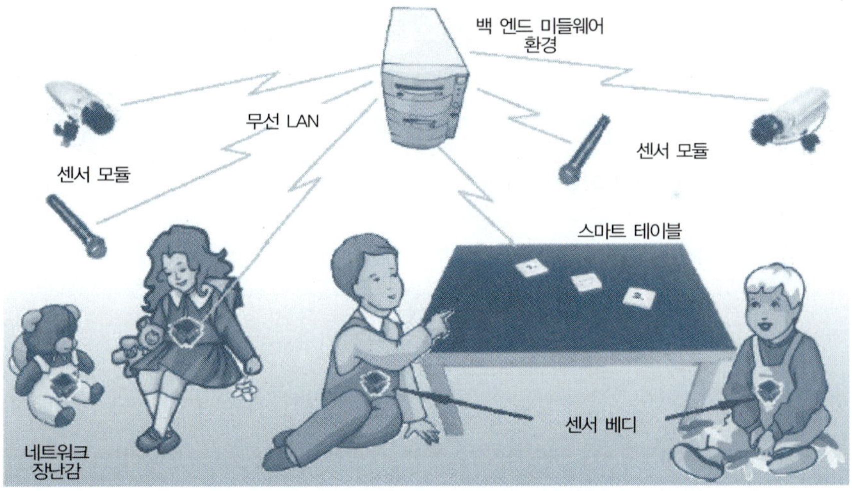

[그림 1-8] 스마트 유치원 프로젝트 구성

2) 스마트 더스트 프로젝트

미국 버클리대학에서 1999년부터 추진된 '지능화된 먼지(smart dust)' 프로젝트(http://robotics.eecs.berkeley.edu/~pister/SmartDust)는 공중에 뜰 정도로 미세한 입자에 컴퓨터, 센서, 태양전지 등을 쌓고 다수의 입자가 서로 통신하면서 자유도가 높은 센서를 만들고, 이를 이용하여 센서 네트워크를 구현하는 시스템이다. 먼지 크기의 매우 작은 센서들을 건물, 도로, 의복, 인체 등에 먼지처럼 뿌려서 주위의 온도, 습도, 가속도, 압력 등의 정보를 무선 네트워크로 감지 및 관리할 수 있다는 개념의 기술을 구현하려고 했다.

스마트 먼지는 크기가 1~2mm로 매우 작은 먼지이다. 또한 센서, 컴퓨팅 능력, 양방향 무선통신, 태양전지 등의 전력공급 장치를 갖춘 지능형 센서를 구현하려는 프로젝트 명칭으로, '스마트 먼지'라고도 한다. 스마트 먼지 또는 모트(motes)들은 데이터를 수집하고, 간단한 데이터 분석 등의 컴퓨팅을 수행하며, 무선통신으로 서로 30m 거리에서 정보를 교환한다. 그리고 여러 개의 먼지들이 주변의 무선 LAN, 블루투스, 초광대역(UWB) 모듈 등과 함께 상황에 따라 Ad-hoc 네트워크를 구성하거나 코어 네트워크에 직접 연결될 수 있다. 또한 아주 작고 가볍기 때문에 공기 중에서 떠다닐 수도 있는데 주로 군사적인 용도로 응용되며, 일상생활 속에서도 응용할 수 있도록 고안되었다. UC 버클리대학의 Kris Pister 교수를 중심으로 Dust Networks(www.dustnetworks. com)를 설립하여 현재 1.2인치×1.1인치 크기의 초소형 센서 노드인 '모트'를 사용했다. 현재는 이것을 빌딩 자동화, 공업용 모니터링, 안전 시스템에 응용하는 것을 목표로 상용화하고 있다.

3) Smart Its 프로젝트

Smart Its 프로젝트는 스위스 취리히의 연방기술연구소 산하 분산 시스템 연구그룹에서 프리드만 머턴의 주도로 진행되었다.

이 프로젝트는 유럽연합의 정보사회기술(IST) 연구 프로그램의 지원을 받아 수행되고 있는 '사라지는 컴퓨터 이니셔티브(disappearing computer initiative)'의 16개 연구 프로젝트(http://www.disappearingcomputer.net/projects.html) 중에서 가장 대표적인 것이다.

Smart Its 프로젝트의 목적은 사람 주변의 모든 사물들에게 센서와 스스로 정보를 처리할 수 있는 마이크로컨트롤러, 무선통신 및 전력을 공급할 수 있는 장치들을 삽입하여 스마트 사물들 간의 협력상황을 인식시키고 활동하게 하는 것이다. 특히 사물들 간의 의사소통과 관련하여 라벨처럼 부착할 수 있는 RFID 기술의 개발, 블루투스 무선통신 기반, 위치 및 안정성, 스마트 사물과 환경과의 상호작용 등에 관한 연구에 중점을 두고 있다.

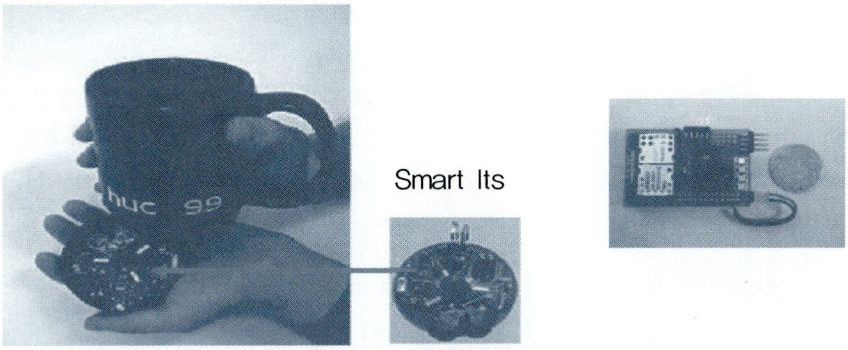

[그림 1-9] 스마트 이츠(Smart Its) 프로젝트 구성

4) Habitat Monitoring 프로젝트

인텔이 지원하고 있는 센서 네트워크의 대표적인 프로젝트인 'Habitat Monitoring on Great Duck Island'는 미국 메인주 앞바다의 작은 섬(great duck island)에서 서식하고 있는 바다제비의 생태를 원격지에서 모니터링할 수 있는 거대한 무선 센서 네트워크의 프로젝트 테스트베드로 구축되어 진행 중이다.

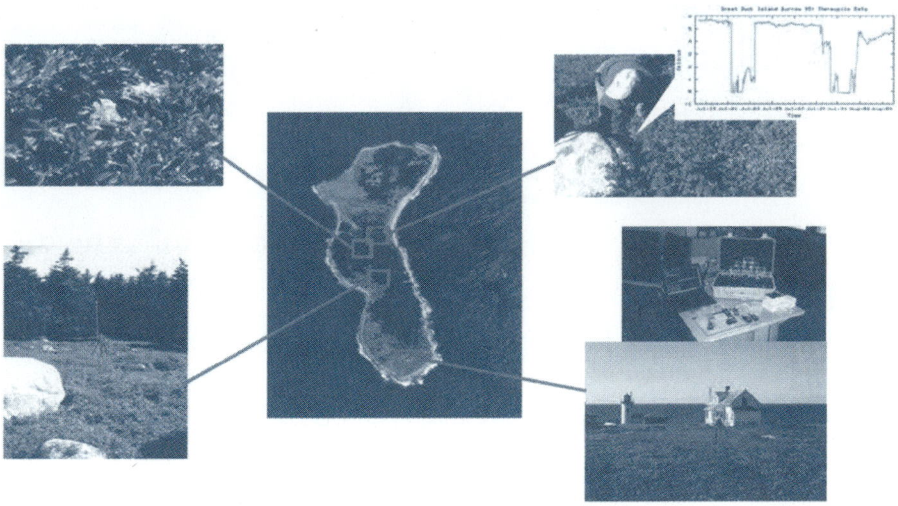

[그림 1-10] 해비테트 모니터링 프로젝트 구성

5) 교량의 안전도 모니터링 프로젝트

2004년부터 UC 버클리대학의 연구팀(http://www.cs.berkeley.edu/binetude/ggb)은 미국 캘리포니아의 상징이라고 할 수 있는 금문교(golden gate bridge)의 구조의 안정성과 지진이 발생했을 때의 피해정도를 점검하고 있다. 또한 교통을 통제하기 위해 강풍에 의해 주 교각과 상판의 최대 흔들림 정도를 모니터링하기 위해 교량의 각 요소에 MEMS 가속도 센서와 무선 센서 노드를 설치하여 센서 네트워크를 형성했다. 이것을 이용하여 실험하고 있는데 이러한 센서 네트워크로 구조 안정성을 모니터링할 수 있다는 것을 실제로 증명하고 있다.

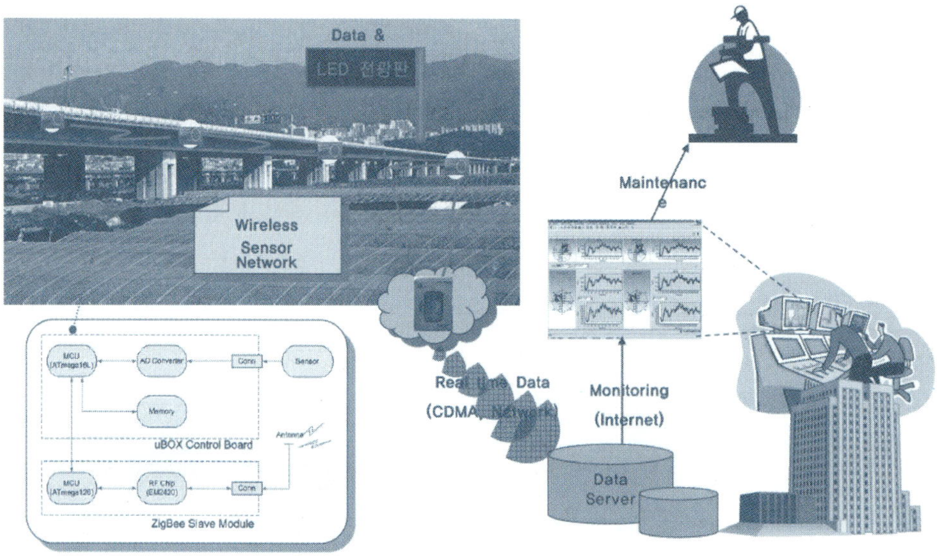

[그림 1-11] 구포대교 교통 안전도 모니터링 프로젝트 구성

6) 송유관의 테러 모니터링 프로젝트

미국의 오하이오주와 UC 버클리대학팀은 송유관을 테러로부터 보호하고 모니터링하기 위한 실험으로 약 25km에 이르는 송유관을 중심으로 송유관 주변 500m를 400노드/km^{2}의 밀도로 총 1만 개의 노드를 분포 설치하여 실험했다. 이때 무선 센서 노드 하나의 가격은 150달러로, 하나의 노드를 이용하여 사방으로 50m까지의 침입을 탐지할 수 있었다. 이 실험의 목표는 긴 파이프라인 구조에서 무선 센서 노드로 Ad-hoc 통신의 기능성을 테스트하는 것이었다.

7) 유비쿼터스 헬스케어 프로젝트

유비쿼터스 헬스케어와 관련된 대표적인 프로젝트는 유럽연합에서 추진하고 있는 Mobile Health 프로젝트와 하버드대학의 Code Blue 프로젝트가 유명하다. 이 밖에도 GMP Wireless Medicine과 Health Frontier, Nonin Medical 회사 등에서 무선통신 기법을 이용한 의료계측 시스템을 활발하게 개발하고 있다.

(1) MobiHealth 프로젝트

MobiHealth 프로젝트는 'mobile health care'를 의미한다. 이것은 EU로부터 '정보 사회 기술' 프로그램의 일환으로 재정지원을 받으면서 EU 5개국으로부터 14개의 관련 기간이 컨소시엄의 형태로 참여하고 있다. 이러한 관련 기관들 중에는 병원, 의료 서비스 공급사, 대학, 모바일망 사업자, 모바일 기기사업자 등이 포함되어 있다.

이 프로젝트는 'MBU(Mobile Base Unit)'라고 부르는 중앙통제부, 센서 및 액추에이터(actuator)와 다양한 멀티미디어 장치들로 구성되어 있다. MBU는 센서 및 액추에이터와의 상호작용 기능, 계산(computation)과 통신기능을 갖는다. 또한 Native OS, java VM과 BAN ware로 구성된 BAN(Body Area Network) 운영체제(OS)도 MBU에서 기능을 제공받는다.

시스템의 동작은 MobiHealth BAN을 통해 측정한 ECG와 혈압에 대한 센서 정보를 MBU에 전달하면서 이루어지는데, 이러한 정보는 그대로 병원이나 건강센터에 전달된다. MobiHealth 시스템은 환자가 건강을 모니터링하는 동안에 일상생활에 전혀 불편함을 느끼지 않으면서 자유롭게 이동할 수 있도록 환자에게 꼭 필요하면서도 적합한 아주 가벼운 시스템으로 구성된다. 이 시스템은 환자에게 응급상황이 발생했을 때 빠르게 대응하면서 처치를 가능하게 하고, 환자의 상태나 질병의 진행상황을 연속적으로 모니터링할 수 있는 상황을 목표로 하고 있다.

(2) Code Blue 프로젝트

하버드대학에서 추진 중인 Code Blue 프로젝트는 센서 네트워크를 기반으로 하는 아주 대표적인 헬스케어 프로젝트이다. 이 프로젝트에는 하버드대학과 보스턴 메디컬센터뿐만 아니라 미국 국가과학재단, 건강연구소(national institutes of health), 미국방성, 선마이크로시스템즈, 마이크로소프트 등이 참가하고 있다. 이 프로젝트는 무선 센서 네트워크 기술을 의료영역까지 확장한 것으로, 병원에 오기 전과 병원에서의 응급처치 및 응급대처 상황, 발작 환자의 재활 등에 활용하기 위해 계획되었다. 즉 건강신호를 자동적 · 지속적으로 수집하고, 병원기록과 장기적인 관찰 등을 합쳐서 실시간 처치에 활용할 수 있게 지원하는 것이 목표이다.

Code Blue 프로젝트에서는 센서 노드 플랫폼인 Mica2, MicaZ(Crossbow회사, 미국)와 Telos(Moteiv회사, 미국)를 기반으로 하는 초소형의 웨어러블 환경의 무선 plus oximeter와 2-lead EKG를 개발했다. 이 장치는 심전도, 혈중 산소포화도(SpO_2)와 EKG 데이터를 측정할 수도 있고, 실시간으로 PC/PDA를 통해 센서 데이터를 디스플레이할 수도 있다.

가속도 센서, 회전 센서, 근전도 센서 등이 부착되어 있어서 뇌졸중 등의 치명적인 발작증세가 나타났을 때 신속하게 대처할 수 있다. 즉, 착용이 가능한 초소형 맥파 산소포화도 미터와 2선 EKG 센서 노드를 개발하고, 이들 소자를 이용해서 심장박동수, 산소포화도, EKG의 데이터를 약 100m 안에 위치한 PDA, 랩톱 컴퓨터, 구급차를 기반으로 하는 터미널로 전달하는 시스템을 구성했다.

이 데이터는 실시간으로 보여지거나 선병원 보호기록에도 저장된다. 센서 소자들은 응급상황의 위기신호에서는 경고를 발생하여 주위에 있는 구급의료진이나 준의료 종사자에게 그 신호를 전달할 수 있게 구성되었다. 여기에서 'Code Blue'는 이러한 무선 의료 소자를 위한 '계량 가능한 소프트웨어 인프라스트럭처(infrastructure)'를 의미하는 약어이다. Code Blue 프로젝트에서 구현한 센서 노드 플랫폼의 주요 사양은 〈표 1-2〉와 같다.

〈표 1-2〉 센서 노드 플랫폼의 주요사항

시스템	주요 스펙
저전력 마이크로컨트롤러	Atmel Atmega128L 또는 T1 MSP430
저전력 RF 모듈	Chipcon CC2420 compliant with IEEE 802.15.4, 2.4GHz
프로그래밍	TinyOS
배터리	2개의 AA 배터리로 동작수(수개월~수년)
센서 인터페이스	MicaZ와 Telos의 노드에 센서 인터페이스 부착

(3) UbiMon 프로젝트

영국 런던의 임페리어대학에서 진행 중인 UbiMon은 'Ubiquitous Monitoring Environment for Wearable and Implantable Sensors'의 약어로, 환자와 관련된 착용하거나 이식된 센서로부터의 모바일 모니터링을 위한 프로젝트이다.

UbiMon 프로젝트는 부정맥 심장병을 가진 환자를 지속적으로 모니터링하고 관리하기 위한 시스템에 적용할 수 있다. 즉, 심장혈관 관련 질환은 처치방법과 진료기술이 크게 진보했어도 여전히 치명적이면서도 사망률이 매우 높은 질환으로 남아 있기 때문에 임상적으로 이러한 환자를 위해 자연적인 생리학 상태에서 연속적으로 모니터링하여 환자의 상태를 감지 및 예측할 수도 있는 것이다. 또한 수술 후의 환자에게 센서를 주입하여 환자를 관할하는 연구도 수행했다. UbiMon은 학제 간의 컨소시엄의 형태로 수행되었는데, 연구에는 컴퓨팅, 전자공학, 생체공학, 의학에 관한 전문가들이 참여했다.

UbiMon 시스템은 크게 5부분, 즉 LPU(Local Process Unit) 또는 베이스 스테이션(기지국), 데이터 처리역할을 하는 중앙 서버, 환자의 데이터베이스부, 모니터링을 담당하는 워크스테이션으로 구성되어 있다.

BSN 노드는 이 프로젝트에서 사용하는 센서 노드를 말한다. 이 노드는 기존의 센서 노드의 기능과 같이 배터리를 장착한 초소형의 모듈로서 환자의 상태정보(ECG, SpO2, 체온 등)를 모니터링한다.

〈표 1-3〉 UbiMon 프로젝트의 사양

시스템	주요 스펙	
마이크로컨트롤러	T1 MSP430	
저전력 RF 모듈	Chipcon CC2420 compliant with IEEE 802.15.4, 2.4GHz	
플래시 메모리	64KB+256B 플래시 메모리	
프로그래밍	TinyOS 기반 프로그래밍 지원	
전력 소모	Active 모드	280uA at 1MHz 2.2V
	Idle 모드	1.6uA
	Sleep 모드	0.1uA
거 리	50m	
채 널	6개의 채널	

BSN 노드에 장착된 ECG 센서 인터페이스에서 획득한 ECG에 대한 생체정보를 베이스스테이션 역할을 하는 PDA쪽으로 전송한다. 이 정보는 PDA뿐만 아니라 PC에서도 실시간으로 생체정보를 디스플레이할 수 있다.

이 연구를 위해 환자의 몸에 부착할 수 있는 BSN 노드는 크기가 $26mm^2$로 아주 작다.

UbiMon 프로젝트에서는 BSN에 대한 연구가 활발하게 진행 중이다. 그리고 2004년에 처음 워크샵을 개최했고, 매년 워크샵 행사를 열었다. 또한 매년 BSN 플랫폼에 대한 강의도 개최하고 있다.

(4) Smart Medical Home 프로젝트

아침에 일어나 화장실문을 여는 순간 손잡이에 장착된 센서는 혈압과 체온상태를 체크한다. 변기에 배설하는 소변을 통해 당뇨를 검사하고, 스마트거울에 부착된 센서를 통해 심장박동률을 체크한다. 이러한 검사결과는 주치의의 단말기에 전달되고, 주치의는 원격검진을 받아볼 것을 제안한다. 개인의료상담(PMA : Personal Medical Advisor) 시스템은 자연스럽게 대화할 수 있는 인터페이스를 제공한다. 환자의 데이터를 전달받은 의사, 간호사, 간병인은 처방전을 회신하거나 상황에 따라서는 가정방문도 할 수 있다.

로체스터대학의 미래건강센터는 완전한 개인건강 시스템(personal health system)을 개발하는 것이 목표이다. 가정의 공간을 그대로 본떠서 설계된 스마트 의료 홈은 5개의 방으로 이루어졌고, 적외선 센서와 컴퓨터, 바이오센서, 비디오 카메라 등으로 구성된다. 이 시스템을 이용하면 개인이 집에서 건강을 유지하면서 사전에 병을 찾아낼 수도 있고, 건강상태를 체크할 수도 있다. 또한 치밀한 사전 건강관리로 병을 미리 예방할 수도 있고, 자기 집에서 건강관리를 받을 수도 있다. 미래건강센터에서는 이 시스템을 통해 의료영상 저장 및 전송 시스템, 처방전 전달 시스템 및 전자 의무기록 차트를 도입했다. 그리고 집에서 행동하는 여러 가지 모습-걷는 모양, 행동 원형, 수면 포즈, 기타 일반 행위-을 통해 컴퓨터로 자료를 수집하여 가장 먼저 혈압, 맥박 등 기본적인 건강을 측정한다.

스마트 의료 홈을 구성하는 개별사업 중에서 스마트 밴드 프로젝트(Smart Bandage Project)가 가장 두드러진다. 이 프로젝트는 초소형 센서(micro based sensor)를 이용하여 몸에 침투하거나 생성된 각종 유해 바이러스를 찾아낸다. 스마트 양말(smart socks)은 혈압 센서가 포함된 직물로 만들어져서 양말을 신으면 혈압을 체크할 수 있다. 여기서 더 발전된 형태는 두통이 있을 때 어떤 약을 복용해야 하는지 거실에 달린 LCD를 통해 이야기하면 화면에 컴퓨터가 추천한 약이 나타나는 것이다.

이와 같이 스마트 의료 홈이 실현되면 거주하는 공간 자체가 자신의 건강까지 책임지는 장소로 변한다. 그래서 큰 병이 아니라면 특별히 병원을 찾을 일이 없는 것이다. 하지만 이러한 특화된 기술에도 불구하고 스마트 의료 홈은 아직까지 사생활 보호 차원과 의료 서비스에 대한 가격 측정기준이 없어서 인프라를 구축하는 데 많은 시간이 필요하다. 바로 이러한 이유 때문에 유비쿼터스 기술은 이렇게 발전가능성이 무궁무진한 환경을 구축할 것으로 기대된다. 왜냐하면 유비쿼터스는 인간 중심형 환경이기 때문이다.

(5) Smart Toilet 프로젝트

일본의 거대 전자회사인 마쓰시타의 Smart Toilet 프로젝트는 센서와 마이크로칩을 장착한 변기에 앉으면 체중과 체지방, 당뇨수치 등을 자동으로 측정하여 매일 건강상태를 확인하고, 네트워크와 연결되어 건강과 식단에 대한 정보를 제공해주는 시스템이다.

이밖에도 헬스케어 관련 프로젝트에는 2000년 9월 미국 오레곤주 밀워키에 설립된 엘리트 케어(Elite Care) 프로젝트가 있다. 이 시설은 은퇴 후의 노년층이나 장애를 가진 노년층을 위한 시설로서 집단 노년층 거주지에서 거주자를 위한 지속적인 모니터링과 간호를 제공한다. 그리고 가족 포털 서비스를 이용하면 인터넷을 이용하여 어디에서든지 노인들의 건강상태를 모니터링할 수 있다.

(6) 무선병원 프로젝트

무선병원(wireless hospital) 시스템은 세계 최초로 핀란드에서 추진되고 있는 프로젝트이다. 이 프로젝트의 최종목적은 환자와 각종 계측장치 사이에 있는 '선'과 병원의 데이터베이스 시스템과 계측장치 사이에 있는 '선'을 없애는 것이 목표이다.

이러한 프로젝트의 목적은 환자가 자유롭게 움직여도 병원이나 병원 밖에서도 필요한 진단결과가 무선으로 병원 서버에 연결되어 DB로 저장되는 것이다. 그래서 의사나 간호사가 필요할 때마다 언제든지 PDA 등을 이용하여 환자의 데이터를 점검할 수 있다. 특히 병원 서버에 데이터 마이닝(data mining) 인공지능 소프트웨어를 설치해서 특정한 위험이 발생했을 때 환자와 의사, 간호사에게 메시지를 전달하는 것이 가능해진다.

무선병원 프로젝트는 핀란드의 수도 헬싱키로부터 북쪽으로 600km 떨어진 오울루 지역에서 대학-산업체-연구소-병원의 컨소시엄 형태로 추진되고 있다. 이 프로젝트는 오울루 지역에 무선병원 시스템을 적용할 파일롯 병원을 만들고 있다.

오울루 지역은 핀란드의 최고의 테크노파크인 오울루 테크노폴리스와 세계최대의 셀룰러폰 회사인 노키아가 있다. 또한 국정 연구기관인 VTT 일렉트로닉스와 핀란드 제 2의 대학인 오울루 대학이 최고의 산학연 컨소시엄을 이루고 있는 지역이다. 무선병원 프로젝트는 크게 다음과 같이 나누어져 있다.

- 환자의 무선 모니터링 장치 및 시스템 개발
- 환자와 의료장비 사이의 무선 모니터링 인터페이스
- 병원 데이터 시스템 개발 분야

무선병원 프로젝트는 앞으로 무선 센서 기술과 유비쿼터스 컴퓨팅 기술의 발전에 따라 병원에서 24시간 환자를 관리해야 하는 시스템이 필요할 때 더 많이 이용할 것으로 예상된다. 또한 통합 데이터 자동관리 시스템의 필요성이 증가되고, 노령인구의 증가에 의한 '지능형 홈에서의 헬스케어' 기술 분야의 필요성에 따라 이러한 무선병원 기술은 전 세계적으로 더욱 크게 확대될 것이다. 한편 이 프로젝트에는 국내의 대학 연구팀이 공동 연구팀의 일원으로 참가하고 있다.

8) 입는 컴퓨터 프로젝트

영화 속에서나 볼 수 있었던 일들이 눈앞의 현실로 다가오고 있다. 1990년대에 들어 엄청난 속도로 발전해 온 컴퓨터가 이제는 '입는 컴퓨터(wearable computer)'로 거듭나면서 또 하나의 혁명을 예고하고 있다. 인간은 컴퓨터와 더욱 밀접한 관계를 유지하기 위해 책상에 올려놓은 모니터나 키보드가 아니라 스스로의 몸을 커뮤니케이션의 장소로 활용하려는 것이다.

입는 컴퓨터는 컴퓨터의 배터리와 CPU, OS 등을 초절전 · 초소형화하여 옷 속에 분리하여 장착한 상태에서 각종 컴퓨터의 기능을 수행할 수 있는 컴퓨터를 말한다. 각각의 독립적 기능을 수행할 수 있는 구성단위인 모듈별로 컴퓨터를 분해한 후 마치 안경이나 의복을 착용하는 것처럼 신체에 편하게 부착해서 첨단기술을 활용하는 것이다. 얼굴에는 모니터가 내장된 안경 등에는 배낭형태의 소형 컴퓨터, 허리에는 벨트전지, 머리에는 헤드 마운티드 디스플레이(HMD, 머리에 쓰고 화면을 볼 수 있는 디스플레이), 손목에는 터치패드나 키보드, 그리고 어깨에는 무선통신 모듈 등을 부착하여 컴퓨팅 시스템으로 온 몸을 무장하는 것이다.

매우 복잡한 비행기를 수리할 때는 입는 컴퓨터를 이용하여 실시간으로 원하는 부분의 매뉴얼을 읽거나 멀리 떨어져 있는 수리전문가의 도움을 받을 수 있다. 이밖에도 입는 컴퓨터는 비상통신 수단이 필요한 군인이나 경찰, 비상 의료기술자 및 환자, 소방수 등에게도 매우 유용하다. 그러므로 환자의 건강상태나 군인이나 경찰 같은 특수임무를 수행하는 사람들의 상황을 인지할 수 있는 착용형 컴퓨터는 반드시 상용화되어야 한다.

만약 개인이 착용하는 컴퓨터가 지리정보 시스템 등과 통합되어 운용된다면 개인적으로 처하는 심각한 상황을 같은 단체의 다른 멤버들이 쉽게 알 수 있다. 그래서 그들이 어떻게 위기상황에 대처할 것인가를 판단하는 데 큰 도움을 줄 수 있을 것이다.

특히 의료 분야에서 입는 컴퓨터에 대한 기술동향은 미국 피츠버그 소재 Body Media의 스마트 밴드(smart band)를 예로 들 수 있다. 팔뚝의 위쪽 부분에 찰 수 있는 이 스마트 밴드는 사용자의 체온과 관련된 건강상태를 수집한다.

입는 컴퓨터 기술의 의료 분야 응용에서 사용되는 Life Shirt는 ECG, 혈압, 맥박 산소 측정 등과 같은 환자의 상태를 모니터링할 수 있는 시스템이다.

입는 컴퓨터의 주요 프로젝트를 살펴보면 다음과 같다.

(1) MIT의 입는 컴퓨터 프로젝트

1960년대부터 MIT에서 연구해 온 입는 컴퓨터가 1990년대부터 비약적으로 발전하면서 군사 및 항공 분야에서 상용화되었다는 것을 알 수 있다. 현재 입는 컴퓨터는 조지아 공과대학, 토론토대학 등 여러 대학과 소니, MS, IBM, HP, 에릭슨, 노키아 등의 기업으로부터 꾸준한 관심을 받고 있다.

(2) MIT 공대의 스마트 칩이 내장된 Build-a-Bag 프로젝트

MIT 공대의 아주 작은 스마트 칩이 내장된 Build-a-Bag이다. 이 시스템은 전기 전달체인 Velcro와 조립되어 하나의 가방에 들어간다. 스마트백은 지갑이나 우산을 깜빡 잊고 나가면 알려주고, 필요한 음악을 스카프에 업로딩해주는 시스템이다.

MIT의 MIThril은 조끼와 재킷 형태로 만들어진 옷으로 이 옷에는 '3대'의 컴퓨터가 장착되어 있다. 하지만 이들 모두 신용카드 크기의 보드형태로 만들어져서 보통 옷과 전혀 구분할 수 없는 정도이다. 새끼손가락 크기의 액정화면을 사용한 표시장치는 안경에 붙일 수 있어서 안경을 쓰면 화면을 볼 수 있다. 심지어 자신의 감정까지 휴대폰으로 전송하여 볼 수 있게 하는 시스템도 개발되었다.

미국이나 유럽에서는 이미 수년전부터 스마트 웨어(입는 컴퓨터)와 관련된 연구개발 프로젝트를 대대적으로 추진해서 이미 상용화 단계에 이르렀다. 미국의 국방부나 우주항공국(NASA) 등에서는 엄청난 연구개발비를 투자하여 컴퓨터 기술과 특수의복 기술을 결합하는 연구를 수행하고 있다.

(3) 핀란드의 스노모빌용 옷 프로젝트

눈이 많이 오는 핀란드의 연구팀도 '입는 컴퓨터' 형태의 스노모빌용 옷을 개발했다. 이 옷에는 휴대폰, 위치추적 동작온도 센서, 전기전도도 센서, 가속도 센서(충돌 센서) 등이 스노모빌용 옷에 들어 있어서 움직일 경우 재킷이 자동으로 이것을 감지한다. 그래서 휴대폰의 문자 메시지 서비스를 이용해서 병원과 경찰에 스노모빌을 운전하는 사람의 위치와 심장 상태, 주변의 날씨 등의 데이터를 보내 응급구조를 요청한다.

(4) 독일의 인피니온 컴퓨터 내장형 카펫과 오디오 재킷 프로젝트

독일의 인피니온도 컴퓨터 내장형 카펫과 오디오 재킷을 발표했다. 이 카펫은 원하지 않는 침입자의 움직임을 감지하면서 화재가 발생했을 때 출구로 탈출할 수 있게 길을 밝혀준다.

(5) 국내의 프로젝트

삼성종합기술원에서 몇 년째 이 분야를 계속 연구하고 있고, 국내대학에서도 119 구급대원용 '패트롤 재킷'을 개발하여 상용화를 추진하고 있다. 산업 분야에서 입는 컴퓨터의 가장 커다란 장점은 핸드프리와 장소나 시간에 구애받지 않고 빠르게 데이터를 수집 및 액세스하는 것이다. 그래서 양손을 이용하여 작업하는 작업자에게 실시간으로 생산라인 상태나 기계 상태에 대한 정보를 제공하여 컨설팅할 수 있게 만든다. 또한 입는 컴퓨터는 복잡한 기계에 대한 수리나 운영 분야에도 효과적으로 이용할 수 있다.

2. USN 시스템의 응용

온도와 습도, 이동 특성, 빛, 압력, 소리, 객체의 유무, 물리적인 접촉, 속도, 방향 등과 같은 외부 환경정보를 원격으로 센싱하여 특정 목적에 활용하고 있다. Great Duck Island 프로젝트와 같은 환경 모니터링 및 위치 추적 등이 개발되고 있으며 최근 들어 지능형 환경인식으로 그 범위가 확대되고 있다.

Intel, Crossbow, moteIV, Microsoft 등 산업들도 개별적인 연구팀을 구축중이며 Millennial Net과 같은 벤처기업에서도 빌딩 및 공장자동화를 위한 센서 네트워크 기술을 개발하고 있다.

유럽이나 일본도 EYES 프로젝트나 TRON 프로젝트 같은 대규모 프로젝트를 통해 시스템 소프트웨어 및 요소 기술 그리고 응용들을 개발하고 있다.

센서 네트워크 응용 제품군은 생태 모니터링 프로젝트[Great Duck Island(UC Berkeley), CORIE(Oregon Graduate Institute), The Most Sensed Campus (CMU), REM(University of Western Australia)], 위치추적 프로젝트[Counter sniper System(Vanderbilt), RADAR(Microsoft), Cricket(MIT), Active Badge(AT&T), MoteTrack(Harvard), AHLOS(UCLA) 등, 지능형 환경인식 프로젝트[Smart Kindergarten(UCLA), Proactive Agriculture(Intel), Active Visitor Guidance System(USC), Surveillance System(Arkansas) 등], 기타 유비쿼터스 컴퓨팅 등 Smart Brick(UIUC), Structural Monitoring(USC), Cabled Ocean Observatories (University of Washington), Robomote(USC), HM of Highway bridges(UCSD)으로 구분할 수 있다.

① 환경 응용

- 시설물 안전 모니터링 및 관리, 도로 환경 모니터링 등
- 농업 응용 및 산불 감시, 홍수 감시 등
- 수해 방지 및 감시, 오염 관리, 생태학 및 지구 물리학 응용 등

② 헬스 응용

- 장애인 및 노약자, 어린이 모니터링, 인식 등
- 인간의 건강 상태 모니터링 등

③ 홈 응용

- 홈네트워크 응용

- 스마트 빌딩 및 홈오토메이션 등

④ 군사용

- 휴전선 무인 감시 및 침입 탐지, 추적용 등

1) 시설물 안전 모니터링 및 관리 시스템

① 댐, 교량, 건물 등 대규모 시설물에 기울기 변화, 진동감지, 온도변화 등의 센서를 설치

② USN을 통해 관련 정보를 수집, 시설물의 균열, 붕괴를 조기 진단 및 사전 관리

③ 긴급상황으로 판단시 재해 관리 기관에 경보를 전달 재난을 방지

④ 대규모 시설물의 안전관리 및 USN을 이용하여 비용절감 및 다양한 응용 서비스 개발 가능

[그림 1-12] 시설물 안전 모니터링 및 관리 시스템

2) 산불 등 실시간 화재 감시 시스템

① 산불 및 화재발생 빈도가 높은 지역에 산불감지 센서가 부착된 센서 노드를 설치

② 소방시스템과 연계 실시간 산불(화재) 발생을 모니터링 및 초기 진압 대응체제 구축

③ 산불 및 화재발생에 신속히 대응함에 따라 이로 인한 재산 및 인적 손실 감소

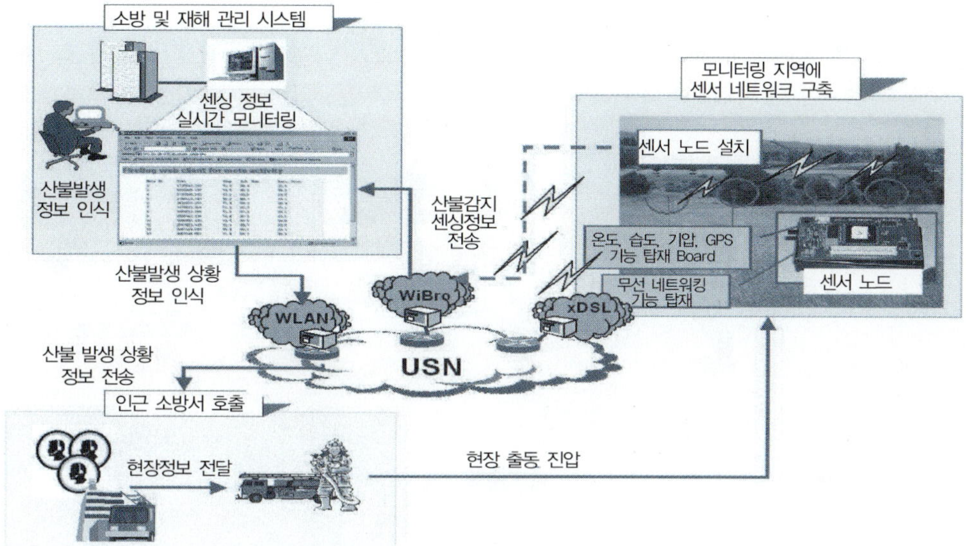

[그림 1-13] 산불 실시간 화재 감시 시스템

3) 수해 방지 및 감시 시스템

① 수해 피해 다발 지역 인근 하천, 댐 등지에 강우량 및 유속, 유량 측정 센서 노드를 설치 실시간 상태 모니터링

② 신속 조치 및 시설 제어를 통해 대규모 피해 방지

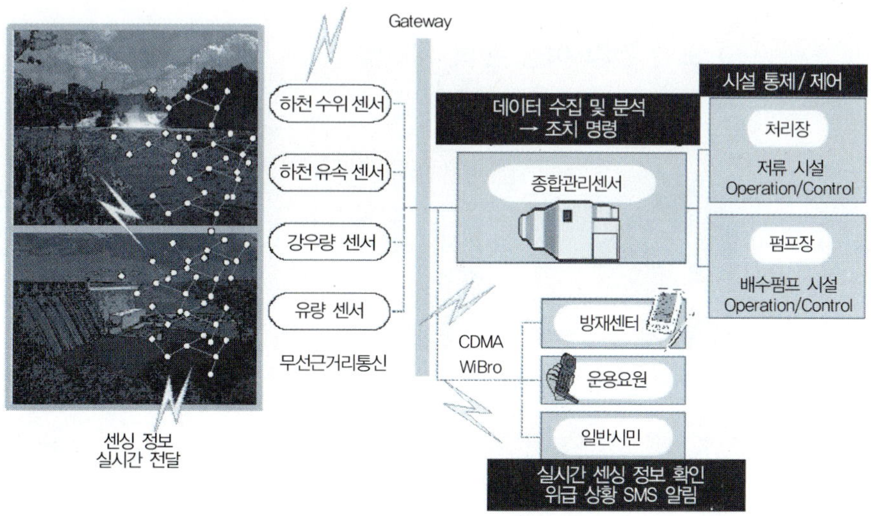

[그림 1-14] 수해 방지 및 감시 시스템

4) 휴전선 무인 감시 시스템

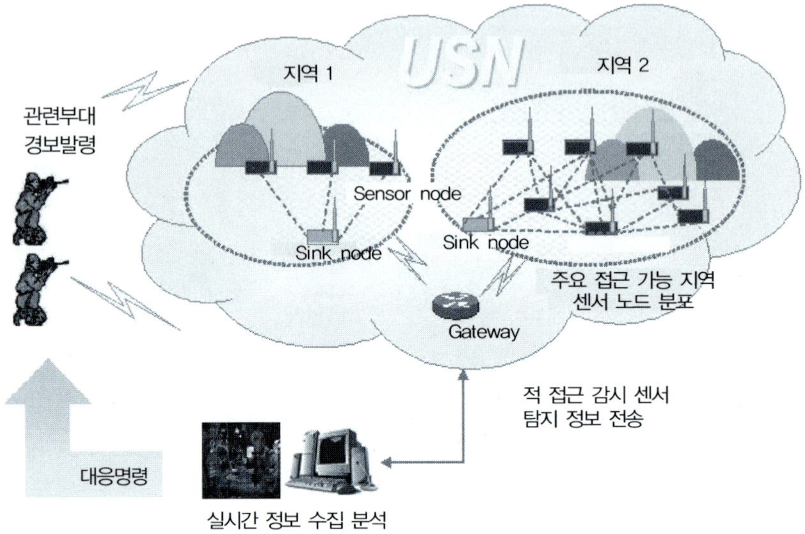

[그림 1-15] 휴전선 무인 감시 시스템

① 휴전선에 감시 및 정찰 기능을 수행하는 센서 설치, 적 침투 조기 발견, 신속하게 대응할 수 있는 시스템 구축

② USN을 이용한 군사지역 감시 관리를 통해 군의 주·야간 전투력 향상 및 각종 시설물에 대한 무인 감시 관리 영역으로의 발전 가능

5) 노인 건강 이상 관리 시스템

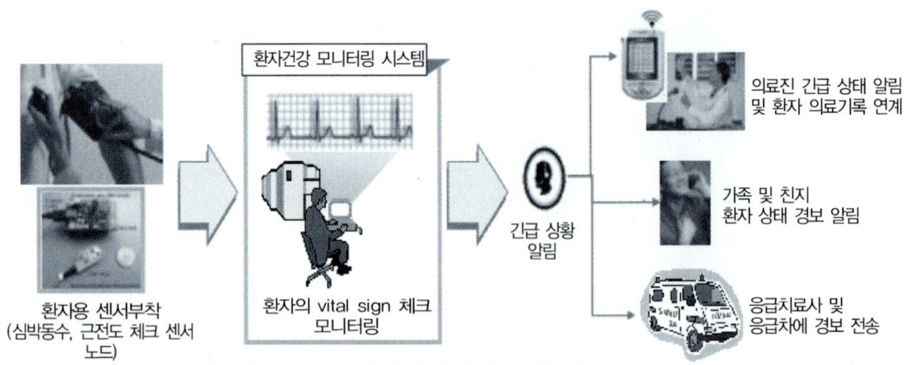

[그림 1-16] 노인 건강 이상 관리 시스템

① 노인들에게 심박동수, 근전도, 산소농도 등의 데이터를 수집할 수 있는 센서를 부착
② 관련 정보를 인근 병원/보건소, 간호사에게 통보하여 건강 이상시 대응
③ 노인들의 건강 이상을 실시간으로 관리, 이상 발생시 신속한 대응 가능한 서비스 제공

(1) 유비쿼터스 헬스케어의 개념과 필요성

최근 급성장하고 있는 BT, NT, IT 기술을 기반으로 언제, 어디에서나 진료 및 상담이 가능한 유비쿼터스 헬스케어에 대한 관심이 고조되고 있다.

유비쿼터스 헬스케어 시스템은 생활 곳곳에 의료와 관련된 칩과 센서들의 도움으로 언제, 어디에서나 자연스럽게 의료서비스를 제공받을 수 있다. 건강진단이나 질병관리, 응급관리, 의사와의 만남 등 그 동안 병원에서만 이루어지던 의료행위가 유비쿼터스 헬스케어를 통해 자연스럽게 우리 일상생활 안으로 들어오는 것이다.

유비쿼터스 헬스케어 시스템의 개념은 기존의 생체계측기와 치료기기의 크기와 중량을 최소화하여 사용자가 항상 휴대하게 한 후 언제, 어디에서나 질병 및 건강을 모니터링하고, 위험상황을 미리 예측하여 통지할 수 있게 만든 시스템이다.

따라서 이 시스템을 이용하면 응급상황이 발생했을 때 자동으로 구조요청을 하고 경우에 따라 치료까지 가능하다.

현재까지의 헬스케어 시스템들은 유선으로 연결된 시스템을 이용해서 건강을 진단했다. 하지만 최근에는 기존의 유선방식과는 달리 사용자가 의식하지 않는 상황에서 건강상태를 모니터링하기 위해 모바일 기술을 기반으로 하고 있다. 즉, 유비쿼터스 컴퓨팅 기술과 헬스케어 기술을 접목한 유비쿼터스 헬스케어 기술이 크게 발전할 것이다.

현재의 의료 서비스는 특정 장소(병원)에 한정하여 의료진을 중심으로 대형의 실험실 장비를 이용한다. 하지만 앞으로 실현될 유비쿼터스 헬스케어 기술을 융합시켜 유비쿼터스 헬스케어로 발전할 것이다. 그래서 미래에는 언제, 어디에서나 무선 인터넷과 모바일 환경에서의 질병 및 건강상태를 모니터링하는 것이 가능해진다.

(2) 유비쿼터스 헬스케어 시스템

유비쿼터스 헬스케어 시스템은 크게 '센서 노드'와 '베이스 스테이션', 그리고 생체정보를 디스플레이할 수 있는 'PC/PDA'로 구성된다.

환자의 몸에 부착된 센서 노드에 대한 생체정보는 BAN(Body Area Network)를 통해 기지국으로 전달된다. 그리고 이렇게 전달된 생체정보는 인터넷이나 IEEE 802.11 무선랜을 통해 PC나 PDA에 디스플레이된다. 환자의 몸에 부착된 센서(심전도, 혈압, 체온, 산소포화도 등)는 병원에서 무구속, 무자극 형태로 생체정보를 센싱하여 병원의 데이터베이스 서버로 전송된다. 그러면 병원의 의사나 간호사는 전송된 생체정보를 바탕으로 환자를 치료하는 것이다. 이러한 시스템을 구축하면 환자는 언제, 어디에서나 자신의 몸상태를 검진할 수 있다. 또한 수시로 건강상태를 체크해서 몸상태를 검진할 때 축적된 데이터를 바탕으로 이전의 건강상태 데이터까지 참고하여 좀더 정확하게 검진할 수 있다.

센서 노드들 간의 BAN은 센서 노드들의 구성범위 인체로 한정된 초근거리망 통신 기술을 기반으로 하는 센서 네트워크를 의미한다. 그리고 개인영역 통신망인 PAN(Personal Area Network)보다 더 작은 범위의 영역을 말한다. PAN은 대개 10m 안팎의 개인영역 안에 있는 정보 기술 장치들 간의 상호 통신을 말한다.

유비쿼터스 헬스케어용으로 사용하는 생체 센서의 종류는 매우 다양하다. 그래서 심전도, 맥박, 체온, 혈압, 혈중 산소포화도 등 사용자의 몸상태에 대한 파라미터를 통해 예방 및 진단이 가능하다. 유비쿼터스 헬스케어를 위한 생체 센서의 종류는 〈표 1-4〉와 같다.

〈표 1-4〉 생체 센서의 종류

생체 신호	종 류
전기신호	심전도, 호흡, 체지방, 스트레스, 요실금
자기신호	심자도
호기가스	폐활량, CO_2, O_2
광학신호	SpO_2, 체온, 맥파, 체지방, 혈당, 레이저 치료
압력신호	혈압, 요실금
초음파신호	혈압, 요실금, 심음, 미용

6) 스마트 오피스/빌딩 관리 시스템

- 쾌적한 환경, 효율적인 에너지 사용, 구조물의 안전 등과 관련된 정보를 수집
- 침입/화재와 같은 긴급 상황으로 판단시 관련 기관에 경보를 전달, 피해 미연방지

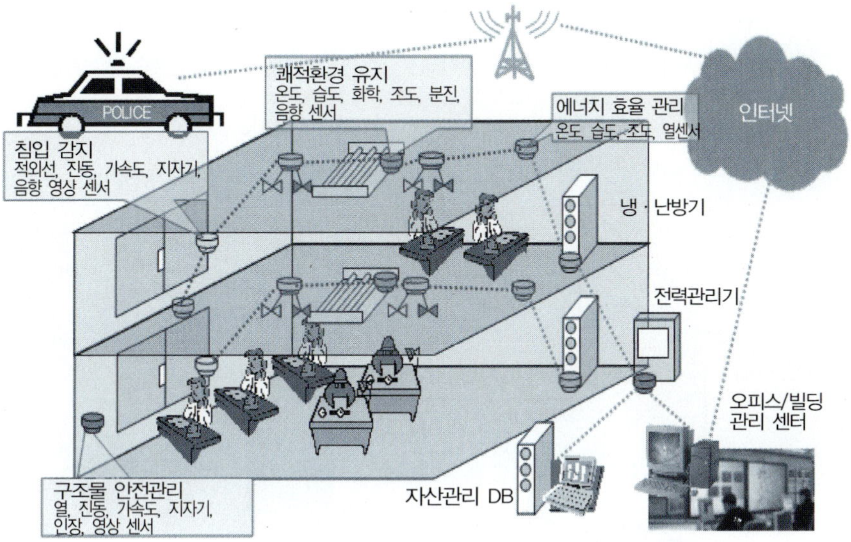

[그림 1-17] 스마트 오피스/빌딩 관리 시스템

7) 도로 환경 모니터링 시스템

- 사고 다발지역 등지에 기상 변동에 따른 도로 노면 상태 모니터링
- 도로상태 정보 실시간 확인 가능, 사고 예방 및 제설 작업 등 신속한 조치

(1) 텔레매틱스

이제 자동차를 운전하면서 인터넷에 접속도 하고 사무도 볼 수 있는 텔레매틱스(telematics) 시대가 도래하고 있다.

텔레매틱스는 '통신'을 의미하는 'telecommunication'과 '정보과학'을 의미하는 'informatics'가 결합된 용어이다.

텔레매틱스는 위치정보와 무선통신망을 이용하여 자동차 운전자에게 교통을 안내하고, 긴급구조 정보와 원격차량 진단 서비스를 제공하며, 동승자에게 인터넷이나 영화 또는 게임 등 인포테인먼트(infortainment) 서비스를 제공하는 '차량용 멀티미디어 서비스'를 말한다.

따라서 텔레매틱스 서비스가 실현되면, 유 · 무선통신 및 방송망을 통해 자동차를 사무실과 가정에 이어 제3의 인터넷 공간(connected car)으로 재구성할 수 있을 것이다. 그래서 이종(異種) 통신 및 방송망과 지능형 단말기를 통해 홈네트워크나 사무자동화 등과 연계하여 가정과 사무실에서 이용하는 서비스를 자동차에서도 이용할 수 있다.

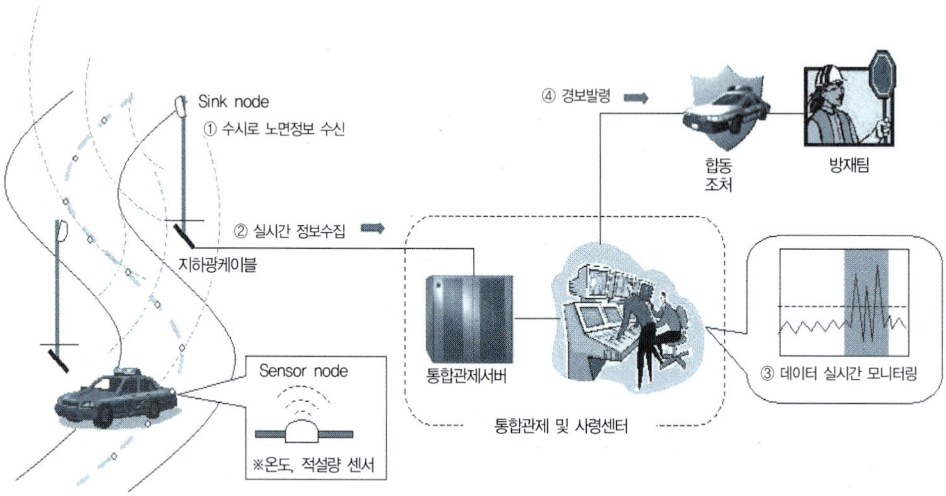

[그림 1-18] 도로 환경 모니터링 시스템

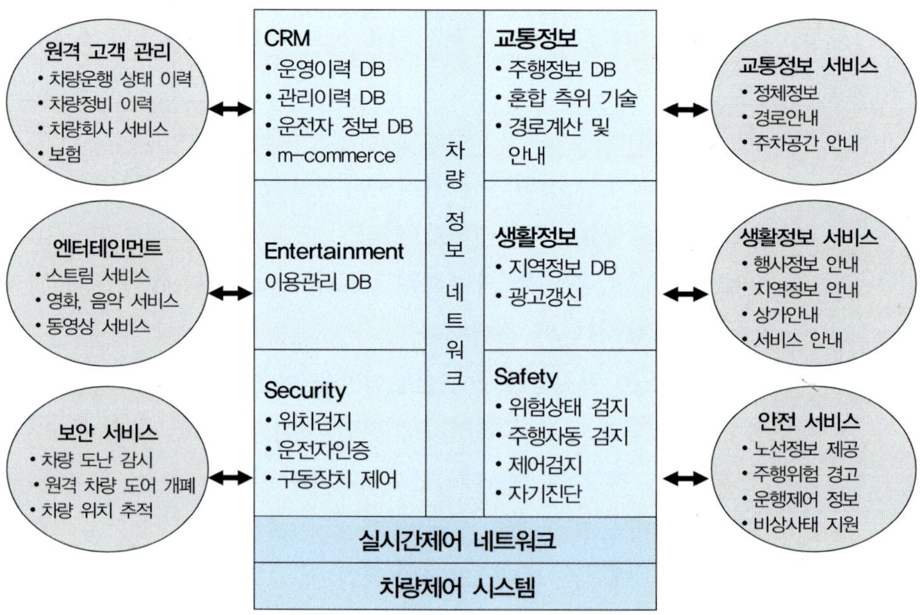

[그림 1-19] 텔레매틱스의 구성

텔레매틱스 시대에는 운전석에 앉아 인터넷과 비즈니스도 척척할 수 있다. 이 서비스가 본격화되면, 시간과 장소에 구애받지 않고 비즈니스를 할 수 있어서 일상생활에서 자동차가 차지하는 비중이 더욱 커질 것으로 예상이 된다. 텔레매틱스는 자동차에서 인터넷 등 외부세계와 접속해 운전 외에도 다양한 작업을 할 수 있게 하므로 자동차를 더 이상 이동수단으로만 머물게 하지 않을 전망이다. 결국 '자동차의 사무실' 화가 실현되는 것이다.

앞으로 내비게이션, PC 게임기, 인터넷, 전자메일, 차량고장 진단, DVD 플레이어, MP3, CDP, 라디오, 텔레비전 등에 텔레매틱스 서비스를 이용할 전망이다.

최근에는 국내 기업들이 홈네트워크 기술과 텔레매틱스 기술을 조합해서 달리는 차에서 집 현관문이나 전등 등을 제어하는 기술을 개발하고 있다.

우리나라에서 텔레매틱스가 크게 주목받는 이유 중의 하나는 이제까지 서로 다른 산업이었던 세계적인 수준의 자동차산업과 정보통신산업이 융합되어 시너지 효과를 극대화할 수 있는 새로운 개념의 부가가치 서비스를 창출할 수 있기 때문이다. 특히 우리나라는 이동통신 서비스 이용률이 높고, 인터넷과 자동차가 빠르게 보급되었기 때문에 텔레매틱스 서비스를 활성화하기 위해 필요한 매우 유리한 여건을 가지고 있다. 이렇게 텔레매틱스를 이용하면, 자동차산업의 경쟁력강화를 통한 새로운 마케팅 기회와 수익도 제공할 수 있다. 뿐만 아니라 성장정체 상태에 이른 이동통신 사업자에게 새로운 사업기회 및 발전가능성도 제공할 것으로 기대하고 있다.

(2) LBS를 응용한 표적 마케팅

위치 기반 서비스(LBS : Location Based Service)는 이동 중인 사용자에게 위치와 관련된 정보를 제공하면서 부가가치를 창출할 수 있는 정보까지 제공하는 서비스이다.

LBS는 'L－커머스(Location-Based Commerce)'의 약자로서 휴대폰이나 PDA 등의 이동통신 단말기의 위치를 기반으로 개인의 위치정보를 이용해 광고하고, 현장에서 각종 상품을 구매하게 만드는 상거래를 말한다. 예를 들어 서울 종로의 한 식당에서는 LBS를 활용하여 12시 10분 전에 식당에서 500m 안에 있는 휴대폰 소지자에게 식당의 메뉴를 SMS로 보내는 광고를 할 수 있다.

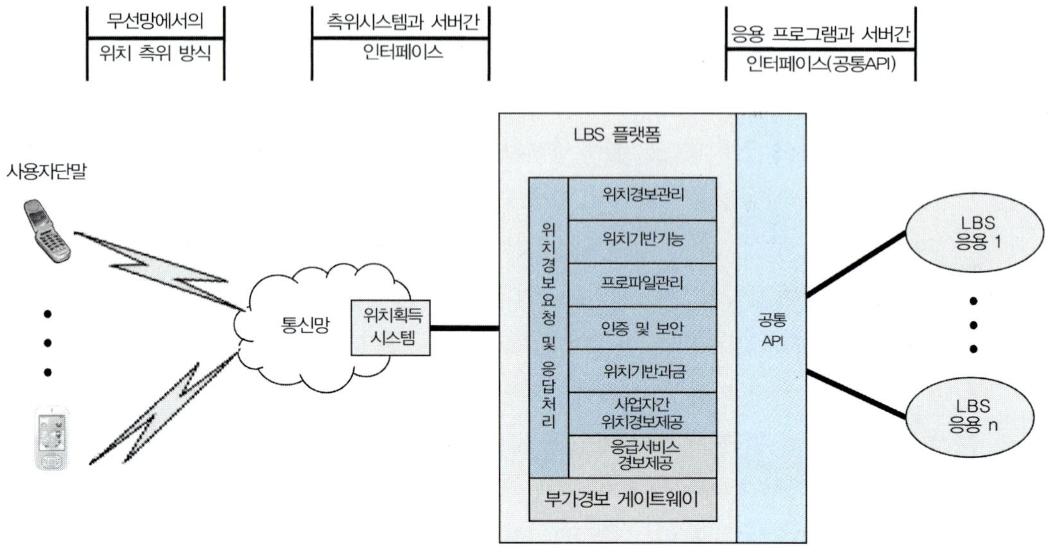

[그림 1-20] 위치기반 서비스의 구성

LBS가 급속하게 확대되면서 이러한 서비스가 광고, 게임, 엔터테인먼트, 보안, 전자상거래 등에 결쳐 산업 전반으로 크게 확산될 것이라고 전망되고 있다. 이러한 흐름 속에 모바일을 이용한 상거래인 M-커머스의 장점인 이동성과 특정한 장소, 특정한 시간대의 고객만 상대하는 1대 1마케팅을 충분히 활용할 수 있게 해준다.

차를 몰고 직장으로 가던 중 특정 지역에 들어서자 휴대폰 배경화면이 갑자기 바뀌면서 그 지역 캐릭터와 함께 특산물이 소개된다. 그리고 휴대폰에 뜬 화면을 보여주면 구매할 때 쿠폰을 제시한 것처럼 할인을 받을 수 있다.

8) 도시환경 통합관리 시스템

- 아파트 단지나 빌딩의 상하수도, 가로등, 가로수, 기타 전기 시설 등을 제어하는 센서 노드를 설치하여 관리부서에서 실시간 모니터링 제어
- 에너지 절감 및 효율적인 단지 운영 관리 가능

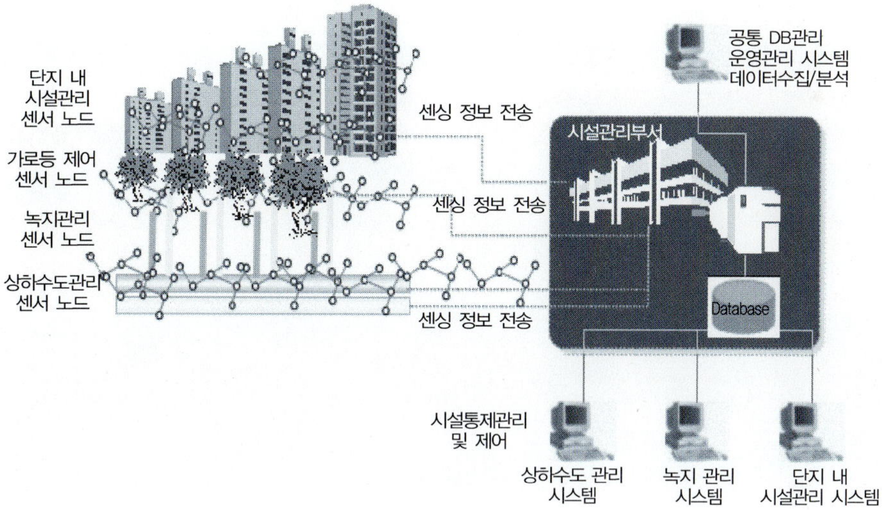

[그림 1-21] 도시환경 통합관리 시스템

제2장
유비쿼터스 센서 네트워크의 프로토콜

2.1 유비쿼터스 센서 네트워크의 프로토콜

1. USN 프로토콜 특성

센서 네트워크는 센서가 취득한 정보를 무선 전송할 수 있는 통신기능을 가진 노드인 센서 노드들이 [그림 2-1]처럼 애드 홉(Ad-hoc)방식으로 상호 연결된 무선 통신망을 일반적으로 센서망이라고 한다. 특히, 수집된 정보가 모이는 노드를 싱크(sink)노드라고 부르며, 데이터는 이 노드를 거쳐 인터넷상에 있는 서버 등으로 전달된다.

현재 이러한 센서망의 구성을 위해 사용되는 대표적인 프로토콜은 IEEE802.15.4 LowRate WPAN 표준과 ZigBee 표준이지만 상용화 수준의 센서망을 구성하기 위해서는 많은 보완이 이루어져야 한다.

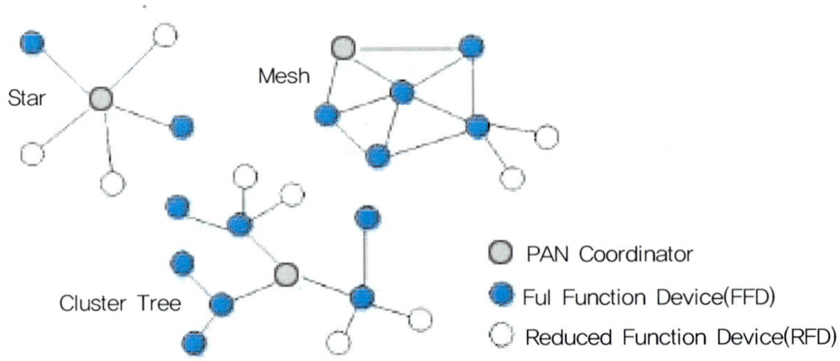

[그림 2-1] 센서망 구성의 종류

IEEE802.15.4 LR-WPAN의 프로토콜 특성은 아래와 같다.

- 저속 (최대 250Kbps)
- CSMA/CA 및 GTS기능 제공
- 저전력 (sleep구간 설정)
- 최소의 프로토콜 스택
- 최대 65,000개의 노드로 망을 구성

그리고 ZigBee 기술은 IEEE 15.4를 활용하여 망계층 및 라우팅 기술, 그리고 보안기술 및 응용계층 등의 상위계층 기술을 말한다.

무선 LAN, 블루투스, 802.15.4 USN의 특징을 비교한 것이다. 이 표를 분석하면 다음과 같다. 즉, Bluetooth(802.15.1)는 최초로 표준화된 저속데이터 전송방식이지만 QoS를 지원하기 위한 복잡성에 의해 가격이 비싸고 전력소모가 큰 단점이 있다. 반면에 ZigBee는 더 짧은 패킷을 더 저속으로 전송하며, 겨우 8개의 노드로 구성되는 블루투스에 비하여 65,000개 이상의 큰 망을 지원한다. 하지만 저속의 전송속도와 전력소모 절약을 위하여 ZigBee는 새로운 종속부(slave)가 망에 접속하려면 30ms의 지연을 겪으며, 노드가 sleeping에서 active할 때까지 보통 15ms정도 소요된다. 반면에 블루투스는 접속시 3초, 전송지연은 2ms에 불과하다. 또한 ZigBee의 경우 배터리의 수명이 긴 이유는 대부분의 시간을 거의 전력소모가 없는 sleep 상태에 머물도록 하였기 때문이다. 예를 들어, 전력검침용 센서 노드는 한달에 한번만 잠깐 깨어나 보고하도록 되어 있다.

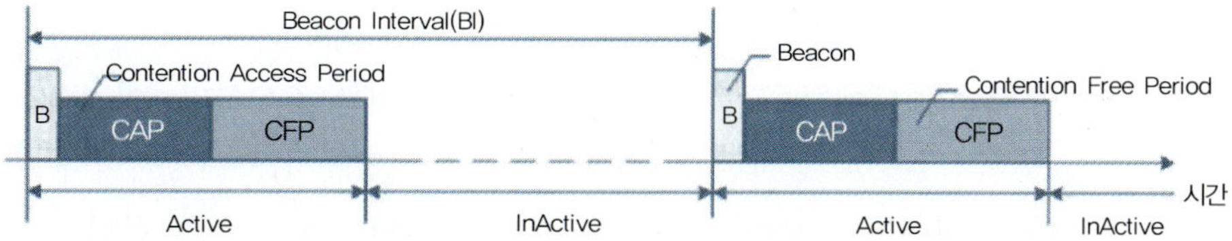

[그림 2-2] 802.15.4의 싸이클

센서망은 [그림 2-1]과 같이 다양한 망구조를 가질 수 있다. 노드와 PAN coordinator간 연결로 구성된 스타망, 코디네이터(coordinator)까지 전달되기 위해서는 다른 노드를 경유하는 트리망, 마스터 코디네이터(coordinator)없이 각 노드가 라우팅하는 메쉬망에 결합된 센서 노드로부터의 데이터를 목적지까지 무선으로 전달하는 등 다양한 망구조를 가진다.

센서망을 구성하는 노드들은 각각의 용도 및 특성에 따라 다양하게 사용할 수 있다. 아래와 같이 노드들을 분류해서 사용하는 이유는 단순히 센서를 통해 정보를 수집해서 전달만 하는 노드와 정보 수집 외에도 다른 노드들에게 정보를 전달하는 라우팅 기능과 망을 구성하기 위해 필요한 다양한 정보들을 갖기 위해 많은 리소스를 필요로 하는 등 각 디바이스의 역할이 다르기 때문이다.

- FFD(Full Function Device) : 큰 메모리, 큰 컴퓨팅 파워, 큰 배터리 또는 일반 전원을 갖으며, 모든 기능을 가지는 노드로 PAN Coordinator, Cooridnator, 종단장치 등 모든 기능을 가진다.
- RFD(Reduced Function Device) : 작은 배터리, 작은 메모리, 제한된 컴퓨팅 파워를 갖으며 일부 기능만을 갖는 종단장치로만 동작할 수 있다.
- PAN Coordinator : 센서망(PAN)을 구성에 필요한 대표 노드로 망 전체를 구성하고 관리하는 역할을 하는 FFD이다. 일반적으로 배터리가 아닌 일반 전원을 공급받는다.
- Coordinator(Cluster Head) : 작은 망이 여러 개 모인 큰망에서 작은 망을 구성하는 대표 노드로 종단장치의 정보를 받아 PAN Coordinator에게 데이터를 중계하는 역할을 한다. 배터리로 동작하는 FFD이다.

이러한 센서망은 동작 주파수에 따라 868MHz대역에서는 변조 방식에 따라 20, 100, 206kbps를 지원하고, 915MHz대역에서는 40kbps 및 250kbps, 그리고 2.45GHz대역에서는 250kbps를 지원한다.

2. 센서망에서 전원절약 방법

무선 시스템에서는 수신도 송신처럼 에너지를 소모한다. 이러한 전력소모는 배터리를 전원으로 장시간 동작해야 하는 센서망에서는 치명적이다. 무선 시스템입장에서 에너지 소모를 야기하는 요소를 살펴보면 다음과 같다.

- 충돌(Collision) : 2개 이상이 패킷이 한 채널에 동시에 전송되어 전송 패킷에 오류가 발생하여 재전송으로 인한 쓸데없는 에너지 낭비 초래
- Overhearing : 다른 노드로 가는 패킷을 쓸데없이 수신하여 에너지 낭비 초래
- Idle listening : 아무도 송신 중이 아닌데도 쓸데없이 수신 대기하면서 에너지 낭비 초래
- Protocol overhead : RTS/CTS/SYNC 등의 제어메시지 송수신에 의한 에너지 낭비 초래 이러한 에너지소모 요소를 고려하여 센서 노드용 MAC은 자신이 송신하거나 수신할 때만 깨어나고, 나머지 시간에는 sleep하여 전원을 절약하는 기능을 기본적으로 지원한다.

비컨 메시지를 통해 Active/InActive 구간의 길이와 CAP(Contention Access Period), CFP(Contention Free Period) 등을 설정하게 된다. InActive기간이 길고, Beacon Interval이 길수록 노드가 sleep하는 시간이 길어지기 때문에 노드의 수명은 늘어난다. 하지만 패킷 전달에 필요한 시간이 늘어나고, 실시간으로 급하게 전송해야 하는 데이터의 경우에는 불리할 수 있다.

최근까지 전원절약 및 노드간 지연을 단축하는 특성을 가진 Sensor Network용 MAC이 수십 가지 이상 발표되었는데, 802.15.4 MAC외에도, PAMAS(Power Aware Multiple Access), Sensor MAC(S-MAC), Adaptive SMAC, Timeout MAC(T-MAC), Berkeley-MAC(BMAC), Dynamic Sensor MAC(DSMAC), Traffic-Adaptive MAC(TRAMA), SMACS(Self-organizing MAC for Sensor network), Power Aware Clustered

TDMA(PACT), Low-Energy Adaptive Clustering Hierarchy(LEACH), Sparse Topology and Energy Management(STEM), Triggered wakeup MAC 등이 있다.

2.2 유비쿼터스 센서 네트워크의 라우팅 프로토콜

1. 무선 센서 네트워크에서의 라우팅 프로토콜

기존 통신 인프라가 없는 무선 센서 네트워크로부터 정보 수집을 위해서는 센서 노드들간의 무선 Ad-hoc 네트워킹 능력이 필요로 되는데, 기존 무선 Ad-hoc 네트워크를 위해 제안된 라우팅 프로토콜은 무선 센서 네트워크가 가지는 특성들로 인해 적용하기에 적합하지 않다. 그러므로 무선 센서 네트워크의 자가 구성적 능력, 제한된 전력과 데이터 중심적 특성을 고려한 무선 Ad-hoc 라우팅 기법이 요구된다.

본 교재에서는 기존 무선 Ad-hoc 라우팅 프로토콜을 무선 센서 네트워크에 적용할 수 없는 이유를 기술하고, 무선 센서 네트워크를 위해 제안된 라우팅 프로토콜들을 소개한다.

2. 라우팅 프로토콜 개요

센서 기술, MEMS 기술, 저전력 전자공학 기술, 저전력 RF 설계 기술 등의 발달로 무선 네트워크를 통하여 연결될 수 있는 소형, 저가, 저전력의 센서 노드들이 개발되어 왔다. 이러한 센서 노드들은 센싱, 데이터 처리, 통신 컴포넌트들로 구성된다. 매우 많은 수의 센서 노드들이 현상의 내부나 매우 밀접한 지역에 조밀하게 배치된 무선 센서 네트워크를 형성하여 헬스, 군사, 홈네트워크, 환경 감시, 공장 관리, 재난 감시 등의 다양한 응용에 적용될 수가 있다.

무선 센서 네트워크에서 센서 노드의 위치는 미리 결정될 필요가 없으므로, 접근이 어려운 영역이나 재난 구조를 위한 응용을 위해 임의로 배치될 수 있다. 그러므로, 센서 네트워크 프로토콜은 자가 구성(self-organizing) 능력을 가지며 센서 노드들이 서로 협력하여 동작한다.

무선 센서 네트워크는 [그림 2-3]과 같이 센서 노드들이 배치된 센서 필드(sensor field)와 센서 필드와 외부망을 연결하는 싱크(sink)로 구성된다. 즉, 사용자나 응용은 싱크를 통하여 센서 필드에 질의를 전달하거나 센서 필드에서 수집된 데이터를 전달받을 수 있다.

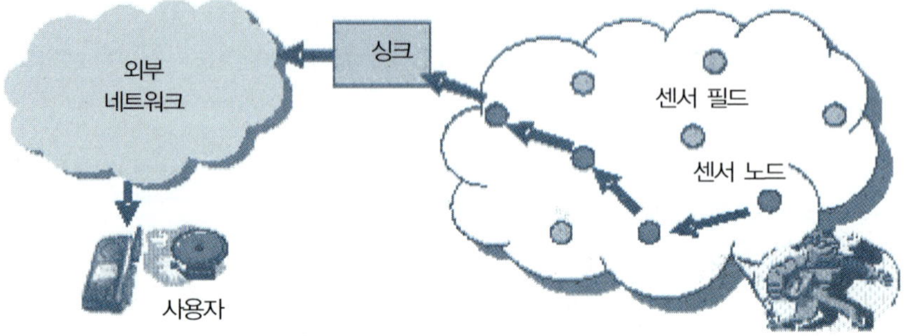

[그림 2-3] 무선 센서 네트워크의 구조

무선 센서 네트워크에서는 응용의 관심 현상 영역에 수많은 센서 노드들이 미리 결정된 형태없이 배치될 수 있고 근접한 센서 노드들이 유사한 정보를 감지하는 특성에 의해 임의의 센서 노드의 동작이 실패하거나 기능이 소멸되는 경우에도 네트워크의 전체적인 동작에는 영향을 미치지 않는 장점을 가진다. 그러나 무선 매체의 저속, 오류가 심한 전송 특성 및 제한된 전원 공급, 센서 노드의 임의 배치로 인한 교체 불가능 등의 문제점을 가진다. 그러므로 이러한 무선 센서 네트워크를 위한 프로토콜은 에너지 소비를 네트워크 전체에 분산시켜 전체적 시스템의 수명을 증가시키는 방향으로 설계되어야 하며, 센서 네트워크의 동적인 변화에 빠르게 대응할 수 있어야 한다.

3. 무선 Ad-hoc 라우팅 프로토콜과 센서 네트워크 라우팅 프로토콜의 차이

기존 무선 Ad-hoc 네트워크를 위해 제안된 라우팅 프로토콜은 다음과 같은 이유로 무선 센서 네트워크에 적용하기에 적합하지 않다.

- 기존 무선 Ad-hoc 네트워크에서의 노드 수보다 센서 네트워크의 노드 수가 여러 차수 이상 많다.
- 센서 노드들은 조밀하게 분포되고, 실패하기 쉽다.
- 센서 네트워크의 토폴로지는 매우 빈번하게 변화한다.
- 센서 노드들은 주로 방송(broadcast) 방식의 통신에 기반을 두지만, 대부분의 Ad-hoc 네트워크는 점대점(point-to-point) 방식의 통신에 기반을 둔다.

- 센서 노드들은 제한된 전력, 연산 능력, 메모리를 가진다.
- 무선 센서 네트워크는 데이터가 특정 노드로 요청되지 않고, "어떤 지역의 기온이 20도인가?"와 같이 특성에 기반을 두고 데이터가 요청되는 데이터 중심적(data centric) 특성을 가진다.
- 무선 센서 네트워크는 데이터 중심적 특성을 가지면서 특정 노드간 라우팅이 필요하지 않으므로, 유일한 식별자를 기반으로 한 라우팅 기법은 적합하지 않다.
- 인접한 센서 노드들이 유사한 데이터를 가지므로, 각 센서 노드들이 데이터를 각각 전송하는 것보다 전송 전에 데이터들을 모아서 전송하는 방법이 효과적이다.
- 응용에 따라 네트워크 요구 사항이 변하는 응용 특정적(application-specific) 특성을 가진다. 따라서, 무선 센서 네트워크를 위한 라우팅 프로토콜은 위에 언급된 차이점을 고려하면서 다음의 부가적인 특성들을 수용하여야 한다.
- 무선 센서 네트워크에서는 감지될 물리적 파라미터를 지시하는 속성 기반 어드레싱이 일반적으로 사용된다.
- 대부분의 데이터가 위치에 기반을 두고 수집되므로, 노드들이 필요할 때마다 그들의 위치를 알 수 있도록 하여 위치를 기반으로 한 라우팅이 가능하도록 한다.

1) 무선 센서 네트워크의 라우팅 프로토콜

무선 센서 네트워크의 라우팅 기법은 응용에 따른 센서 네트워크의 종류에 따라 그 효율성이 영향을 받게 된다. 무선 센서 네트워크는 크게 다음과 같이 두 종류로 나뉜다.

(1) 사전적 네트워크(proactive network)

노드들이 주기적으로 센서와 송신부의 스위치를 켜서 환경을 감시하고, 응용의 관심(interest)에 속하는 데이터를 전송한다. 그래서 주기적인 간격으로 네트워크의 상태를 파악할 수 있도록 하므로, 주기적인 데이터 감시를 요하는 응용에 적합하다.

(2) 반응적 네트워크(reactive network)

노드들이 연속적으로 환경을 감지하여 감지된 속성값의 갑작스런 변화에 즉시 반응한다. 그래서 이는 침입 탐지나 폭발 탐지와 시간 임계적인 응용에 적합하다.

이러한 무선 센서 네트워크에 적용될 무선 Ad-hoc 라우팅 기법은 크게 평면 라우팅(flat routing)과 계층적 라우팅(hierarchical routing) 프로토콜로 나뉘어진다.

평면 라우팅은 네트워크 전체를 하나의 영역으로 간주하여 모든 노드들이 동등하게 라우팅에 참여할 수 있고 멀티홉 라우팅을 특징으로 한다. 반면에, 계층적 라우팅은 네트워크를 클러스터링을 기반으로 한 다수의 영역으로 분할하여 각각의 영역내 특정 노드에 헤드의 역할을 부여하여 라우팅을 수행하도록 한다.

2) 센서 네트워크를 위한 평면 라우팅 프로토콜

기술된 센서 네트워크의 특징을 고려할 때 기존의 무선 Ad-hoc 평면 라우팅 프로토콜을 채택할 경우, 다음과 같은 문제점을 가진다.

요구 기반(on-demand) 방식을 적용할 경우 수백에서 수천 개의 노드들이 경로를 찾기 위한 경로 요청 메시지들이 발생하게 되어 많은 에너지가 소비되고, 많은 지연이 발생하게 된다. 테이블 기반(table-driven) 방식에서는 센서 노드가 네트워크내 수많은 노드까지의 경로를 유지하는데 한계가 존재한다. 즉, 센서 노드의 메모리 용량이 수백 KB 정도이므로, 수백 개에서 수천 개에 이르는 노드들에 대한 정보를 가진 라우팅 테이블을 유지하고 관리하는 것은 사실상 힘들다.

그러므로 속성 기반 어드레싱, 에너지 소비의 분산, 수집 정보의 전달 과정에서 인접한 노드간의 유사한 정보의 중복 전달로 인한 에너지 낭비를 줄이기 위한 "데이터 모음(data aggregation)" 등을 수용한 간단한 평면 라우팅 알고리즘이 필요하다. 다음 세부 절에서 센서 네트워크를 위해 제안된 대표적인 평면 라우팅 기법을 살펴보기로 한다.

(1) 방향성 확산(Directed Diffusion)

방향성 확산(Directed Diffusion)은 싱크의 질의 방송에 기반을 둔 데이터 중심적 라우팅 기법으로 질의 유포 및 처리 응용에 적합한 특성을 가진다. 방향성 확산(Directed Diffusion)의 동작이 [그림 2-4]에 보여진다.

방향성 확산(Directed Diffusion)에서 해당 응용에 대한 질의는 속성과 값의 쌍으로 구성되는 interest로 표현된다. Interest는 싱크에서 시작되어 네트워크 전체에 유포되고, 데이터 요청 노드로 질의에 부합하는 데이터를 전송하기 위한 경사(gradient)가 설정된다. 이때, 데이터는 다중 경로를 통해 요청 노드로 전송된다. 더 이상의 플러딩을 막기 위해 경로들 중 전송 품질이 좋은 몇 개의 경로들이 강화(reinforcement)되어 강화된 경로를 통해 데이터 전송이 이루어진다. 방향성 확산의 이러한 정보 검색 방법은 요청 노드가 일정 기간 동안 질의에 부합하는 데이터를 요구하는 지속성 질의(persistent query)에 적합하다. 그러나 경로를 단지 한번만 사용하는 형태의 질의에는 적합하지 않은 특성을 가진다. 또한, 이 프로토콜에서는 전송 경로의 중간 노드에서 데이터가 모아지므로 인접 노드들이 유사한 데이터를 가지는 센서 네트워크의 특성을 완전하게 이용하지 못한다.

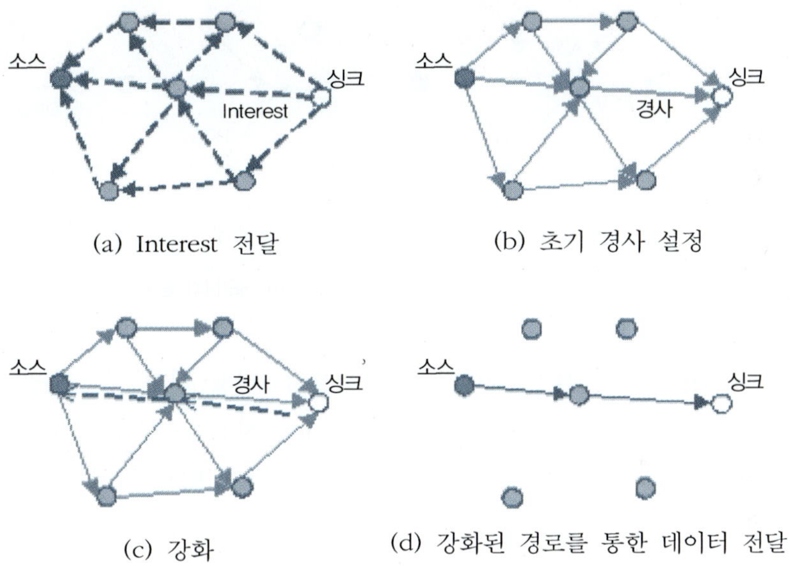

[그림 2-4] 방향성 확산(Directed Diffusion)의 동작

(2) SPIN

SPIN(Sensor Protocols for Information via Negotiation)은 협상과 자원 적응에 의해 플러딩의 결함을 처리하기 위해 설계된 것으로, 센서 노드가 데이터에 대해 광고하고, 싱크로부터 요청을 기다리는 형태의 데이터 중심점 라우팅 기법이다. 이는 센서 노드가 데이터를 방송하는 대신 센서 데이터를 기술하는 메타 데이터를 전송하여 보다 효율적으로 동작하고 에너지를 보존하도록 한다. [그림 2-5]에 SPIN의 동작이 보여진다.

SPIN은 ADV, REQ, DATA 등의 세가지 메시지를 가진다. 센서 노드는 메타 데이터를 가지는 ADV 메시지를 방송한다. ADV의 메시지를 수신한 이웃 노드가 데이터에 대한 관심을 가지고 REQ 메시지를 전송하면, 해당 이웃 노드를 위한

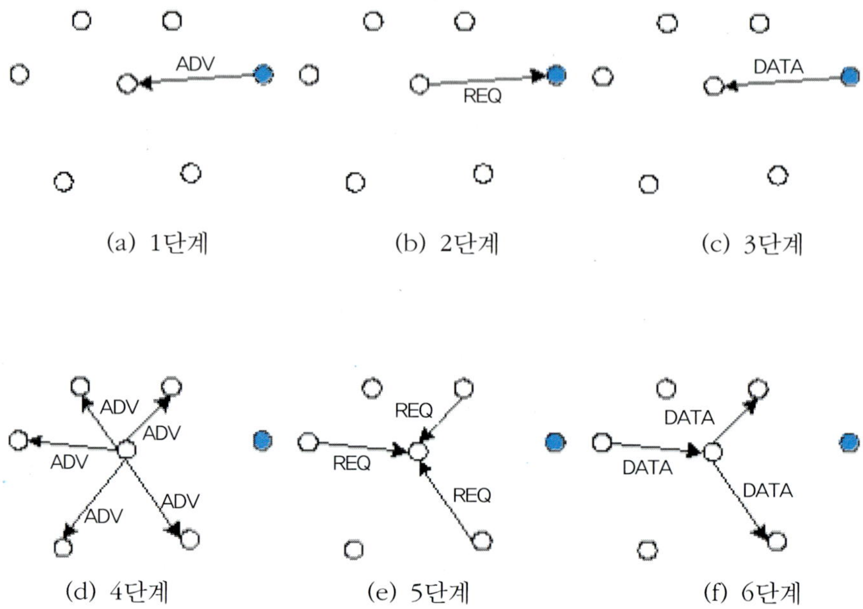

[그림 2-5] SPIN의 동작

DATA 메시지를 전송한다. 결과적으로, 전체 센서 네트워크에서 해당 데이터에 관심있는 센서 노드들은 데이터에 대한 사본을 얻게 된다.

SPIN은 가까이 있는 노드들이 유사한 데이터를 가지는 속성을 활용하여 다른 노드가 가지지 않는 데이터만을 분배하도록 한다. 또한, 사전적으로 동작하여 사용자가 데이터를 요청하지 않은 경우에도 네트워크 전체에 정보를 분산시킨다.

(3) SAR

SAR(Sequential Assignment Routing)에서는 라우팅 결정을 위해 각 경로에 있는 에너지 자원과 QoS 그리고 각 패킷의 우선 순위를 고려한다. 트리 구조의 다중 경로가 설정되어, 특정 경로가 실패하는 경우에도 경로 재계산을 위한 오버헤드가 없다. 각 노드에서 싱크까지의 다중 경로를 설정하기 위하여 싱크의 1홉 이웃들을 시작으로 낮은 QoS와 에너지 보유량을 가지는 노드들을 피하면서 구성된 다중 트리가 형성된다. 트리 설정 절차가 끝나면, 각 노드는 다중 경로에 속하게 되고, 각 노드는 싱크로 메시지를 전달할 트리를 선택할 수 있게 된다. 각 노드마다 다음 두 개의 파라미터가 싱크를 향한 각 경로(트리)와 연관된다.

- Energy resources : 해당 센서 노드가 경로를 독점하여 사용할 경우 전송할 수 있는 패킷수
- Addictive QoS metric : 해당값이 높을수록 낮은 QoS를 의미

SAR에서는 addictive QoS metric과 패킷의 우선 순위와 관련된 가중치(weight) 계수의 곱인 weighted QoS metric을 계산하여 이의 평균값을 네트워크의 생존 기간 동안 최소화시키고자 한다. 위상 변화에 반응하기 위하여 주기적인 경로 재계산이 싱크에 의해 시작된다. 실패에 대한 복구는 이웃 노드간의 핸드쉐이킹 절차를 통해 이루어지고, 지역 경로 복구 기법도 사용된다. 또한, 지역적인 협력 정보 처리를 위한 Single Winner Election(SWR)과 Multi Winner Election (MWE) 기법이 사용된다.

(4) 최소 에너지 경로를 따른 데이터 전송

이 최소 에너지 경로를 따른 데이터 전송(Minimum Cost Forwarding Algorithm for Large Sensor Networks)기법은 센서 네트워크에서 데이터 흐름이 항상 싱크를 향한 방향으로 이루어지는 특성을 이용하였다. 이 기법에서 센서 노드는 유일한 ID나 메시지를 전송할 라우팅 테이블을 가질 필요 없이 싱크까지의 최소 비용 측정치만을 관리한다.

최소 비용 측정치를 관리하는 동작은 다음과 같다.

싱크에서 비용이 0으로 설정된 광고 메시지를 방송한다. 각 노드는 초기에 무한대로 설정된 측정 집합을 가진다. 노드가 광고 메시지를 수신하여 메시지의 측정치와 해당 메시지를 수신한 링크의 비용의 합이 현재의 측정치보다 작다고 판단하면, 이 값으로 현재의 측정치와 광고 메시지의 측정치를 갱신한다. 새로운 비용 측정치로 광고 메시지가 갱신된 경우에만, 해당 광고 메시지를 전송하고, 그렇지 않은 경우에는 제거한다. 이러한 과정을 통하여 네트워크 전체에 비용 필드가 구성된다.

비용 필드를 기반으로 한 센서 노드의 데이터 전송은 [그림 2-6]과 같이 이루어진다. 비용 필드를 기반으로 각 노드는 전송될 각 데이터 메시지를 방송하고, 데이터 메시지를 수신한 노드는 자신이 소스 센서 노드와 싱크간의 최소 비용 경로에 있는지 체크하여, 해당하는 경우에만 메시지를 방송한다.

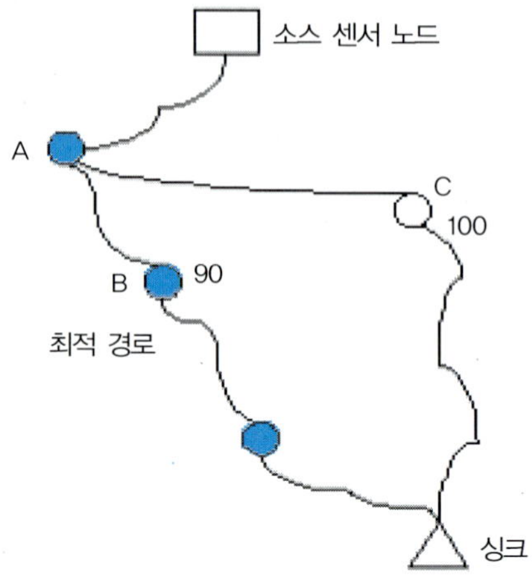

[그림 2-6] 최소 에너지 경로를 따른 데이터 전송

노드에서 여러 번의 갱신이 일어나거나 여러 번의 전송을 수행하고, 싱크에서 멀리 떨어진 노드들이 더 많은 갱신이 일어날 수 있는 점을 해결하기 위하여, 현재 비용 측정치를 갱신할 때 백오프 기법을 적용하여, 갱신 시간으로부터 광고 메시지를 수신한 링크 비용의 정수배의 시간이 경과한 후에 광고 메시지를 전송하도록 한다.

3) 유비쿼터스 센서 네트워크를 위한 클러스터링 기반 계층적 라우팅 프로토콜

무선 센서 네트워크에서 인접한 노드간의 유사한 정보의 중복 전달로 인한 에너지 낭비를 줄이기 위한 "데이터 모음(data aggregation)"이 필요하다는 특성을 고려할 때 클러스터링에 기반한 계층적 라우팅 기법이 많은 장점을 가진다. 즉, 로컬 클러스터를 형성함으로써 인접한 지역에서 발생한 사건에 대한 유사한 정보를 클러스터 헤드로 전송하고 클러스터 헤드가 데이터 모음을 수행하여 보다 에너지 효율적인 라우팅을 가능하게 하며, 요청된 질의에 대한 클러스터 헤드에 의한 전달로 비효율적인 질의의 플러딩을 막을 수 있다. 클러스터링 기반의 계층적 라우팅 기법에서는 다음과 같은 가정을 전제로 한다.

- 지속적인 전력이 공급되는 싱크가 모든 센서 노드에 직접 데이터를 전달할 수 있고, 수집 데이터의 저장 및 데이터 가공 등의 에너지 집약적인 기능을 수행한다.
- 센서 필드내의 센서 노드들은 같은 특성을 가지며, 초기에 같은 에너지가 부여된다.

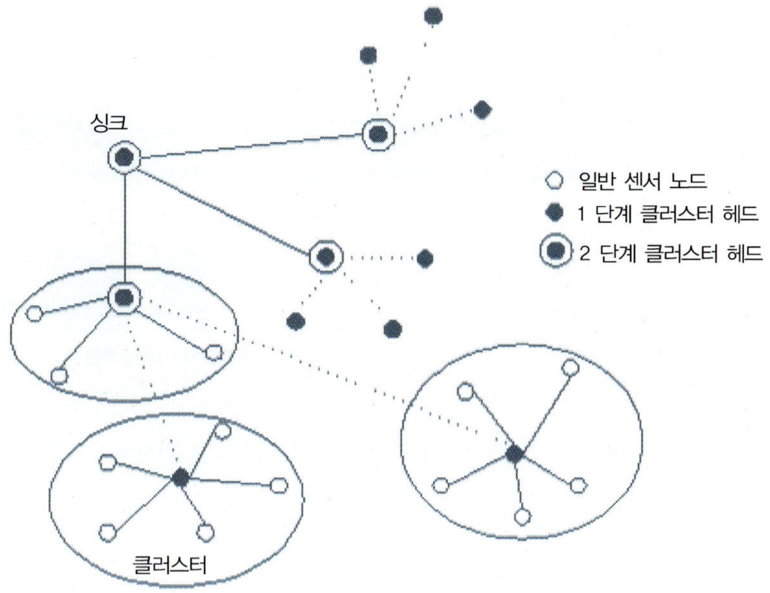

[그림 2-7] 계층적 클러스터링 기반 무선 센서 네트워크

클러스터링 기반 라우팅 프로토콜에서 센서 네트워크는 [그림 2-7]과 같이 구성된다. 즉, 클러스터라는 작은 영역들로 센서 네트워크가 분할되고, 각 클러스터에는 클러스터 헤더가 존재하여 클러스터 멤버로부터 데이터를 수집하고 이를 모아서 싱크로 전달하거나, 상위 계층 클러스터 헤드로 전달하는 역할을 한다.

다음에서 센서 네트워크를 위해 제안된 대표적인 클러스터링 기반 계층적 라우팅 기법을 살펴보기로 한다.

(1) LEACH

LEACH(Low-Energy Adaptive Clustering Hierarchy)는 클러스터링 기반 라우팅 기법으로, 클러스터 헤드가 클러스터의 멤버 노드들로부터 데이터를 수집하여 "데이터 퓨전"을 통해 데이터를 모아서 직접 싱크로 전달한다.

이 기법의 특징은 네트워크에 있는 모든 센서 노드들에 에너지 소비를 공정하게 분산시키기 위해 에너지 집약적인 기능을 하는 클러스터 헤드를 무작위로 순환시키고, 전체적인 통신 비용을 줄이기 위해 클러스터 헤드에서 클러스터내의 데이터를 모아 지역적으로 퓨전하는 것이다. 이를 위해 LEACH의 동작은 [그림 2-8]과 같이 라운드라는 시간 단위로 이루어진다.

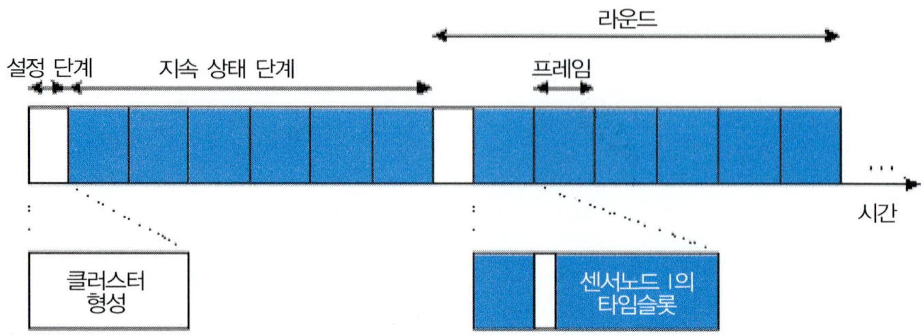

[그림 2-8] LEACH의 타임라인

각 라운드는 크게 클러스터가 구성되는 설정(setup) 단계와 여러 개의 TDMA 프레임으로 구성되는 지속 상태(steady-state) 단계로 이루어진다. 설정 단계의 시작에서 모든 노드는 자신이 현 라운드동안 클러스터 헤드가 될 수 있을지에 대해 이전 라운드들 동안 클러스터 헤드였는지의 여부와 이상적 클러스터 헤드 수에 기반을 두고 결정한다. 현 라운드동안 클러스터 헤드가 되기로 결정한 경우 이를 이웃 센서 노드들에 알린다. 이를 수신한 비클러스터 헤드 노드들은 수신 강도 등의 파라미터를 기반으로 클러스터 헤드를 결정하며, 이를 클러스터 헤드로 전송하여 클러스터가 구성된다. 클러스터가 형성되면 클러스터 헤드는 클러스터 멤버들의 데이터 전송 순서를 지시하는 TDMA 스케줄을 방송하고, 지속 상태 단계로 간다. 지속 상태 단계에서 각 클러스터 멤버 노드들은 자신의 전송 슬롯에서만 데이터를 전송하고 나머지 슬롯들에서는 sleep 모드로 가서 전력 소모를 줄인다. LEACH에서는 클러스터 내부에서는 TDMA를 사용하여 노드간 간섭을 피하고, 클러스터간의 간섭을 피하기 위하여 각 클러스터들이 서로 다른 확산 코드를 사용하는 방법을 채택한다.

LEACH의 성능은 매 라운드마다 일정한 수의 클러스터를 구성하고, 클러스터 헤드가 고르게 배치되는데 있으나, 자기 스스로 선출하는 방법으로는 이를 보장할 수가 없어, 싱크에서 센서 노드의 위치 정보와 에너지 보유량을 고려하여 클러스터 헤드와 클러스터를 결정하는 LEACH-C 기법도 제안되었다.

(2) TEEN

TEEN(Threshold sensitive Energy Efficient sensor Network protocol)은 센서 노드들이 주기적으로 전송할 데이터를 가지지 않는다는 점을 제외하고 LEACH

와 유사하게 동작한다. LEACH가 사전적 센서 네트워크에 적합한 특성을 가지지만, TEEN은 시간 임계적인 데이터를 처리한다는 점에서 반응적 센서 네트워크에 적합하다. TEEN은 LEACH의 클러스터 형성 기법을 사용하나, 데이터 전송 단계에서 [그림 2-9]와 같이 다른 방법을 사용한다.

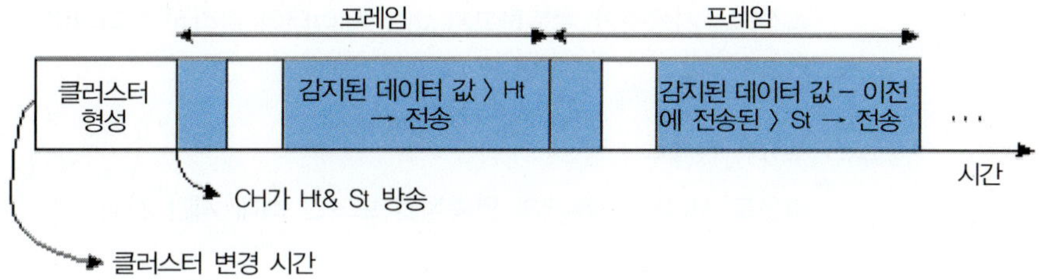

[그림 2-9] TEEN의 동작

TEEN에서 센서 노드들은 클러스터 결정시간에 클러스터 헤드가 방송한 임계값인 Ht와 St에 기반을 두고 현재 감지된 데이터를 전송할지를 결정한다. 즉, 감지된 데이터의 값이 처음으로 Ht 를 초과하면, 이를 저장하여 해당 시간 슬롯에 전송한다. 이후에는 감지된 데이터의 값이 저장된 값보다 St이상 큰 경우에 저장하고, 해당 시간 슬롯에 전송한다.

TEEN은 지진, 폭발 등과 같은 응용에서 요구되는 시간 임계적인 데이터가 실시간적으로 전달되고, 임계값이 클러스터 형성 결정 시간에 방송되므로 응용에 따라 사용자가 에너지 소비와 센서 네트워크 상태 판단의 정확성을 조절할 수 있다는 특징을 가진다. 반면에, 감지된 데이터의 값이 임계치에 도달하지 않는 경우 네트워크로부터 데이터를 얻어낼 수가 없어 모든 노드가 수명을 다한 경우에도 네트워크의 상태를 판단할 수 없고, 클러스터내에서 TDMA 스케줄링을 사용하여 시계 임계적 데이터의 보고에 지연을 가지며 모든 노드들이 해당 슬롯에 전송할 데이터를 가지는 것이 아니므로 자원이 낭비될 수 있다.

(3) APTEEN

APTEEN(Adaptive Periodic Threshold-sensitive Energy Efficient Sensor Network Protocol)은 사전적 센서 네트워크와 반응적 센서 네트워크의 한계점을 최소화하면서 둘의 장점을 통합하는 하이브리드 네트워크를 제공한다. APTEEN을 채택한 하이브리드 네트워크에서 센서 노드들은 데이터를 주기적으로 전송할

뿐만 아니라, 측정한 데이터의 속성값의 갑작스런 변화에도 반응한다. APTEEN은 TEEN과 유사한 모델을 사용하지만, 다음과 같은 동작의 차이가 있다.

클러스터가 결정되면 클러스터 헤드는 다음 파라미터를 방송한다.

- 속성(A) : 사용자가 획득하고자 하는 데이터의 물리적 파라미터
- 임계값 : Ht, St
- TDMA 스케줄
- 카운트 시간(Ct) : 두개의 연속적인 보고간 최대 시간 간격

APTEEN은 TEEN과 같은 형태로 시간 임계적 데이터를 처리하고, 사전적 동작을 위해서 센서 노드가 카운트 시간동안 데이터를 전송하지 않은 경우 데이터를 감지해서 클러스터 헤드로 전송하도록 하여TEEN의 단점을 개선하였다.

APTEEN에서는 인접한 노드들이 유사한 데이터를 감지하는 특성을 활용하여 인접한 두 노드의 쌍을 지어 각 쌍에 대해 한 노드만이 질의에 응답하고, 다른 노드는 'sleep' 모드에서 전력 소비를 줄일 수 있도록 한다.

APTEEN은 LEACH와 마찬가지로 클러스터 내부에서는 TDMA를 사용하여 노드간 간섭을 피하고, 클러스터간의 간섭을 피하기 위하여 각각의 클러스터들이 서로 다른 확산 코드를 사용하는 방법을 채택하나, 공통 CDMA 코드가 클러스터 헤드들로부터 싱크로 상향에서 싱크에서 모든 센서 노드로 하향에서 사용된다. 그러므로, 클러스터 헤드와 싱크간의 전송 충돌을 막기 위해 [그림 2-10]과 같이 TDMA 스케줄에 싱크를 위한 별도의 슬롯이 할당된다.

APTEEN은 주기적인 데이터를 전송해서 사용자에게 네트워크의 전반적 상황을 제공하고, 갑작스런 네트워크 상태의 변경에 즉각적으로 반응하여 시간 임계적 상황에 대응하도록 한다. 그리고, 사용자가 카운트 시간과 속성에 대한 임계값을 설

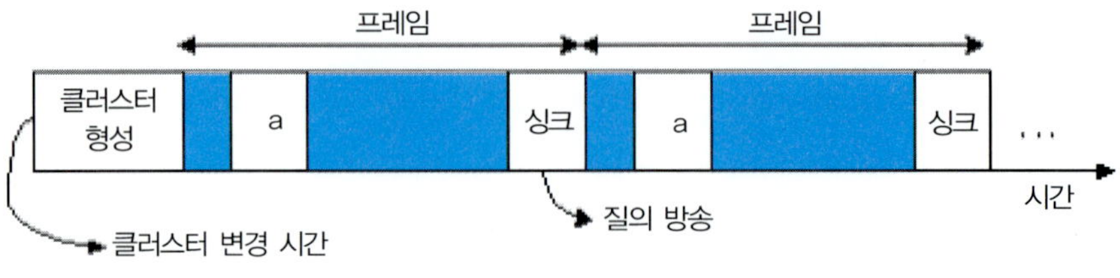

[그림 2-10] APTEEN 의 타임라인

정하여 에너지 소비를 제어할 수 있도록 한다. 그러나, APTEEN에서는 임계치 기능과 카운트 시간을 구현하는데 부가적인 비용이 요구되는 단점을 가진다.

4) 무선 센서 네트워크의 라우팅 프로토콜 특징 비교

센서 필드로부터 정보 수집을 위해 무선 Ad-hoc 네트워킹 능력이 필요로 되는 무선 센서 네트워크에서 기존 무선 Ad-hoc 라우팅 프로토콜을 적용할 수 없는 특징들을 기술하고, 무선 센서 네트워크를 위해 제안된 라우팅 프로토콜들을 살펴보았다. 무선 센서 네트워크를 위한 무선 Ad-hoc 라우팅 프로토콜들은 센서 노드들의 자가 구성적 능력, 제한된 전력과 데이터 중심적 특성을 고려한 형태로 설계되었다. 무선 센서 네트워크에서의 Ad-hoc 라우팅 기법은 해당 센서 네트워크가 지원하는 응용에 따라 그 구조와 효율성에 영향을 받게 된다.

그러므로 센서 네트워크에서 제공할 수 있는 다양한 응용의 형태를 분석하고 이를 데이터 중심적인 센서 네트워크의 특징과 결합하여 정확한 정보를 제공하면서 에너지 소비를 최소화할 수 있는 센서 네트워크 라우팅 프로토콜에 대한 연구가 지속되어야 할 것이다.

〈표 2-1〉에서 무선 센서 네트워크를 위한 평면 라우팅 프로토콜과 계층적 라우팅 프로토콜의 특징들을 비교한다.

〈표 2-1〉 무선 선세 네트워크의 라우팅 프로토골 특징 비교

	평면 라우팅	계층적 라우팅
스케줄링	경쟁 기반 스케줄링	예약 기반 스케줄링
충돌	충돌 오버헤드 존재	충돌 회피
충격 계수 (duty cycle)	노드의 sleeping 시간을 제어한 충격 계수(duty cycle) 이변이적	주지적인 sleeping에 의해 충격 계수 (duty cycle) 감소
데이터 집합 (Data aggregation)	멀티홉 경로상의 노드가 이웃 노드로부터의 데이터를 모음	클러스터 헤드가 데이터를 모음
라우팅 복잡도	복잡하나 최적인 라우팅	단순하나 최적은 아니 라우팅
동기	동기 없음	전연적, 지역적 동기가 모두 필요
경로 설정 방법	전송할 데이터를 가지는 지역에서 경로가 설정됨	네트워크 전체에 클러스터 형성 오버헤드 존재
지연	중간 노드를 깨워 멀티홉 경로를 설정하는데 지연이 존재	클러스터 해드들이 형성하는 멀티홉 네트워크가 항상 존재하므로 지연이 낮음
에너지 소비	에너지 소비가 트래픽 패턴마다 다름	에너지 소비가 일정
채널 할당 공정성	공정성이 보장되지 않음	공정성이 보장됨

제3장
유비쿼터스 센서 네트워크의 운영체제

3.1 유비쿼터스 센서 네트워크 TinyOS

1. TinyOS의 개요 및 구성

1) 전통적인 OS

① 전통적인 OS의 구조에서 큰 규모의 임베디드 시스템의 문제점은 다음과 같다.

- 대용량 메모리와 저장장치를 요구한다.
- 우리가 필요한 용량의 불필요하고 과분한 기능(어드레스 공간의 분리, 복잡한 I/O서브 시스템 등)
- 상대적으로 과분한 시스템(예 context switch 등)
- 복잡하고 전력소모가 많은 하드웨어 제공 요구 등이다.

② 유비쿼터스 센서 네트워크에서 요구하는 OS의 구조는 다음과 같다.

- 극히 적은 메모리 공간
- 극히 적은 비용의 시스템
- 극히 적은 전력소모

2) TinyOS의 설계 개념

- 저전력 및 Ad-hoc 유비쿼터스 센서 네트워크 : 센서 입력에 감응하기 쉽고 event에 중심이고 크기를 조정할 수 있다.
- 주요 요소는 센싱, 검출, 네트워킹, 통신, 전력관리 등이다.
- 한정된 리소스(resource) : 모든 것을 작게 만든다. 즉, 저전력, 작은 메모리, 제한된 프로세싱 등이다.
- 기술변화에 적응한다. (모듈방식과 re-use)

3) TinyOS 구현

- Issue : 전력소모 최소, 전원의 극대화
- "Hurry up & Sleep"화 추진, 즉 동작이 신속하고 비동작시 대기 모드화
- 수행처리를 신속하게 추진한다. (인터럽트 구동방식이고 포링(polling) 방식을 배제하고 기능(function) 콜 대신에 인라인 코드를 사용하고 매크로방식을 채택한다.
- Sleep 모드 사용 : 어떤 동작이 발생하였을 때 sleep 모드화한다. 그러면 전력소모가 최소화된다.

4) Mote 자원의 제약

마이크로컨트롤러 Atmel의 ATMega128L을 사용한다. 이 프로세서는 4~8MIPs 정도의 성능의 8bit CISC 프로세서이다.

(1) 메모리

변수와 데이터를 위한 용량은 4kB SRAM, 코드 공간을 위하여 128KB 플레시를 사용한다.

(2) 저장장치

Off-chip 시리얼 플래시 방식을 이용하여 512kB 플래시를 사용한다.(option)

(3) 전 력

마이크로프로세서, 무선 및 센서를 위해 50~100mW를 사용하고 평균 50~250uW를 사용한다.

5) TinyOS의 특징과 구조

TinyOS는 이벤트 발생에 의한 상태 전이 방식을 채택한 상태 머신(state machine) 기반의 프로그래밍 개념을 사용한 운영체제로써, 제한된 메모리 공간의 효율적인 이용과 프로세싱의 동시성 등을 지원해 주는 운영체제이다.

TinyOS에서는 시스템 자원의 제약들 때문에 기존의 IP 프로토콜, 소켓, 쓰레드 개념들을 사용하지 않는다. 이러한 TinyOS의 특징을 크게 아래의 3 가지로 구분해 볼 수 있다.

- 하드웨어 추상화(Hardware Abstraction)부터 상위수준 소프트웨어까지 모두 재사용 가능한 소프트웨어 컴포넌트 기반의 운영체제이며, 응용 프로그램은 하드웨어 컴포넌트의 입/출력을 연결하듯 소프트웨어 컴포넌트의 입/출력 인터페이스를 연결함으로써 작성된다.
- 상태 머신(state machine) 기반의 구조를 가지는 운영체제로 각각의 상태는 TinyOS의 컴포넌트가 해당된다. 각 컴포넌트의 명령(command)과 이벤트 처리기는 한 생태에에서 다른 상태로 빠르게 전이를 수행하며, 기본적으로는 하드웨어의 신호 처리와 같은 특성을 가지므로 적은 양의 부가처리와 논블럭킹의 특성을 지닌다.
- 센서 노드의 중요한 요구사항의 하나인 저전력 소모를 구현하기 위해 사용되지 않는 CPU의 사이클 동안은 휴지 상태로 들어가 불필요한 전력소모를 줄인다.
- 자원 제약 사항과 센서 네트워크의 응용을 고려한 센서 네트워크 운영체제를 위한 설계 요구사항은 다음과 같다.

우선 센서 네트워크의 운영체제는 작은 크기여야 하는데, 특히 RAM의 사용을 많이 줄여야 한다. 이 때문에 센서 운영체제의 태스크들은 스택을 공유하거나 심지어는 TinyOS 경우처럼 컨텍스트 오버헤드를 줄이기 위해 태스크간 선점(preemption)을 허용하지 않는 경우도 있다.

센서 운영체제는 전력 소모를 관리하기 위해서 전력 관리자를 두어 마이크로 컨트롤러와 라디오 칩의 다양한 슬립모드와 세부 기능의 전력공급을 제어하고, 그리고 센서 자체의 전력공급을 제어함으로써 저전력 운영을 달성하게 된다.

센서 노드는 일반적으로 제한된 병렬처리 능력과 하드웨어 제어 구조를 가지며, 센서와 같은 하드웨어 I/O 장치를 지능형 제어기가 아닌 원시적인 직접 접근 방식에 의해 제어를 수행하므로, 이러한 I/O 제약 사항이 운영체제 설계에 역시 고려되어야 한다. 또한 다양한 응용분야를 가지는 센서 네트워크에서는 범용 하드웨어와 소프트웨어가 존재하는 것이 아니라 응용분야에 따라 크게 달라질 수 있으므로 운영체제는 가능한 어떠한 응용에서도 효과적으로 사용할 수 있도록 유연성과 모듈성을 갖추고 있어야 한다. 또한 센서 노드들은 한번 배치가 되고 나면 유지 보수가 어렵고, 운용 환경 또한 열악할 수 있으므로 이들을 고려하여 강인한 구조로 설계되어야 한다.

마지막으로 센서 네트워크의 핵심 프로토콜인 저전력 Ad-hoc 라우팅 프로토콜, 위치 인식, 클럭 동기 기능을 지원하며 프로그래밍 용이성이 고려되어야 한다.

우리가 원하는 OS의 구조가 메모리 크기와 시스템의 비용을 줄이는 것이 목표이므로 TinyOS의 구조는 다음과 같다.

- 커널이 없다 : 직접적으로 하드웨어를 처리한다.
- 처리관리(Process management)가 없다 : 단지, 동작 중에 한 번의 처리만 있다.
- 가상(virtual) 메모리가 없다 : 단일 선형 물리 어드레스 공간만 있다.
- 직접적인 메모리 할당은 없다 : 단지 컴파일 동안에 할당한다.
- 소프트웨어 신호나 예외 처리가 없다 : 대신에 Function Call을 한다.
- 구성은 응용 = 스케줄러(scheduler)("Main") + 컴포넌트의 그래프로 구성된다.

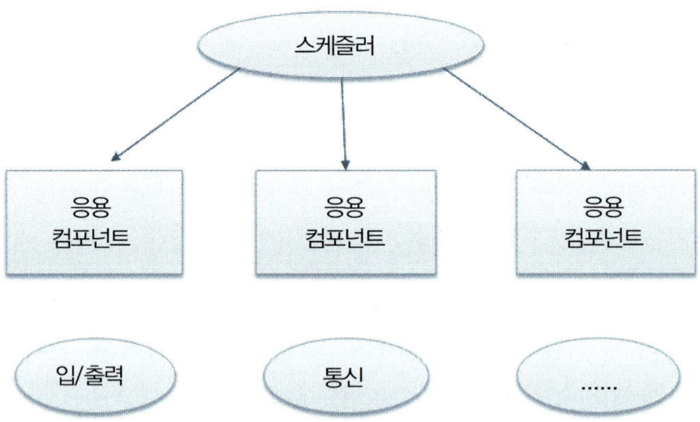

[그림 3-1] TinyOS의 구조

6) TinyOS의 계층도

(1) TinyOS의 응용 (User 부문)

센싱의 응용들	① XMesh : MOTE-VIEW 를 위한 저전력 mesh 단계로 전개한다. ② XSensor : xlisten을 가진 센서 읽기의 단일 hop을 테스트한다. ③ Surge_Reliable : 멀티 Hop mesh 네트워크 통계량 ④ TASKApp, TinyDB : 읽기를 모아 Send(최소/ 평균/ 최대) ⑤ Oscilloscope : 자바 툴에서 읽은 광센서를 주기적으로 보내는 응용 프로그램
기본 응용들	① TOSBase : 기본 패킷 탐색기 ② RfmToLeds : 라디오 정보를 LED상에 표시하는 수신기 ③ CntToLedsAndRfm : up-counting하면서 무선과 LED상에 표시하는 전송기 ④ SimpleCmd : Mote의 송신 명령어에 대한 테스트 응용 ⑤ Blink : 간단한 LED의 토글 응용

(2) TinyOS의 컴포넌트 계층도 (S/W와 H/W 부문)

- TinyOS의 드라이버(TOS와 H/W 부문)
- TOS 드라이버는 여러 가지 Mote의 Platform, 여러 가지 센서 보드, 여거가지 무선 스택들(CC2420 FSK), IEEE 802.15.4의 DSSS(Direct sequence spread spectrum), ZigBee, Bluetooth, 그리고 프로세서의 형태(Atmel, TI, ARM)가 내장되어 있다.

7) TinyOS의 메모리 모델

- TinyOS의 메모리 모델은 정적이다. Heap(malloc)이 없고 실시간 배치하고 다이나믹하지 않고 컴포넌트들은 함께 적적으로 연결되어 있다. 컴파일 시간에 크기의 결정을 요구한다.

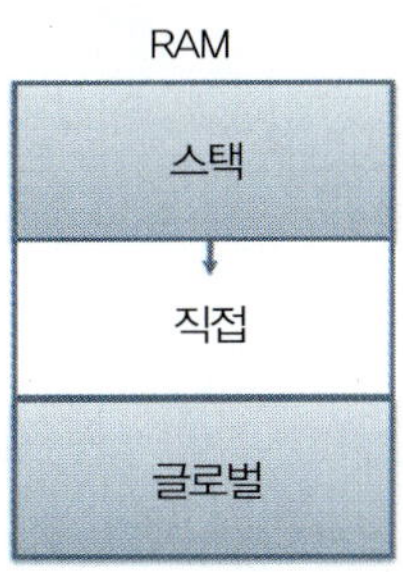

[그림 3-2] TinyOS의 메모리 모델

- 글로벌 변수가 메모리에 보관되고 버퍼에 복사되지 않는 포인터를 사용한다.
- 로컬 변수들은 스택상에 있다.

8) TinyOS의 모듈화

Mote의 응용을 만들기 위한 구성으로써 함께 연결된 컴포넌트들이다. "Wire" 컴포넌트를 사용하는 방법만 알고 있어도 응용을 구현하는데 충분하다. 컴포넌트를 연결하는 인터페이스는 "Provides"와 "Uses"를 사용한다. 컴포넌트는 2가지 형태이다. 즉, 하나는 코드로 쓰여진 작은 단위의 컴포넌트인 모듈(module)과 다른 하나는 컴포넌트를 함께 연결한 컴포넌트를 환경설정(configuration) 하는 형태가 있다.

TinyOS의 모듈화는 [그림 3-3]과 같다.

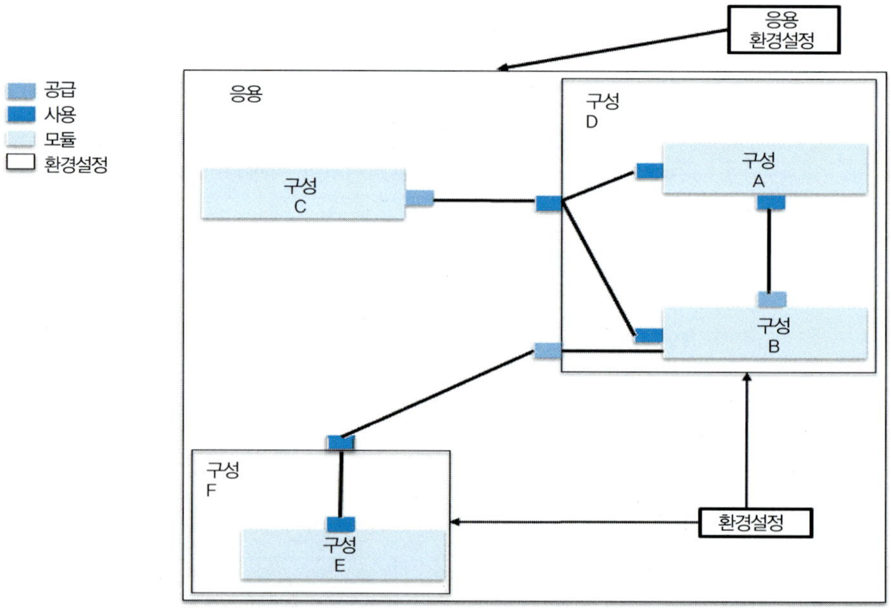

[그림 3-3] TinyOS의 모듈화

(1) TinyOS의 컴포넌트(주요 하나의 단위)

TinyOS의 하나의 주요 컴포넌트는 [그림 3-3]처럼 3가지로 구성되어 있다. 즉 Frame(내부 상태), 기능(Function) 컴퓨터(Computation)과 인터페이스(interface)

로 구성되어 있다. 프레임은 글로벌 변수와 데이터를 가지고 있고 컴포넌트당 하나씩 있고 적적으로 배치하고 크기가 고정되어 있다. 기능(Function)은 커맨드(command), 이벤트(event)와 태스크(task)를 구현하고 커맨드와 이벤트는 간단한 C 기능(Function) 콜(call)이다.

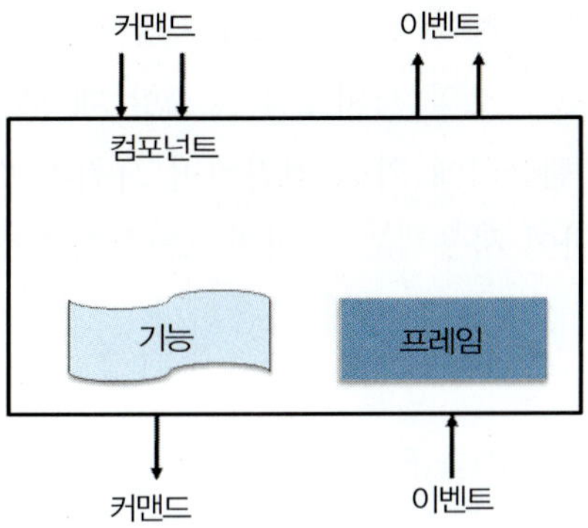

[그림 3-4] TinyOS의 컴포넌트 구조

(2) TinyOS의 인터페이스

인터페이스는 [그림 3-4]처럼 커맨드(command)와 이벤트(event)의 하나 또는 더 많은 집합체이다. 그리고 컴포넌트들 사이의 상호 영역을 정의한다. 즉, 커맨드(command)는 입력으로 이벤트(event)는 회수(callback)로 정의한다. 각 컴포넌트를 연결한다.

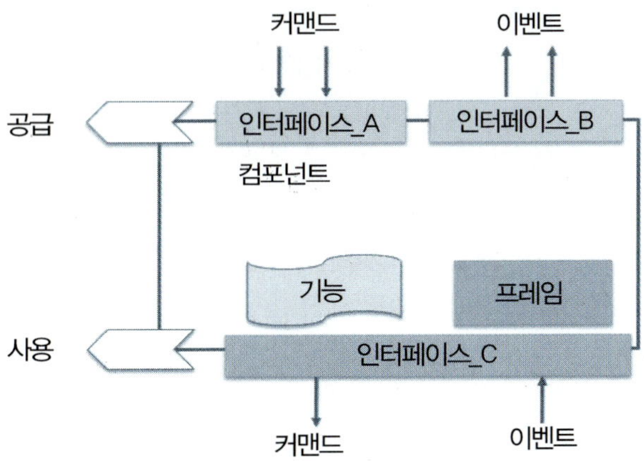

[그림 3-5] TinyOS의 인터페이스 구조

즉 다른 컴포넌트에 기능적으로 제시하는 공급자(Provides)와 또 다른 컴포넌트를 요구하는 사용자(Uses)를 연결한다.

각 컴포넌트의 인터페이스는 입력 커맨드와 출력 커맨드, 입력 이벤트와 출력 이벤트 4가지로 구성된다.

입력 커맨드는 자신의 컴포넌트에서 커맨드 핸들러를 통해 서비스하는 함수로 상위 컴포넌트가 해당 컴포넌트의 기능이 필요할 때 호출하는 것이며, 출력 커맨드는 하위 컴포넌트의 서비스를 호출할 때 사용한다. 입력 이벤트는 해당 컴포넌트의 이벤트 핸들러에 의해 처리되며 사위의 컴포넌트가 해당 컴포넌트에 신호를 넘겨주기 위하여 사용되는 것이며, 출력 이벤트는 해당 컴포넌트가 상위의 컴포넌트에 신호를 전달하기 위해 사용된다.

(3) TinyOS의 기능(Function)의 구현

① 커맨드(command)

커맨드는 스택위에 밀어 넣고 매개변수를 변화시키고 논-블로킹 특성이고 상태를 돌려받고 낮은 레벨 커맨드를 call할 수 있다.

이벤트(event)는 회수(callback) 인터페이스(server signals client)이고 command call, post tasks, 다른 이벤트 신호를 할 수 있다. 하드웨어 인터럽트 트리거는 가장 낮은 레벨 이벤트이고 스택 위에 밀어 넣고 매개변수를 변화시키고 비동기 Preempt task들이다.

② 태스크(Task)

태스크는 가장 낮은 우선순위에서 계산적으로 강한 작업이다.

9) TinyOS의 스케줄러

TinyOS의 스케줄러(scheduler)는 2레벨인 이벤트(events)와 태스크(tasks)를 스케줄링하고 스케줄러는 간단한 FIFO이다. 하나의 태스크(task)는 또 다른 태스크(tasks)를 선점(preempt)을 할 수 없다. 이벤트가 가장 우선순위 선점 태스크이다.

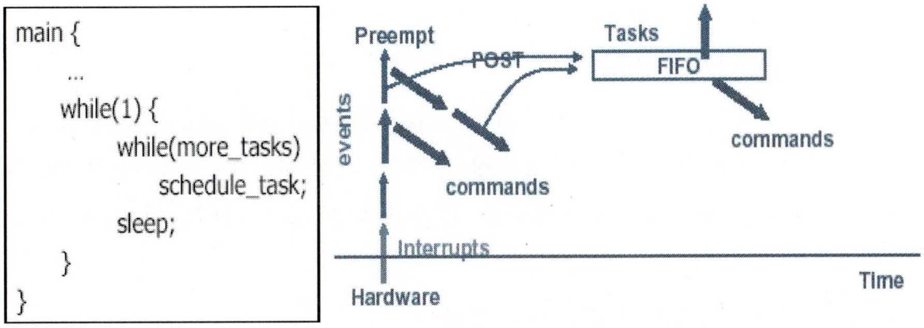

[그림 3-6] TinyOS의 스케줄러

10) TnyOS의 응용과 커널

내부적으로 TinyOS 응용 프로그램은 커맨드와 이벤트를 이 중 우선순위에 의해 스케줄하는 경량 스케줄러와 함께 그림과 같이 컴포넌트의 상태 전이 그래프로 구성되어 있다.

예제의 응용은 센서 노드가 온도와 조도를 센싱하여 무선 인터페이스를 통해 베이스노드로 전송하는 단순한 경우이며, 실제 3450바이트의 코드와 226바이트의 데이터만을 사용하는 초소형 프로그램이다. 여기서 액티브 메시지(Active Message) 컴포넌트는 센서 노드와 베이스 노드와의 통신을 담당한다.

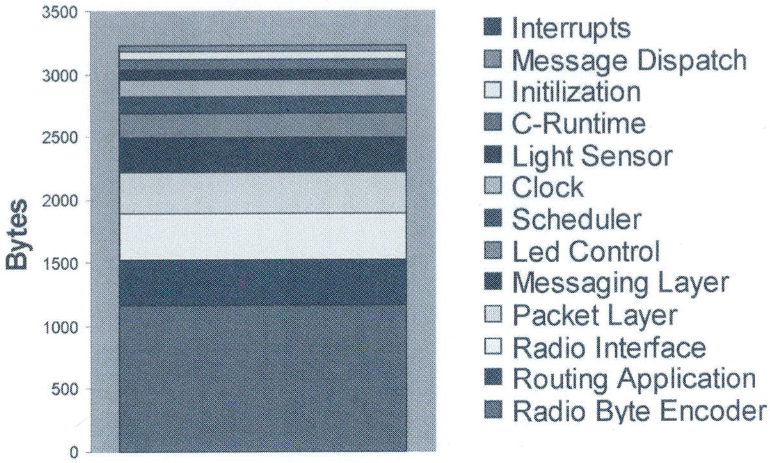

[그림 3-7] TinyOS 응용 커널

TinyOS는 코어 운영체제 이외에도 센서 네트워크용 소형 데이터 베이스 엔진인 TinyDB와 태스크 툴킷, PC상에서 시뮬레이션할 수 있는 TOSSIM, 센서 노드로의 바이트 코드 프로그램의 자동적인 포워딩과 업로드를 가능하게 하고 TinyOS 프로그래밍을 쉽고 간결하게 해주는 가상 머신의 일종인 BOMBILLA, 시큐리티 기능을 제공하는 TinySec을 포함한 다른 유틸리티들이 제공된다.

11) TinyOS의 라이브러리들

TinyOS의 라이브러리들(Libraries)이다.(TOS)

- 브로드캐스트(Broadcast) : 기존 커맨드 브로드캐스트(broadcast) 모듈
- Deluge : Over the air 프로그래밍
- PeaceKeeper : 스택 개요와 RAM 변기 감지 라이브러리
- Queue : 무선 패킷의 송수신의 우선순위를 매기는 핸들들
- ReliableRouto : 원래의 crossbow mesh 네트워킹 스택
- SystemCore : 간단한 네트워크 관리 서비스(SNMS)
- TimeSync : 네트워크 범위 노드 시간 동기 계층
- VM : Mote의 가상 머신 : TinyOS의 스크립트(script)코드가 동작한다.
- XEE : EEPROM을 사용한 안정된 mote의 configuration 라이브러리
- XMesh : Crossbow로부터 art mesh 네트워크 스택의 상태
- XSensor : XCommand에 포함된 공통 응용 프레임워크

3.2 유비쿼터스 센서 네트워크의 운영체제 종류

다음은 USN의 OS들인 TinyOS, Contiki, FreeRTOS, Nano-Resource Kernel, NanoQplus에 대하여 간단히 소개한다.

〈표 3-1〉에서처럼 많은 센서 노드 운영체제가 uIP, 6LoWPAN 등의 기술을 적용하며 다가올 IP-USN시대를 준비하고 있다.

2004년부터 IETF에서 진행되어온 6LoWPAN은 국내에서 삼성전자, 아주대학교, ETRI 등이 적극 참여하면서 다양한 기술을 제안하고 있다. 하지만 TinyOS 진영에서 ArchRock을 통해 6LoWPAN RFC 4944 기술을 적용하였고 그에 따라 RFC 4944표준은 상당 부분 수정되었다. 또한 ArchRock과 CISCO의 적극적인 표준 참여로 IETF 내에 센서 네트워크를 위한 라우팅 워크 그룹을 추진중에 있어 미국 기업의 주도적인 표준화 추진이 우려되고 있다.

한국정보사회진흥원(NIA)은 2005년부터 다양한 비IT 분야에서 센서를 활용한 미래 u-IT 신기술 서비스에 대해 현장시험 및 시범사업을 추진했다.

〈표 3-1〉 유비쿼터스 센서 네트워크 운영체제 비교

	동적 모듈	실행 모델	지원 플랫폼	IP-USN 관련 모듈	네트워크 지원	관련 도구/툴
TinyOS	미지원	컴포넌트 베이스 이벤트 드리븐	Atmega128, ARM7, MSP430, PXA271 등	6LoWPAN (ArchRock)	B-mac, Flooding	TOSSIM, OSVIS, TinyDB, TinySEC
Contiki	지원	Protothread 기반 이벤트 드리븐	MSP430 AT91SAM7s	uIP protosocket	uIP, Rime	COOJA
Nano-RK	미지원	Reservation 베이스 멀티 스레드	Atmega32 Atmega128	SLIPstream	RT-Link, WiDom b-MAC, DSR	-
Free RTOS	미지원	멀티 스레드	MSP430, AVR CC2430, ARM7, PIC 등	uIP, NanoStack (Sensinode)	IEEE 802.15.4, 6LoWPAN	
Nano Qplus	미지원	멀티 스레드	MSP430 Atmega128 CC2430, Star12, ARM7	IPv4 Gateway, 6LoWPAN	IEEE 802.15.4, ZigBee, 6LoWPAN, NanoMAC RENO routing	NanoESTO, NanoMON, 원격업그레이더

USN 기반 지하수 모니터링 시스템과 U-울릉도 · 독도 재난/재해 조기예보 시스템 등 IP-USN 기술의 상용화를 촉진하고 있다. 또한 IP-USN 포럼을 중심으로 한국형 IP-USN 제품 개발에 힘을 모으고 있다. 커서의 B-CDMA(Binary CDMA)를 이용해 모듈을 제작하고 IP-USN OS인 NanoQplus를 중심으로 아이비트의 IPv6 프로토콜 기술을 적용함으로써 실질적인 IP-USN 핵심 기술 확보를 눈앞에 두고 있다.

센서 노드에 IP를 활용하는 시장은 전 세계적으로 커지고 있다. 다양한 시범사업을 통해 IPUSN 기술력을 확보하고 있는 시점에서 IP-USN 표준을 다루는 6LoWPAN WG는 상대적으로 많은 한국기관들이 참여하고 있다. 앞으로 국내 기술이 세계 IP-USN 시장을 주도하기 위해 센서 네트워크나 메시 라우팅 등 관련 연구를 하는 국내 그룹들의 보다 적극적인 연구와 표준화 참여가 필요하다.

1. TinyOS

TinyOS는 미국 UC 버클리 대학에서 개발된 센서 네트워크를 위한 운영체제로, 전 세계적으로 가장 큰 센서 네트워크 커뮤니티를 형성하고 있다. 개발자들의 활발한 참여로 빠른 기능 구현 및 업그레이드가 진행되고 있으며 다양한 플랫폼에 구현이 되어 있고 각종 하드웨어 장치 관련 컴포넌트, MAC 프로토콜, 네트워크 프로토콜, 센서 인터페이스 등을 소스 레벨에서 완전 공개하고 있다.

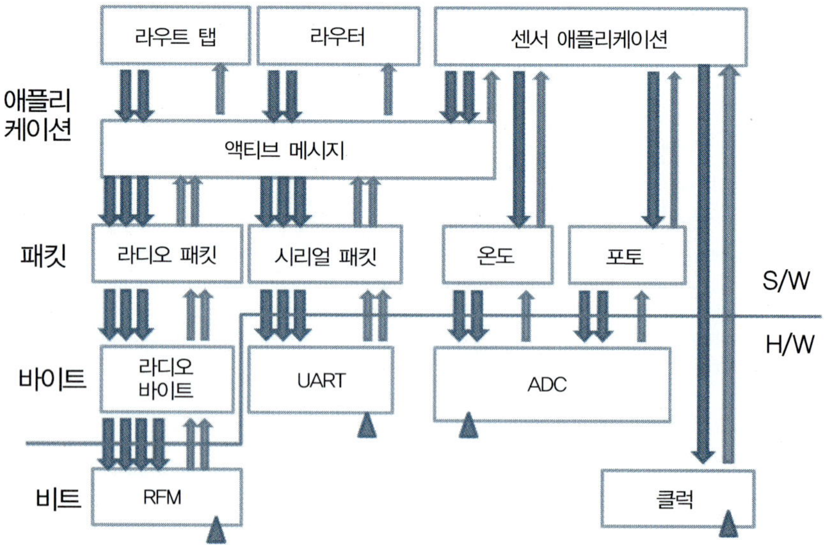

[그림 3-8] 컴포넌트 기반 TinyOS 응용 예

TinyOS는 이벤트 발생 중심의 상태 천이 방식을 채택한 센서 네트워크용 운영체제로 동시적인 프로세싱 및 제한된 하드웨어 메모리 공간에서의 효율적인 성능을 지원해주는 운영체제이다. 상태 머신 기반의 구조를 가지며 응용 프로그램은 각 독립적인 컴포넌트를 연결하는 방식으로 이루어진다.

[그림 3-8]이 명령을 처리하는 이벤트 처리기는 그 명령에 따른 상태변화를 일으켜 해당 작업을 처리하게 된다. 간단한 FIFO 스케줄러를 사용하기 때문에 실시간성 등을 고려하기 어렵고 복잡한 응용을 작성하는 데 어려움이 있다. 동적 메모리를 할당하지 않지만 NesC라는 언어를 통하여 컴파일 시간에 컴포넌트가 요구하는 메모리 크기를 정적으로 할당하여 센서 네트워크용 응용 프로그램을 작성할 수 있다. NesC는 안정성을 위해 전체 프로그램에 대한 분석을 통해 최적화를 수행하는 컴포넌트 기반 언어로 TinyOS의 이벤트 기반 동시성 모델을 가능하게 해주지만 프로그래머가 새로 익혀야 하기 때문에 접근하기 어렵다는 단점이 있다.

TinyOS의 큰 강점으로 센싱한 데이터를 효과적으로 관리하기 위한 TinyDB나 센서 네트워크에서의 보안을 위한 TinySec 등의 모듈을 지원함으로써 사용자가 손쉽게 다양한 기능을 가진 센서 네트워크를 구현할 수 있게 지원하고 있다.

TinyOS는 2006년 11월 기존 1.1버전의 많은 부분을 개선시킨 2.0버전을 발표하였으며 현재 2.0.2버전까지 발표되어 있다. 2.0 이후 버전의 경우 인터페이스와 추상화 과정에 있어 많은 변화가 있어 이전 버전과의 호환성은 지원하지 않지만, 코드를 업그레이드하기가 더 쉬워졌으며 안정성이 향상되었다.

버클리대학 교수로 재직중인 David E. Culler 교수는 IP-USN에 적응하기 위해 Arch Rock을 설립, CTO로 재직하면서 TinyOS에 6LoWPAN을 구현하고 RFC 4944 등의 수정에 적극 참여하는 등 관련 기술 선점에 힘쓰고 있다.

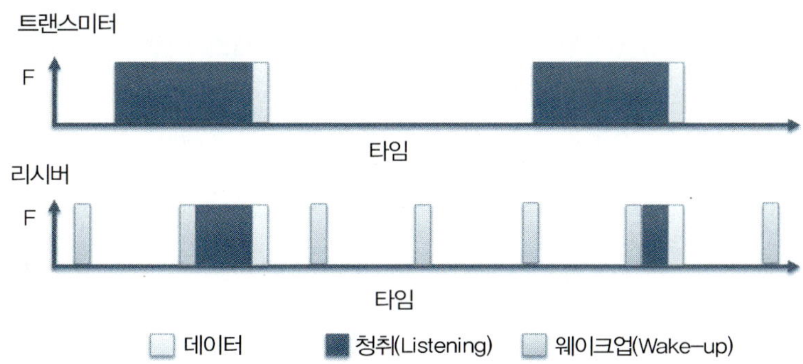

[그림 3-9] Sampled 경청(Listening)

ArchRock의 IPv6 네트워크 스택에는 IEEE 802.15.4 라디오 위에 스케줄링과 동기화가 필요없는 [그림 3-8]과 같은 sampled listening의 링크 레이어 프로토콜을 사용한다. 이를 통해 노드의 에너지를 절약하고 빠른 응답성을 가지며 이동성을 가지는 응용을 지원할 수 있다.

2. Contiki

Contiki의 가장 큰 특징은 동적 모듈 재할당 기능을 제공한다는 것이다. Contiki는 기본적으로 TinyOS같이 이벤트 기반 모델을 따르고 있지만, protothread라는 기술을 통해 제한적이기는 하지만 별도의 스택 예약 없이 멀티 스레드 같은 코드간의 동기화를 제공한다. 하지만 지역 변수를 사용할 수없고 지정된 구간에서만 블로킹(blocking)이 가능하다는 제약이 있어 완전한 멀티 스레드 센서 운영체제라고는 할 수는 없다. 역시 센서 노드용 운영체제를 타깃으로 만들어졌기 때문에 2kB의 RAM과 40kB 정도의 ROM을 가지고 구동될 수 있다.

네트워크 스택으로는 uIP와 Rime를 지원하는데, uIP는 Contiki 개발자인 Adam Dunken이 제안한 8비트 MCU를 위한 TCP/IP 스택으로 임베디드 환경에서 인터넷을 통해 통신을 할 수 있도록 해준다. uIP는 현재 1.0버전까지 나와 있으며 IP, ICMP, UDP와 TCP 프로토콜을 지원한다. 일부 기능을 제거하고 느린 MCU 등을 고려하여 디자인되었기 때문에 지체(delayed) 승인(acknowledgment)기능을 제외하면 25,000kB/s 정도의 최대 전송률을 가진다.

BSD socket 인터페이스와 유사한 protosocket 라이브러리를 제공하여 사용자가 쉽게 TCP 연결을 사용할 수 있도록 하였으며, DNS resolver, SMTPe-mail sender, 텔넷 서버(telnet server) 등 다양한 애플리케이션을 함께 제공하고 있다. Rime은 저전력 통신을 위해 구현된 멀티홉 데이터 전송 프로토콜로 플러딩(flooding)을 통해 best-effort 브로드캐스팅을 지원하며, 컴파일된 코드가 600byte 미만의 간단한 프로토콜이다.

Contiki 응용을 테스트해 볼 수 있는 Cooja라는 시뮬레이션 툴을 제공하며, 최근 릴리즈된 2.1버전에서는 노드의 에너지 상황을 실시간으로 모니터링할 수 있는 기능을 지원한다.

3. FreeRTOS

FreeRTOS는 오픈 소스의 소형 리얼타임 커널이다. ARM7, MSP430, AVR 계열, PIC 계열 등 14개의 상당히 많은 플랫폼을 지원하며 빠른 업데이트를 지원한다. 또한 상업적 이용에 있어서도 로열티가 없는 장점을 가지고 있다. FreeRTOS의 특징으로는 우선순위 기반 라운드 로빈 방식의 태스크 선점형(preemptive) 스케줄링을 기본으로 태스크보다 가볍게 동작하는 양보를 통해 실행이 전환되는 협조루틴(co-routines) 기능을 부가적으로 제공한다. 협조루틴은 일반 태스크와 다르게 모두 하나의 스택을 사용하며, RAM 사용에 제약이 있다. 그 외에 메시지큐, 세마포어 등의 IPC 기능을 제공하며 많은 예제를 통해 쉽게 프로그램에 접할 수 있다. 꾸준한 업데이트로 현재 버전 4.7까지 나와 있으며, free-RTOS를 기반으로 GPL 라이선스를 따르지 않는 OpenRTOS와 안전계기 시스템에 적용을 위한 표준인 IEC 61508의 인증을 받은 SafeRTOS가 존재한다. 또한 플랫폼을 선정하기 좋게 MCU에 따른 비교 분석 자료를 제공하고 있으며 로열티가 없는 강점으로 다양한 확장 모듈들이 개발되고 있다. FreeRTOS는 자체 네트워크 기능이 부족하여 사실상 센서 네트워크용 운영체제라고 말하기에는 무리가 있지만 사용자들이나 기업의 참여로 많은 네트워크 관련 모듈을 가지고 있다. Contiki에 사용되는 Adam Dunkels의 uIP가 포팅되어 있으며, 핀란드의 Sensinode사에서는 FreeRTOS를 바탕으로 6LoWPAN을 지원하는 NanoStack을 개발하였다.

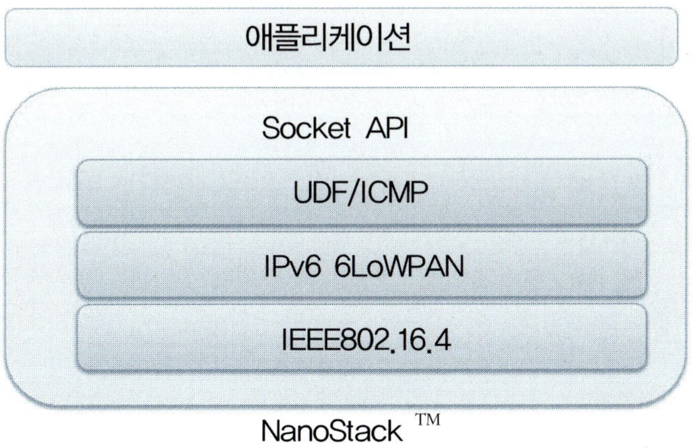

[그림 3-10] NanoStack 구조

Sensinode사의 NanoStack은 TI의 CC2430 기반의 Nano 시리즈 플랫폼과 MSP430과 CC2420으로 구현된 Micro 시리즈 플랫폼에 올라가는 네트워크 스택으로 FreeRTOS 위에 구현되어 있다. NanoStack은 2007년에 GPL 라이선스로 상업적으로 로열티 없이 공개되어 6LoWPAN을 도입하는 데 앞장서고 있다.

4. Nano-Resource Kernel

Nano-RK는 Carnegie Mellon 대학에서 개발된 자원 예약 방식(resource reservation-based)의 실시간 운영체제이다. Nano-RK는 2kB 미만의 RAM과 16kB 정도의 ROM의 작은 크기로 다양한 기능을 제공하는 RTOS로 고정된 우선순위를 가지고 선점형 멀티태스킹을 지원하며, 가상 에너지 예약을 통해 태스크 레벨의 에너지 관리가 가능하다. 또한 전원이 낮아지거나 노드가 예고 없이 재시작되는 등의 예상치 않은 에러를 감지할 수 있다. 2007년에 공개된 pre-beta 버전을 다운받을 수 있다.

Nano-RK는 RT-Link, WiDom 그리고 b-MAC의 다양한 링크 레이어 프로토콜을 지원한다. 충돌이 없는 TDMA 프로토콜인 RT-Link는 노드 간의 동기화를 위해 외부의 별도 하드웨어를 이용하여 out-of-band 시간 동기화와 소프트웨어적으로 inband 시간 동기화를 지원한다.

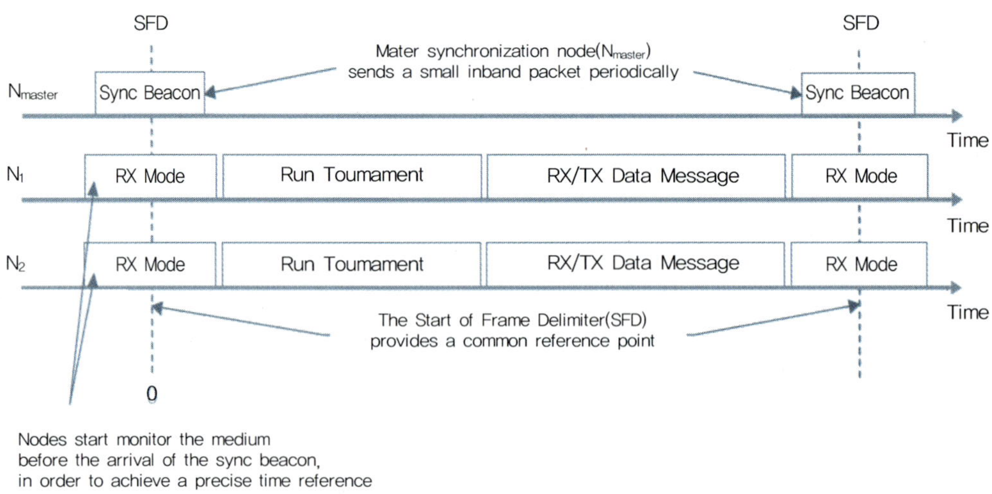

[그림 3-11] WiDom 프로토콜

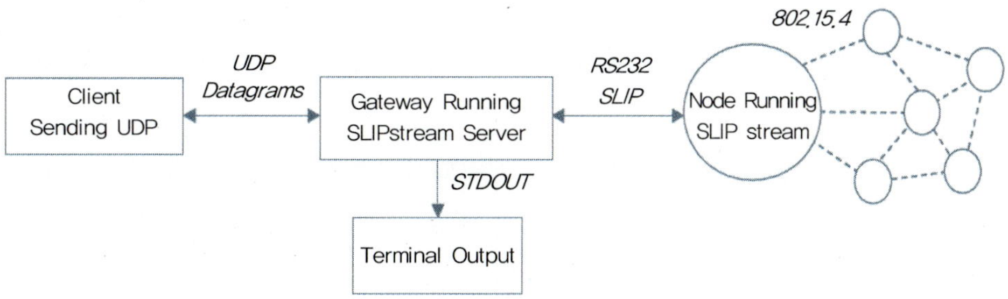

[그림 3-12] SLIPstream 서버

WiDom은 Polytechnic Institute of Porto에서 개발된 dominance protocol로 CAN bus에서 사용되는 것과 같은 방식을 [그림 3-11]과 같이 무선 네트워크에 도입하였다. 또한 low-power listen CSMA 프로토콜인 b-MAC 프로토콜이 구현되어 있다.

라우팅 프로토콜로는 flooding, DSR을 지원하며, [그림 3-12]와 같은 IP 네트워크와의 통신을 위해 SLIPstream이라는 게이트웨이 프로토콜을 지원한다. SLIPstream을 이용하여 클라이언트에서 UDP 프로토콜을 이용해 센서 네트워크와의 통신이 가능하다.

5. NanoQplus

NanoQplus는 한국전자통신연구원(ETRI)에서 개발된 센서 네트워크용 초소형 운영체제이다. NanoQplus는 멀티 스레드 운영체제로 친숙한 C언어를 사용하여 사용자들이 손쉽게 멀티 스레드 응용을 작성할 수 있게 디자인되었다. 또한 완전 선점형 스케줄러를 제공하여 높은 응답성을 제공한다. 낮은 커널 이미지를 제공하기 위해 사용자 응용에 최적화된 커널설정 기능을 통해 적은 메모리 제약을 극복하였다.

하드웨어 의존적 코드와 비의존적 코드를 분리하여 센서 노드의 포팅이 용이하며, MSP430, Atmega128 외에도 ARM7, 8051 extended, Star 12 등 다양한 플랫폼을 지원한다. 수많은 샘플 프로그램과 많은 대학 기관, 업체의 검증 및 피드백을 통해 안정성을 확보하였다. 또한 NanoEsto라는 개발환경을 제공하며 무선 환경에서 원격으로 소프트웨어를 업그레이드하는 원격 업그레이더와 센서 네트워크 모니터링 소프트웨어 등의 관리 소프트웨어를 지원한다.

300byte 미만의 RAM을 사용하는 NanoMAC과 100개 이상의 대규모 환경에서도 사용 가능한 ondemand방식의 RENO 라우팅 프로토콜을 제공하여 센서 네트워크 상황에서 통신을 위한 에너지 소비를 최소화하고 있다. 이미 IPv4 네트워크와 통합을 위한 게이트웨이가 개발되어 있으며, 현재 자체 개발한 IEEE 802. 15.4 프로토콜 위에 IPv6를 지원하는 표준 프로토콜인 6LoWPAN 기술을 개발하였다.

3.3 TinyOS의 구조

UC 버클리에서 진행해 온 Smart Dust 프로젝트에 사용하기 위하여 개발된 컴포넌트 기반 내장형 운영체제로서, 네트워크 내장형 시스템을 위해 특별히 디자인된 초소형 OS이다. 핵심 OS 코드는 4000바이트 이하이고 데이터 메모리는 256바이트 이하이며 이벤트 기반 멀티태스킹을 지원한다. TinyOS의 특징을 나열하면 다음과 같다.

- UCB에서 버클리 모트 센서 노드를 위해 개발
- Mote를 위한 OS이며, open source
- NesC로 코드 작성
- 응용(application)은 스케줄러(scheduler) + 그래프(graph) of 컴포넌트(components)
- 이벤트 기반 구조
- Single shared stack-No kernel, no process/memory management

또한, 일반적인 TinyOS 응용(application)의 계층별 구조를 보면 [그림 3-13]과 같다.

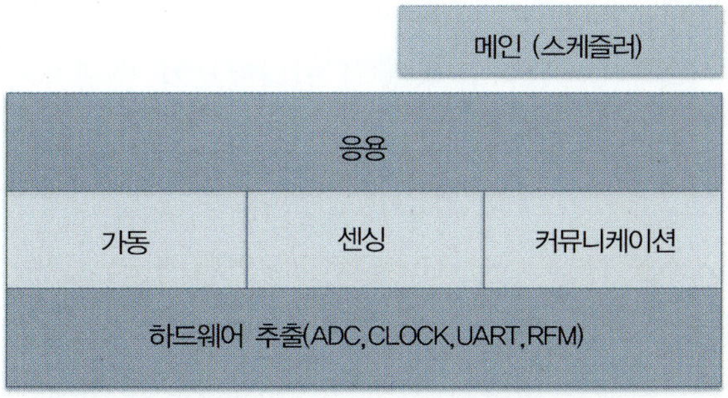

[그림 3-13] TinyOS 응용의 계층별 구조

가장 위의 계층은 응용(application)으로, configuration과 module로서 하나의 component가 된다. 이 응용은 자신이 wiring되어 있는 component들과 연결되어 있다. S/W의 가장 밑부분은 연결된 H/W을 컨트롤하는 시스템 레벨의 함수들이다.

TinyOS는 다음과 같은 스케줄러를 갖고 있다.

[그림 3-14]가 나타내는 대로 Task가 post되면 Task queue에 순서대로 쌓이게 되고, 우선순위에 의해 Task들이 순서대로 수행된다. Task가 모두 수행되었다면

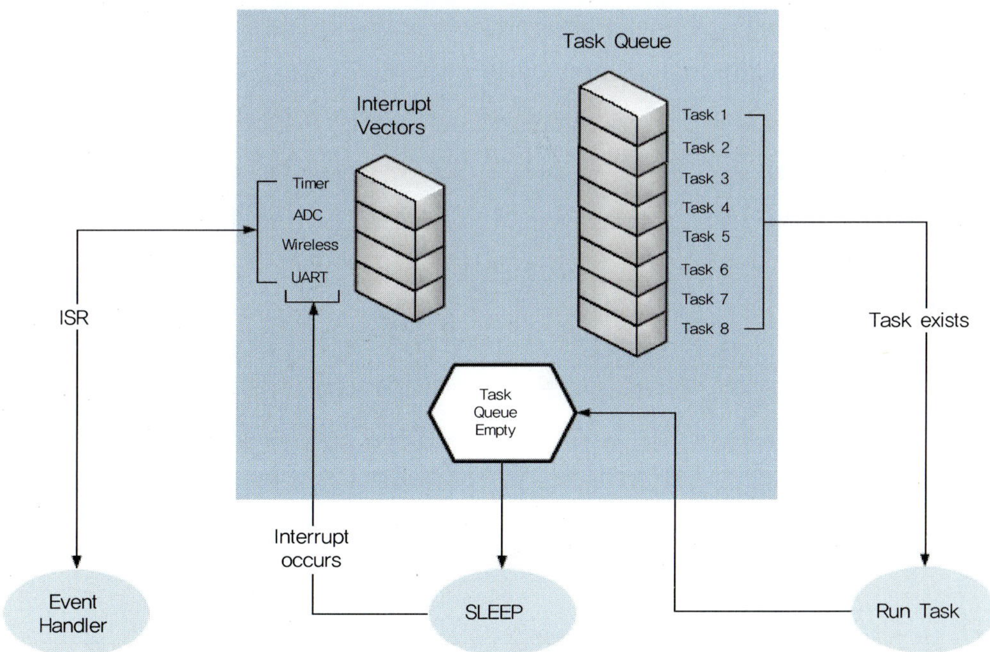

[그림 3-14] TinyOS 커널 스케줄러

프로세스는 SLEEP 상태로 전이함으로써 저전력 상태를 유지하게 된다. 만약 타이머나 시리얼(UART) 입력 등의 인터럽트가 발생하게 된다면, 해당하는 인터럽트 서비스 루틴을 실행하게 된다. 인터럽트는 가장 높은 순위를 가짐으로서 Task 수행중에도 Task수행을 멈추고 실행될 수 있다.

TinyOS는 NesC라는 TinyOS만의 언어로 구성되어 있다. NesC는 TinyOS의 구조 개념과 실행 모델을 구체화하기 위해 디자인된 C언어의 확장된 개념이라고 보면 된다. 실제로 하나의 NesC application이 NesC 컴파일러에 의해 빌드되면 C 파일이 생성이 된다. 생성된 C파일은 플랫폼별 컴파일러에 의해서 하나의 헥사 이미지로 다시 빌드되고, 이 이미지가 플랫폼에 업로드된다.

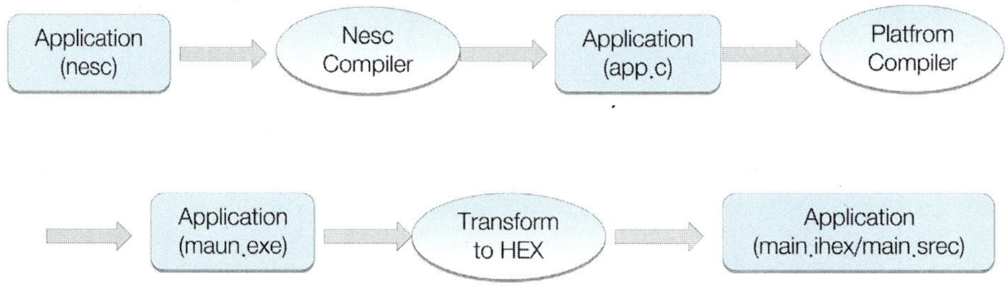

[그림 3-15] 소스파일 컴파일 과정

NesC application은 component와 interface의 결합으로 이루어져 있고, 일반적으로 apps 하부의 디렉토리마다 두 개의 nc파일로 이뤄져 있다. 이 중 하나는 configuration, 다른 하나는 module로 부른다. configuration은 사용할 component를 선언하고, 이들간의 사용하거나 제공하는 관계를 인터페이스를 이용하여 wiring 해준다.

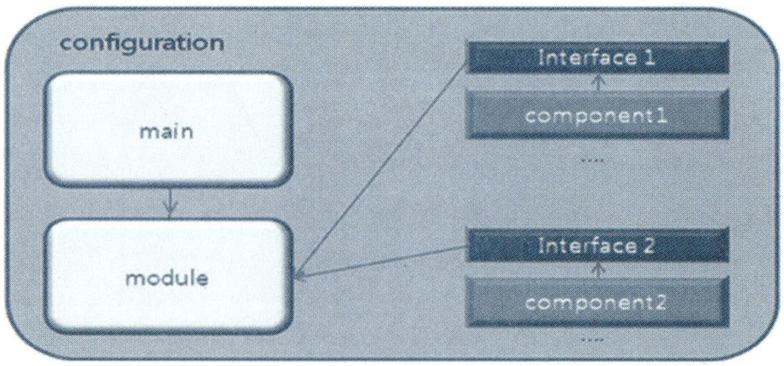

[그림 3-16] operation의 구현부

모듈은 구체적인 코딩이 들어가 있는 부분으로, configuration에서 모듈에 wiring되었던 인터페이스들을 이용한 실제적인 operation의 구현부가 포함되어 있다.

간단한 응용인 Blink를 예를 들면 다음과 같다. (TinyOS-2.x/apps/Blink)

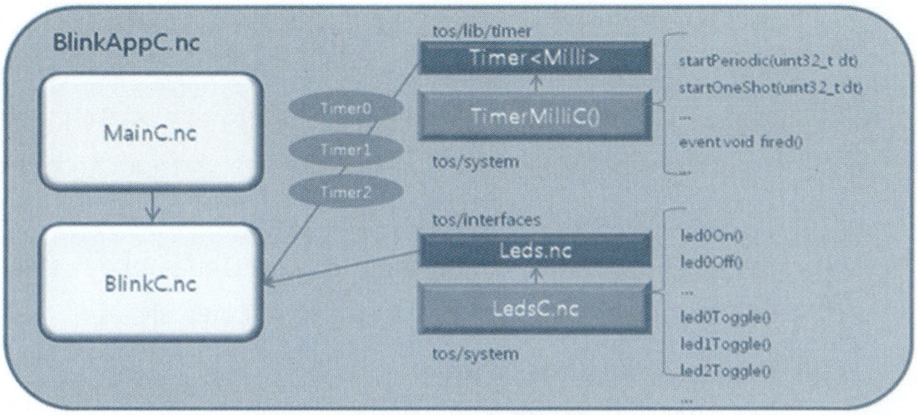

[그림 3-17] Sample application인 Blink 응용구조

3.4 TinyOS 2.x와 1.x의 차이점

2.0은 1.x 버전에서 많은 부분이 예견되지 않았던 점들이 노출되면서 새롭게 구현이 되었기 때문에 기존의 1.x 버전과는 호환이 되지 않는다. 하지만 2.0은 이전 code를 업그레이드하는 어려움을 최소화할 수 있도록 구현되어 있다. 여기서는 기본적인 TinyOS의 하드웨어 계층구분, 통신, 타이머, 스케줄러, 부팅, 초기화를 간략히 다룬다.

1. 플랫폼/Hardware Abstraction

tos/플랫폼으로 이동하면 지원하는 플랫폼의 목록이 나오는데 이것들은 칩과 관련이 있는 것이다. 예를 들면 micaz는 ATmega128 MCU와 CC2420이라는 라디오 칩(Radio Chip)과 관련된 플랫폼이고, Telos는 CC2420과 MSP430에 관련된 플랫폼이다. 칩에 대한 소스는 tos/chips에 있다. (UART, ADC등)

하드웨어 구분은 HAA(Hardware Abstraction Architecture)라 부르는 3단계 계층으로 구성이 된다.

HAA의 가장 아래 부분을 담당하는 계층은 HPL(Hardware Presentation Layer)로 부르며 UART, Timer, I/O핀 등의 하드웨어를 표현하는 소프트웨어 인터페이스이다. HPL 컴포넌트는 일반적은 Hpl 접두어로 시작한다. Hpl 다음에 칩 이름이 오게 된다. 예를 들면 CC1000에 대한 HPL은 HplCC1000이다. 이 계층에서는 주로 레지스터의 설정을 하게 된다.

중간단계는 HAL(Hardware Abstraction Layer)이다. 이것은 HPL의 상부에 만들어지고 HPL보다 이용하기 쉽도록 더 높은 레벨의 하드웨어 분리를 제공한다. HAL 컴포넌트는 칩이름의 접두어로 시작한다. 예를 들면 CC1000의 HAL 컴포넌트는 CC1000으로 시작한다. 이 계층에서는 HPL 계층의 소스를 이용하여 드라이버 수준의 소스를 제공하게 된다.

HAA의 가장 윗부분의 계층은 HIL(Hardware Independent Layer)이다. 이것은 HAL의 상부에 만들어지고 하드웨어 독립적인 분리를 제공한다. HIL은 접두어에 대한 규칙이 없다. 이 계층은 주로 tos/platform에서 사용된다.

현재 지원하는 플랫폼은 다음과 같다.

eyesIFXv2, intel모트2, mica2, mica2dot, micaZ, telosa, telosb(t모트), tinynode, btnode3 + hybus

2. 스케줄러(Scheduler)

TinyOS 1.x과 마찬가지로 2.0 스케줄러는 비선점(non-preemptive) FIFO로 되어 있다. 그러나 2.0에서의 Task는 1.x와 다르다. 1.x에서는 모든 Task에 대하여 공유 queue가 있었고 컴포넌트는 Task를 여러 번 post할 수 있었다. 만약 공유 queue가 가득차면 post 동작은 실패한다. 네트워킹 스택을 갖는 실험은 이것이 문제가 됨을 보여준다. 왜냐하면 Task는 split-phase operation(1)의 완료 evnet와 연결이 되어 있기 때문d다. 만약 post가 실패하면 컴포넌트는 완료 event를 기다리면서 영원히 block이 된다.

2.x에서는 모든 Task는 Task queue에 예약된 자신의 queue를 가진다. Task는 한 번씩만 post되어질 수 있다. 만약 Task가 이미 post되어졌다면 post는 실패한다. 만약 컴포넌트가 Task를 여러 번 post하고 싶다면 Task가 수행될 때 내부 state 변수를 set하고 그 자체를 다시 post하여야 한다.

이러한 약간의 변화는 컴포넌트 코드의 많은 부분을 간략화하였다. Task가 post되기 이전에 이미 post되었는지를 알기 위하여 test하지 않아도 된다. 컴포넌트는 이미 post된 Task와 상관없이 Task를 바로 post할 수 있다. 컴포넌트는 post가 실패한 것으로 복구하기 위하여 노력해야 할 필요도 없다.

또한, 원한다면 응용(application)에서도 스케줄러(scheduler)를 교체할 수 있도록 되어 있다. 이것은 프로그래머가 새로운 스케줄링(scheduling) 정책을 시도할 수 있게 해준다. (priority 기반 또는 deadline 기반 등) 그러나 스케줄러(scheduler)의 교체는 원하지 않은 오퍼레이션(operation)과 프로세스(process)가 블록(block) 상태를 유지하는 등의 뜻하지 않은 변수들이 있을 수 있으므로 많은 주의를 기울여서 적용해야 한다.

■ split-phase operation

Split-phase system에서는 프로그램이 수행이 오래 걸리는 operation을 call하면 즉시 call을 return하고 대신 수행이 완료되었을 때 called abstract이 callback을 issue한다. 이러한 방법을 split-phase라 부르는데 그 이유는 invocation과 completion을 두 개의 분리된 수행의 phase로 나누었기 때문이다. Split phase call의 장점은 수행 중에 stack memory를 정체시키지 않는다. 그리고 시스템의 반응성을 유지하고 (즉 긴 수행을 요구하는 opeartion에 정체되지 않게 한다) stack의 이용률을 감소시킨다.

Split-phase operation은 TinyOS 컴포넌트가 간단하게 여러 개의 operation을 즉시 시작하고 병렬로 수행할 수 있도록 해준다. 또한 split-phase operation은 memory를 절약할 수 있다. 이것은 프로그램이 blocking operation을 call하면 모든 state를 call stack에 저장해야만 하기 때문이다.

3. 부팅(Booting)/ 초기화(Initialization)

2.0은 1.x와 다른 boot 시퀀스(sequence)로 되어 있다. 1.x에서의 StdControl은 init, start와 stop으로 되어 있었고, 이는 MainM.nc에서 call되어 실행이 되었다. 1.x에서 컴포넌트를 boot sequence에 wiring하는 것은 부팅시에 power up되고, 시작하도록 되어 있었다. 그러나 TinyOS-2.x의 부팅 과정은 오직 컴포넌트를 초기화하는 것만 수행한다. Scheduler, hardware, software가 모두 초기화가 되고 나면, 부팅 과정은 Boot.booted에 signal을 보낸다. Top- level application 컴포넌트는 이 이벤트를 처리하고 서비스를 시작한다.

4. 가상화(Virtualization)

2.0은 NesC 1.2로 작성되었다. NesC1.2는 포괄적인(generic)의 개념 또는 인스턴스 가능한 컴포넌트를 도입한다. Generic 모듈은 TinyOS가 재사용 가능한 데이터 구조를 갖도록 해준다. 예를 들면 bit vector와 queue가 이에 해당된다. 이것은 개발을 단순화시켜준다. generic configuration은 많은 서비스들이 복잡했던 wiring 관계를 캡슐화함으로써, 복잡한 wiring관계를 이해해야만 했던 클라이언트에게 편의를 제공한다. 실제로 이것은 많은 기본적인 TinyOS 서비스들이 가상화되었다는 것이다.

5. 타이머(Timers)

2.0은 1.x에 비해 더 풍부한 타이머를 제공한다. 많은 실험들은 타이머가 OS의 측면에서 제공할 수 있는 가장 민감한 하드웨어 분리 중의 하나라는 것을 보여준다. 그래서 2.0은timer가 가지는 충실성과 형태를 확장한다. 플랫폼의 하드웨어 자원에 따라 각각 차이가 나겠지만, 컴포넌트는 밀리츠 타이머와 32KHz 타이머를 이용할 수 있다. 타이머 시스템은 하나 또는 2개의 상당히 정확한 타이머를 제공하고, 또한 비동기식으로 동작하는 것을 제공한다. 컴포넌트는 타이머가 발생하기까지 얼마나 남았는지를 물어볼 수 있고 얼마 후에 타이머를 시작할 수 있는지도 나타낼 수 있다. 예를 들면 "지금부터 31ms 후에 1Hz로 fire를 하라" 라는 식으로 말이다.

만약 밀리츠 단위의 더욱 민감한 타이머를 사용하고자 한다면 32KHz의 타이머를 사용함으로써 이를 보완할 수 있다.

타이머는 2.0에서 가상화의 좋은 예를 보여 준다. TinyOS-1.x는 다음과 같이 한다.

```
components App, TimerC; App.Timer → TimerC.Timer[unique("Timer")];
```

TinyOS-2.0에서는 다음과 같이 한다.

```
components App, new TimerMilliC(); App.Timer → TimerMilliC;
```

6. 통신(Communication)

2.0에서의 메시지 버퍼 타입은 message_t로 어떤 노드로부터의 packet을 받기에도 충분할 만큼 크게 설정되어 있다. 소스를 보면 알겠지만 Structure 그 자체는 불투명해서 컴포넌트는 구조체의 field를 직접 참조할 수는 없다. 대신 모든 버퍼는 인터페이스(interface)를 통해 액세스할 수 있다. 예를 들면 msg라 지칭된 AM packet의 수신자(destination) 주소(address)를 가져오고 싶으면 AMPacket.destination(msg)라고 하면 된다.

Send 인터페이스(interface)는 통신(communication) 하드웨어 구분(abstraction)의 어드레스(address) 모드(mode)를 구분한다. 예를 들면 액티브 메시지 통신(communication)은 AMSend 인터페이스로 이것은 AMdestination 어드레스를 필요로 한다. 반면 broadcating과 수집(collection) 트리(tree) 하드웨어 분리는 어드레스가 필요없는 Send 인터페이스를 사용한다.

액티브 메시지(message)는 네트워크(network) HIL로, ActiveMessageC 컴포넌트는 네트워크 인터페이스가 표준 통신(communication) 매체라는 것을 정의한다. 예를 들면 mica2는 ActiveMessageC처럼 CC1000 액티브 메시지(message) 계층(layer)을, 반면 T모트는 CC2420 액티브 메시지(message) 계층을 정의한다.

이제 더 이상 액티브 메시지(message) 통신을 위한 TOS_UART_ADDRESS는 없다. 대신 컴포넌트는 SerialActiveMessageC가 시리얼포트를 통해 액티브 메시지(message) 통신이 가능하도록 지원한다.

7. 에러 코드(Error Codes)

1.x에서 리턴코드(return code)인 result_t는 SUCCESS or FAIL이었다. 이것은 사용하기 편했지만 caller가 caller에게 에러의 원인을 구별하여 알려주지는 못했다. 2.0에서는 result_t대신 error_t를 이용하고 SUCCESS, FAIL, EBUSY, ECANCEL로 사용한다.

예를 들어보면 1.x는 아래와 같이 사용했다.

```
if (call X.y()) { busy = TRUE; }
```

2.0에서는 아래와 같이 바뀌었다.

```
if (call X.y() == SUCCESS) { busy = TRUE; }
```

8. 중 재

센서, 스토리지, 라디오 같은 많은 다른 시스템 등이 같은 시간에 같은 bus를 사용하려 할 때 중재(arbitrating) 접근이 필요하다. 이러한 종류의 하드웨어 분리를 제공하기 위하여 2.0은 자원(resource) 인터페이스(interface)를 도입함으로써, 컴포넌트가 공유 자원과 중재자를 요구하거나 획득하기 위하여 자원(resource) 인터페이스(interface)의 이용이 가능하도록 만들어 놓았다.

이러한 것은 복수의 클라이언트 사이에 액세스를 중재하기 위한 정책을 제공한다.

9. 네트워크 프로토콜(Network Protocols)

2.0은 모트 네트워크에서 사용하는 가장 간단한 2개의 네트워크 프로토콜을 제공한다. 하나는 보급(dissemination)이고, 다른 하나는 수집(collection)이다. 보급은 작은 데이터를 네트워크의 모든 노드에 신뢰성있게 전달한다. 반면 수집은 싱크 노드(sink node)를 기준으로 라우팅(routing) 트리(tree)를 만든다. 이러한 프로토콜은 넓은 영역의 데이터 수집이 가능하도록 한다.

3.5 TinyOS-2.x의 설치

TinyOS-2.x의 디렉토리 구조는 [그림 3-18]과 같다.

apps에는 빌드 및 업로드하여 여러 테스트를 할 수 있는 샘플 응용들이 있다. doc에서는 애플리케이션을 구성하는 컴포넌트간의 wiring 상태 및 시스템의 구성도가 html 및 xml의 형태로 제공된다. support의 make는 Makerules 및 Makedefaults가 포함되어 있으며, 모든 플랫폼들의 타깃파일들이 포함되어 있다. 타깃파일에선 플랫폼의 구성 요소에 대한 내용을 정의한다. sdk는 언어별로 작성되어 있으며, 모니터링 프로그램을 비롯한 여러 가지 사용자 인터페이스를 제공한다. tos는 TinyOS의 커널부분으로 칩, 플랫폼, 센서 보드에 대한 드라이버 수준의

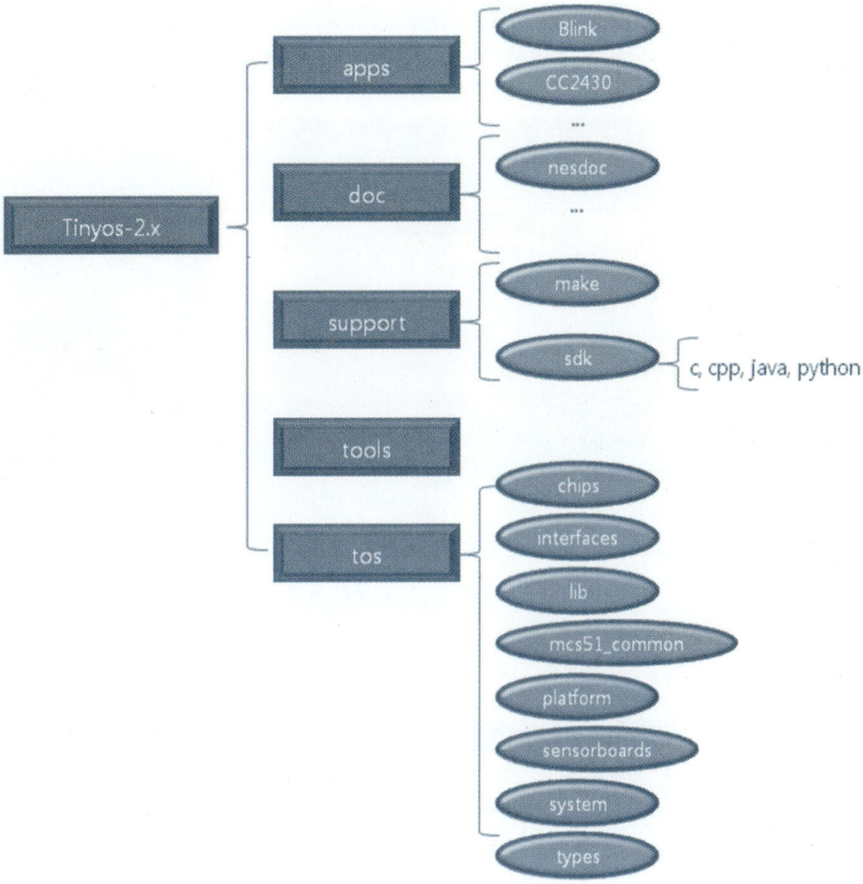

[그림 3-18] TinyOS-2.x의 디렉토리 구조

소스와 응용에서 사용하는 인터페이스에게 제공되는 시스템 파일들이 포함되어 있다. mcs51_common이라는 디렉토리는 HMOTE2430만을 위한 라이브러리가 포함되어 있다.

1. JAVA SDK 설치

CD의 jdk로 이동하여 jdk-1_5_0_09-windows-i586-p.exe을 클릭하여 설치한다.

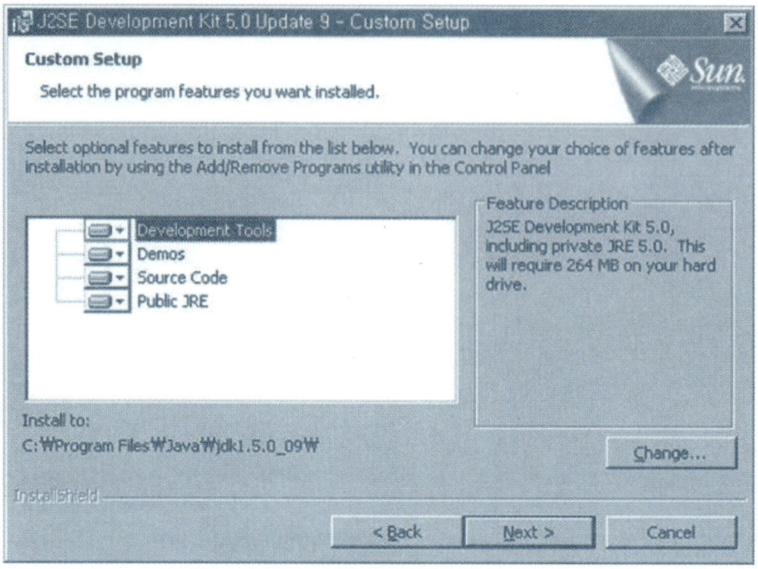

[그림 3-19] 구성 요소 및 install path 설정

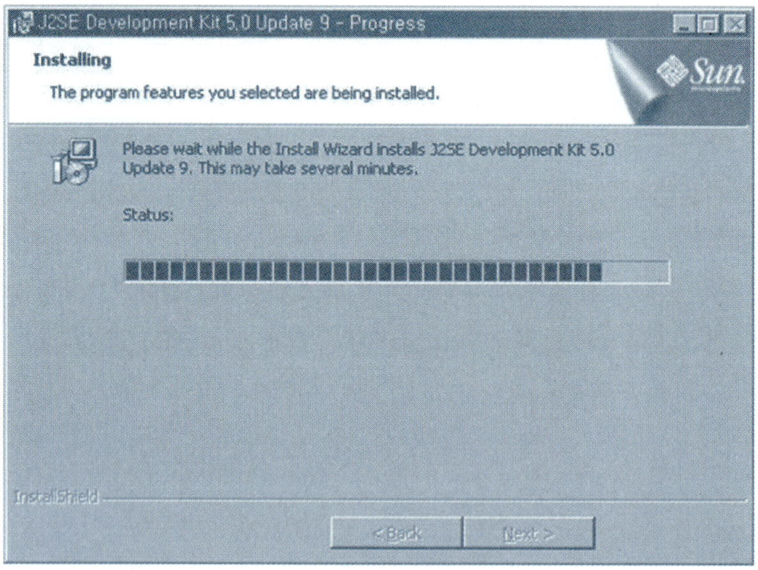

[그림 3-20] 설치 화면

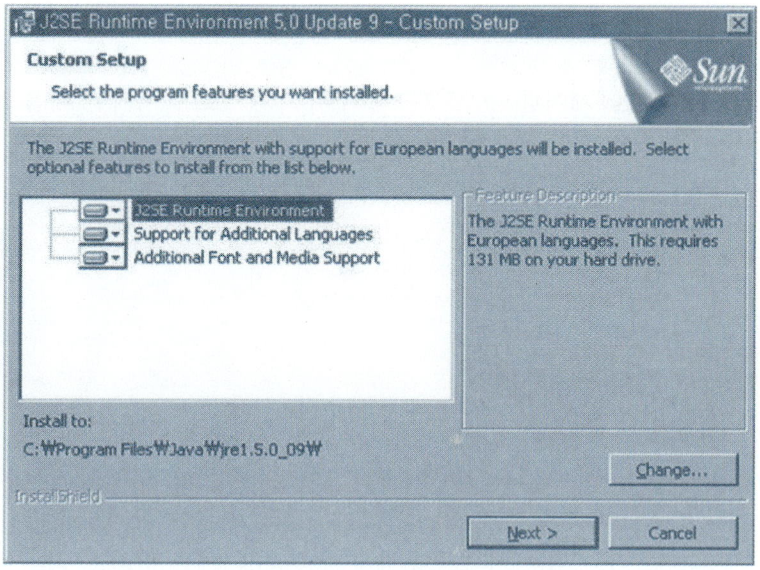

[그림 3-21] JRE 설치

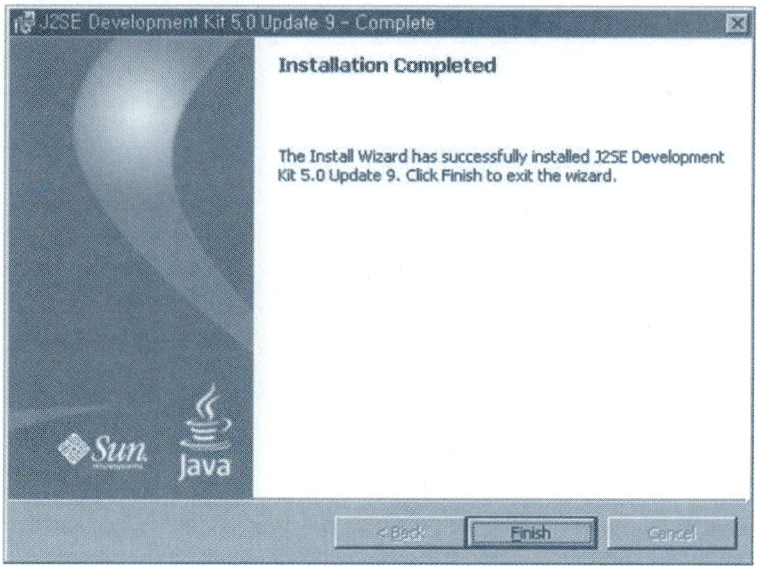

[그림 3-22] 설치 완료

2. 설치 확인

시작 → 제어판 → 프로그램 추가 / 제거로 들어가면 다음 프로그램이 설치되어 있다.

```
J2SE Development Kit 5.0 Update 9
J2SE Runtime Environment 5.0 Update 9
```

3. cygwin 설치

cygwin(www.cygwin.com)은 윈도우가 설치된 환경에서 리눅스의 개발 환경을 사용하기 위해 만들어진 개발 도구이다. 상당히 많은 리눅스의 API 등을 제공하고 있으며, 윈도우 CE를 제외한 x86용 32/64bit의 윈도우 운영체제에서 동작된다.

① CD의 cygwin-1.2a.tar를 압축해제한다.

② 압축파일을 풀면 다음과 같이 생성된다.

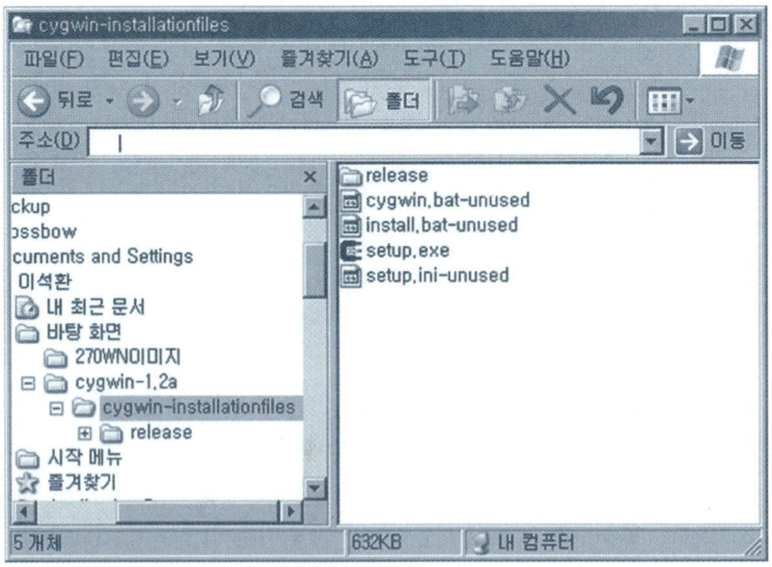

③ setup.exe를 실행하여 설치한다.

설치할 때 Install from local directory를 선택한다.

그 다음 Install for "All Users", Default Text File Type "UNIX"로 설정하고, 설치할 경로를 지정한다.

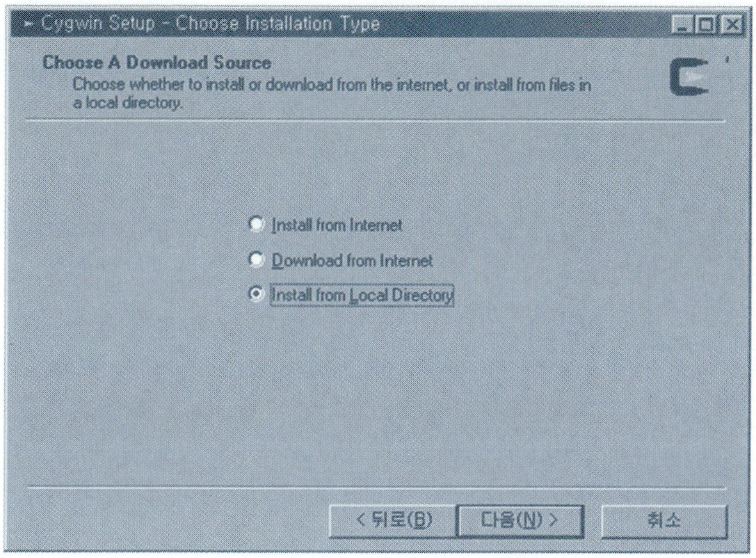

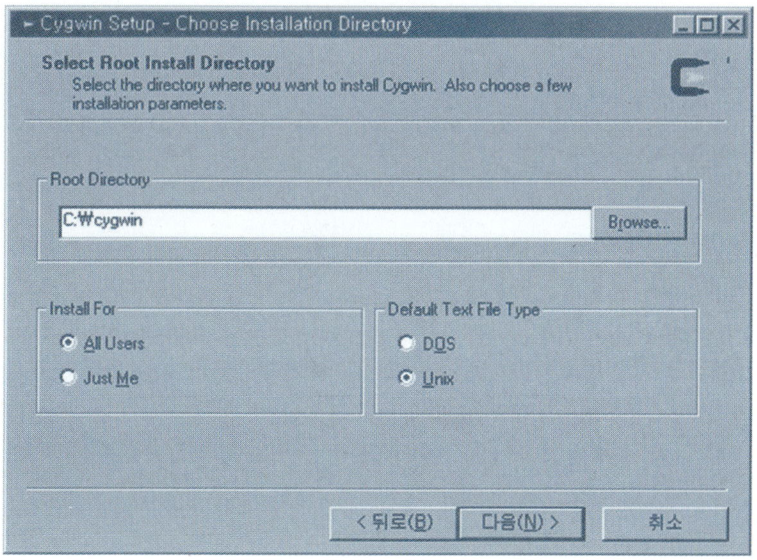

④ 다음과 같이 All−install로 모두 설정을 하고 다음을 눌러 설치를 진행한다.

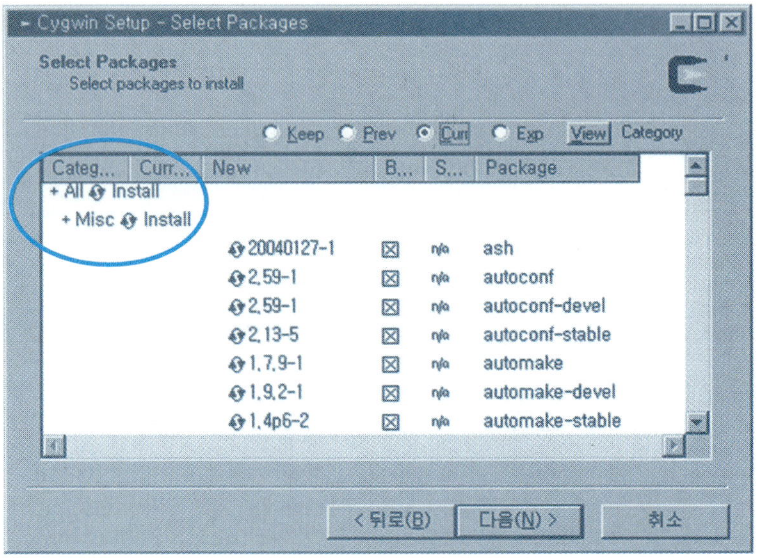

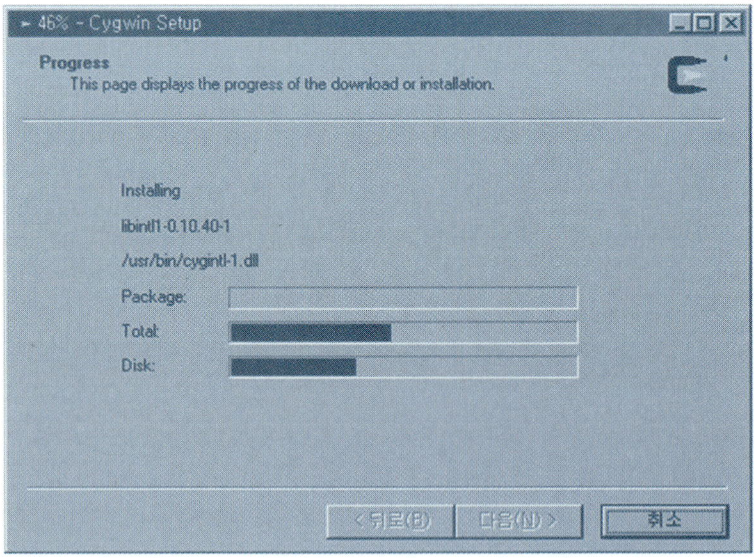

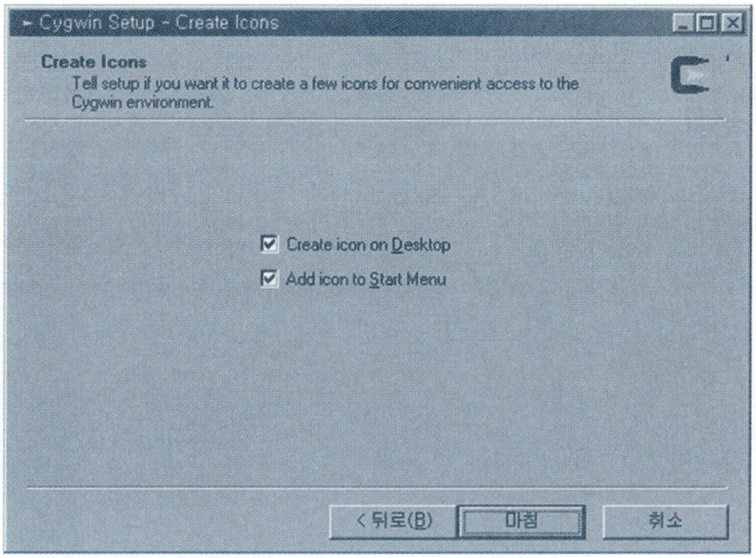

■ **주 의**

설치 완료 후 cygwin을 실행하지 않은 상태로 바로 cygwin-x의 설치를 진행해야 한다. Cygwin-x를 설치하기 전에 cygwin을 실행하면, 자동 스크립트에 충돌이 나서 정상 동작하지 않을 수 있으니 주의해야 한다.

4. cygwin-X 설치

① openGL에 적합한 환경을 구축하기 위하여 X환경의 cygwin 패치를 따로 설치해야 한다. 일단 www.cygwin.com/setup.exe로 다운로더를 내려받는다. setup.exe를 실행하면 다음과 같은 화면이 출력된다.

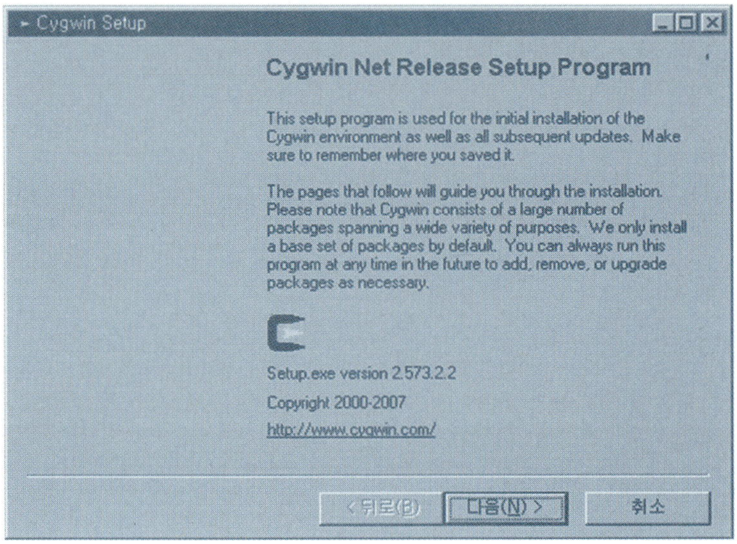

② 다음을 클릭하여 넘어가서 "install from internet" 항목에 체크한다.

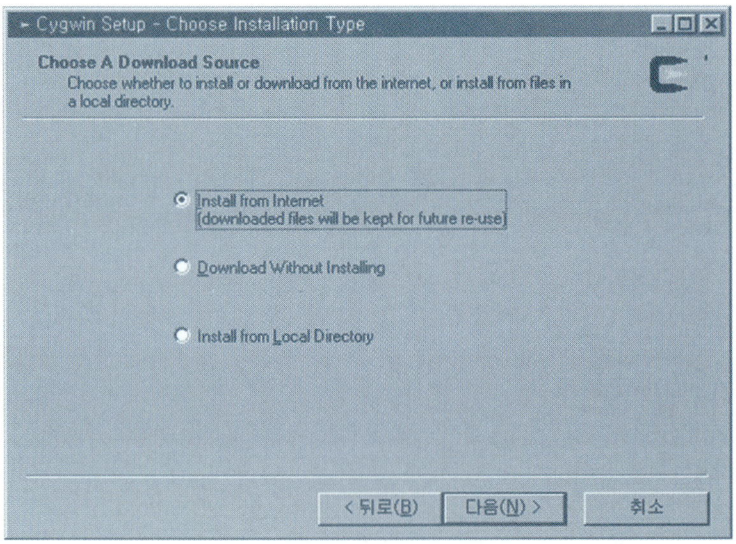

③ 다음 그림이 나오면 이미 cygwin이 설치되어 있다면 그 위치를 설치되어 있지 않다면 설치하고자 하는 위치를 지정하고 다음을 클릭한다.

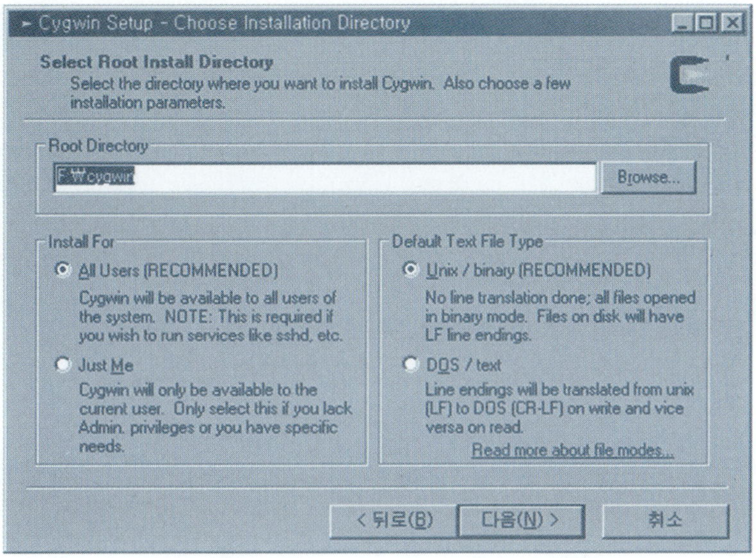

④ 다운로드받을 임시 디렉토리를 설정하고 다음을 클릭한다.

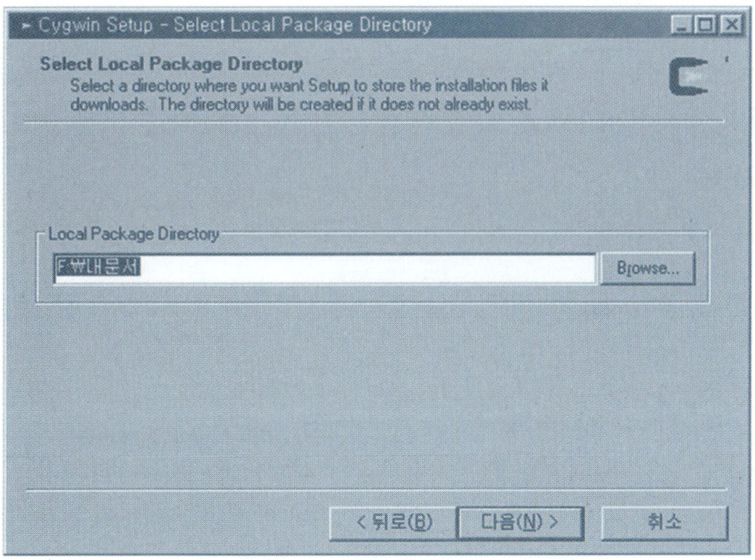

⑤ 인터넷 연결의 유형을 결정한다. Direct Connection이나 Use IE5 Setting을 체크하고 다음을 클릭한다.

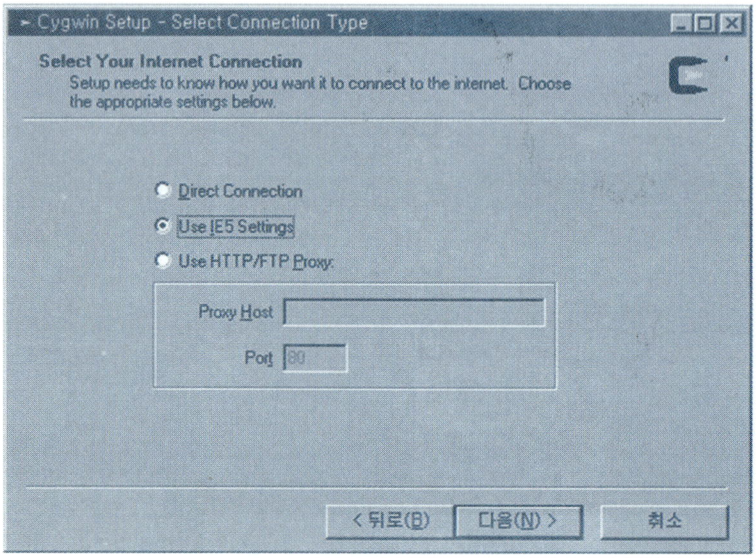

⑥ 다운로드할 FTP 사이트를 결정한다. 국내 서버인 kaist나 daum을 선택하면 다운로드 속도가 더 빠르다.

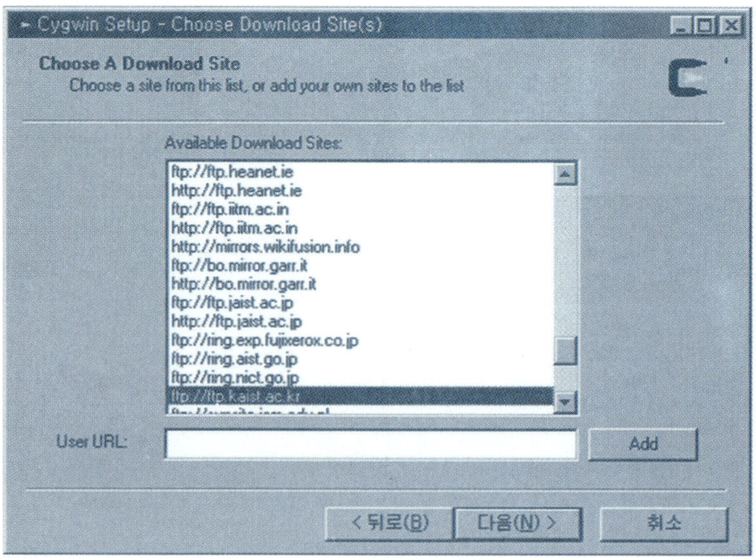

⑦ 인스톨할 패키지를 설정하는 부분이다. cygwin을 이미 설치했다면 다음 그림에서 보이는 X11 항목만 install로 설정을 바꿔주고 다음을 클릭한다.

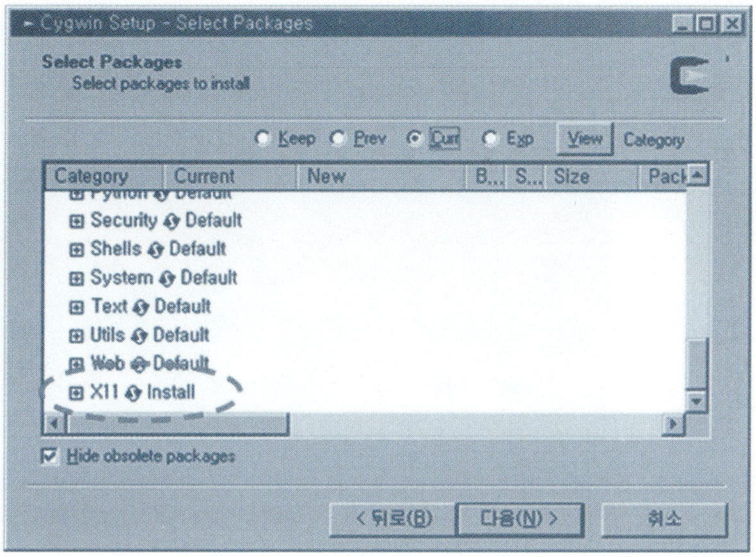

⑧ 설치를 시작한다.

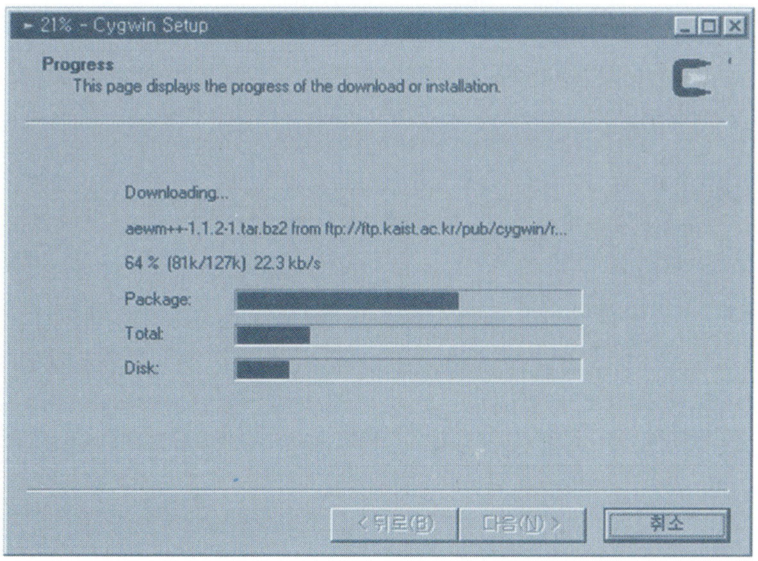

⑨ 설치가 다 되었다면 cygwin을 실행시킨 후에 startxwin.sh를 실행하여 cygwin-X가 잘 설치되었는지 테스트한다.

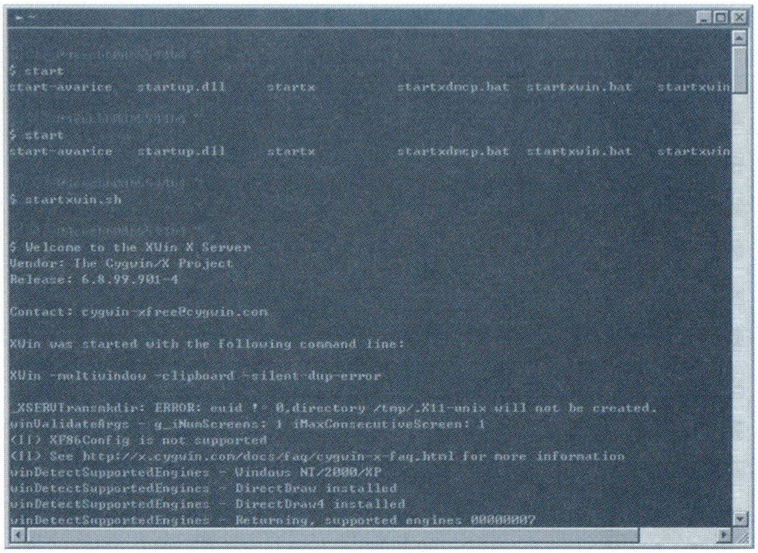

⑩ 다음과 같은 X기반의 터미널이 실행된다.

5. 플랫폼별 컴파일러 설치

AVR과 MSP430 각각에 필요한 컴파일러를 설치한다.

1) Atmel AVR Tools 설치

CD의 rpm/avr에 있는 5개의 rpm파일을 cygwin이 설치되어 있는 하부 디렉토리 중 어느 곳이든 복사하여 다음의 명령으로 설치한다.

```
$rpm -Uvh-ignoreos avr-binutils-2.15TinyOS-3.cyginn.i386
$rpm -Uvh-ignoreos avr-gcc-3.4.3-1.cygwin.i386.rpm
$rpm -Uvh-ignoreos avr-libc-1.2.3-1.cygwin.i386.rpm
$rpm -Uvh-ignoreos avarice-2.4-1.cygwin.i386.rpm
$rpm -Uvh-ignoreos avr-insignt-6.3.1.cygwin.i386.rpm
```

2) TI MSP430 Tools 설치

CD의 rpm/msp430에 있는 5개의 rpm파일을 cygwin이 설치되어 있는 하부 디렉토리 중 어느 곳이든 복사하여 다음의 명령으로 설치한다.

```
$rpm -Uvh--ignoreos msp430tools-base-0.1-20050607.cygwin.i386.rpm
$rpm -Uvh--ignoreos msp430tools-python-tools-1.0-1.cygwin.noarch.rpm
$rpm -Uvh--ignoreos msp430tools-binutils-2.16-20050607.cygwin.i386.rpm
$rpm -Uvh--ignoreos msp430tools-gcc-3.2.3-20050607.cygwin.i386.rpm
$rpm -Uvh--ignoreos msp430tools-libc-20050308cvs-20050608.cygwin.i386.rpm
```

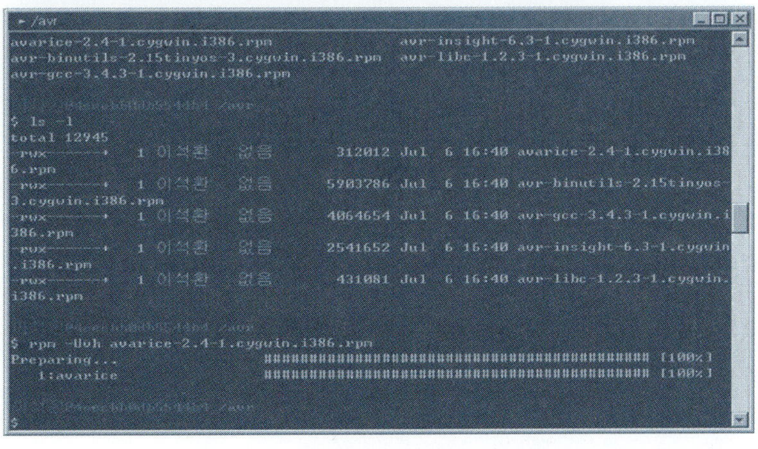

[그림 3-23] rpm 설치/업데이트 실행 화면

6. TinyOS toolchain 및 source tree 설치

1) NesC와 TinyOS-tools를 설치

CD의 rpm/toolchain에 있는 2개의 rpm파일을 cygwin이 설치되어 있는 하부 디렉토리 중 어느 곳이든 복사하여 다음의 명령으로 설치한다.

```
$rpm -Uvh --ignoreos NesC-1.2.7b-1.cygwin.i386.rpm
$rpm -Uvh --ignoreos TinyOS-tools-1.2.3-1.cygwin.i386.rpm
```

2) TinyOS-2.x의 source tree를 설치

① CD의 rpm/sourcetree에 있는 source tree rpm파일을 cygwin이 설치되어 있는 하부 디렉토리 중 어느 곳이든 복사하여 다음의 명령으로 설치한다.

```
$rpm -Uvh TinyOS-2.0.1-5.cygwin.noarch.rpm
```

② rpm 설치 확인(rpm -qa)

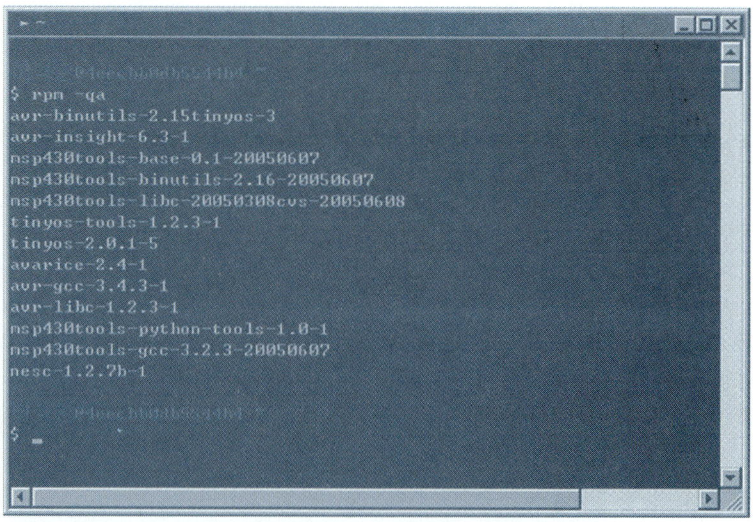

7. 환경 설정 및 확인

① 환경을 설정한다. 이를 위해 .bashrc를 열어 맨 마지막 줄에 다음을 추가한다.

```
# vi ~/.bashrc
export TOSROOT=/opt/TinyOS-2.x
export TOSDIR=$TOSROOT/tos
export CLASSPATH=`cygpath -w $TOSROOT/support/sdk/java/TinyOS.jar`
export CLASSPATH="$CLASSPATH;."
export MAKERULES=$TOSROOT/support/make/Makerulesexport PATH=/opt/msp430/bin:$PATH
```

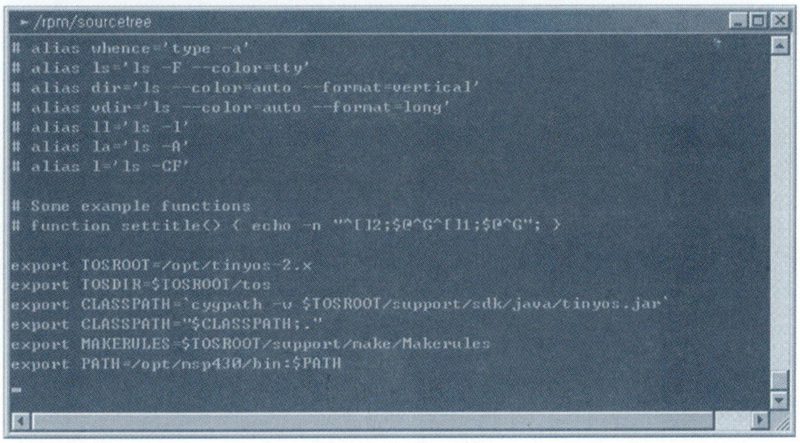

② 저장한 후 빠져나온 다음 (:wq!) source .bashrc를 해서 script를 실행한다.

```
# source ~/.bashrc
```

③ Test를 위해 /opt/TinyOS-2.x/apps/Blink로 이동하여 make micaz 및 make t모트를 수행하여 컴파일이 잘되는지 확인한다.

```
# cd /opt/TinyOS-2.x/apps/Blink
# make micaz
```

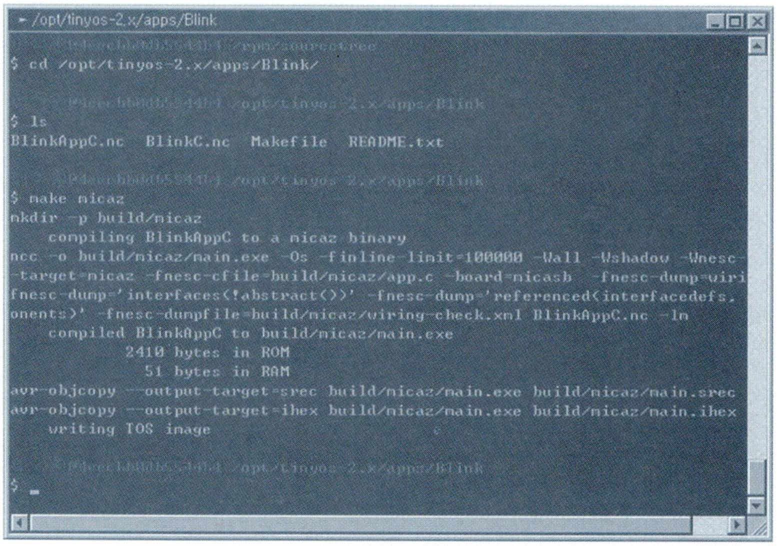

④ 위와 같이 컴파일이 이상 없이 된다면 설치를 정상적으로 완료한 것이다.

8. Java Tool Compile

Listen, SerialForwarder 등을 java class를 실행하기 위해 컴파일을 해야 한다.

① 내 컴퓨터(오른쪽 마우스 버튼 클릭) → 속성 → 고급 → 환경 변수에 javac가 설치된 폴더를 PATH에 추가한다.

(default : Program Files₩JAVA₩jdk1.5.0_09₩bin), JDK1.5 with update 9 기준

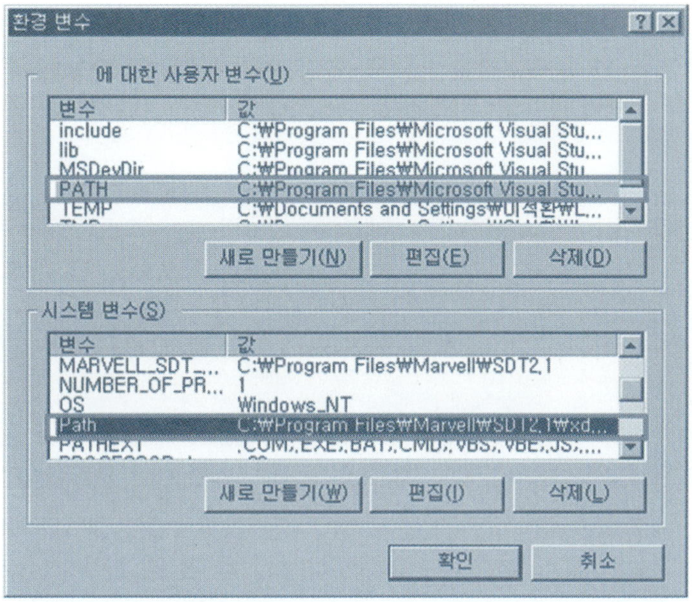

(사용자 변수와 시스템 변수, 두 가지 모두 추가를 한다.)

② 다시 cygwin을 실행하여 tos-install-jni라고 입력하고 실행한다.

```
# tos-install-jni
```

③ ②의 결과에 의해 나타나는 디렉토리, 즉 getenv.dll과 toscomm.dll이 복사된 디렉토리를 PATH 환경 변수에 추가한다.
(default :Program Files₩JAVA₩jdk1.5.0_09₩jre₩bin)

④ cygwin을 열고 /opt/TinyOS-2.x/support/sdk/java 디렉토리로 이동하세요.
(이미 Cygwin이 실행 중이었다면 종료 후 다시 실행한다.)

⑤ make라고 입력한 후 에러가 발생한 것이 없다면 컴파일이 성공한 것이다.

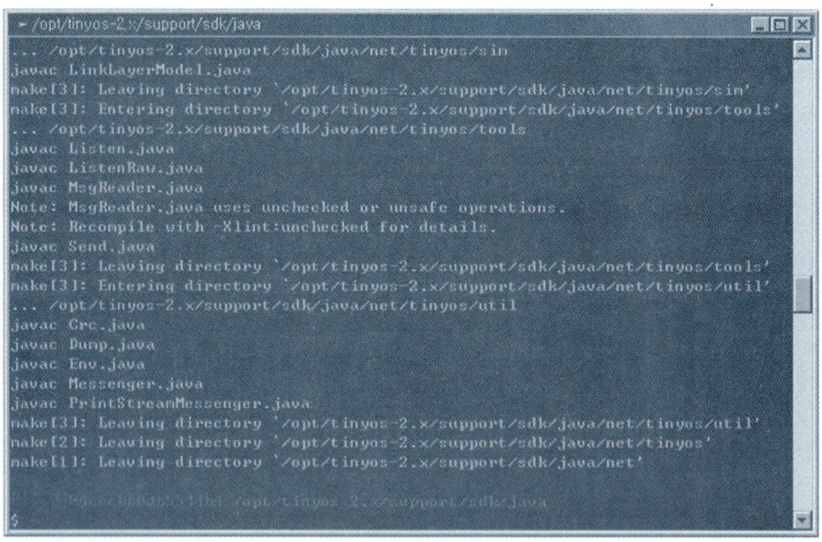

9. Listen과 SerialForwarder를 테스트

① Listen을 테스트하기 위해 BaseStation이 업로드된 HMOTE2420이나 T모트를 USB에 연결하고 export 모트COM=serial@COM#:telos 그리고 java net.TinyOS.tools. Listen을 입력하여 테스트한다.

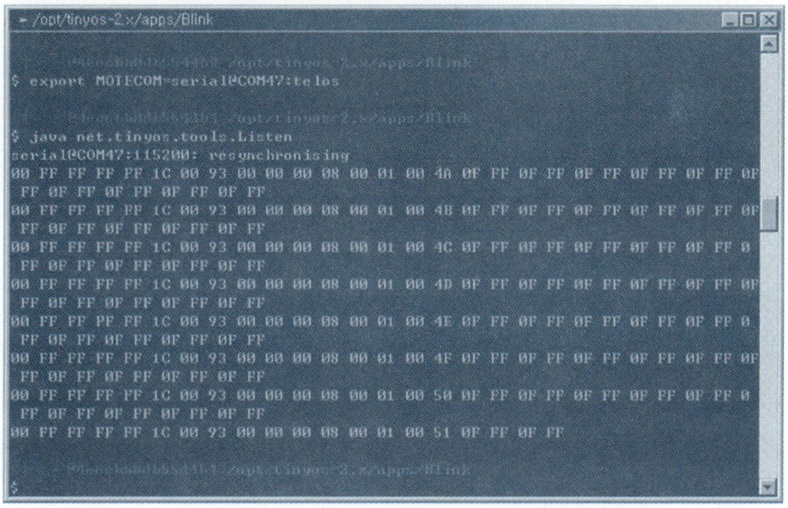

② SerialForwarder는 java net.TinyOS.sf.SerialForwarder -comm serial@COM#:t 모트로 테스트한다.

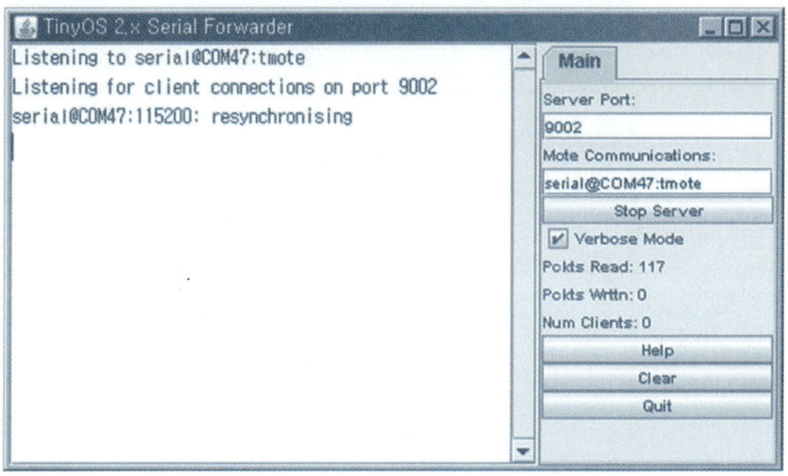

3.6 하이버스 패치 설치

① CD의 Hmote_patch 폴더를 열면 다음과 같이 구성되어 있다.

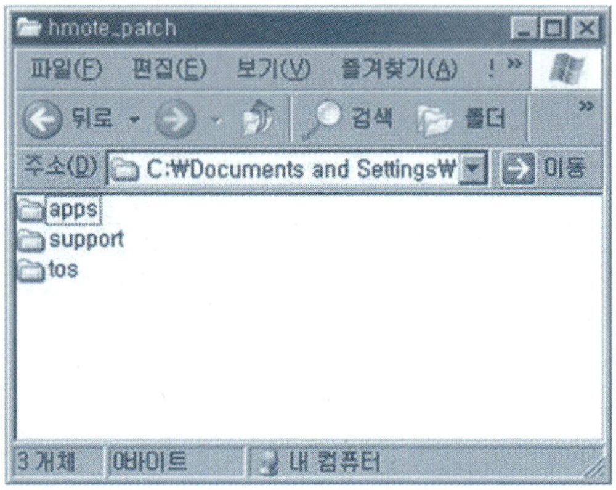

② 3개의 디렉토리(apps, support, tos)를 모두 복사한 후 TinyOS-2.x가 설치된 디렉토리에 붙여넣기 한다.

예를 들어 TinyOS-2.x가 설치된 곳이 F:₩cygwin₩opt₩TinyOS-2.x라면 윈도우 탐색기로 이곳으로 이동하여 붙여넣기 한다.

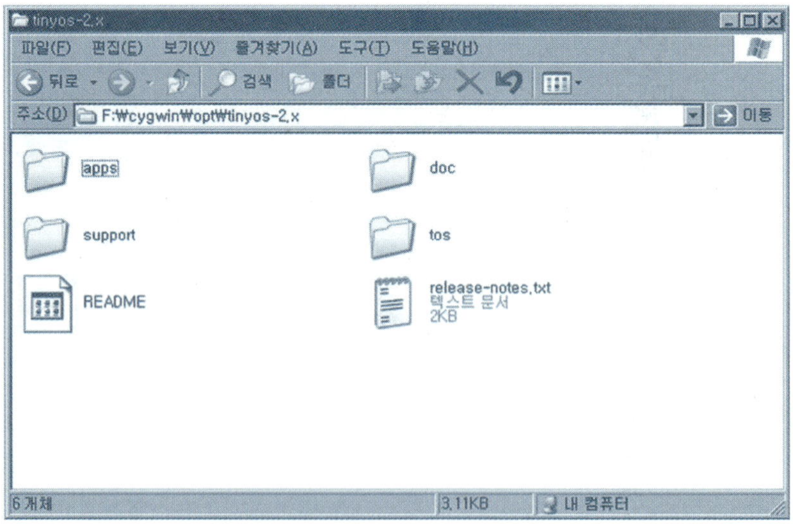

③ cygwin을 실행하여 HMOTE2420에 대한 패치가 잘되었는지 확인한다.

```
$ cd /opt/TinyOS-2.x/tos/platform/hmote2420
```

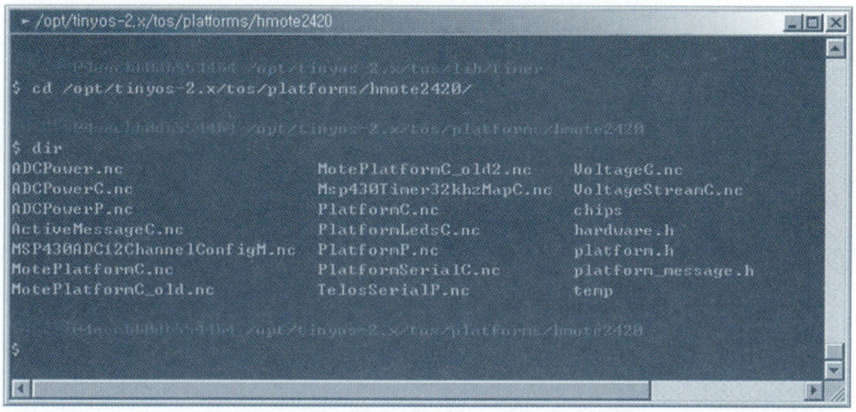

④ cygwin을 실행하여 HMOTE2430에 대한 패치가 잘되었는지 확인한다.

```
$ cd /opt/TinyOS-2.x/tos/platform/hmote2430
```

3.7 NesC 프로그래밍의 구조

1. NesC의 개요

TinyOS는 NesC라는 언어를 사용하여 개발되었고 응용 프로그램도 마찬가지로 NesC로 기술해야 한다.

개발된 NesC 소프트웨어는 변환(translation)과정을 거쳐 C언어로 바뀌며 컴파일되어 센서 노드에 다운되어 실행된다.

NesC는 센서 네트워크와 같은 임베디드 시스템을 위해 개발되었고 컴포넌트 기반의 응용을 위한 구조를 가지고 있다.

NesC는 TinyOS의 특성을 지원하기 위해 고안된 프로그래밍 언어로써 센서 네트워크의 애플리케이션 개발에도 사용되고 초소형, 초저전력 컴포넌트 기반 구조를 갖고 있고 태스크 및 이벤트에 기반한 동시성 모델로써 공유 데이터의 동시 액세스가 가능하다.

NesC[nes-si]는 TinyOS의 실행 모델과 구조적인 개념을 표현하기 위하여 설계된 C언어의 확장된 언어이다.

NesC 응용 프로그램은 component와 양방향 인터페이스(interface)로 구성되어 있다. static의 의미는 다이나믹(dynamic) 메모리가 없고 기능(function) pointers가 없다는 뜻이다.

프로그램은 Flash memory(128k), SRAM(4k), EEPROM(4k)를 프로그램할 수 있다. TinyOS는 매우 제한된 리소스(즉, 8k 바이트의 프로그램 메모리, 512바이트의 ROM)를 센서 네트워크의 노드를 위하여 서계된 이벤트에 의하여 구동되는 운영체계이다.

TinyOS는 NesC에 의하여 재구현되었다. [그림 3-15]는 소스파일 컴파일 과정이다.

2. NesC 기본 개념

1) NesC의 기본 개념

(1) 구성과 구조(construction)의 분리

프로그램들은 모든 프로그램들과 연결된 컴포넌트(components)로 구성(composition)되어 있다.

컴포넌트는 2개의 범위로 정의하는데 하나는 그들의 사양, 즉 인터페이스와 다른 하나는 그들의 구현이다. 제어의 흐름은 인터페이스를 통하여 컴포넌트로 통과한다. 이들 흐름은 task나 하드웨어 인터럽트, 둘 중 하나에 의하여 제어된다.

(2) 인터페이스의 set과 관련하여 컴포넌트의 동작 규정

인터페이스는 컴포넌트에 의하여 사용되고 제공된다. 제공된 인터페이스는 컴포넌트가 유저에게 제공하는 상관관계를 표현하고, 사용된 인터페이스는 컴포넌트가 작업 수행을 위하여 필요한 상관관계를 표현한다.

(3) 인터페이스는 양방향

인터페이스의 provider에 의하여 커맨드(commands)를 수행하고 인터페이스의 유저에 의하여 이벤트(events)를 수행한다. 이것은 컴포넌트사이에 복잡한 상호작용을 표현하기 위하여 단일 인터페이스를 허용한다.(예를 들면, 어떠한 이벤트에서 흥미를 표현하거나 이벤트가 발생했을 때 callback에 의하여 실행한다.) 이것은 TinyOS에서 모두 긴 커맨드(예를 들면 send packet)는 non-blocking 이기 때문에 매우 중요하다. 이것의 완성은 이벤트를 통하여 신호를 보낸다.(예를 들면 send done) 인터페이스의 조건에 따라서 컴포넌트는 sendDone 이벤트의 실행을 제공하지 않는 한 send 커맨드(commands)를 콜(call)할 수 없다.

일반적으로 커맨드 콜은 아래쪽으로, 즉 이벤트 콜)을 위쪽으로 하는 동안에 응용 컴포넌트로부터 하드웨어에 보다 가까이 한다. 확실한 선점(primitive) 이벤트들은 하드웨어 인터럽트에 속박된다(이들 속박의 성질은 시스템에 의존한다).

(4) 컴포넌트의 연결

컴포넌트들은 서로 다른 인터페이스들을 경유해서 고정된 상태로 연결되어 있다. 이것은 프로그램을 보다 적적인 분석을 허용하고 강건한 설계를 장려하고 실시간 효과를 증가시킨다.

(5) 코드발생 및 분석

NesC는 모든 프로그램 컴파일러에 의하여 발생될 코드의 기대값 아래 설계되었다. 이것은 보다 나은 코드의 발생과 분석을 허용한다.

(6) 인터럽트 핸들러 기반

NesC의 동시병행 모델은 수행하고 달성하는 task들은 각각 인터럽트 task를 할 수 있는 인터럽트 핸들러를 기반으로 하였다. NesC 컴파일러는 인터럽트 핸들러에 의하여 일어나는 가능한 데이터 경선신호들이다.

2) NesC의 구조

NesC의 구조는 code 파일인 module(xxxM.nc), components를 연결하는 Configuration(xxx.nc/xxxC.nc), commands와 events를 실행하는 interface(xxx.nc)고 구성되어 있다. NesC의 구조는 [그림 3-24]와 같다.

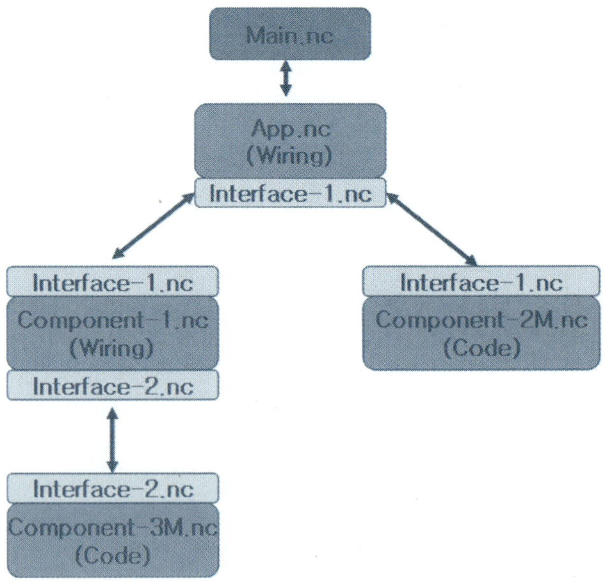

[그림 3-24] NesC의 구조

(1) NesC 파일이름 규칙(convention)

NesC 파일의 접미사는 000.nc로 구성되어 있다. 구성(configuration)을 위해 C를 붙인다. “C”는 컴포넌트와 인터페이스 사이를 구분하기 위해 사용한다. (예 Timer, TimerC, TimerM).

(2) NesC의 주요 컴포넌트(component) 관련 키워드(Keyword)

① 인터페이스(interface) : 커맨드(command)와 이벤트의 수집을 정의
② 모듈(module) : NesC에서 구현한 기본 컴포넌트이다.
③ 구성(configuration) : 다른 컴포넌트 연결로부터 만든 컴포넌트이다.
④ 구현(implementation) : 모듈(module)이나 구성(configuration)에 대한 변수와 코드가 포함한다.
⑤ 컴포넌트(components) : 컴포넌트의 list가 구성(configuration)에 의하여 사용된다.
⑥ 공급(provides) : 정의된 인터페이스(interface)가 컴포넌트에 의하여 제공된다.
⑦ uses : 정의된 인터페이스(interface)가 모듈(module)이나 구성(configuration)에 의하여 사용된다.
⑧ as : 다른 이름에 인터페이스된 에일리어스(alias)
⑨ 커맨드(command) : 직접 기능(function) 콜(call)이 인터페이스에 의하여 나타낸다.
⑩ 이벤트(event) : callback 메시지가 인터페이스에 의하여 나타낸다.

(3) NesC의 인터페이스(interface)

컴포넌트의 범위를 정의하고 call과 callback 기능이 하나인 세트이다.

인터페이스는 파일이름이 xxx.nc 형태로 되어 아래의 그림처럼 양방향 인터페이스로 공급자(provider)와 수요(uses)로 구분된다.

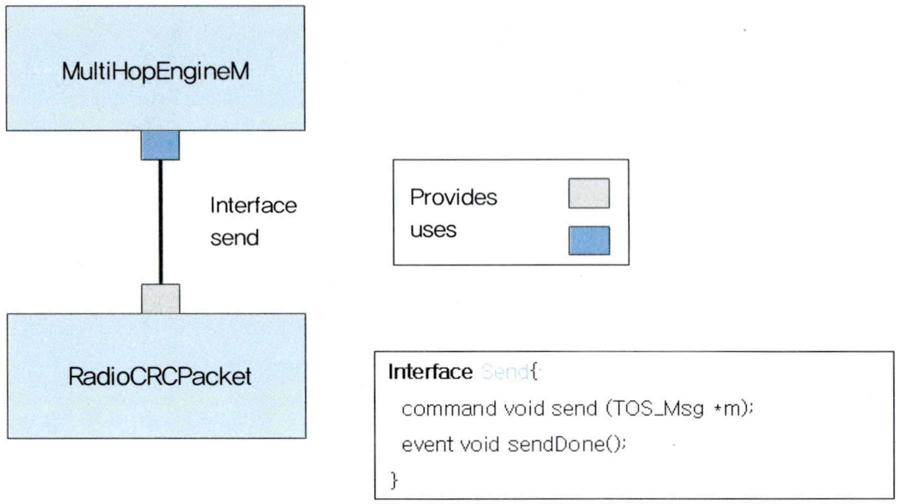

[그림 3-25] NesC의 interface

① TinyOS의 인터페이스의 종류는 다음과 같다.

인터페이스 종류	설 명
ADC.nc	ADC에 인터페이스
I2C.nc	I2C버스 프로토콜 인터페이스
Leds.nc	LED 추출 인터페이스
LogData.nc	저장장치에 logging 데이터를 위한 인터페이스
Radio.nc	무선 하드웨어를 위한 비트레벨 인터페이스
Receive.nc	일반적인 메시지 인터페이스-수신
Send.nc	일반적인 메시지 인터페이스-송신
StdControl.nc	표준 컴포넌트 (component) 제어 인터페이스
Timer.nc	일반적인 타이머 제어 인터페이스

② 인터페이스 구문은 다음과 같다.

```
includes TosTime;
interface Time {
  /**
```

```
   * get current time. Return it in tos_time_t structure
   **/
  async command tos_time_t get();

  /** get the high 32 bits of current time */
  async command uint32_t getHigh32();

  /** get the lower 32 bits of current time */
  async command uint32_t getLow32();

  /** get clock phase offset since last clock tick
    * in unit of micro-seconds.
   **/
  async command uint16_t getUs();

}
```

③ NesC의 컴포넌트(components) 형태와 구조

컴포넌트는 [그림 3-26]처럼 모듈(module)과 구성(configuration)으로 구성되는데 모듈(module)은 컴포넌트의 구현을 C코드에 의해서 제공하고 구성(configuration)은 connect, wire, 다른 컴포넌트(components)를 함께 모음으로 컴포넌트 사양을 구현할 수 있다.

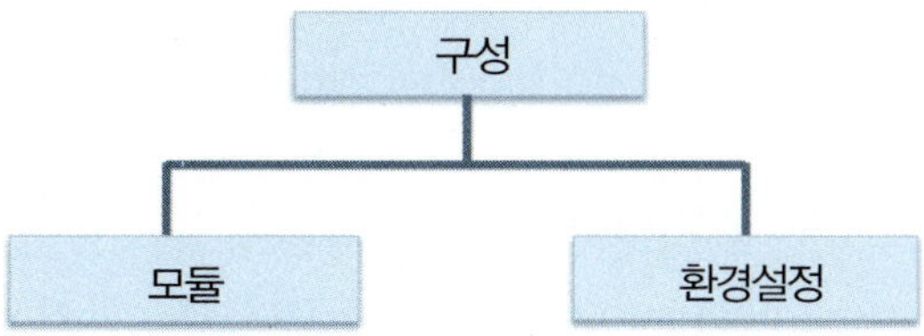

[그림 3-26] NesC의 컴포넌트 형태와 구조

④ NesC 컴포넌트 구조

NesC의 컴포넌트는 [그림 3-27]처럼 사양(specification)과 구현(implementation)으로 구성되어 있다. 사양은 제공된 서비스를 선언하고 또 다른 컴포넌트(uses, porvides, 새로운 이름으로써 인터페이스된 Alias)의 리스트이고 그들의 사양을 통하여 단지 교차된 컴포넌트를 제어하는 실마리이다. 구현은 내부의 작업을 정의하고 "wiring" 연관되어 있고 다른 컴포넌트를 포함할 수 있다.

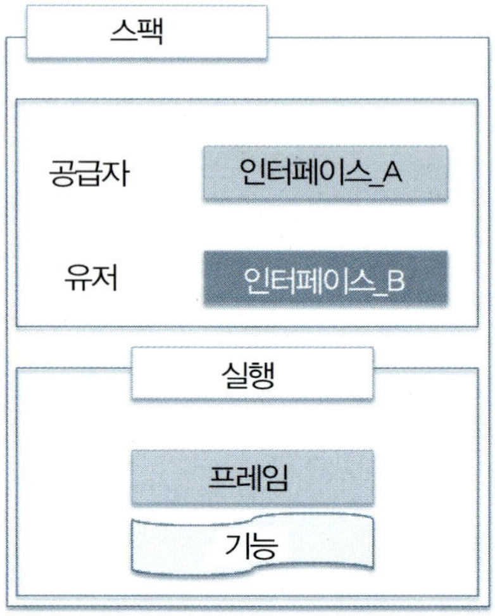

[그림 3-27] NesC 컴포넌트 구조

⑤ NesC의 모듈(Module)

모듈은 파일이름이 xxxM.nc 형태로 구현(implementation) {}에 모듈이 모든 제공된 커맨드(commands) 이벤트(event)를 구현할 수 있다. 그리고 모듈은 커맨드(commands)를 calling하고 이벤트(events)를 signaling한다. call이나 signal의 표현에 의해서 수행되어지는 실제의 커맨드(command)나 eventrngus 들을 프로그램의 구성(configuration)에서 wiring statement에 의존한다.

⑥ NesC의 구성(Configuration)

구성(configuration)은 다른 컴포넌트와 함께 wiring에 의하여 만들어진 구현이다. NesC의 연계에 의하여 lvmfp임과 기능을 만든다.

구성(configuration)은 파일이름 두 가지를 갖고 있다. top-level 구성(configuration) (xxx.nc)과 일반 구성(configuration) 형태의 파일이름을 갖고 있다.

⑦ NesC의 wiring 구문

연결된 구성요소들은 반드시 호환되어야만 한다. 즉, 인터페이스-인터페이스, 커맨드－커맨드, 이벤트-이벤트이다. send to send만 연결할 수 있다. 예제에서 보듯이 Send to Receive는 연결할 수 없다.

Provider의 구현에 uses를 묶는다.

("Uses".interface -> "Provider".interface)형식으로 아래 예제를 만들었다.

myApp.Timer -> FastClocker.Timer

혹은

myApp.Timer -> FastClocker("Timer" 인터페이스가 함축되어 있다.)

⑧ NesC wiring 명령문

NesC에서 3가지 선 연결 문장이 있다.

- endpoint1 = endpoint2(pass-through linkage)

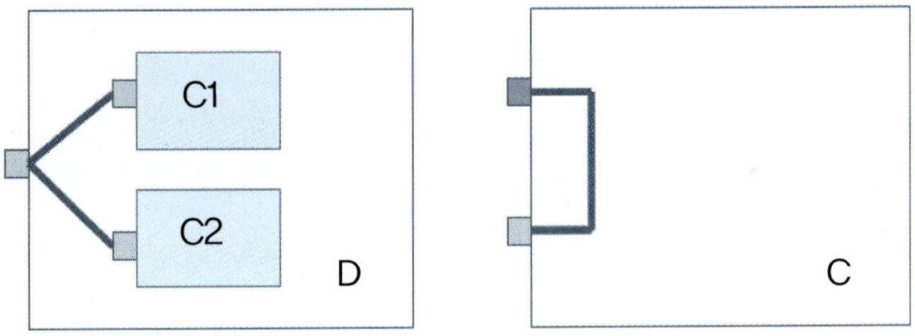


```
configuration C {
  Provides interface x as xprovider;
  uses interface x as xuser;
}
implementation {
  xuser = xprovider;
}
```

[그림 3-28] endpoint1 = endpoint2

- endpoint1 -〉 endpoint 2(Direct linkage)

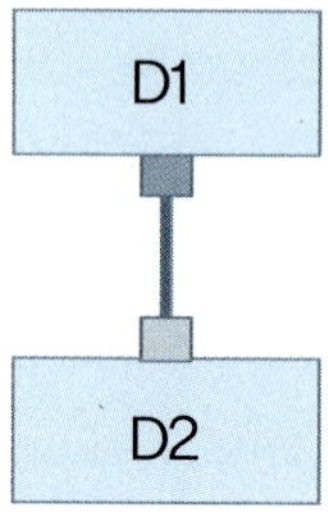

[그림 3-29] endpoint1 -〉 endpoint 2

- endpoint1 〈- endpoint 2(동등한 관계)

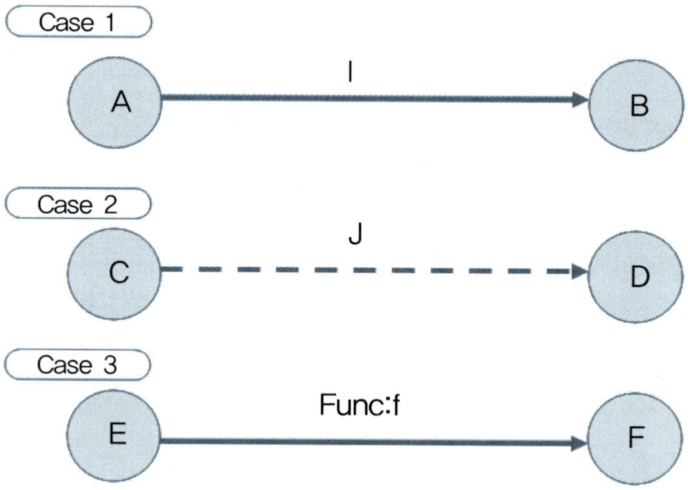

[그림 3-30] endpoint1 〈- endpoint

case 1은 A가 인터페이스(interface) I를 요구하고 B는 I를 제공한다. 그러므로 A와 B는 동등한 관계이다.

case 2는 C와 D의 양쪽에서 요구하거나 J를 양쪽에서 제공한다. 이 경우의 접선 화살표는 C=D를 의미하는 연결이다.

case 3은 E는 기능(function) f를 요구하고 F는 기능(function) f를 제공한다.

NesC의 구현(Implementation) 관련 키보드(Keyword)

⑨ 기본 구현 키워드

- call : 커맨드(command) 실행
- signal : 이벤트(event) 실행
- post : 실행 큐(queue)상에 task를 넣는다.
- task : 백그라운드에서 기능을 수행한다.
- includes : 헤더파일을 포함한다.

⑩ race 조건의 자동적인 예방을 위해 제공

- async : 커맨드(command), 이벤트(event)를 비동기로 실행한다.
- atomic : 문자에서 자동적인 실행을 보장한다.
- norace : race 조건 NesC 감지의 경고를 제거한다.

구현(Implementation)은 컴포넌트 작업을 어떻게 할 것인지를 정의한다.

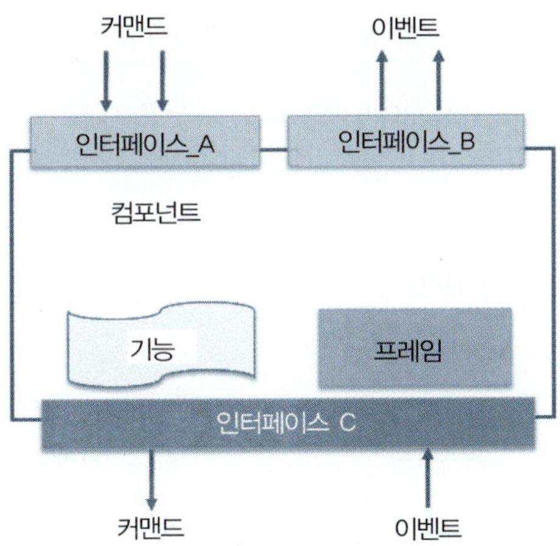

[그림 3-31] 다중 implementation

어떤 인터페이스에 대해서는 위의 그림과 같이 다중 구현(implementation)을 허용한다. 예를 들면 무선에서 Micaz의 구현(Implementation)이 대표적이다. 다중 인터페이스는 제어(start, stop)와 데이터 흐름(send, receive)을 한다.

구현(Implementation)의 요구사항은 인터페이스(Interface)의 두 섹션에서 "공급(provides)"로써 선언하는 모든 명령어와 이벤트는 구현되어야 한다. 두 섹션은 인터페이스 공급(provides)와 수요(uses)를 선언하는 모듈(Module)과 프로그램 코드인 구현(implementation)이다.

아래의 그림은 모듈에 대한 구문이다.

```
module Counter {
  provides {
    interface StdControl;
  }
  uses {
    interface Timer;
    interface IntOutput;
  }
}

implementation {
  int state;

  command result_t StdControl.start() {
    return call Timer.start(TIMER_REPEAT, 2500);
  }
  event result_t IntOutput.outputComplete(result_t success) {
    if(success == 0) state--;
    return SUCCESS;
  }
} //implementation
```

(4) NesC에서 Command와 Event의 사용

① 시그널(Signal)

시그널(signal)은 즉각적인 event를 수행하고 구성(configuration) 계층의 위로 흘러 들어가고 callback이 제공되면 보다 높은 레벨로 나타난다. 컴포넌트에 signaling하는 것에는 복귀를 제어한다. 스택상에 매개변수는 표준 C기능(function)이다.

```
event result_t Send.sendDone(TOS_MsgPtr msg, result_t success)
{
```

```
        if (pending && msg == &data)
          {
             pending = FALSE;
             signal IntOutput.outputComplete(success);
          }
        return SUCCESS;
    }
//TinyOS-1.x₩tos₩lib₩Counter₩IntToRfmM.nc
```

② Call

콜(Call)은 즉시 커맨드(command)를 실행하고 구성(configuration) 계층의 아래로 흘러 들어가고 라이브러리 코드를 사용하면 보다 낮은 레벨로 나타난다. 컴포넌트에 calling하는 것에 복귀를 제어한다. 스택상에 매개변수는 표준 C 기능(function)이다.

```
  command result_t StdControl.start()
  {
    return call Timer.start(TIMER_REPEAT, 250);
  }
//TinyOS-1.x₩tos₩lib₩Counter₩Counter.nc
```

③ Blink 응용

다음은 NesC를 이용하여 TinyOS 위에서 Blink라는 응용 프로그램을 개발한 예제를 보여준다. 먼저 NesC는 두 가지 타입의 컴포넌트와 인터페이스를 지원하는데 첫째는 모듈로서 컴포넌트의 실제 행동을 기술하는 기본단위이다. (예 BlinkM.nc) n번째 형태의 컴포넌트는 구성(configuration)이라는 컴포넌트로써 하위의 다른 구성(configuration)이나 모듈을 자식 컴포넌트로 둘 수 있으며 자식 컴포넌트들 간의 연결 정보를 담고 있다. (예 Blink.nc) 이때 컴포넌트들 간의 연결정보를 추상화시킨 데이터 형태의 인터페이스(예 BlinkM.nc에서 StdControl, Timer, 그리고 Leds)이며 자바의 인터페이스와 같이 한쪽 컴포넌트는 인터페이스를 사용한다.

예를 들면 BlinkM.nc 모듈은 StdControl.init()라는 커맨드(command)와

Timer.fired()라는 이벤트를 제공한다.

간단한 test program "Blink"는 LED를 1Hz로 On/Off 하는 프로그램이다.

Blink 응용은 두 개의 성분(components)로 구성되어 있다.

include는 "BlinkM.nc"

configuration은 "Blink.nc"

모든 응용은 top-level configuration flie이 필요한데, 일반적으로 응용 자체의 이름을 topl-evel 구성(configuration) 파일(file)로 명시한다.

```
configuration Blink {
}
implementation {
  components Main, BlinkM, SingleTimer, LedsC;
  Main.StdControl -> SingleTimer.StdControl;
  Main.StdControl -> BlinkM.StdControl;
  BlinkM.Timer -> SingleTimer.Timer;
  BlinkM.Leds -> LedsC;
}
```

배치(configuration)의 이름은 Blink로 선언하였으며, component는 Main, BlinkM, SingleTimer, LedsC로 구성되었다.

Main의 StdControl은 BlinkM과 SingleTimer와 연결되어 있어, Main.StdControl.init()가 호출되면 SingleTimer.StdControl.init()와 BlinkM.StdControl.init()가 호출된다.

NesC는 화살표(->)를 사용하여 interface 사이의 관계를 나타낸다.

화살표의 왼쪽은 오른쪽을 사용하고, 화살표의 오른쪽은 왼쪽에 공급하는 역할을 한다.

즉, 다음과 같이

BlinkM.Timer → SingleTimer.Timer;

화살표 왼쪽에 있는 BlinkM.Timer는 Timer를 interface 역할을 하고, 반면에 화살표 오른쪽에 있는 SingleTimer.Timer는 Timer를 implementation하는 역할이다.

또한 마지막 줄처럼 함축적으로 나타낼 수 있다.

BlinkM.Leds -> LedsC; 는

BlinkM.Leds -> LedsC.Leds;

```
module BlinkM {
  provides {
    interface StdControl;
  }
  uses {
    interface Timer;
    interface Leds;
  }
}
implementation {
  command result_t StdControl.init() {
    call Leds.init();
    return SUCCESS;
  }


  command result_t StdControl.start() {
    return call Timer.start(TIMER_REPEAT,1000);
  }

  command result_t StdControl.stop() {
    return call Timer.stop();
  }


  event result_t Timer.fired()
  {
    call Leds.redToggle();
    return SUCCESS;
  }
}
```

moduleBlnkM은 BlinkM으로 선언하고, module 안에서 provides와 uses를 위와 같이 선언하였다.

StdControl은 초기화와 TinyOS 성분(components)를 시작하기 위해 사용되는 공통된 인터페이스(interface)이다. 아래와 같이 기본적으로 3개 [init(), start(), stop()]의 커맨드(command)로 구성되어 있다.

init()는 처음 초기화할 때 호출되고, start()는 실질적으로 처음 수행되는 함수이다. stop()은 성분(components)이 끝날 때 호출된다.

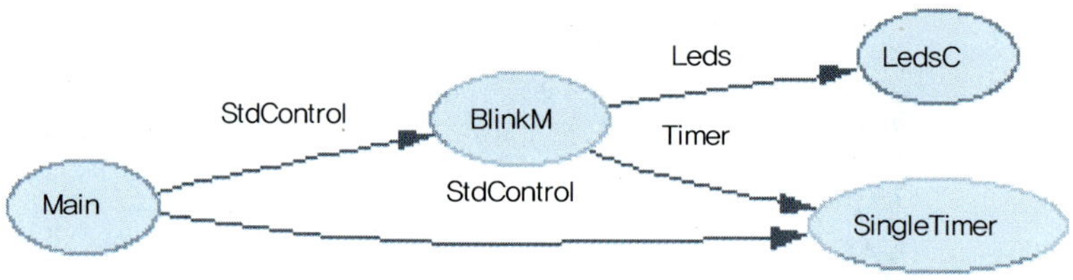

[그림 3-32]

④ Task

Task는 인용하기 전에 선언하고 파라미터(parameter) 없이 프레임 변수를 사용한다.

```
task void HandleFire() {
    uint8_t i;
    uint16_t int_out;
    setIntervalFlag = 1;
    atomic {
        int_out = interval_outstanding;
        interval_outstanding = 0;
    }
    if (mState) {
        for (i=0;i<NUM_TIMERS;i++)  {
            if (mState&(0x1L<<(i)) {
                mTimerList[i].ticksLeft -= int_out;
                if (mTimerList[i].ticksLeft<=2) {
                    if (post signalOneTimer()) {
                        if (mTimerList[i].type==TIMER_REPEAT) {
                          mTimerList[i].ticksLeft += mTimerList[i].ticks;
```

```
                    } else {// one shot timer
                    mState &=~(0x1L<<(i));
                }
                enqueue(i);
            }
            else {
                    mTimerList[i].ticksLeft = mInterval;
            }
        }
      }
    }
  }
  atomic int_out = interval_outstanding;
  if (int_out == 0)
      adjustInterval();

}
```

TinyOS의 Task들은 융통성 있는 TOS의 스케줄러에 의해 연속적으로 동작한다. 즉, 동기적으로 FIFO(First in, first out) 스케줄이다.

이벤트(Event)에 의하여 인터럽트되고 다른 task에 관하여 완성하기 위하여 동작한다.

[그림 3-33]는 TinyOS의 스케줄러이다.

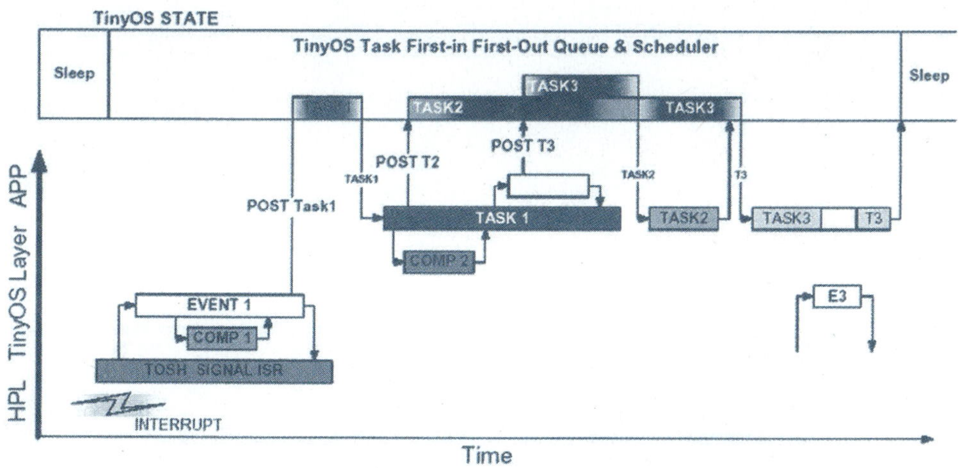

[그림 3-33] TinyOS의 스케줄러

atomic과 상태(state)의 공유는 최근 정보의 상태를 공유하기 위해 허용된다.

Sync는 단지 동기코드(예를 들면 Task) 안에 있고 "atomic"의 매크로는 { } 블록의 동안에 모든 인터럽트를 해제한다. 주의사항은 "atomic"은 노드의 성능에 영향을 미칠 수 있는 것이다.

Atomic 블록은 다음과 같다.

```
atomic {
//code is atomic - can not be interrupted
  Applicationsate = NewState;
}
```

다음은 "atomic" 구문에 대한 예제이다.

```
command result_t Timer.stop[uint8_t id]() {

    if (id〉=NUM_TIMERS) return FAIL;
    if (mState&(0x1L〈〈id)) { // if the timer is running
         atomic mState &= ~(0x1L〈〈id);
         if (!mState) {
              setIntervalFlag = 1;
         }
        return SUCCESS;
    }
    return FAIL; //timer not running
}
```

⑤ atomic statements

```
task void processing(){
    if (state)
        call Leds.redOn();
    else
        call Leds.redOff();
}
```

```
event result_t Timer.fired()
{
    state = !state;
    post processing();
    return SUCCESS;
}
```

구문이 실행될 때 어떠한 다른 조작(computation)도 동시에 발생할 수 없으므로 call command, signal event, goto, return, break, continue, case, default, labels를 금지한다.

⑥ 동기(sync)와 비동기(async)의 비교

비동기 코드는 최소한 한 개의 인터럽트 핸들러로부터 도달할 수 있고 동기 코드인 커맨드(command), 이벤트(event), 혹은 task는 오직 task로부터 도달할 수 있다. 비동기로부터 도달할 수 있는 상태(메모리)를 공유하기 위한 최신 정보는 잠재적인 데이터 경쟁 속에 있다.

NesC는 async를 갖고 선언하지 않는 것과 async인 어떤 이벤트나 명령어에 대하여 컴파일-시간 에러를 보고한다. 비동기 특성은 비동기의 흐름의 일부분인 이벤트나 명령어를 가르키기 위해 사용된다.

비동기 처리들은 task의 posting에 의하여 "decoupled"된다.

task는 항상 동기이다.

```
async event result_t Clock.fire() {
        atomic {
            if (interval_outstanding == 0)
                post HandleFire();
             else
            interval_outstanding += call Clock.getInterval() + 1;
        }
        return SUCCESS;
    }
```

TOS의 규칙에 따라서 하드웨어 이벤트 핸들러 명령이나 이벤트는 비동기 키워드로 반드시 선언되어야 한다. 이 코드는 다른 프로세서와 task를 위하여 비동기적으로 수행할 수 있는 것을 가르킨다. NesC는 만약 상태(변수)가 경쟁(race)에 영향을 받을 수 있다면 경고하거나 검사할 것이다. 경쟁은 task내에서 독점적으로 공유한 데이터를 접근함으로써 피할 수 있다. 왜냐하면 task는 서로 인터럽트를 할 수 없다. 또 경쟁(race)은 공유한 변수를 접근하기 위해 atomic statement를 사용함으로써 피할 수 있다.

논증(argument)이 없는 스토리지 클래스 task 함수에 의해서 정의된 독립된 제어영역이다.

제4장
유비쿼터스 센서 네트워크 환경설정

4.1 Hmote2420의 환경설정

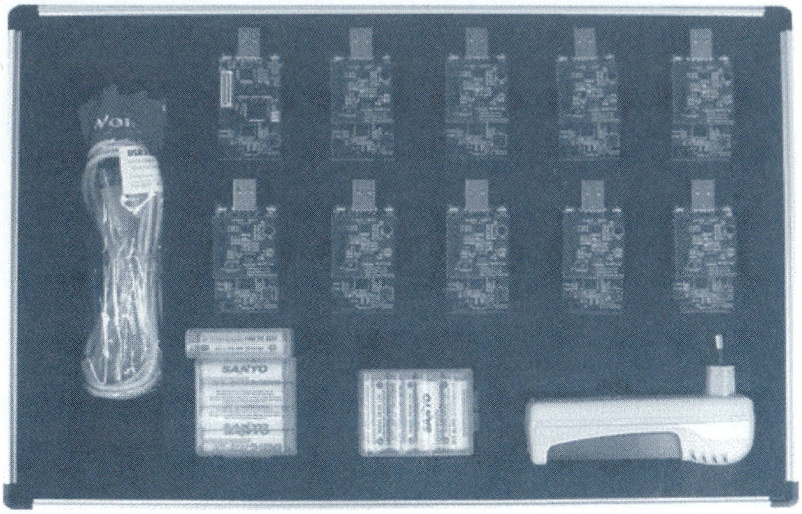

1. TinyOS 인스톨(install)

CD안에 있는 [TinyOS-1.X]₩1. TinyOS Install폴더에 들어가면 TinyOS-1.1.11-3is.exe라는 파일이 있다. 더블클릭하여 실행한다.

PC의 사양에 따라 차이는 있지만 20분~40분의 설치 시간이 요구된다.

인스톨이 다 끝나면 인스톨(install) done이란 메시지가 뜨고 바탕화면에 Cygwin이란 아이콘(icon)이 생성된다.

2. RPM 업데이트

CD안에 있는 [TinyOS-1.X]₩2. RPM_TinyOS-1.1.13May2005cvs- 폴더에 들어가면 TinyOS-1.1.13May2005cvs-1.cygwin.noarch.rpm 라는 파일이 있다. 이 파일을 TinyOS가 설치된 디렉토리의 /opt 디렉토리에 copy한다.

만약 인스톨시에 설치경로를 default로 했다면 C:₩Program Files₩UCB₩cygwin₩opt에 카피하면 된다. Cygwin을 클릭하여 들어간 후, /opt로 이동한 다음 rpm update를 한다. 완료되었으면 다음과 같이 rpm버전을 확인해보자.

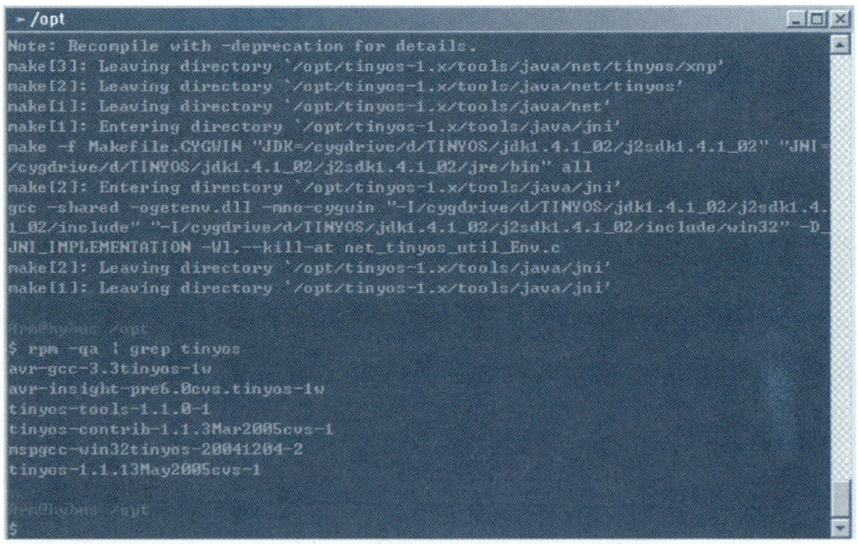

3. 패치(Patch)

CD안에 [TinyOS-1.X]₩3. Hmote2420_patch 폴더로 들어가면 apps, contrib, tools, GPSInformation, tools, tos라는 디렉토리가 있다. 모든 디렉토리를 전부 copy하여 TinyOS가 설치된 곳에 덮어쓰기 한다.

① default로 디렉토리 설정을 했다면

C:₩Program Files₩UCB₩cygwin₩opt₩TinyOS-1.x로 이동하여 덮어쓴다.

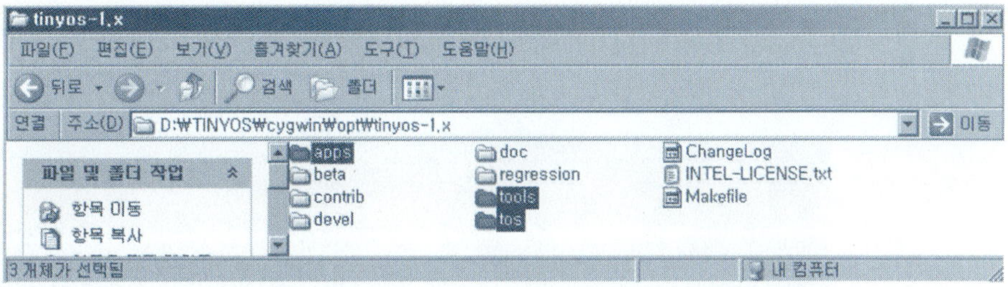

② 이제 Hmote2420를 사용하기 위한 모든 준비를 마쳤다.

TIP

contrib, 디렉토리는 xbow를 포함한 센서 네트워크 개발 업체들의 TinyOS software를 모아 둔 디렉토리로서 센서 노드를 이용한 프로젝트 수행 시에 개발 참고용으로 하기 좋다.

4.2 Hmote2420 응용

1. 서지(Surge) & 습도(Humidity), 온도(Temperature) 센싱(sensing)

1) 컴파일(compile)

C:₩Program Files₩UCB₩cygwin₩opt₩TinyOS-1.x₩apps₩HyBus_Surge_app로 이동한다.

① make Hybus로 컴파일(compile)한다.

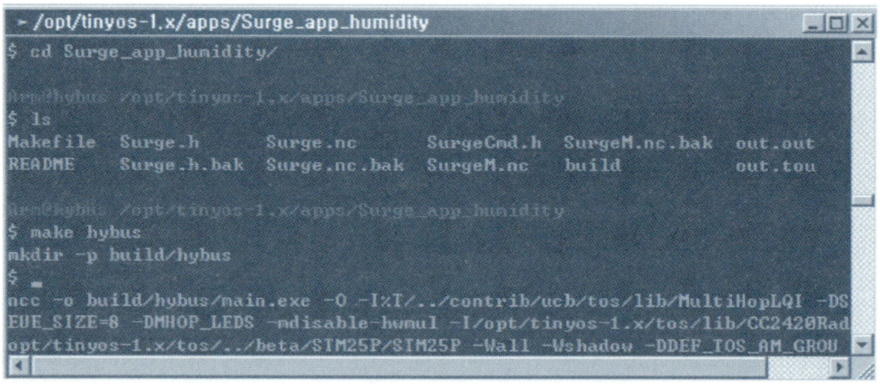

② 컴파일(compile)이 잘 되었다면 build/Hybus 디렉토리가 생성이 되고 그 안에 app.c와 main.exe가 있을 것이다.

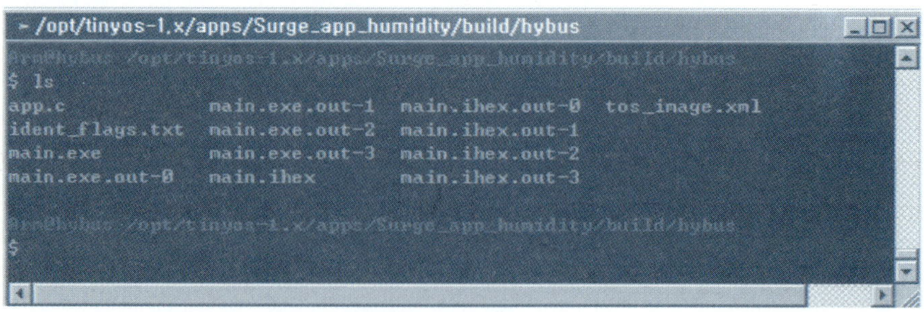

2) 업로드(uploading)

USB port에 Hmote2420를 장착한다. 드라이버가 필요하면 설치한다. 드라이버는 CD안의 USB Serial Driver 디렉토리에 있다.

① Mote가 인식되었는지의 여부는 motelist를 사용한다.

```
~ /opt/tinyos-1.x/apps/Surge_app_humidity
$ motelist
Reference   CommPort    Description
----------  ----------  ----------------------------------------
FTOLCDMT    COM6        HYPER Sensor-Network

$
```

② 노드가 인식이 되었다면 다시 opt₩TinyOS-1.x₩apps₩HyBus_Surge_app로 이동하여 업로딩한다. 업로딩 명령어는 다음과 같다.

```
~ /opt/tinyos-1.x/apps/Surge_app_humidity
$ make hybus reinstall.0
/opt/tinyos-1.x/tools/make/msp/set-mote-id --objcopy msp430-objcopy
p430-objdump --target ihex build/hybus/main.ihex build/hybus/main.ih
    found mote on COM6 (using bsl,auto)
    installing hybus binary using bsl
msp430-bsl --telos -c 5 -r -e -I -p build/hybus/main.ihex.out-0
MSP430 Bootstrap Loader Version: 1.39-telos-7
Mass Erase...
Transmit default password ...
Invoking BSL...
Transmit default password ...
Current bootstrap loader version: 1.61 (Device ID: f16c)
Program ...
15970 bytes programmed.
Reset device ...
rm -f build/hybus/main.exe.out-0 build/hybus/main.ihex.out-0

$
```

③ 인스톨(install) 뒤에 숫자가 붙는 것은 노드의 아이디를 의미한다. 이 apps에는 0번을 베이스노드로 인식한다. 그러므로 나중에 시리얼 케이블과 연결될 노드는 바로 이 0번 노드다.

다른 노드아이디로 2~3개의 노드에 프로그램을 올려본다.

```
$ make hybus install.1
$ make hybus install.2
$ make hybus install.3
        .
        .
```

노드는 일정 타이머를 가지면서 led를 토글하고 베이스 노드(0번 노드)는 다른 노드들이 토글될 때마다 sync되어 같이 토글된다.

TIP

install은 컴파일 후에 업딩을 실행하므로 한번 컴파일이 되었다면 reinstall을 사용하여 이미 컴파일 된 이미지를 업로딩만을 함으로써 시간을 단축할 수 있다.

예) make hybus reinstall.0

3) 자바(java) 실행

베이스 노드(0번 노드)를 PC에 장착하고, 다른 노드들은 일정한 위치에 놓아둔다. 자바는 시리얼 포워더(Serial Forwarder)를 백그라운드로 실행한 후에, surge-view라는 모니터링 프로그램을 실행할 것이다. 시리얼 포워더의 실행은 motelist를 이용하여 port확인을 한 후에 다음과 같이 하면 된다.

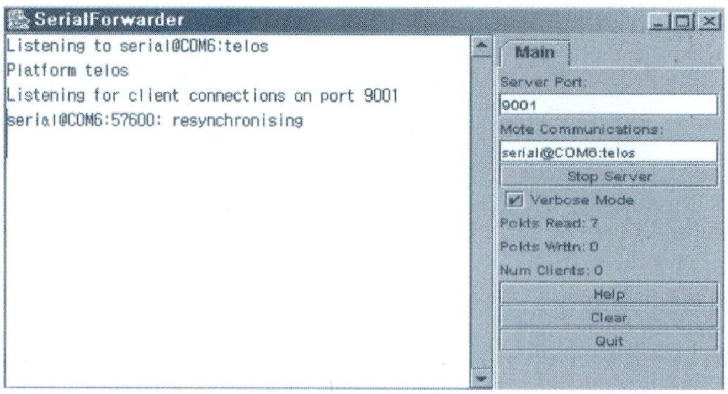

다음과 같이 직접 port set을 하여도 무방하다.

```
$ export MOTECOM=serial@COMn:telos
```

그 다음 surge-view를 실행한다.

```
java net.tinyos.surge_java_humidity.MainClass 0x7d
```

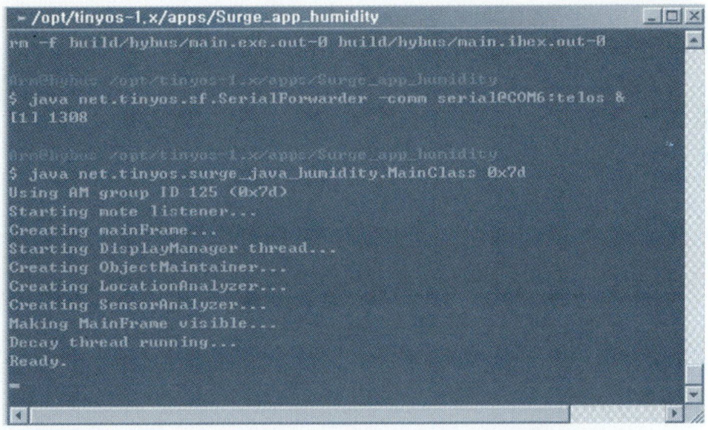

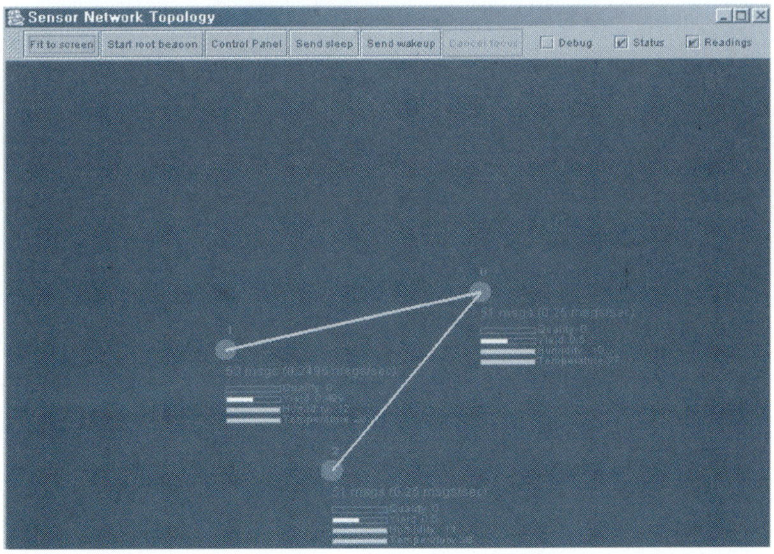

위에서 보듯이 topology와 온도, 습도 센싱이 가능하다.

2. MIC 센싱(sensing)–오실로스코프(oscilloscope)

하이버스 센서보드의 센서 중 MIC를 테스트하는 apps이다. 센싱한 정보를 RF로 받아 PC에 포워딩하기 위해선 TOSBase란 listener apps가 필요하다.

/opt/TinyOS-1.x/apps/Hybus_MicTest로 이동한 후 업로딩한다.

```
$ make hybus install
```

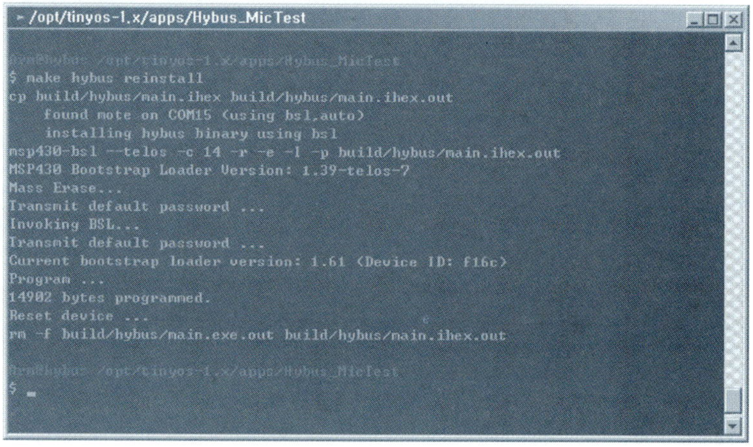

Java를 이용하여 PC로 들어오는 패킷을 확인해보자. 다음을 실행한다.

```
$ export MOTECOM=serial@COMn:telos
$ java net.tinyos.tools.Listen
```

위에서 COMn중 n은 포트번호이다. motelist를 이용하여 포트번호로 설정한다.

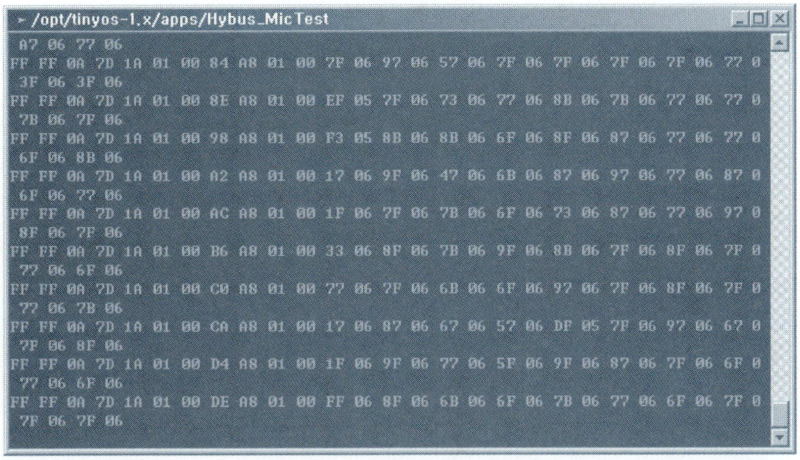

오실로스코프(oscilloscope)란 java 애플리케이션(application)은 데이터를 그래프 형식으로 볼 수 있는 GUI환경을 제공해준다. 실행은 다음과 같다.

```
$ java net.tinyos.oscope.oscilloscope
```

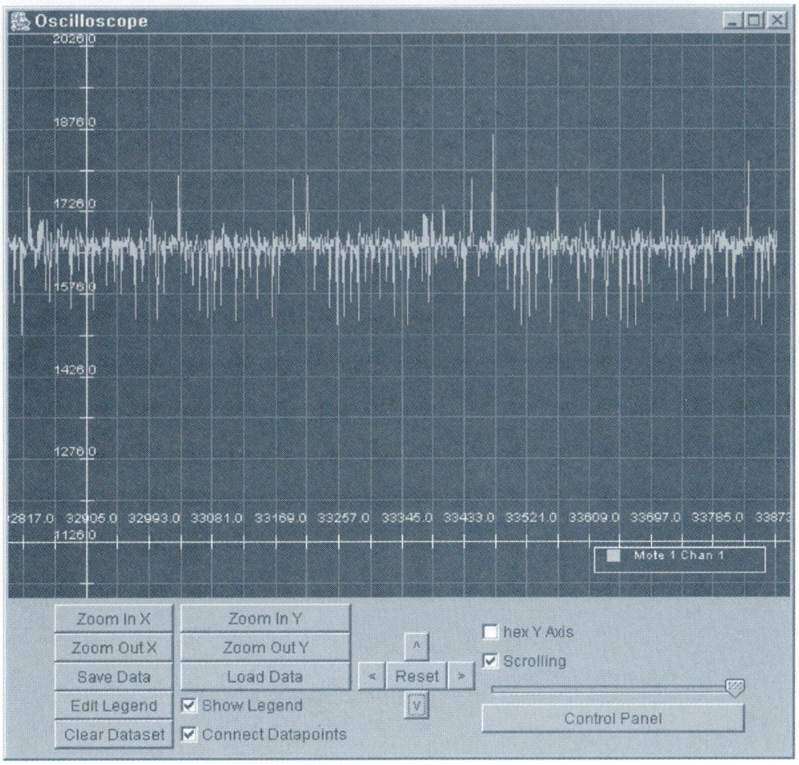

실행 후 그래프가 안 보일 때가 있는데 그 경우엔 우측 하단에 있는 Scrolling을 클릭해준다. (이 상태에서도 안 보인다면 리셋(reset) 주위의 화살표를 눌러 맞춘다.

이제 RF로 메시지를 받아 PC에 포워딩을 해보자. 앞서 말했지만 패킷을 받아 PC로 전송하는 별개의 리스너(listener) 프로그램이 필요하다. 다음으로 이동하여 업로딩한다.

```
$ cd /opt/tinyos-1.x/apps/TOSBase
$ make hybus install
```

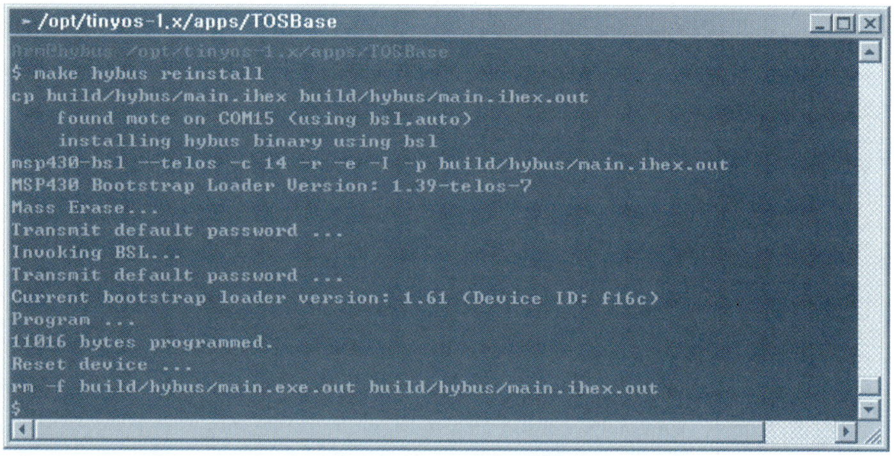

TOSBase가 설치된 노드는 PC에 붙이고, Hybus_MicTest가 설치된 노드는 배터리를 끼워 DIP switch를 무선으로 쓰일 때의 환경으로 맞춘다.

(Hybus_MicTest를 RF로 메시지를 보내도록 수정한 후 다시 reinstall한다. 자세한 내용은 (4) Temp 센싱(sensing)-오실로스코프(oscilloscope)에서 TOS_BCAST_ADDDR 수정관련을 참고하길 바란다.) 완료되었으면 다시 오실로스코프(oscilloscope)를 실행한다.

```
$ java net.tinyos.oscope.oscilloscope
```

Hybus_MicTest을 업로딩할 때 아이디를 하나씩 주면 GUI에서 아이디가 표시되며 노드마다 각기 다른 색으로 표시된다.

3. 포토(Photo) 센싱(sensing)-오실로스코프(oscilloscope)

하이버스 센서보드의 센서 중 조도센서를 테스트하는 apps이다.
/opt/TinyOS-1.x/apps/Hybus_PhotoTestScope 로 이동한 후 업로딩한다.

```
$ make hybus install
```

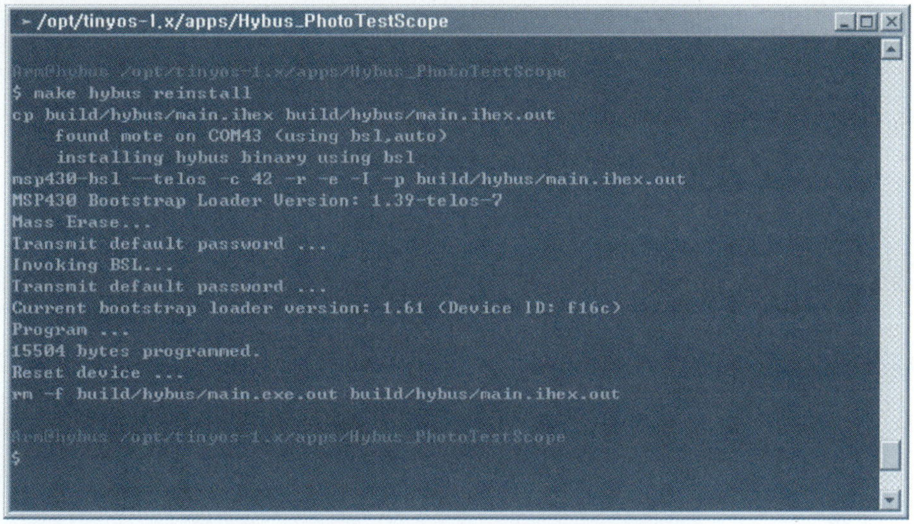

Java를 이용하여 PC로 들어오는 패킷을 확인해보자. 다음을 실행한다.

```
$ export MOTECOM=serial@COMn:57600
$ java net.tinyos.tools.Listen
```

위에서 COMn 중 n은 포트번호이다. motelist를 이용하여 포트번호로 설정한다.

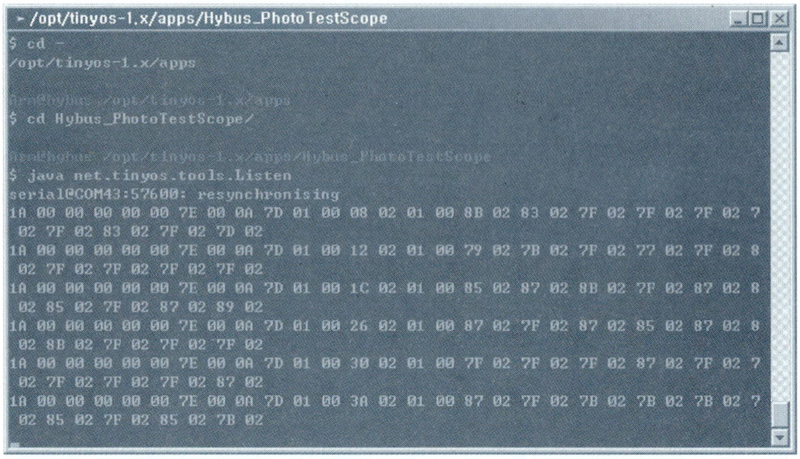

오실로스코프(oscilloscope)란 java 애플리케이션(application)은 데이터를 그래프 형식으로 볼 수 있는 GUI환경을 제공해준다. 실행은 다음과 같다.

```
$ java net.tinyos.oscope.oscilloscope
```

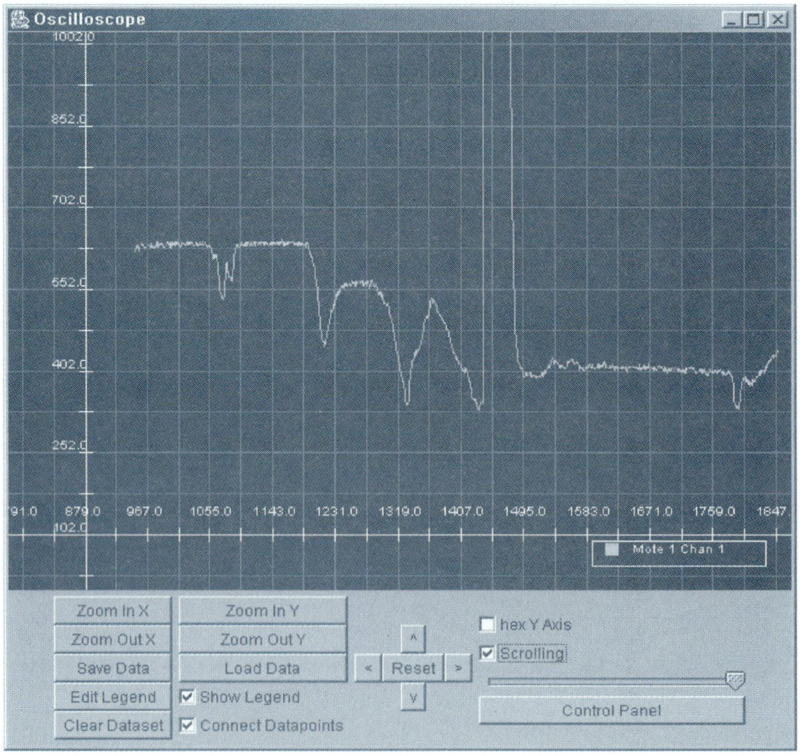

실행 후 그래프가 안 보일 때가 있는데 그 경우엔 우측 하단에 있는 Scrolling을 클릭해준다. (이 상태에서도 안 보인다면 리셋(reset) 주위의 화살표를 눌러 맞춘다.)

이 밖에도 시리얼을 통해 확인할 수도 있다. 프로그램에는 수신한 조도값을 알맞은 정수값으로 변환하는 함수가 포함되어 있으며 apps의 이름은 Hybus_PhotoTest 이다. 같은 방법으로 컴파일(compile) 및 업로드(uploading) 후에 하이퍼 터미널로 확인을 해보면 다음과 같은 값들이 출력된다.

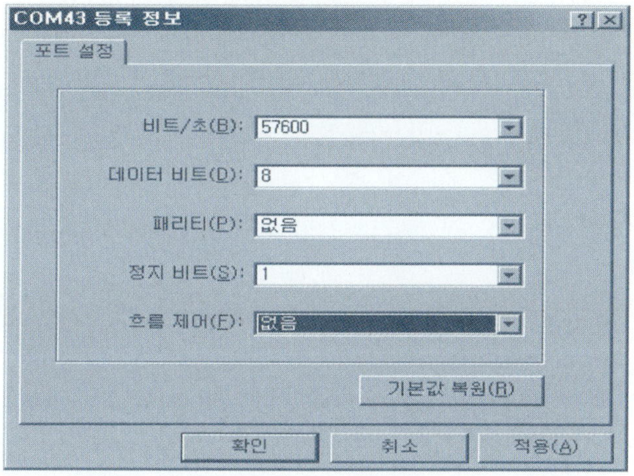

[그림 3-1] 하이퍼 터미널 세팅

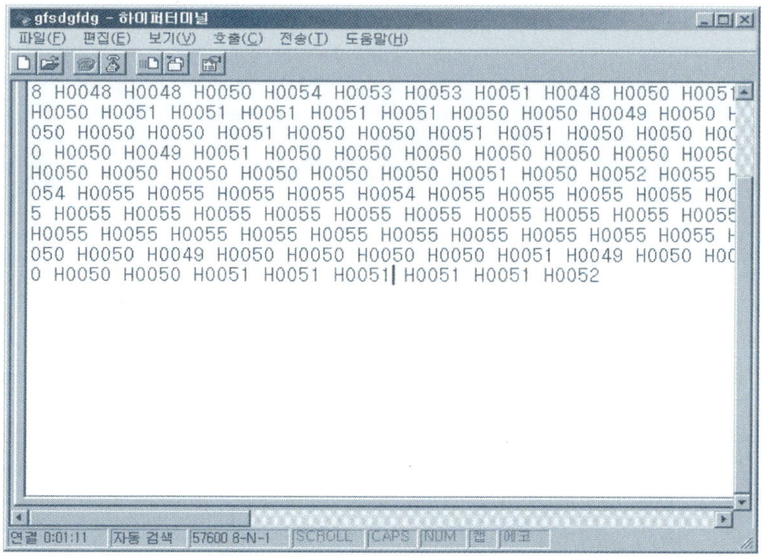

[그림 3-2] Photo 값의 변환값 출력

4. Temp 센싱(sensing)-오실로스코프(oscilloscope)

하이버스 센서보드의 센서 중 조도센서를 테스트하는 apps이다.
/opt/TinyOS-1.x/apps/Hybus_TempTestScope로 이동한 후 업로딩한다.

```
$ make hybus install
```

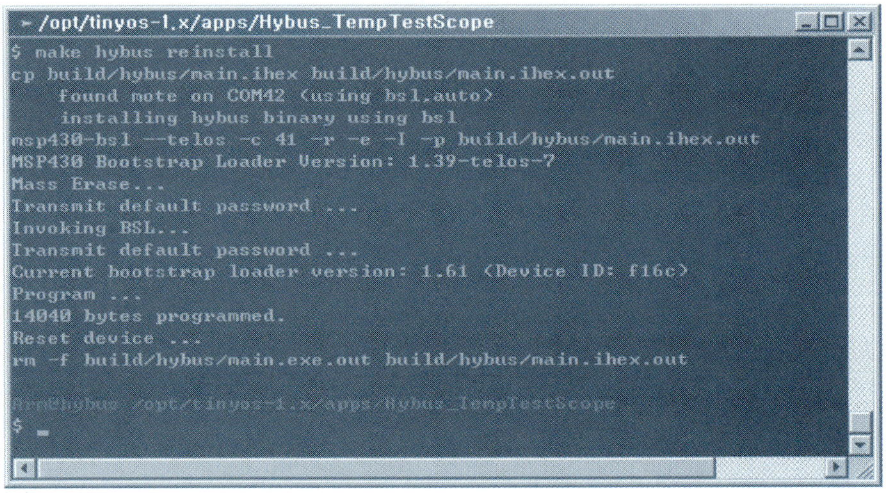

Java를 이용하여 PC로 들어오는 패킷을 확인해보자. 다음을 실행한다.

```
$ export MOTECOM=serial@COMn:57600
$ java net.tinyos.tools.Listen
```

위에서 COMn 중 n은 포트번호이다. motelist를 이용하여 포트번호로 설정한다.

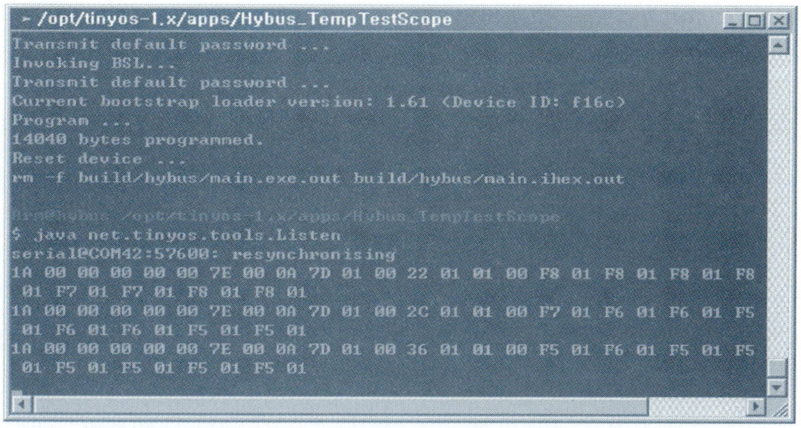

오실로스코프(oscilloscope)란 java 애플리케이션(application)은 데이터를 그래프 형식으로 볼 수 있는 GUI 환경을 제공해준다. 실행은 다음과 같다.

오실로스코프(oscilloscope)란 자바(java) 애플리케이션(application)은 데이터를 그래프 형식으로 볼 수 있는 GUI 환경을 제공해준다. 실행은 다음과 같다.

```
$ java net.tinyos.oscope.oscilloscope
```

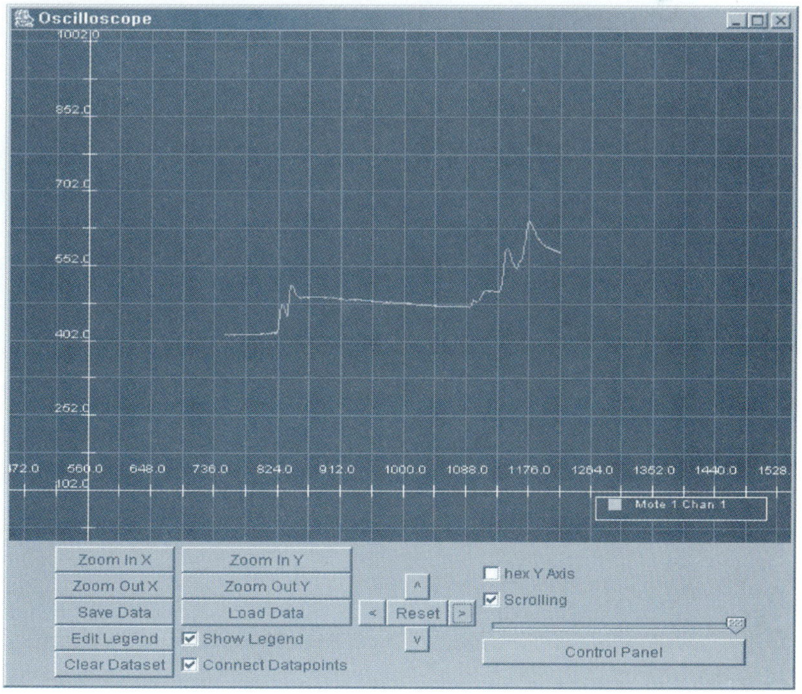

Hyper_TmpScopeM.nc의 96 line을 보면 다음과 같은 구문을 볼 수 있다.

```
if( call DataMsg.send(TOS_UART_ADDR, sizeof(struct OscopeMsg),
        //if( call DataMsg.send(TOS_BCAST_ADDR, sizeof(struct OscopeMsg),
```

위와 같이 TOS_UART_ADDR를 파라미터(parameter)로 취하면 시리얼로 데이터를 보내게 되고, TOS_BCAST_ADDR를 파라미터(parameter)로 취한다면 데이터는 무선으로 메시지를 보내게 된다. 온도의 응용뿐만 아니라 위의 모든 오실로스코프 응용 또한, 위의 파라미터(parameter)만 바꿔주면 데이터 전송 타입을 바꿀 수 있다.

5. 초음파(Ultrasound) 응용

Hmote2420의 센서 구성 중 초음파 센서의 컨트롤을 해보는 응용이다. /opt/TinyOS-1.x/apps/Hybus_Backbone으로 이동하여 make hybus로 build한다.

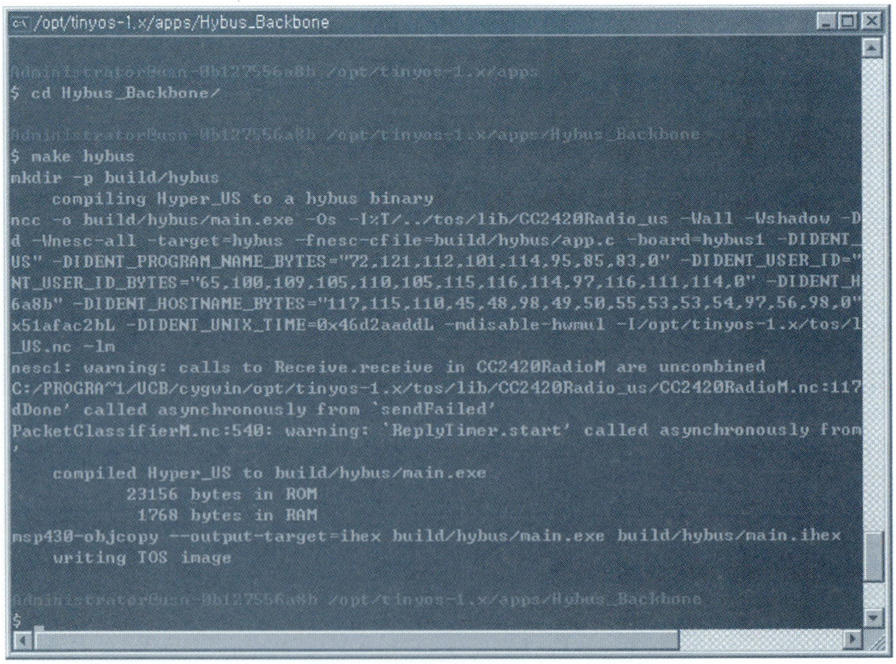

Build가 되었다면 노드아이디를 할당하여 업로드한다. 노드를 6개 가지고 있다면 노드아이디를 1, 2, 4, 5로 하여 업로드하고, 노드를 8개 가지고 있다면 1, 2, 3, 4, 5, 6으로 하여 업로드한다.

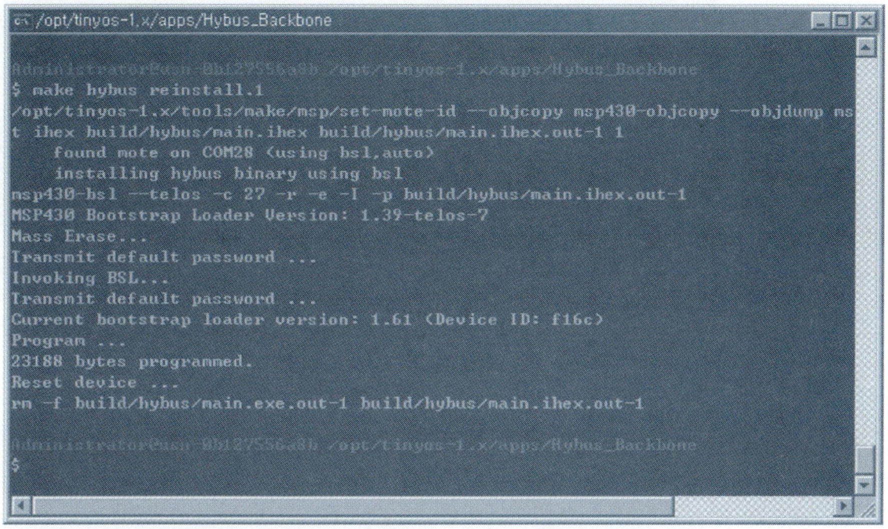

노드아이디를 할당하는 순서는 다음과 같다.

7	8	9
4	5	6
1	2	3

일단 Backbone sink 노드(PC에 직접 연결되는 노드)와 Mobile 노드를 제외한 노드가 반드시 3개 이상이어야 하며, 위의 그림과 같이 배치를 해야 한다. 또한 노드가 원형모양을 유지하도록 노드아이디를 부여한다. Backbone 노드의 개수가 9개 미만이라면 3개일 경우에는 1, 2, 4로 하고, 4개일 경우는 1, 2, 4, 5로 한다.

Backbone 노드를 아이디를 부여하여 모두 업로드했다면 마지막으로 Backbone Sink 노드를 업로드 한다. Backbone Sink노드는 또 하나의 다른 프로그램이 아니라, 노드아이디를 0으로 하면 Backbone Sink 노드가 되도록 프로그램이 작성되어 있다. make hybus reinstall.0으로 업로드 후에 이 노드에는 초음파 센서를 붙이지 않고, PC와 연결상태를 유지시킨다.

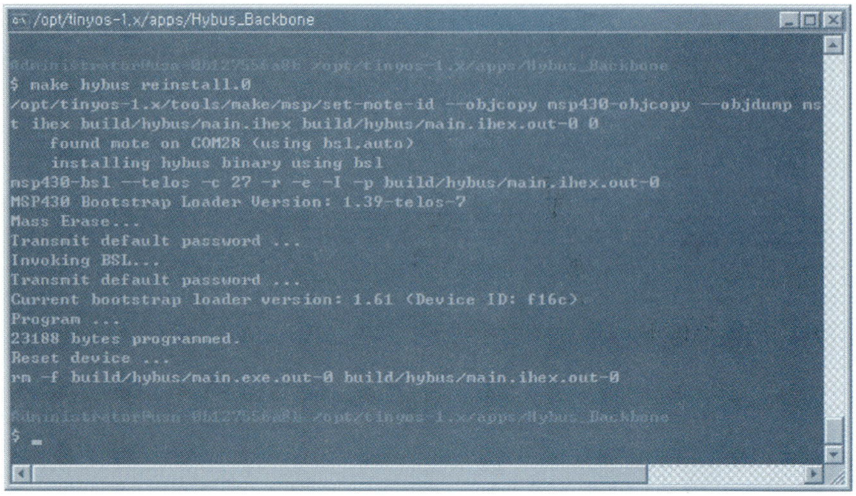

이제는 모바일(이동)노드를 빌드 및 업로드해야 한다.

/opt/TinyOS-1.x/apps/Hybus_Mobile 로 이동하여 make hybus로 build한다.

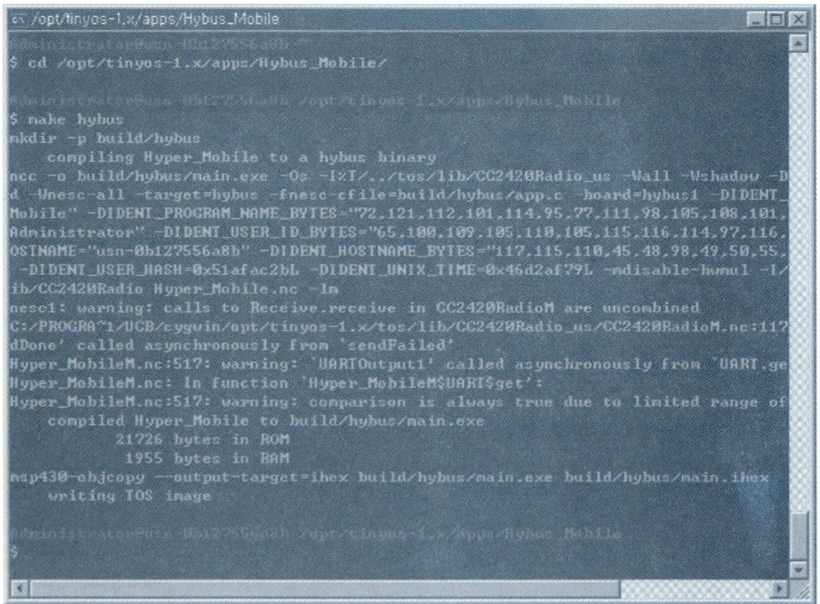

Build가 되었다면 업로드를 한다. Mobile node는 노드아이디를 어떤 것으로 하여도 상관없다. (단, 0은 제외) 노드 아이디를 부여하지 않는다면 default로 1번이 부여된다.

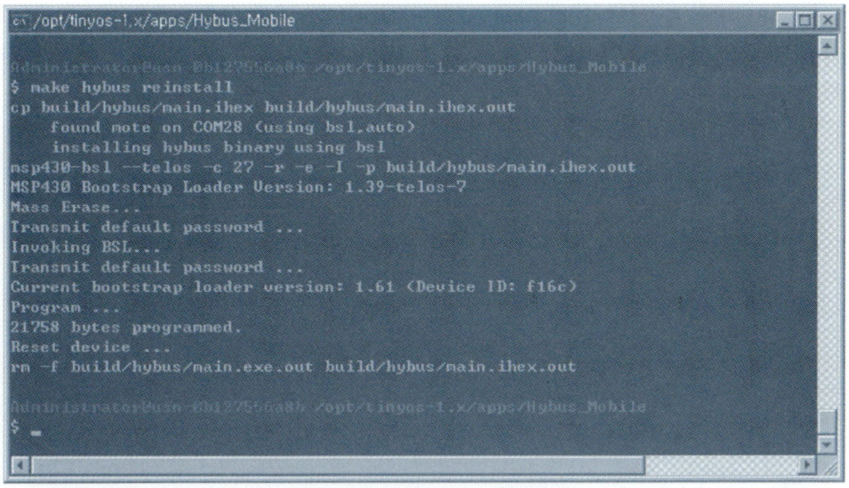

Backbone 노드들을 알맞은 위치에 배치시킨다.

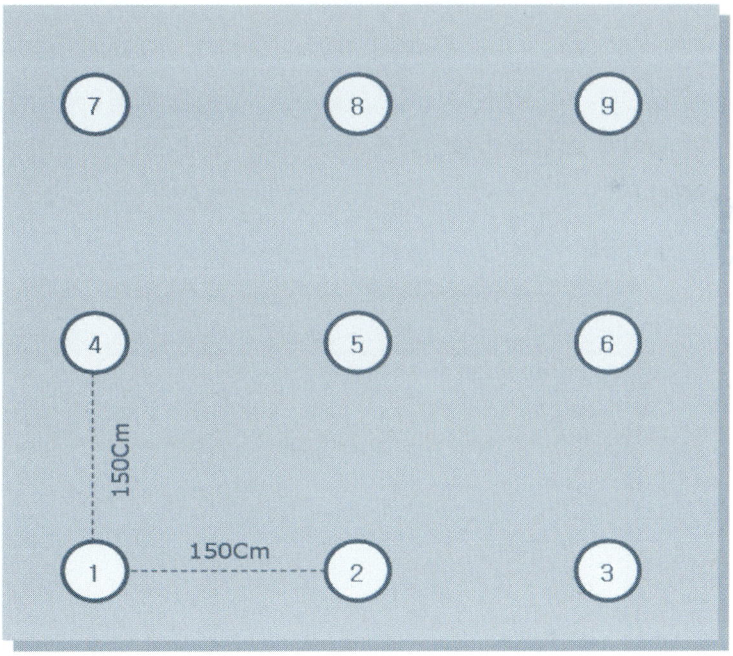

[그림 3-3] Backbone의 위치/거리 설정

위의 각 노드들은 각각 1.5M를 유지하도록 배치한다. 또한 천장과 바닥의 높이는 228cm 정도가 되도록 한다. 천장과 바닥의 위치를 수동으로 설정하고 싶다면 터미널 프로그램을 이용하여 높이 정보를 직접 타이핑한다.

높이 정보를 수정하기 위해 Mobile 노드를 PC에 연결한다. 그리고 하이퍼 터미널과 같은 터미널 프로그램을 실행한다.

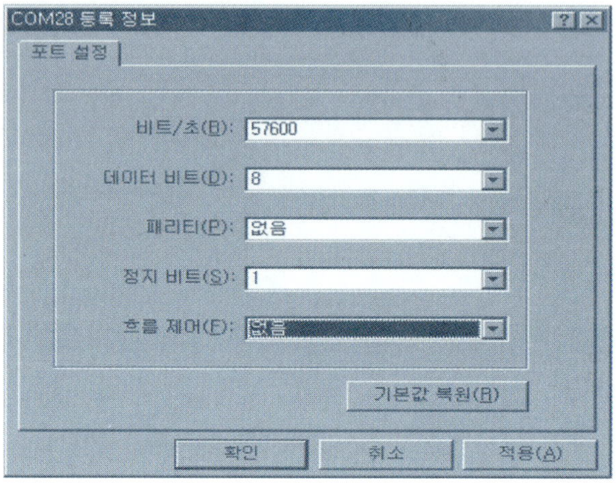

위처럼 포트설정을 한 후에 확인을 누른다. 확인을 누르면 어떤 문자도 출력되지 않는다. 이 상태에서 키보드로 높이 정보를 입력한다. 예를 들어, 천장과 바닥의 높이가 215Cm라면 215를 입력한다. 높이 정보를 입력한다면 다음과 같이 출력된다.

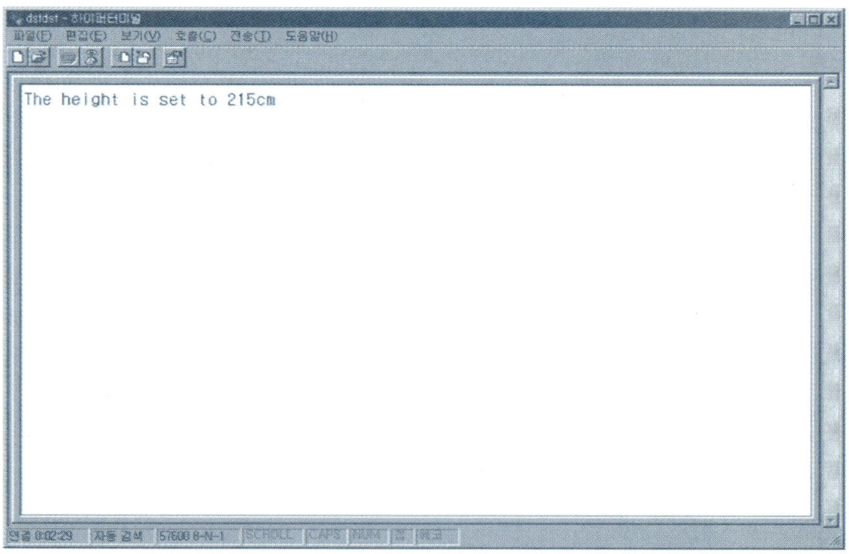

완료되었다면 연결을 해제하고, 다시 Backbone Sink 노드를 PC에 연결한다.

〈배치 확인〉

- Backbone 노드들 (1 ~ 9)은 각각의 거리가 1.5M를 유지해야 함.
- 천장과 바닥의 높이 수정은 Mobile 노드를 통해서 함.
- Backbone sink 노드(0번 노드)는 반드시 PC에 연결되어 있어야 함.
- Mobile 노드는 천장에 설치된 Backbone 노드의 밑부분의 적당한 곳에 배치함

〈자바(Java) 애플리케이션(application)〉

노드의 가상 포트번호를 알아내기 위해 "motelist.exe"를 실행한다.

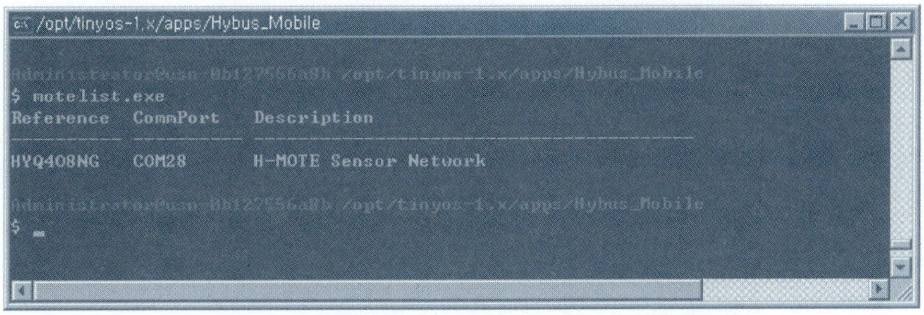

위에서 COMPort가 28로 할당되어 있는 것을 확인할 수 있다. TinyOS에서 사용되는 시리얼 컴포넌트(component)가 포함된 자바(Java) 애플리케이션(application)들은 모두 motecom이란 변수를 open해서 사용한다. motecom이란 변수에 자신이 사용하고 있는 포트 정보를 할당한다.

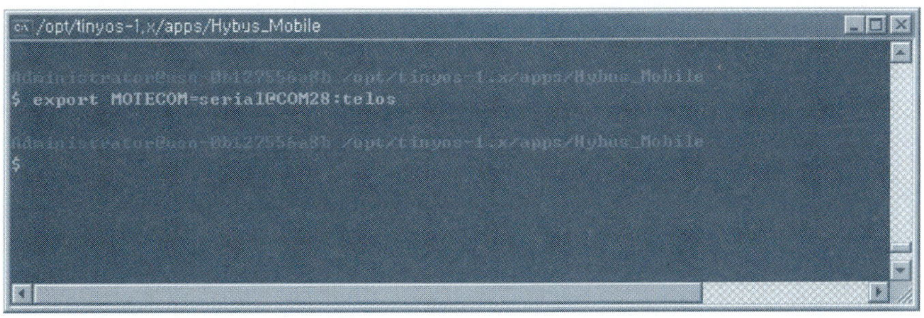

class파일이 실행되는 위치로 이동하여 다음을 실행한다.

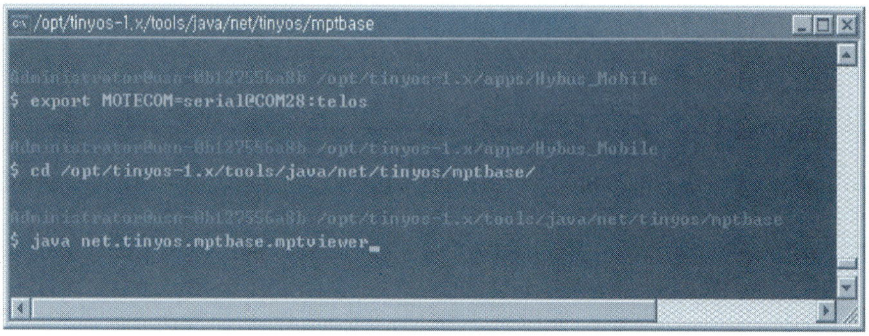

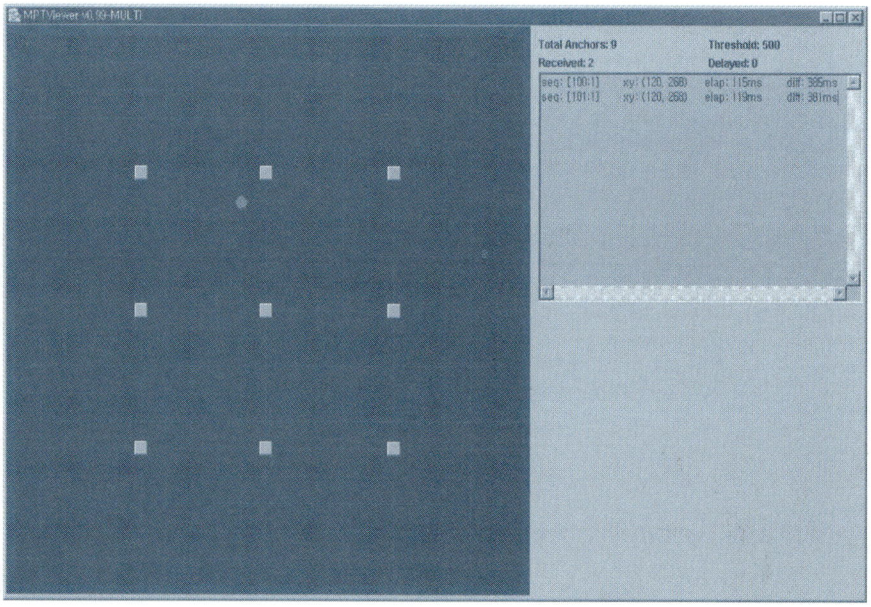

점으로 보이는 곳이 Mobile 노드의 위치이다. Mobile 노드를 움직여서 위치 정보가 제대로 전송되는지 확인해보자.

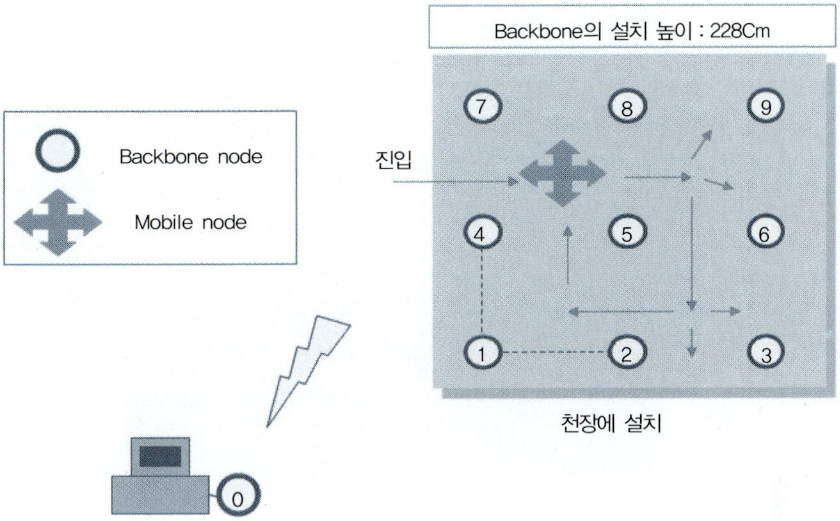

6. EKG 및 GPS test

1) 0EKG

- apps/Hybus_EKGTest 로 이동하여 업로딩을 한다.
- 포트설정 후 java net.TinyOS.oscope.oscilloscope 실행 (위의 scope 응용과 동일)

2) GPS Test 1(UART Original Format)

- apps/Hybus_GPS_UART 로 이동하여 업로딩을 한다.
- GPSinformation.exe를 실행한다.
- 포트와 baud rate를 맞춘 후 start gps를 클릭한다.

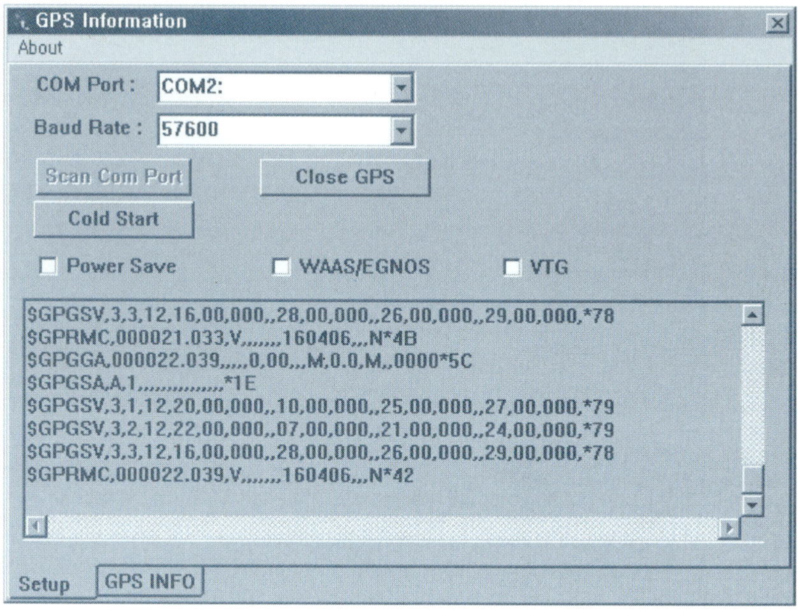
GPS Information
About
COM Port : COM2:
Baud Rate : 57600
Scan Com Port
Close GPS
Cold Start
Power Save
WAAS/EGNOS
VTG
$GPGSV,3,3,12,16,00,000,,28,00,000,,26,00,000,,29,00,000,*78
$GPRMC,000021.033,V,,,,,,,160406,,,N*4B
$GPGGA,000022.039,,,,,0,00,,,M,0.0,M,,0000*5C
$GPGSA,A,1,,,,,,,,,,,,,,,*1E
$GPGSV,3,1,12,20,00,000,,10,00,000,,25,00,000,,27,00,000,*79
$GPGSV,3,2,12,22,00,000,,07,00,000,,21,00,000,,24,00,000,*79
$GPGSV,3,3,12,16,00,000,,28,00,000,,26,00,000,,29,00,000,*78
$GPRMC,000022.039,V,,,,,,,160406,,,N*42
Setup
GPS INFO

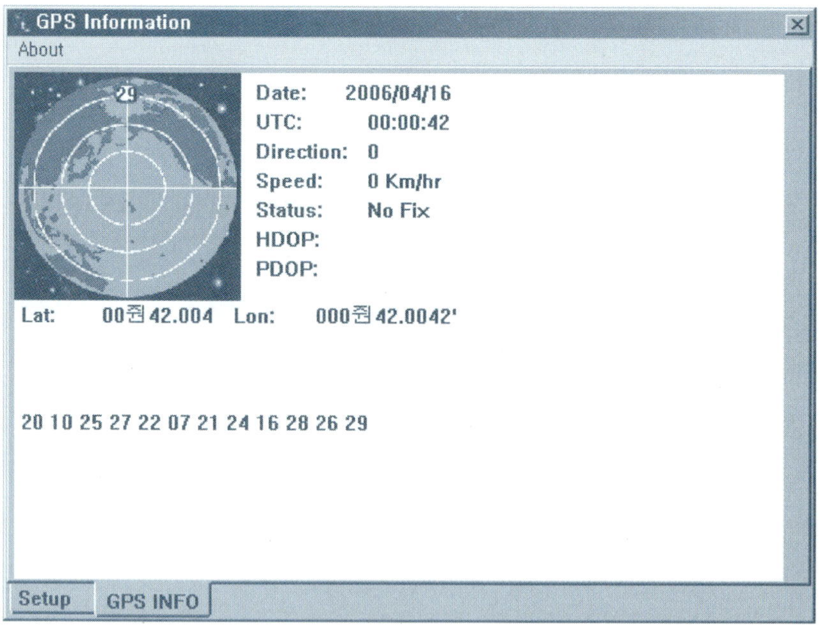
GPS Information
About
29
Date: 2006/04/16
UTC: 00:00:42
Direction: 0
Speed: 0 Km/hr
Status: No Fix
HDOP:
PDOP:
Lat:
Lon:
20 10 25 27 22 07 21 24 16 28 26 29
Setup
GPS INFO

3) GPS Test 2(RF TOS_Msg Format)

- apps/Hybus_GPS로 이동하여 업로딩을 한다.
- tools₩src₩xlisten_gps로 이동한다.
- ./xlisten.exe s=/dev/ttySn c를 실행한다.

(/dev/ttySn은 motelist.exe 를 실행하여 com port를 체크하고, com port에 1을 뺀 수를 n에 할당한다. 예를 들어, motelist 결과가 다음과 같이 나온다면 /dev/ttyS6으로 설정한다.)

4) 출력화면

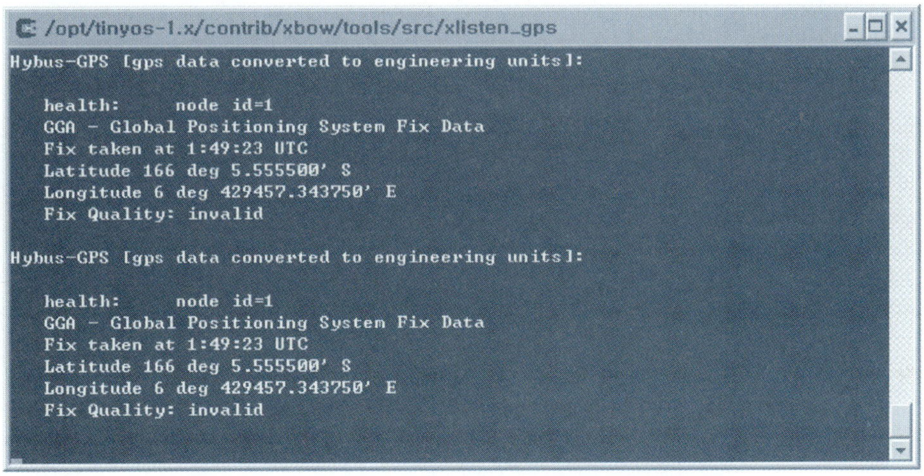

4.3 CC2420 / UART 설정

1. CC2420 채널 및 RF power 설정

CC2420은 총 16개의 채널 중 한 채널을 선택하여 RF를 사용할 수 있다. 채널 번호는 11부터 26까지이고, TinyOS를 설치하면 default로 11로 설정되어 있다.

채널의 변경은 /opt/TinyOS-1.x/tos/lib/CC2420Radio에서 하면 된다.

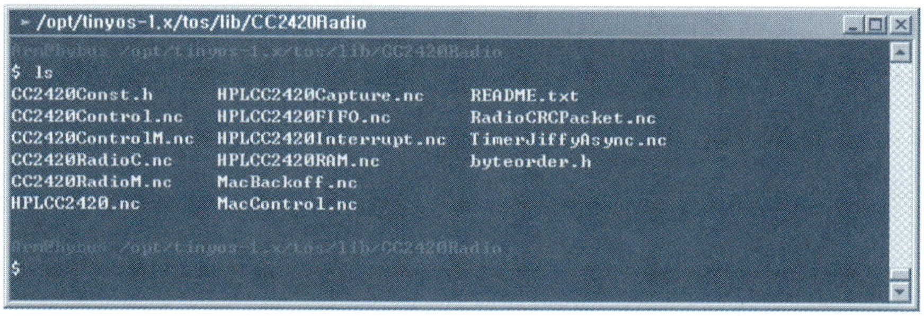

위의 파일 중 CC2420Const.h 파일을 연다. 파일을 열어서 69번째 라인을 보면 다음과 같은 부분을 볼 수 있다.

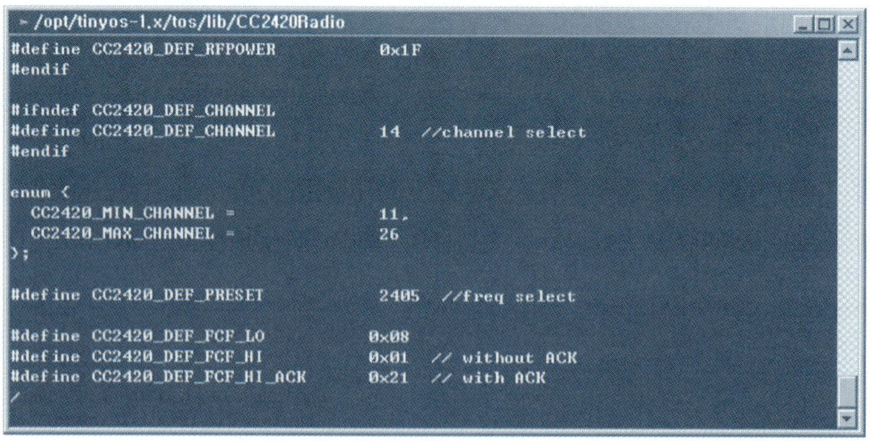

위의 그림은 채널이 14로 변경되어 있다. 이 부분을 바꿔서 RF 컴포넌트

(components)를 사용하는 apps를 컴파일하게 되면 업로드된 mote는 CC2420의 14번 채널을 사용하게 된다.

RF Power의 설정도 가능하다. RF power가 높으면 송/수신 강도가 높아지지만 배터리 사용량이 많아지므로 적절한 설정이 필요하다.

현재 0x1F(31)로 되어 있고, 0xFE(254)까지 사용할 수 있다. 멀티홉을 테스트 할 때 이 값을 조절하여 테스트하기도 한다.

2) UART baud rate 설정

H-Mote의 MCU인 msp430은 총 2개의 UART를 지원한다. 기본 포트는 UART1로 USB와 연결되어 시리얼로 사용된다. java 프로그램인 Listen으로 보는 raw데이터들은 모두 이 UART1을 통해 들어오는 값이다. 필요에 의해서 baud rate 를 바꿔야 하는 상황이 있는데 그때는 다음을 수정한다.

/opt/TinyOS-1.x/tos/platform/msp430로 이동해 msp430hardware.h를 연다.

48번째 라인을 보면 다음과 같다.

```
~/opt/tinyos-1.x/tos/platform/msp430
#define __msp430_have_adc10
#endif

#ifdef __msp430_headers_adc12_h
#define __msp430_have_adc12
#endif


// assign a default DEFAULT_BAUDRATE
#ifndef DEFAULT_BAUDRATE
#define DEFAULT_BAUDRATE   57600
#endif
```

defaut로 57600인데 이를 수정하면 된다.

UART0을 사용하는 apps는 거의 없지만, 초음파 센서나 pulseoximeter 센서등은 ADC가 아닌 시리얼로 들어오기 때문에 이를 사용한다.

UART0의 baud rate는 HPL2UARTM.nc를 수정한다.

```
~ /opt/tinyos-1.x/tos/platform/msp430
async command result_t UART2.init() {
  // set up the USART to be a UART
  call USARTControl.setModeUART();
  // support some common default baudrates
  call USARTControl.setClockSource(SSEL_ACLK);
  call USARTControl.setClockRate(UBR_ACLK_4800, UMCTL_ACLK_4800);
  // enable interrupts

  call USARTControl.enableRxIntr();
  call USARTControl.enableTxIntr();
  return SUCCESS;
}
```

위의 그림은 4800으로 설정되어 있는데 이는 pulseoximeter가 사용하는 baud rate이다. 필요에 맞게 수정해서 다시 컴파일하면 된다.

제5장
TinyOS-1.x 설치 및 Hmote2420 패치

[학습 목표]

TinyOS-1.x의 설치와 삭제를 직접 진행하여 보면서 TinyOS의 프로그램 구조에 대해서 전반적인 이해를 돕고, Cygwin을 이용한 mote 프로그래밍 실습을 위한 준비를 한다.

5.1 TinyOS와 NesC 개요

이벤트 기반의 운영체제인 TinyOS는 NesC라는 언어를 사용하여 개발되었다. NesC는 C언어의 확장으로 센서 네트워크와 같은 임베디드 시스템을 위해 개발되었다. NesC로 개발된 소프트웨어는 변환과정을 거쳐 C언어로 바뀌며 컴파일되어 Binary file이 생성되고 최종적으로 이미지로 센서 노드에 다운되어 실행된다. NesC는 구 C코드와 상호작용하며 C코드 사용이 가능하다. NesC는 컴포넌트 기반의 응용을 위한 구조를 가지고 있다.

① 구성과 구조의 분리

모든 프로그램은 컴포넌트로 구성되어 있고, 인터페이스(interface)와 구현(implementation)의 2개의 범위로 정의된다.

② 인터페이스와 관련하여 컴포넌트의 동작규정

인터페이스는 컴포넌트에 의해 제공하거나 사용되고, 인터페이스는 컴포넌트 간의 상관관계를 표현한다.

③ 양방성을 가진 인터페이스

인터페이스의 provider에 의해 commands를 수행하고 인터페이스의 user에 의해 events를 수행하고 단일 인터페이스를 허용한다.

④ 컴포넌트 연결

컴포넌트들은 서로 다른 컴포넌트를 경유해서 고정된 상태로 연결한다. NesC에서 동시병행 모델은 수행하고 달성하는 task들을 각각 인터럽트 task할 수 있는 인터럽트 핸들러 기반으로 한다.

1) NesC에서 사용되는 주요 용어

아래부터는 C언어에서 배운바 있는 "Hello World"와 같은 가장 기초적인 응용 프로그램이라고 생각하면 되는 NesC 응용 프로그램 "Blink" 프로그램를 살펴본다. 이 파일은 "apps/Blink"에 위치한다.

NesC Keywords

- Component specification keywords

interface	A collection of event and command definitions
module	A basic component implemented in NesC
configuration	A component made from wiring other components

implementation	Contains code & variables for module or configuration
components	List of components wired into a configuration

provides	Defines interfaces provided by a component
uses	Defines interfaces used by a module or configuration
as	Alias an interface to anther name

command	Direct function call exposed by an interface
event	Callback message exposed by an interface

2) Components(Configuration과 Module)

컴포넌트는 NesC의 기본 단위로 module과 configuration를 갖고 있고, 모듈은 컴포넌트의 구현을 C코드에 의해서 제공하고, configuration은 다른 components를 함께 모음으로 컴포넌트 implemantion을 구현할 수 있다. 그리고 프로그램을 작성할 때는 반드시 main 컴포넌트를 포함해야 한다. 그 이유는 이 main 컴포넌트가 시스템 초기화 루틴을 호출하고 스케줄러를 구동하기 때문이다. main 컴포넌트는 tos/system/main.nc에 위치하고 있다.

(1) NesC Component Types

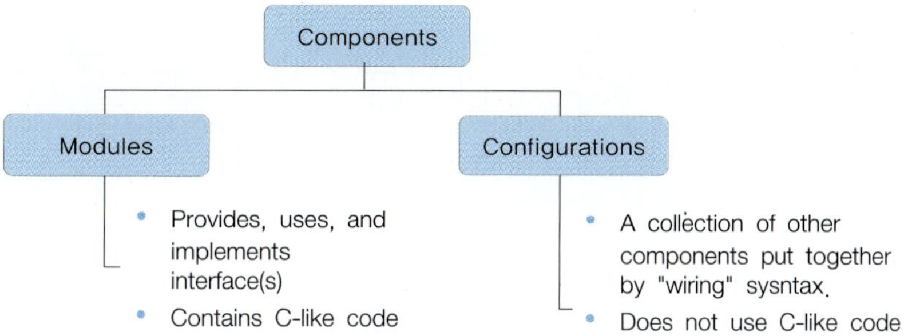

(2) Configuration

configuration은 다른 컴포넌트와 함께 wiring에 의하여 만들어진 구현으로 NesC의 연계하여 구현하게 된다. 이곳에는 code는 없고 단순히 wiring만을 한다.

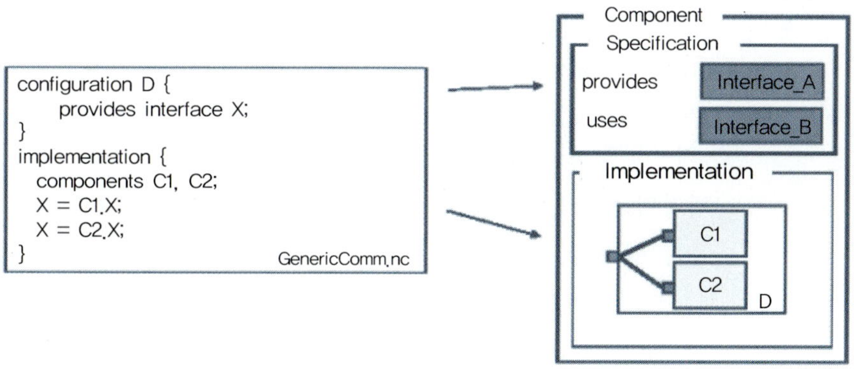

Configuration은 top-level configuration(ooo.nc)과 일반 configuration (oooC.nc) 형태의 파일이름을 갖고 있다. 각 애플리케이션에는 한 개의 ooo.nc 파일을 갖고 있다.

① NesC Wiring 명령문

NesC에는 컴포넌트 간의 wire를 하는 방법 3가지를 뜻하는 선연결 문장이 있다. 다음 그림 살펴보자.

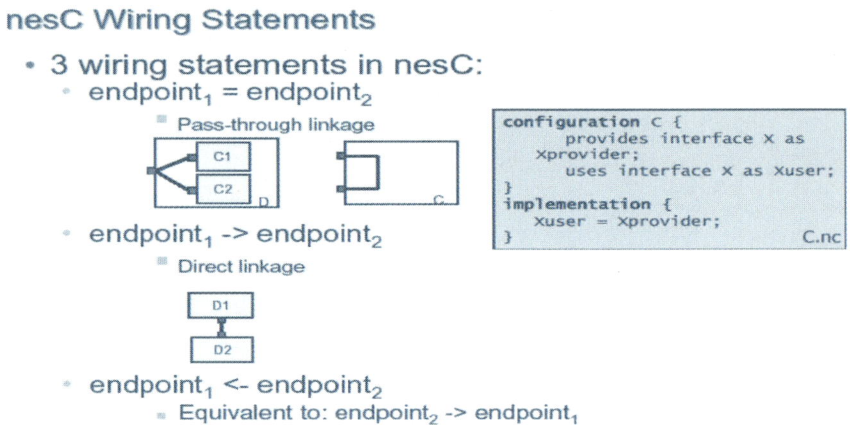

위에서 보듯이 interface endpoint1 -〉 interface endpoint2의 의미는 endpoint2에서 구현되어 제공하는 함수를 endpoint1이 요구해서 사용하는 것을 뜻하고 “〈- ”은 반대의 의미이다. “=”은 두 개의 interface가 같음을 의미한다.

위에서 설명한 방법으로 일단 wiring되면 해당하는 컴포넌트의 command, event, interface를 사용할 수 있다.

② 에러가 발생하는 경우

파라미터로 인해 컴파일시 에러가 발생하게 되는 몇 가지 경우를 소개한다. 다음과 같다.

- 파라미터가 정수가 아닌 경우
- 한 쪽의 인터페이스만 파라미터를 가진 경우
- 파라미터값과 요구하는 값이 다른 경우
- 타입이 다른 경우

다음의 예제 apps/Blink.nc 설명 그림을 보면 Configuration 컴포넌트에 대한 전체적인 이해가 가능할 것이다.

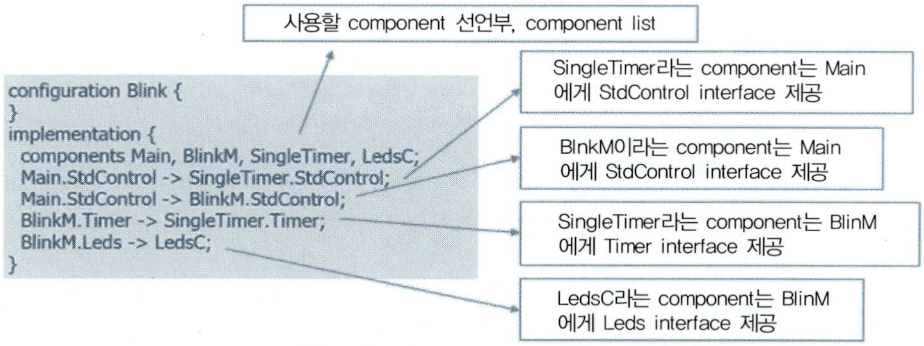

(3) Module

모듈은 파일이름이 oooM.nc 형태로써 implemetion{}에 모듈의 모든 제공된 command(event)를 구현할 수 있다. 그리고 모듈은 commands를 calling하고 event를 signling한다.

다음의 그림은 module의 기본 예제이다.

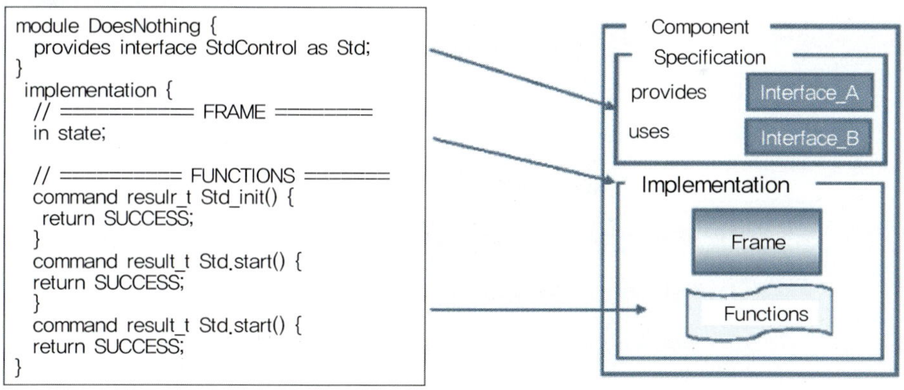

module은 "module" 부분에서 모듈을 구현하는 필요한 요소를 "uses"를 이용하여 불러오고, 'provides'를 통해 모듈에서 구현된 내용을 다른 컴포넌트에 인터페이스로 제공한다. implementation 부분에서 "module"에서 선언하는 모든 명령어와 이벤트가 구현되어야 한다. interface를 실제로 구현하는 부분(프레임)과 내부 함수 등으로 구성된다.

다음의 예제 그림 apps/BlinkM.nc를 살펴보면 Module 컴포넌트에 대한 전반적인 이해가 쉬울 것이다.

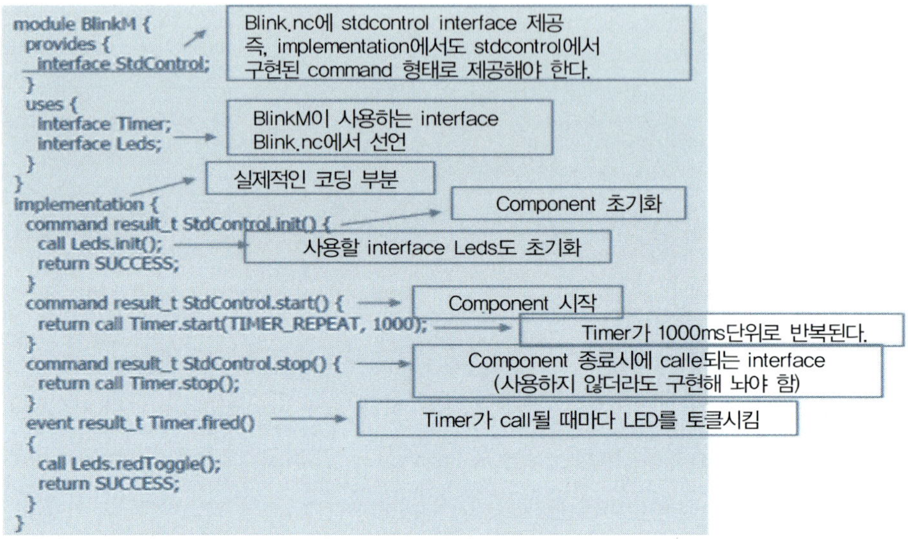

다음으로 모듈에서 사용하는 용어를 정리해보자. 다음에 오는 각 장에서 자세히 설명된다.

- call : command를 실행
- siganl : event를 실행
- post : 실행 큐(queue)를 task에 넣는다.
- task : 백그라운드에서 기능을 수행한다.
- includes : 헤더파일을 포함한다.

그리고 race 조건의 자동적 예방을 위해 제공하는 것으로는 다음의 것이 있다.

- async : command, event를 비동기로 실행한다.
- atomic : 문자에서 자동적인 실행을 보장한다.
- norace : race 조건 NesC 감지의 경고를 제거한다.

(4) 인터페이스(Interface)

NesC에서 인터페이스(Interface)는 양방향성을 가지며 제공자(provider)와 사용자(user)가 되는 컴포넌트를 연결하는 채널의 역할을 수행한다. 제공자는 모든 커맨드(commands)를 수행하고 구현하며 사용자는 모든 이벤트(events)를 수행하고 구현한다. 표준 제어 인터페이스(init, start, stop)와 분할 단계 동작(send, sendDone) 같은 기능 그룹에 대해 사용한다.

예를 들면 다음과 같다.

```
interface Send{
command void send(TOS_Msg *m);
event void SendDone();
}
```

TinyOS 사용하는 인터페이스의 종류는 다음과 같다.

종 류	설 명
ADC.nc	ADC에 인터페이스
I2C.nc	I2C버스 프로토콜 인터페이스
Leds.nc	LED 추출 인터페이스
LogData.nc	저장장치에 logging 데이터를 위한 인터페이스
Radio.nc	무선하드웨어를 위한 비트레벨 인터페이스
Receive.nc	일반적인 메시지 인터페이스-수신
Send.nc	일반적인 메시지 인터페이스-송신
StdControl.nc	표준 component 제어 인터페이스
Timer.nc	일반적인 타이머 제어 인터페이스

(5) 태스크 및 이벤트

태스크(Task)는 인용하기 전에 선언해야 하고 파라미터(parameter) 없이 프레임 변수를 사용하며 인자 값을 가지지 않거나 반환 값이 void인 함수이다. 태스크(Task)가 호출될 경우에는 반드시 "post" 키워드를 사용해야 한다.

```
post adjustSquelch();
```

TinyOS의 태스크(Task)들은 융통성 있는 TOS의 스케줄러에 의하여 연속적으로 동작한다.

즉, 동기적으로 FIFO(first in, first out) 스케줄이다. Event에 의하여 인터럽트되고 다른 task에 관하여 완성하기 위하여 동작한다. Event는 user 인터페이스에 의해 구현된 이벤트(Event)를 호출할 때는 필히 "signal" 키워드를 사용하여야 한다.

```
signal Send.sendDone((TOS_MsgPtr)pBuf,SUCCESS);
```

5.2 TinyOS-1.x 설치 및 Hmote2420 패치

1. TinyOS install

1) 확인사항

TinyOS를 설치하기 전에 먼저 이전버전의 TinyOS가 설치 되어 있지 않은지 확인하여 보자. 만약 설치가 되어 있다면 (4)번의 TinyOS 삭제 과정을 먼저 실행하여 삭제 후 재인스톨하여야 한다. 설치되어 있지 않거나 삭제가 끝났다면 다음과정을 따라 TinyOS의 설치를 진행하여 보자.

2) 설치과정

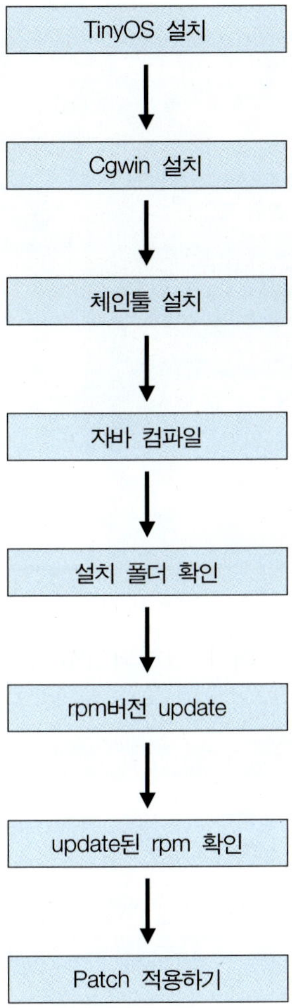
TinyOS 설치
Cgwin 설치
체인툴 설치
자바 컴파일
설치 폴더 확인
rpm버전 update
update된 rpm 확인
Patch 적용하기

① 제공된 CD-ROM으로부터 TinyOS-1.1.11-3is.exe를 찾아 더블클릭한다.

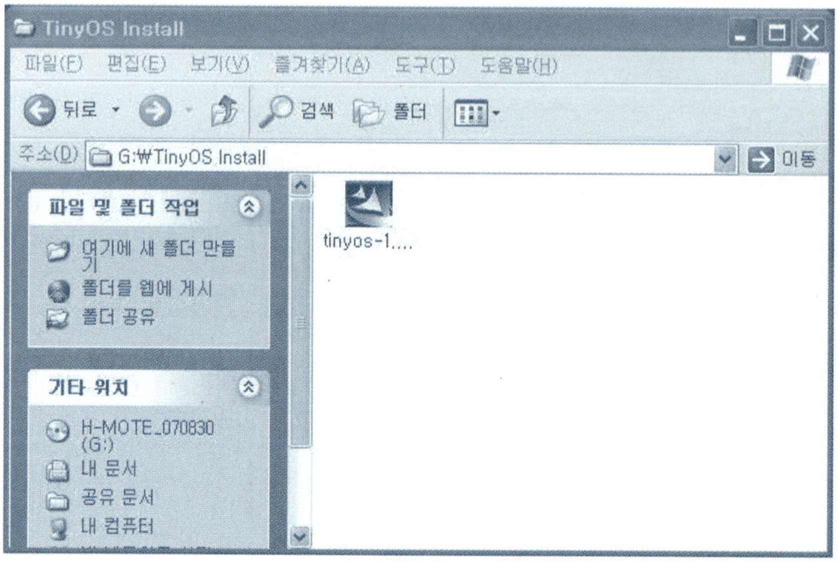

② 윈도우 인스톨러가 실행되면서 설치 시작 화면이 나타난다.

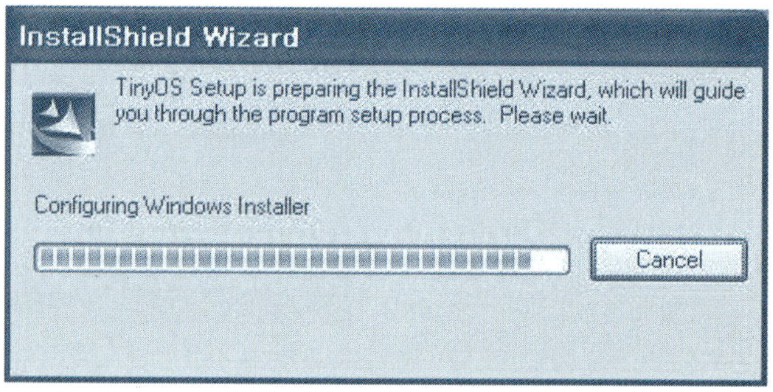

③ "Setup Type"을 선택하는 윈도우화면에서 모두 설치를 위하여 "Complete" 체크를 확인하고, 기본 설치 폴더(C:/Program Files/UCB)를 확인한다. 이상이 없으면 "Next"를 클릭하여 설치를 진행한다.

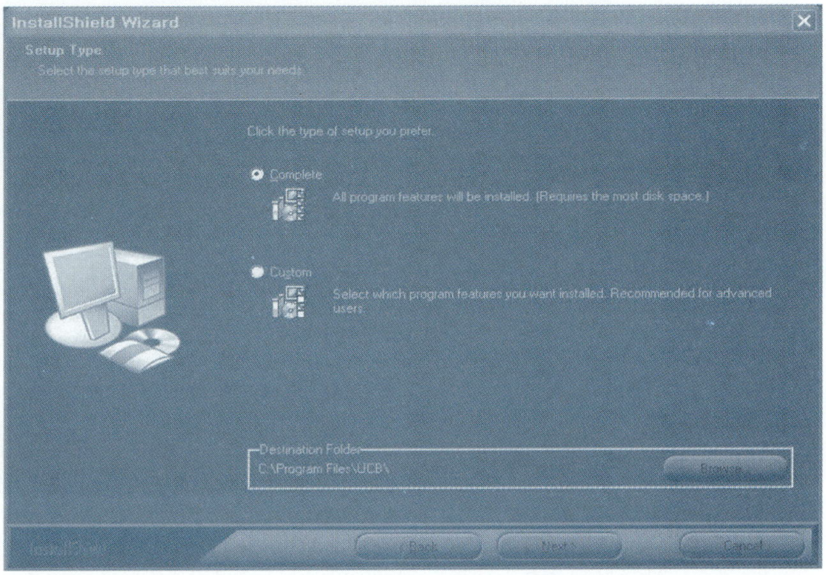

④ "Java License Agreement" 윈도우에서 "YES"를 클릭한다.

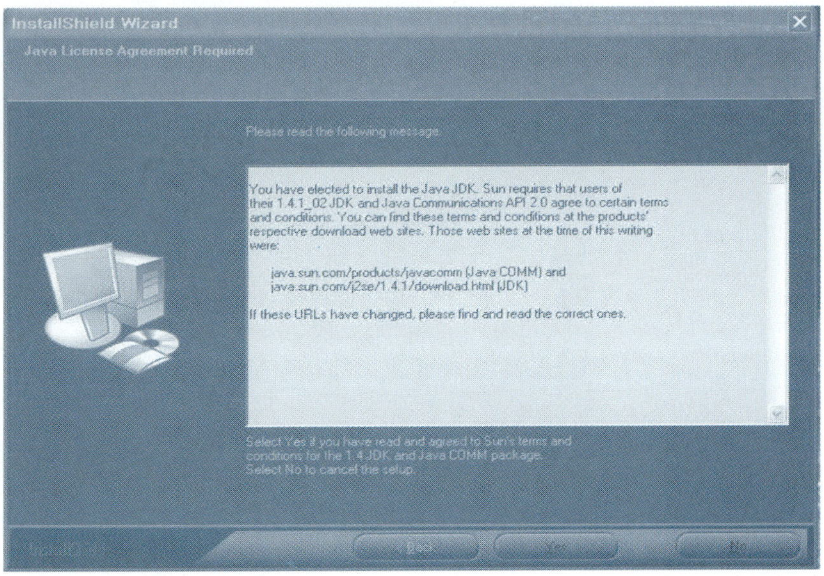

⑤ "Start Copying Files" 윈도우에서 "NEXT"를 클릭하면 파일이 복사가 진행되면 설치가 진행된다.

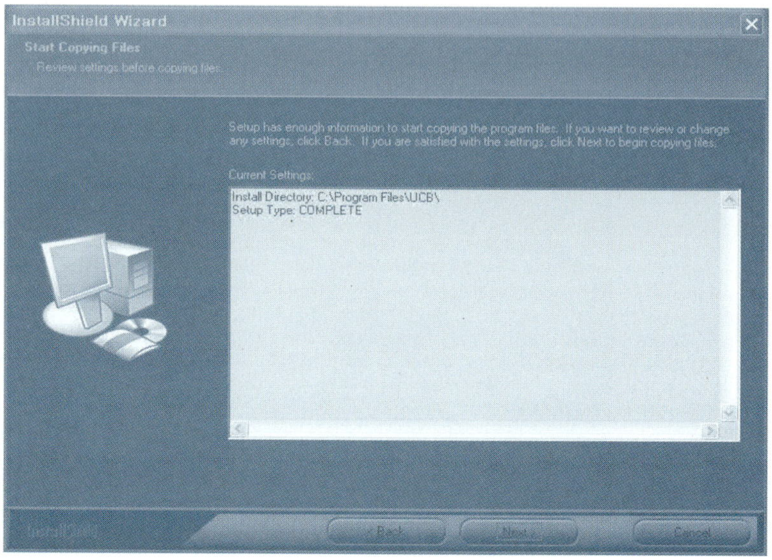

⑥ 설치하는 PC 사양에 따라 시간의 차이는 있으나 잠시 기다리면 TinyOS의 설치가 완료된다.

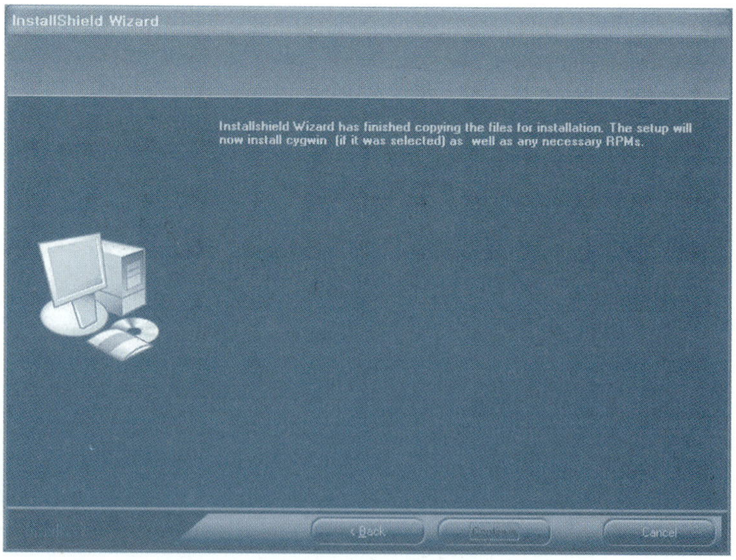

⑦ TinyOS의 설치가 끝나면 이어서 Cygwin의 설치가 진행된다. Cygwin은 TinyOS를 접근하기 위한 터미널 창이다.

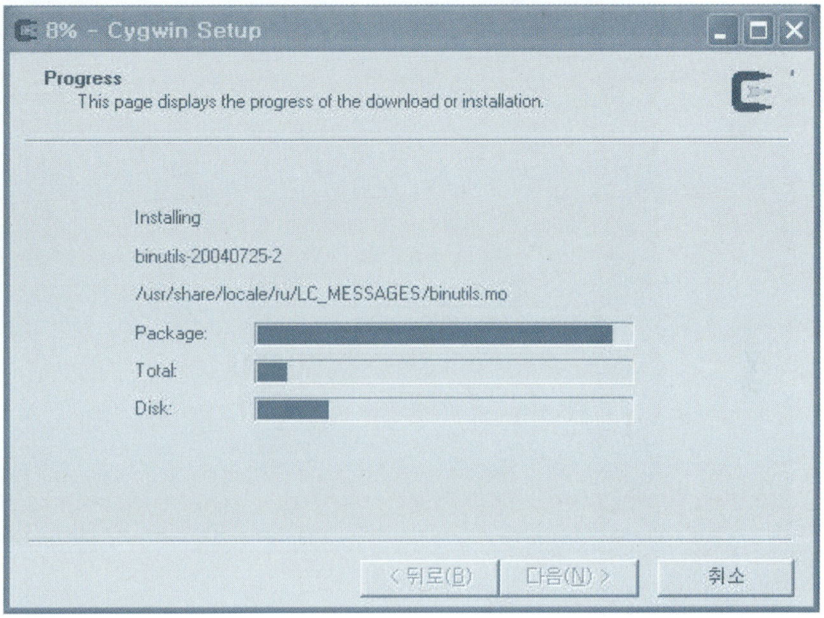

⑧ 툴체인 설치 화면이다. Cygwin 윈도우가 오픈되고 인스톨을 위해 RPM을 위해 대기한다.

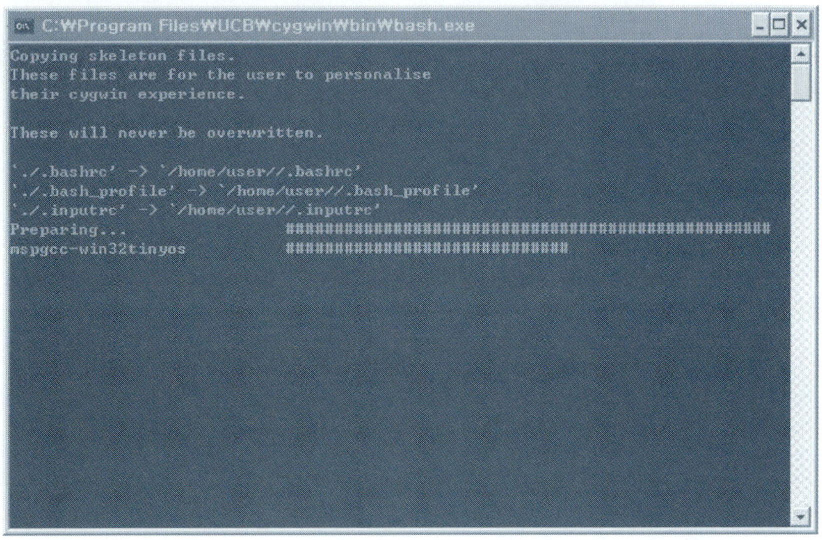

⑨ 자바 컴파일 과정이 진행된다.

```
C:\Program Files\UCB\cygwin\bin\bash.exe
javac Java2Accessibility.java
javac SoftIInternalTables.java
javac ThreadStateMapping2.java
javac WeakInternalTables.java
javac exceptions.java
make[3]: Leaving directory `/opt/tinyos-1.x/tools/java/org/python/core'
make[3]: Entering directory `/opt/tinyos-1.x/tools/java/org/python/modules'
... /opt/tinyos-1.x/tools/java/org/python/modules
javac MD5Module.java
javac MatchObject.java
javac PyLock.java
javac SHA1.java
Note: SHA1.java uses or overrides a deprecated API.
Note: Recompile with -deprecation for details.
javac _codecs.java
javac _jython.java
javac _sre.java
javac _weakref.java
javac binascii.java
javac cPickle.java
javac errno.java
javac imp.java
javac jarray.java
javac math.java
```

⑩ 자바 컴파일 과정이 계속 진행된다.

```
C:\Program Files\UCB\cygwin\bin\bash.exe
  u.buf.cmd.param I 72 16
  u.buf.cmd AX
  u.buf.ram AS 0 160
  u.buf.ram.hasOutput U 0 1
  u.buf.ram.hasInput U 1 1
  u.buf.ram.create U 2 1
  u.buf.ram.numRows U 3 13
  u.buf.ram.outBufName [8]I 16 8
  u.buf.ram.inBufName [8]I 80 8
  u.buf.ram.policy I 144 16
  u.buf.ram AX
  u.buf AX
  u.eventName [8]I 0 8
  u.numEpochs I 0 16
  u.ttl I 0 8
  u AX
mig java -target=mica2 -I /opt/tinyos-1.x/tos/lib/Commands -I /opt/tinyos-1.x/to
s/lib/Util -I /opt/tinyos-1.x/tos/lib/Attributes -I /opt/tinyos-1.x/tos/lib/Tiny
DB -I /opt/tinyos-1.x/tos/sensorboards/micasb -I /opt/tinyos-1.x/tos/lib/TinyDB/
Aggregates -I/opt/tinyos-1.x/tos/lib/FS/ -I/opt/tinyos-1.x/tos/lib/MintRoute -I/
opt/tinyos-1.x/tos/lib/Queue -I/opt/tinyos-1.x/tos/../apps/TASKApp -java-classna
me=net.tinyos.tinydb.UartMsg /opt/tinyos-1.x/tos/../apps/TinyDBApp/TinyDBApp.nc
UartMsg -o UartMsg.java
```

⑪ 설치가 완료되었다.

※ TinyOS의 인스톨 후 설치되는 항목들

- TinyOS & Tool : 무선 센서 네트워크를 위한 이벤트 구동 OS와 디버깅을 위한 툴
- NesC : TinyOS를 위하여 설계된 C언어의 확장언어
- Cygwin : 윈도우를 위하여 리눅스와 같은 환경을 제공
- AVT Tools : AVT의 AVR 프로세서를 위한 소프트웨어 개발 환경
- Java 1.4 JDK와 Java Comm2.0 : 호스트 PC 응용과 포트 통신
- Graphviz : make docs로부터 wiew files까지 만든다.

2. TinyOS 설치확인

① Program이 설치된 폴더를 확인한다.

폴더의 경로는 c:/Program Files/UCB/cygwin이며 아래 그림과 같은 폴더와 아이콘이 생성되었는지 확인한다.

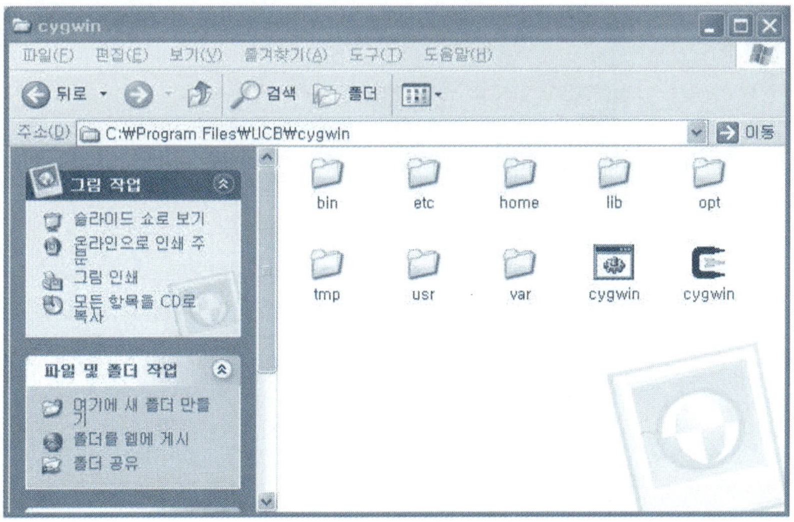

② 간혹 인스톨이 잘못되었을 경우 apps 디렉토리가 생성되지 않거나 NesC 파일들이 없는 경우가 있다.

apps 디렉토리는 mote에 업로딩할 프로그램들이 폴더별로 있는 곳이므로 확인하기 바란다. (c:/Program Files/UCB/cygwin/opt/TinyOS-1.x/apps)

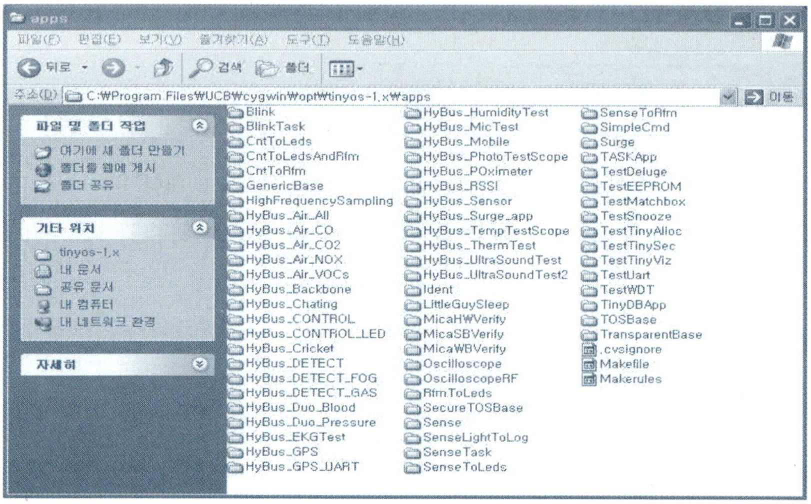

③ C:/Program Files/UCB/cygwin/opt/TinyOS-1.x/apps/Blink 경로를 확인하여 NesC 설치를 확인한다.

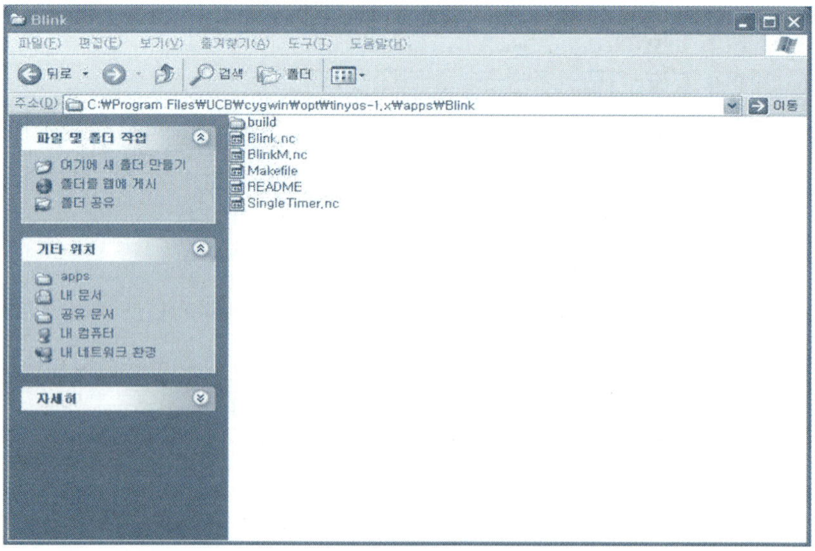

④ java application 확인

C:/Program Files/UCB/cygwin/opt/TinyOS-1.x/tools/java/net/TinyOS/tinydb 경로를 확인하여 설치가 잘되었는지를 확인한다. 이 부분도 install이 잘못되었을 경우 class 파일이 없을 수가 있다. Java application은 비주얼적인 모니터링과 콘트롤을 쉽게 구성한 것이니, 이를 이용하여 다른 application을 개발하는 데 도움이 된다.

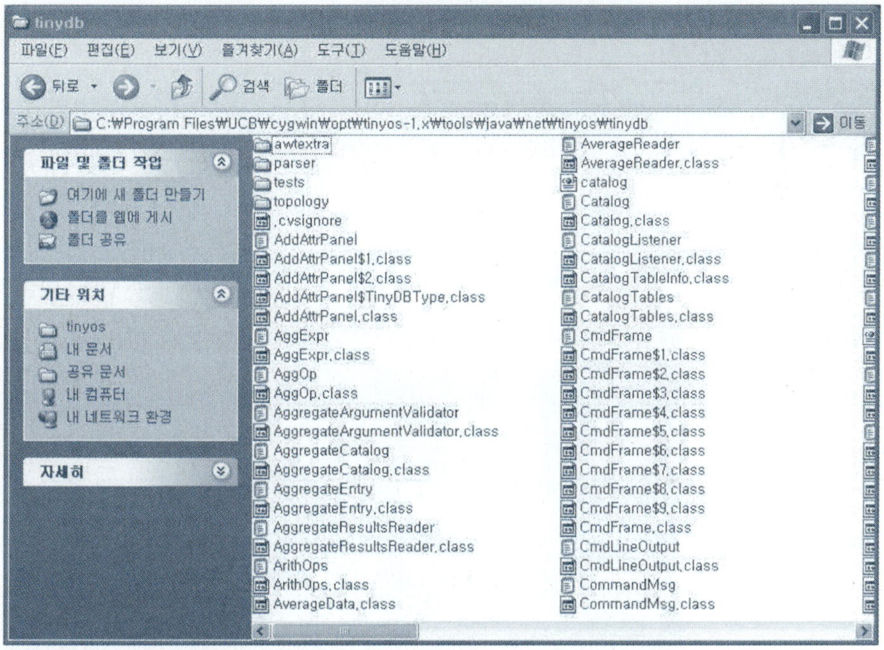

3. rpm 업데이트

① 제공되는 CD에 있는 "RPM_TinyOS-1.1.13May2005cvs-" 폴더에 들어가서 확인한다.

"TinyOS-1.1.13May2005cvs-1.cygwin.noarch.rpm"이라는 파일이 있다. 이 파일을 복사하여 TinyOS가 설치된 디렉토리에 복사하여 붙여넣기 한다. TinyOS를 설치할 때 기본 폴더에 설치하였다면 (C:/Program Files/UCB/cygwin/opt) 경로에 붙여넣기 한다.

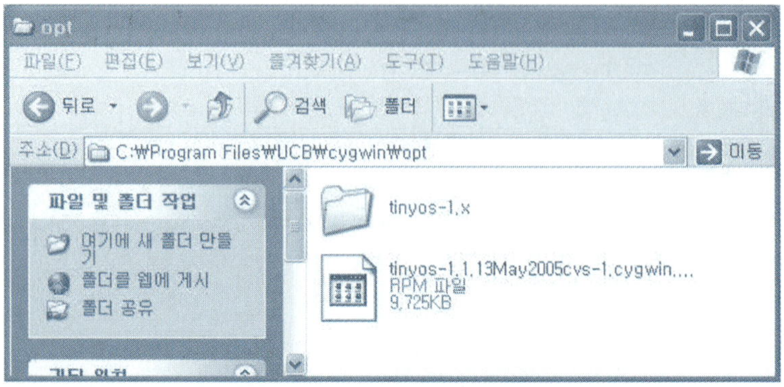

② 바탕화면에 생성된 Cygwin 아이콘을 더블클릭하여 들어간 후 /opt로 이동한다.

이동 후 안에 있는 파일을 확인하여 보면 윈도우에서 복사하여 붙여넣기한 rpm파일이 있는 것을 확인한 후 "rpm -Uvh TinyOS-1.1.13May2005cvs-1.cygwin.noarch.rpm"을 쳐서 rpm을 업데이트한다.

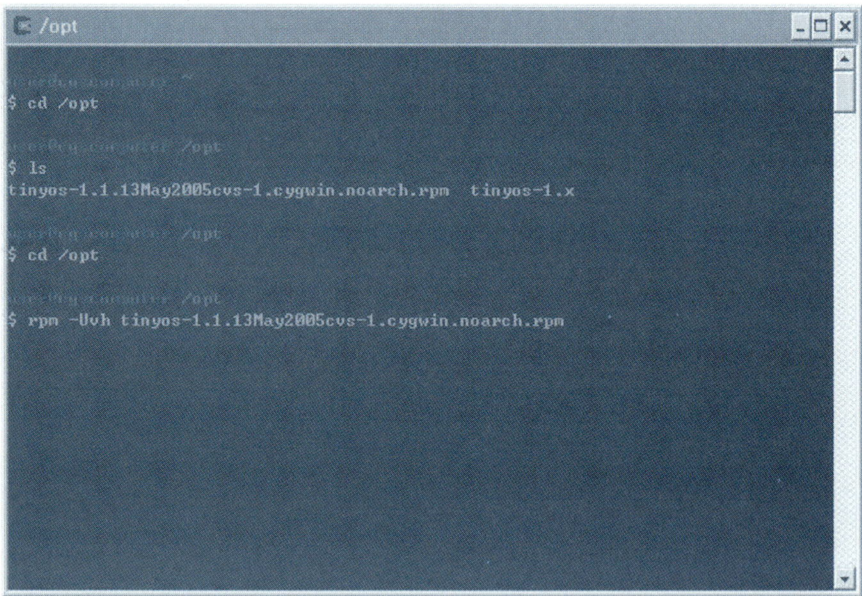

Cygwin 실행 → Cygwin에서 "cd /opt" 을 쳐서 /opt 폴더로 이동 → 다음 "ls" 명령으로 복사한 rpm 파일 확인 → "rpm -Uvh TinyOS-1.1.13May2005cvs-1.cygwin.noarch
.rpm을 쳐서 rpm 업데이트 실행

③ rpm을 업데이트 명령을 입력하면 다음과 같은 화면으로 진행되면서 rpm이 업데이트된다.

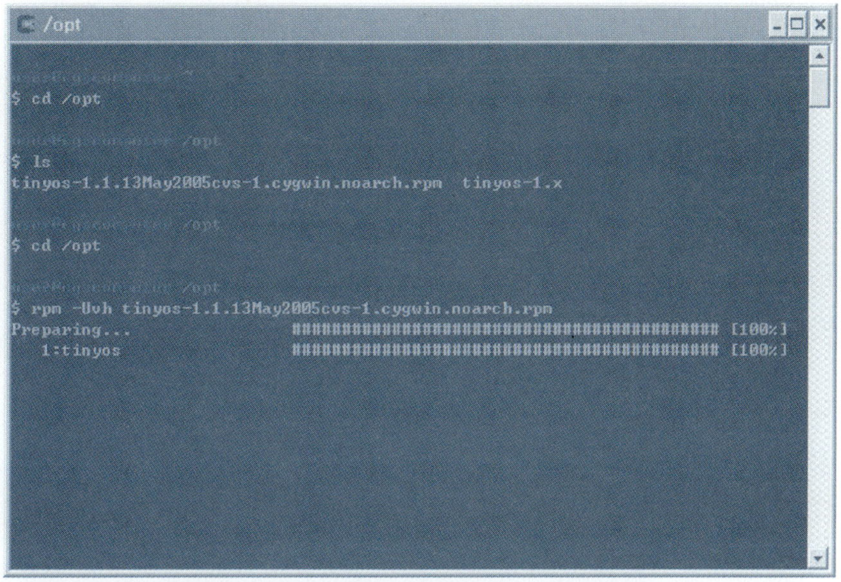

④ 잠시 기다리면 rpm 업데이트가 완료된다.

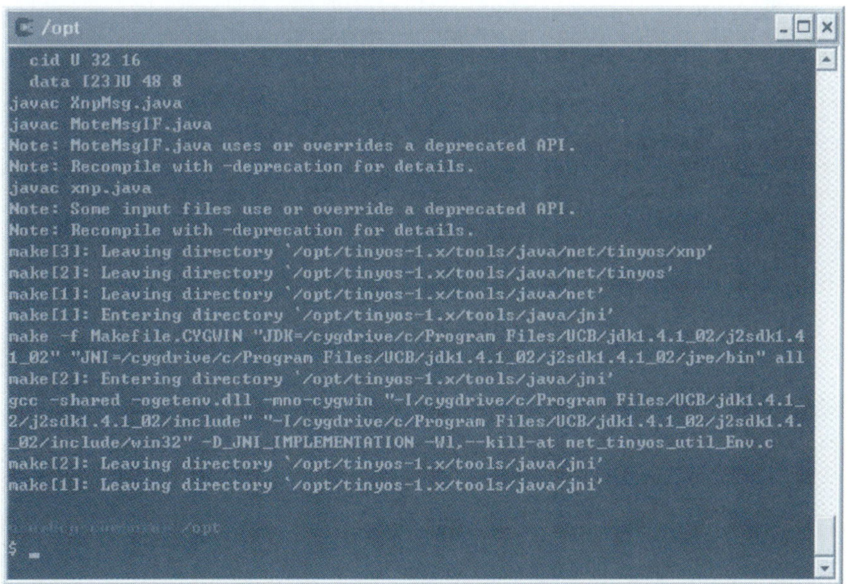

⑤ rpm 업데이트가 완료되었다면 "rpm -qa" 명령을 입력하여 버전을 확인한다. 목록이 많으면 다음과 같이 "rpm -qa | grep TinyOS" 옵션을 주어 TinyOS문자를 포함하는 목록을 확인할 수 있다.

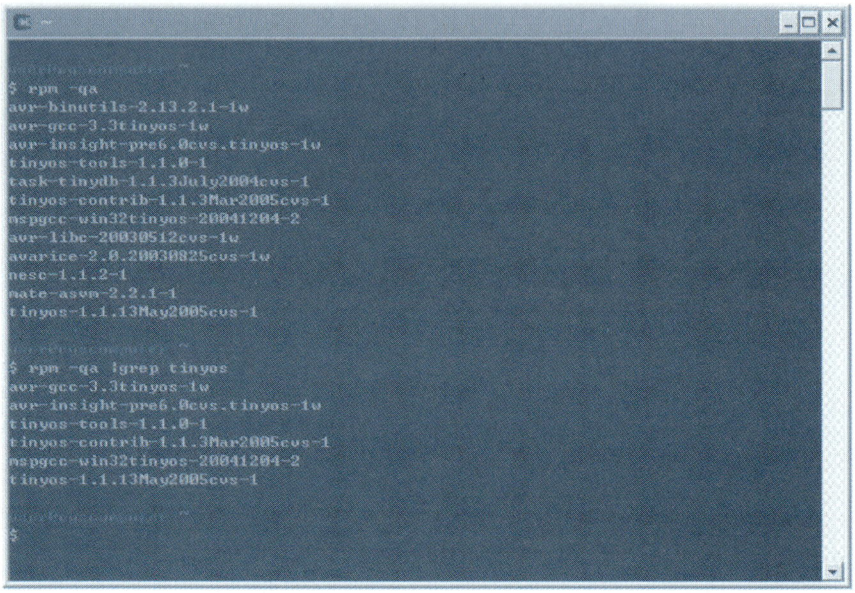

4. Patch 적용하기

CD 안에 Hmote2420_patch 폴더안에 있는 apps, tools, tos라는 세 개의 폴더가 있는데 이 세 개의 폴더를 복사하여 TinyOS가 설치되어 있는 폴더에 덮어쓰기 한다.

설치시 기본 폴더로 설정하였다면 C:/Program Files/UCB/cygwin/opt/TinyOS-1.x의 경로로 이동하여 덮어쓰기 한다.

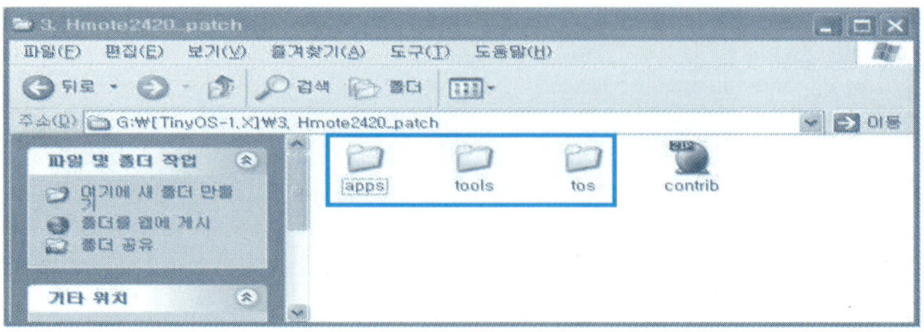

위의 그림과 같이 세 개의 폴더를 복사하여 C:/Program Files/UCB/cygwin/opt/TinyOS-1.x 의 경로에 붙여넣기 한다. 각각의 폴더에는 실습에 필요한 프로그램들이 추가적으로 들어가 있다. 패치 후 설치 경로의 app 폴더를 확인해 보면 추가된 프로그램 폴더들을 확인할 수 있다.

다음은 TinyOS 삭제 방법을 확인해 보도록 하자. 설치 시 에러나 잘못 설치되어 다시 설치하기 위해 꼭 필요한 과정이므로 반드시 실습을 진행하여 보고 TinyOS를 재설치해 보도록 하자.

5. TinyOS 삭제 방법

TinyOS1.x의 업 버전을 사용하게 된다던가 실행 시 오류로 TinyOS를 새로 설치해야 한다거나 또는 다른 이유 등으로 인해 TinyOS를 삭제하여야 한다면 다음과 같은 과정을 따라 하면 된다.

① 내컴퓨터를 더블클릭한 후 좌측 상단부분에 프로그램 추가 제거를 클릭한다. 또는, 내컴퓨터 → 제어판 → 프로그램 추가 제거를 클릭하여 프로그램 추가 제거를 열고 그에서 TinyOS를 찾아 삭제한다.

② 그 다음으로 C:/Program Files에서 TinyOS가 설치되었던 UCB 폴더를 찾아 삭제한다.

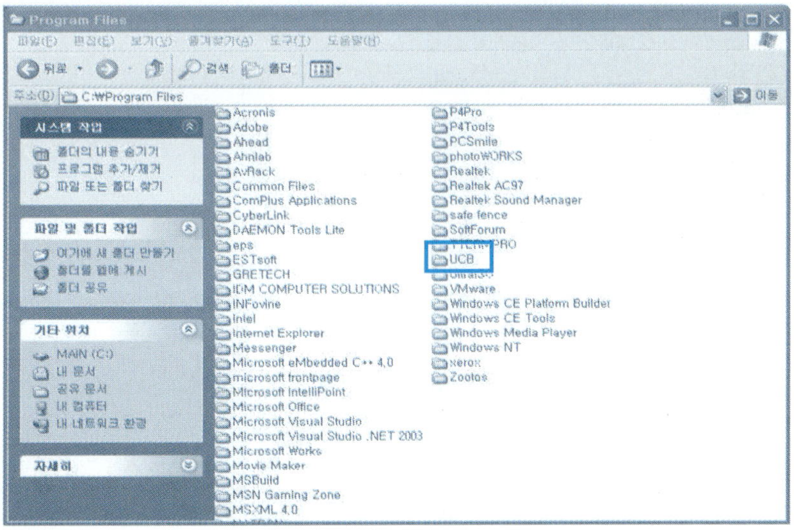

③ 마지막으로 윈도우의 시작 버튼을 눌러 → 실행 → "regedit"를 입력 후 엔터를 치면 다음과 같은 레지스트리 편집창이 나타난다.

여기에서 내컴퓨터 HKEY_LOCAL_MACHINE → Software에서 Cygnus Solution 폴더를 찾아서 통째로 삭제한다.

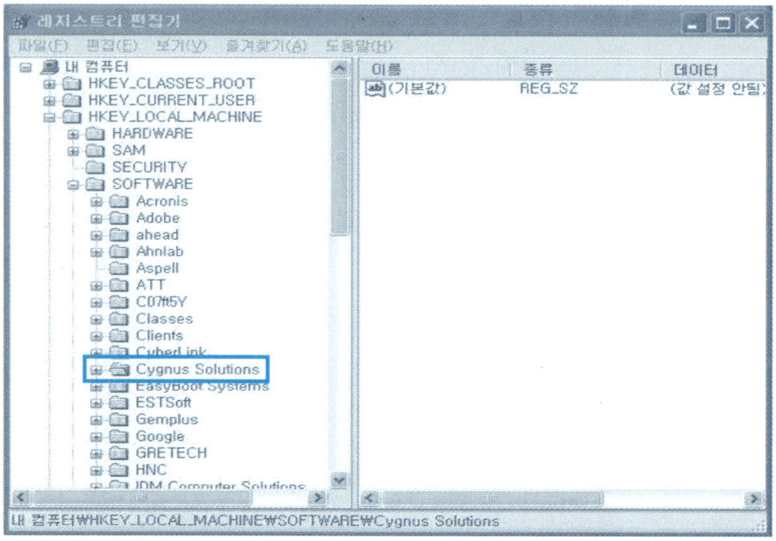

④ 같은 방법으로 내컴퓨터 HKEY_CURRENT_USER → Software에서 "Cygnus Solution" 폴더를 찾아서 통째로 삭제한다.

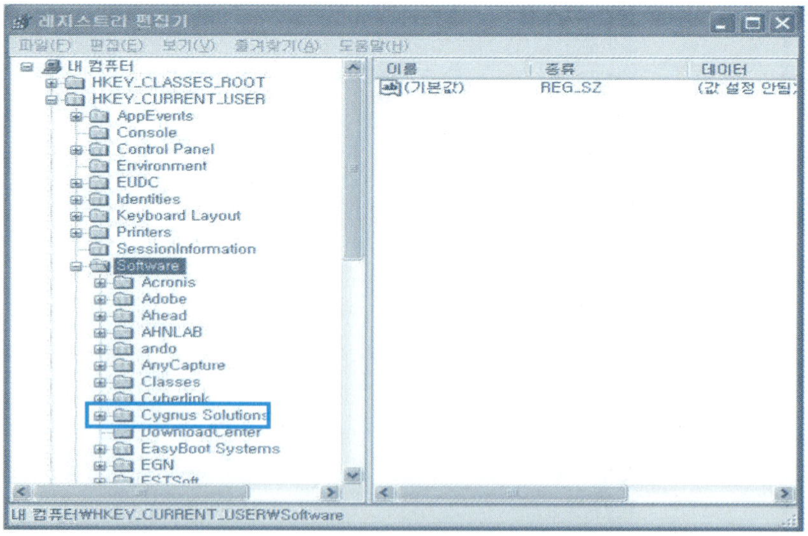

지금까지 TinyOS-1.x의 설치와 패치 및 삭제를 진행하여 보았다. 이것으로 Hmote에 프로그래밍하여 실습을 진행할 수 있는 기초적인 환경이 마련된 것이다. 설치가 잘못 설치된 부분은 실습 중에도 가끔 확인이 되기도 하므로 꼼꼼히 살펴보길 바라며, 앞으로 진행될 실습과정에서도 이 부분을 고려하여 진행이 될 것이다.

연 습 문 제

1. TinyOS를 직접 설치해 보고 설치가 제대로 되었는지 디렉토리를 살펴보자.

2. TinyOS를 삭제 후 다시 직접 설치해 보도록 하자.

제6장 LED 제어 실습

[학습 목표]
Blink 프로그램을 컴파일하고 mote에 업로드하여 프로그램을 통해 mote의 LED를 제어하여 본다. LED제어 프로그램을 수정해보면서 프로그램으로 하드웨어를 제어하는 것을 이해한다.

6.1 LED의 개요

1. LED(발광 다이오드)의 이해

LED는 P형과 N형 반도체의 접합으로 이뤄져 있으며 전압을 가하면 전자와 정공의 결합으로 반도체의 밴드갭(bandgap)에 해당하는 에너지의 빛의 형태로 방출하는 일종의 광전자 소자이다.

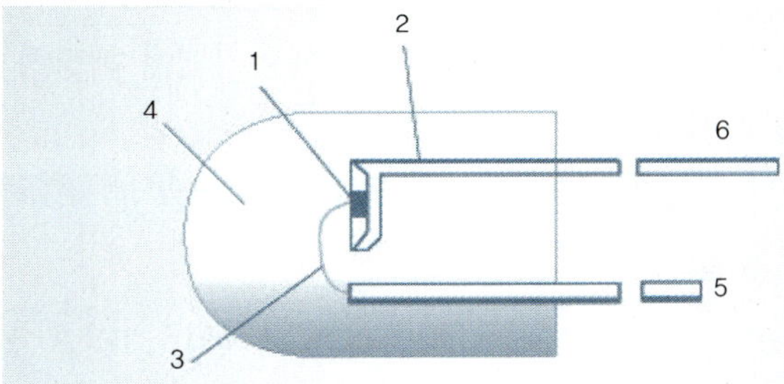

LED structure

1. Chip
2. Lead frame
3. Gold wire
4. Epoxy
5. Cathode
6. Anode

LED는 일반 백열전구에 비하여 소비전력은 1/5밖에 안되고, 반응시간은 1,000,000배나 빠르며, 수명은 반영구적으로서 그 동안 각종 분야에 적용되고 향상되어 정밀 반도체 장미 검사기구, 자동차 계기판, 전광판, 교통신호등, 경관용 조명, 광고용 조명등에 무수히 사용되고 있다.

2. LED

발광다이오드는 1923년 반도체에 전압을 가할 때 생기는 발광현상을 관측하면서 세상에 나오게 되고, 여러 가지 기술상 문제로 1960년대 말부터 실제 사용되기 시작하였다.

초기에는 적색 계통의 LED만 개발되었으나, 현재는 새로운 반도체 재료가 개발되면서 청색과 녹색의 LED도 개발돼 천연색 및 백색의 빛을 구현할 수 있게 되었다. 이런 LED는 크게 SMD타입과 램프타입으로 되어 있다. LED 아래에는 두 발이 달려 있는데, 이 두 발은 전극의 역할을 한다. 몰드 내부에는 반도체 칩에 전원을 공급하기 위한 음전극과 양전극이 있으며, 반도체 칩은 그 중 한 전극 위에 올려져 있다. 이 전극과 반도체 칩을 연결하기 위해 금으로 된 가는 전선을 사용한다. SMD은 표면실장 소자의 약자로 부품의 다리를 인쇄회로기판의 구멍에 끼워서 납땜하지 않고, 부품을 회로기판에 단지 얹어 놓은 상태로 납땜 사용한다. SMD 타입은 주로 휴대폰, 모바일 기기에 사용한다.

3. LED 동작 원리

동작원리는 LED의 전극에 순방향 전압을 인가하면 P형의 다수캐리어인 정공은 N영역으로, N형의 다수캐리어인 전자는 P영역으로 서로 확산하게 되고, 이때 전자와 정공의 접합면 근처에서 서로 재결합하여 에너지갭에 해당하는 만큼의 파장을 갖는 빛을 발광하게 된다.

이때 방출되는 빛의 파장은 사용되는 재료에 따라 다르고, 일반적으로 직접 천이형 반도체에서 발광효율이 더 우수한다.

LED 구조는 발광반도체 다이와 이를 지지하는 프레임, 그리고 전체적으로 이를 보호하고 지향성을 갖추기 위한 에폭시 등의 수지층으로 구성된다.

4. Hmote의 LED 회로도

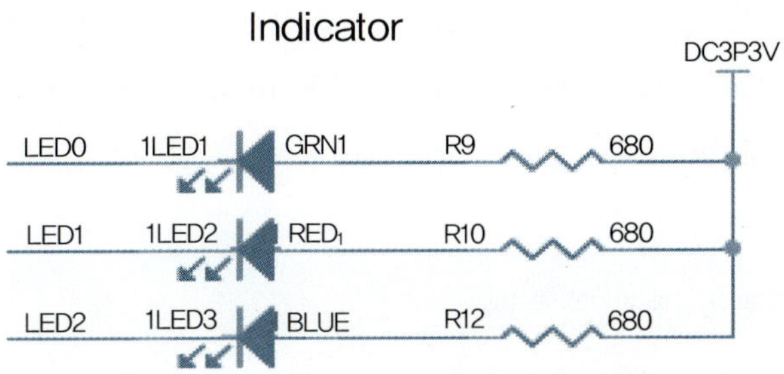

6.2 LED 제어 실습

1. Module과 Configuration

예를 들어 Blink 프로그램의 Blimk.nc 파일은 Configuration 파일이고 BlinkM.nc 파일은 Module 파일이다.

Module	module은 C코드를 이용하여 컴포넌트를 구현한다.
Configuration	Configuration은 서로 다른 컴포넌트 간의 논리적인 연계(wiring)를 NesC를 이용하여 구현한다. 그러므로 연산을 수행하는 코드가 포함되지 않는다.

※ Configuration은 컴포넌트들을 모아서 components implemention을 구현한다.

Configuration은 aaa.nc라는 파일명을 가지는 top-level Configuration과 bbbC.nc라는 이름을 가지는 일반 Configuration의 두 종류로 분류된다. 각각의 애플리케이션에는 최소한 하나의 aaa.nc 파일이 포함되어야 한다.

2. Cygwin에서의 컴파일 / 업로드 방법

① 컴파일 명령어 make : 유저의 특별한 옵션인 그룹 ID, 무선주파수, Mote 프로그램보드(Hmote)을 가지고 NesC를 구성하기 위하여 'make를 이용하여 TinyOS를 컴파일한다. 이것은 make 〈platform〉 인스톨(install)의 형식으로 build와 업로드(upload)를 수행 할 수 있다.

```
$ make 〈platform〉 install
```

② 컴파일과 업로드를 구분하기 위해서는 다음과 같이 나누어서 사용하면 된다.

```
$ make hybus = 컴파일
$ make hybus reinstall = 업로드
```

③ TinyOS는 tos/platform 디렉토리에서 다양한 〈platform〉을 지원한다. Hyper-Tmote에서는 〈platform〉을 'hybus'라고 한다.

④ make hybus docs 명령어를 이용하면 문서(document)를 생성할 수 있다. 컴파일 후 생성된 문서는/doc /nesdoc/〈platform〉안에 html 형식으로 저장한다.

3. Blink를 이용한 LED 제어 실습

아래 실습은 명령어를 이용, 컴파일하여 Hmote에 업로딩하여 동작을 살펴보는 실습을 한다. C언어에서 배운 "Hello World"와 같은 가장 기초적인 응용 프로그램에 해당하는 NesC 응용 프로그램인 'Blink' 프로그램을 살펴본다.

1) Blink를 이용한 컴파일 및 업로드

① 우선 Cygwin을 실행한다.

"cd /opt/TinyOS-1.x/apps/Blink"를 쳐서 Blimk 디렉토리로 이동한다.

그런 다음 "ls" 명령을 이용하여 디렉토리의 내용을 확인한다. Blimk.nc 파일과 BlinkM.nc 파일 그리고 Makefile, SingleTimer.nc 파일을 확인할 수 있다.

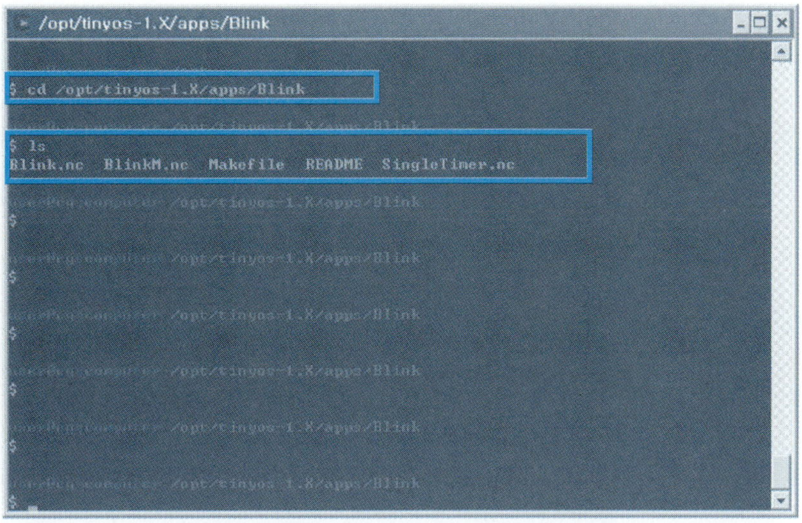

② 파일을 확인하였다면 Hmote에 업로드할 수 있도록 컴파일하여야 한다. "make hybus install"이라고 입력하여 보자.

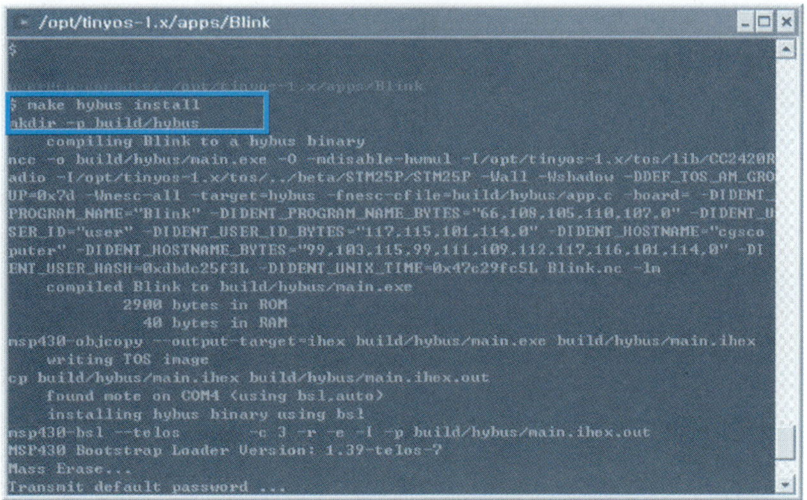

make hybus install 명령과 함께 컴파일과 업로드(upload)가 되었다. 업로드가 진행되는 동안 mote의 TX와 RX의 표시 LED가 깜박거린다. 업로드가 정상적으로 종료되면 1초마다 적색 LED가 점멸되는 것을 확인할 수 있다. 정상적으로 동작되지 않는다면 전원 또는 시리얼 포트 설정 오류가 원인일 수 있으므로 점검 후 다시 시도하자.

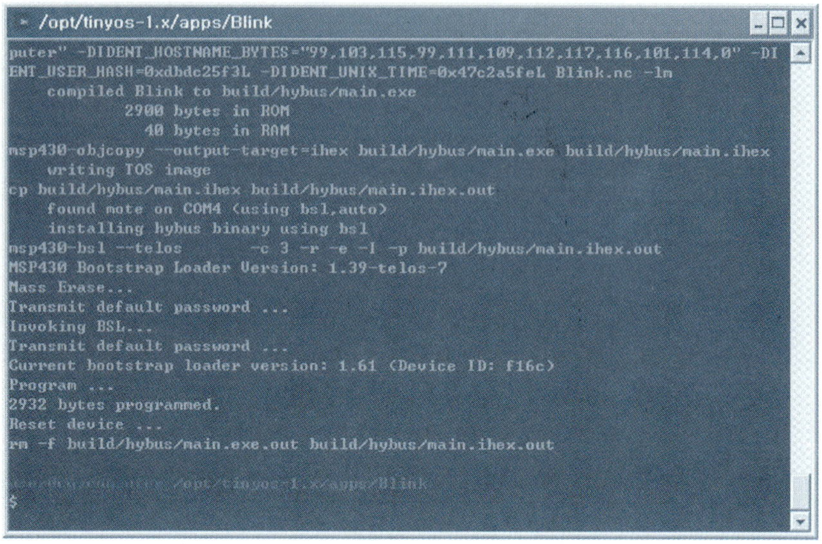

③ 정상적으로 동작되어진다면 ls 명령으로 생성된 build 디렉토리를 확인하자. build 디렉토리로 이동하여 다시 ls명령으로 확인하면 hybus 디렉토리가 생성되어 있는 것을 확인할 수 있다. 여기서 다시 hybus로 이동하여 디렉토리 내용을 살펴보면 main.ihex 파일이 생성되어 있는 것을 확인할 수 있다. 바로 이 파일이 mote에 업로드되는 헥사 이미지 파일이다.

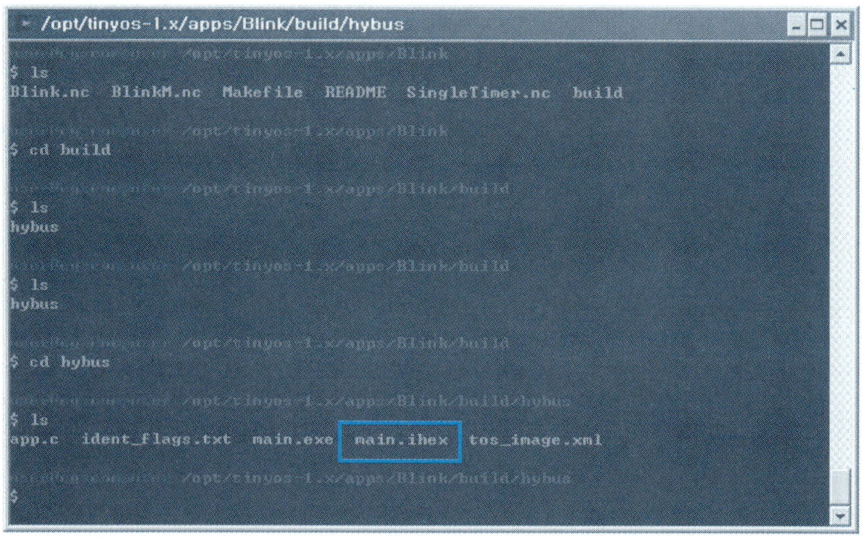

Cygwin에서 확인한 파일은 윈도우에서도 확인할 수 있다.

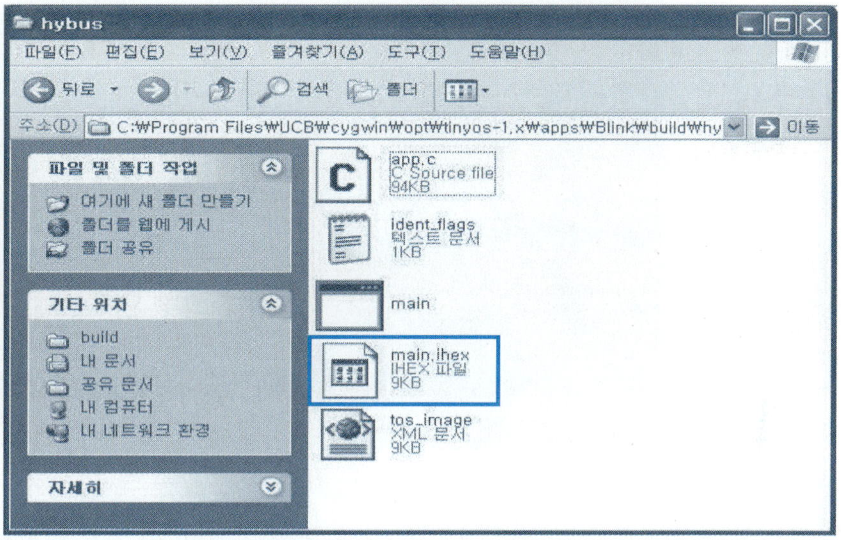

2) Blink 프로그램의 수정

① Blink 프로그램을 수정하여 LED가 점멸되는 주기와 색깔을 변경해 보자.

LED의 점멸 TIMING을 1초에서 0.5초로 하고 LED의 색상을 led에서 green으로 변경하여 보자. 파일을 변경하기 위해선 기본적으로 제공되어지는 vi 편집기를 이용하여 /apps/Blink/BlinkM.nc를 수정하여야 한다. vi BlinkM.nc라고 명령어를 입력하자 vi편집기가 실행되면서 BlinkM.nc 파일의 내용을 볼 수 있다. 아래 내용을 참조하여 소스를 수정하여 보자 (vi 편집기 사용법은 따로 설명하지 않는다. 기타 에디터를 사용해서 수정해도 무방하다.)

```
Timer.start(TIMER_REPEAT,1000);   => Timer.start(TIMER_REPEAT,500);
call Leds.redToggle();   => call Leds.greenToggle();
```

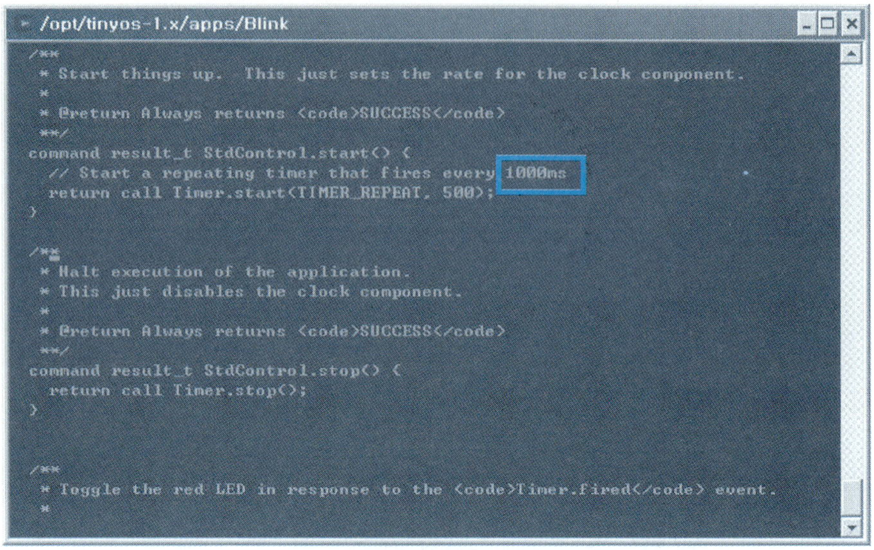

수정을 완료하였다면 변경사항을 저장하고 /Blimk 디렉토리로 이동하자.

vi편집기에서 저장하고 나오는 명령어는 Shift + ; 명령 입력 후 wq를 입력하면 된다.

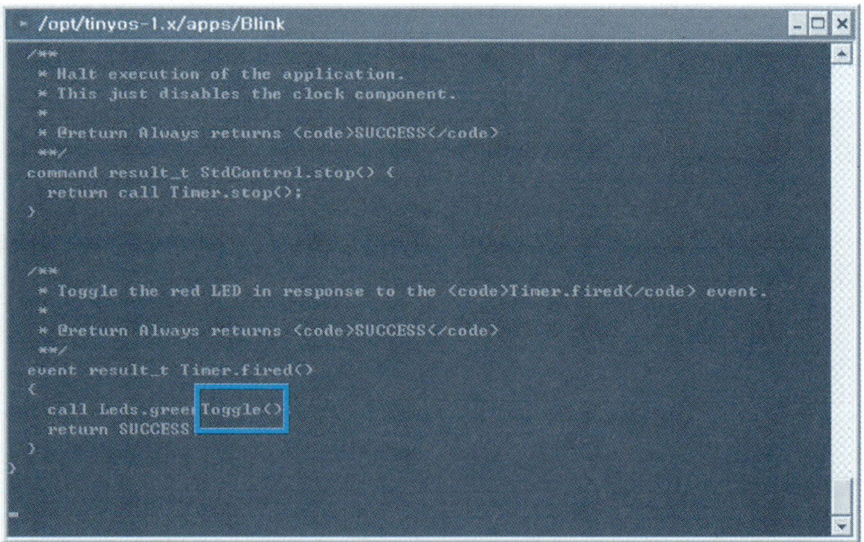

② 위에서 컴파일한 결과로 build 디렉토리를 확인하였다.

BlinkM.nc 파일을 수정하였으므로 삭제하고 다시 컴파일하여야 한다.

Cygwin에서 make clean이라고 입력하자 rm -rf build라는 명령이 나오면서 build 디렉토리가 삭제가 된다.

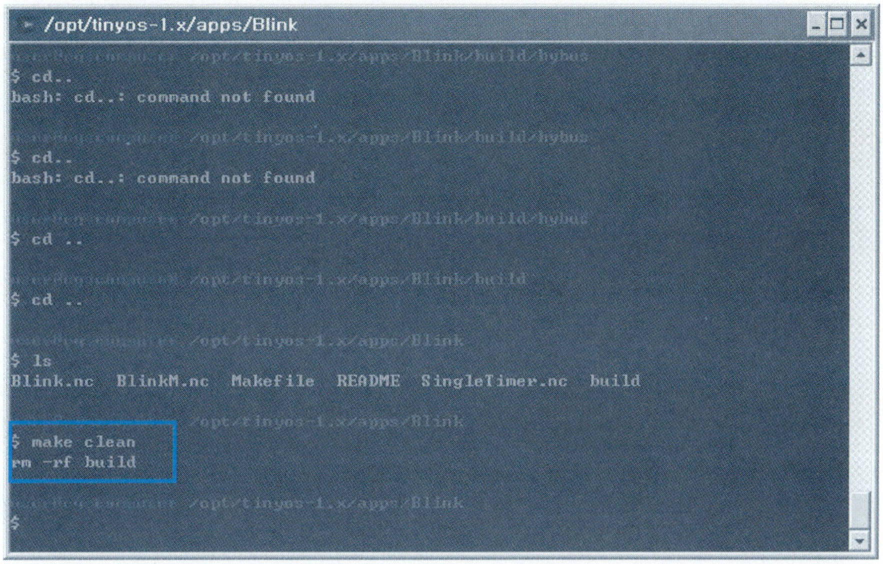

삭제가 정상적으로 이루어졌다면 2번 과정을 반복하여 make hybus install이라고 입력하여 컴파일 및 업로드를 동시에 실행해 보자. mote는 어떻게 동작하는가?

파란색 LED가 0.5초 주기로 깜박거리고 있다면 정상적으로 수행되고 있는 것이다.

연 습 문 제

1. LED의 점멸 주기를 원하는대로 바꾸어 보고 각각의 LED(RED/GREEN/YELLOW)를 번갈아 가면서 테스트 해보자. 모든 LED가 정상적으로 동작하는가?

제7장
Timer를 이용한 모스부호 실습

[학습 목표]
Moss 프로그램을 코딩하여 작성해 보고 자신이 작성한 코드를 컴파일하여 본다. 그리고 mote에 업로드하여 프로그램을 통해 mote의 LED가 프로그래밍한대로 동작하는지 확인한다.

7.1 모스부호의 개요

본 실습에서는 모스 프로그램을 코딩하여 자신이 작성한 코드를 컴파일하여 모트에 올려서 모트에 있는 LED에 표시하여 동작 확인하는 실습이다.

아래 표는 모스 부호의 영문과 숫자를 나타낸 것이다.

알파벳		숫자
A ·–	N –·	1 ·––––, ·–
B –···	O –––	2 ··–––, ··–
C –·–·	P ·––·	3 ···––, ···–
D –··	Q ––·–	4 ····–, ····–
E ·	R ·–·	5 ·····, ·····
F ··–·	S ···	6 –····, –····
G ––·	T –	7 ––···, –···
H ····	U ··–	8 –––··, –··
I ··	V ···–	9 ––––·, –·
J ·–––	W ·––	0 –––––, –
K –·–	X –··–	
L ·–··	Y –·––	
M ––	Z ––··	

7.2 모스 프로그램을 이용한 실습

본 실습에서는 Mote에 부착된 LED의 점멸신호를 이용하여 모스부호를 출력하여 문자를 표현하는 응용 프로그램을 구현해 본다. 모스부호 실습을 통하여 LED 제어에 대해서 이해한다.

1. Moss 프로그램 작성(Moss.nc / MossM.nc / Makefile)

① Cygwin을 실행하여 cd /opt/tionos-1.x/apps 디렉토리로 이동한다.

그리고 나서 apps 디렉토리 안에 모스부호 프로그램을 작성할 Moss라는 디렉토리를 만들어보자. (mkdir Moss)라고 입력 후 엔터를 치고 확인해보면 Moss 디렉토리가 생성된 것을 확인할 수 있다.

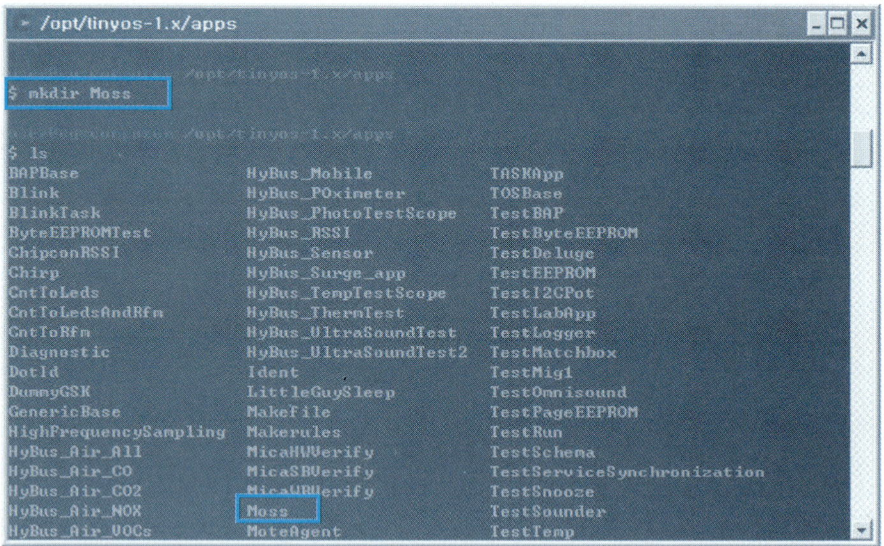

② Moss 디렉토리가 생성된 것을 확인하였으면 Moss.nc라는 파일을 코딩하여 보자.

vi Moss.nc라고 입력을 하여 Moss.nc 파일을 다음과 같이 코딩하고 저장한다.

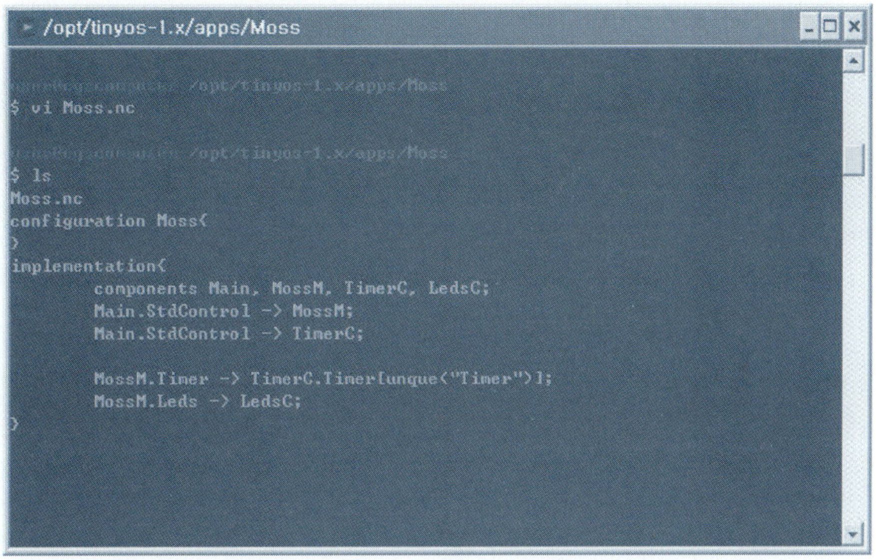

• Moss.nc

```
configuration Moss{
}
implementation{
            components Main, MossM, TimerC, LedsC;
            Main.StdControl -> MossM;
            Main.StdControl -> TimerC;

            MossM.Timer -> TimerC.Timer[unique("Timer")];
            MossM.Leds -> LedsC;
            }
```

컴포넌트를 TimerC와 LedsC를 선언하고 사용하기 위해 호출한다.

Timer와 LED의 컴포넌트 wiring이 실행되었으므로 이제는 모듈을 설정할 차례이다.

③ 다음의 MossM.nc 는 'hello'를 모스부호로 바꾸어 LED에 표시하도록 구현한 Module 컴포넌트이다. vi MossM.nc라고 명령하여 주어진 예제에 따라서 코딩한다.

- MossM.nc

```
#define MORSE_WPM 12 //speed, in words per minute
#define MORSE_UNIT (1200/ MORSE_WPM) // millisecond per units

module MossM{
        provides{
                interface StdControl;
        }
        uses{
                interface Timer;
                interface Leds;
        }
}

implementation{
        command result_t StdControl.init(){
        call Leds.init();
        call Leds.redOff();
        call Leds.yellowOff();
        call Leds.greenOff();
        return SUCCESS;
        }

                command result_t StdControl.start(){
                return call Timer.start(TIMER_ONE_SHOT,1000);
        }
        command result_t StdControl.stop(){
                return call Timer.stop();
        }
        event result_t Timer.fired() {
        // A NesC compiler bug prevent us from declaring static char
        // morse[], so we need static char *morse
                static char *morse = ".... . .-.. .-.. ---";
        //The compiler won't let us in itialise a pointer to the start of the
        // array either, so we'll have to do it run time
```

```
        static char *current;
        if(!current)
                current = morse;

        switch(*current){
                case ' ': //pause: yellowLED on/off for two units
                if( !call Leds.get() ){
                        call Leds.yellowOn();
                        call Timer.start(TIMER_ONE_SHOT,2*MORSE_UNIT);
                }else{
                        call Leds.yellowOff();
                        call Timer.start(TIMER_ONE_SHOT,2*MORSE_UNIT);
                        current++;
                }
                break;
                case '.': //dot : redLED on/off for one units
                if( !call Leds.get() ){
                        call Leds.redOn();
                        call Timer.start(TIMER_ONE_SHOT, MORSE_UNIT);
                }else{
                        call Leds.redOff();
                        call Timer.start(TIMER_ONE_SHOT, MORSE_UNIT);
                        current++;
                }
                break;
                case '-': // dash: redLED on for three units, off for one units
                if( !call Leds.get() ){
                        call Leds.greenOn();
                        call Timer.start(TIMER_ONE_SHOT,3*MORSE_UNIT);
                }else{
                        call Leds.greenOff();
                        call Timer.start(TIMER_ONE_SHOT,3*MORSE_UNIT);
                        current++;
                }
                break;
                }
                if(!*current)
                        current=morse;
                        return SUCCESS;
        }
}
```

event result_t Timer.fired()문 블록에 switch문을 이용하여 모스부호로 된 "hello"를 LED로 표현하는 기능이 구현되었다. 그리고 다음과 같이 vi Makefile 명령으로 Makefile 파일을 생성하고 작성한다.

다른 디렉토리의 Makefile를 복사해서 사용해도 된다.

- Makefine

```
COMPONENT=Moss
PFLAGS +=-I%T/lib/Counters
include ../Makerules
```

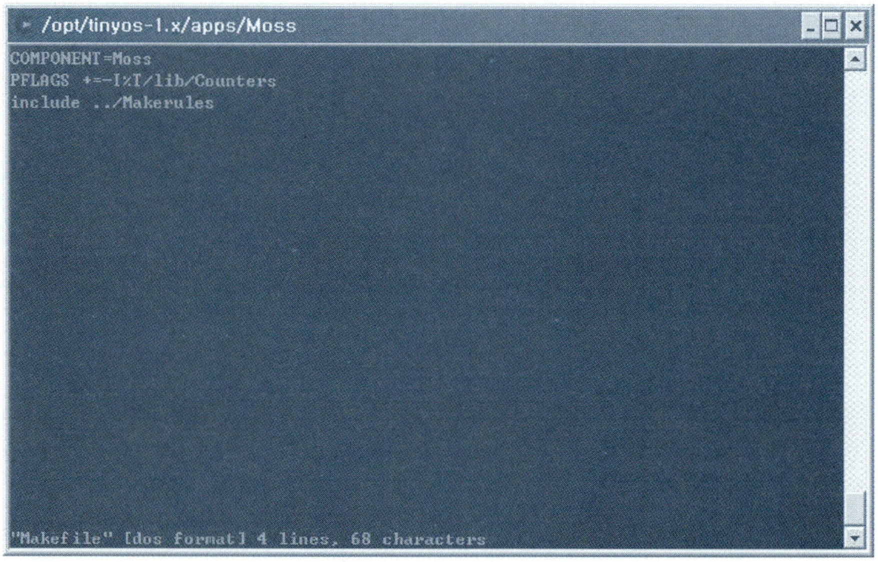

2) 컴파일 및 업로드

① 이제 make hybus install을 입력하여 컴파일하고 mote에 업로드(upload)를 해보자.
LED가 깜빡이면서 "hello"를 표현하는 것을 볼 수 있을 것이다.

② 컴파일과 업로드(upload)가 에러 없이 진행되었다면 LED가 점멸되고 있을 것이다. 다음 표를 참조하여 정상동작 여부를 확인해보자.

③ 동작 설명

동작상태	신호의미	모스부호
led LED 점멸	짧은 신호	·
green LED 점멸	긴 신호	–
yellow LED 점멸	다음 문자의 예비신호	다음 문자

④ 동작 결과

정상동작할 때의 LED 점멸 순서를 표로 나타내었다.

순서	점멸 LED		모스 부호
1	led LED	H	·
2	led LED		·
3	led LED		·
4	led LED		·
5	yellow LED	공백	없음
6	led LED	E	·
7	yellow LED	공백	없음
8	led LED	L	·
9	green LED		–
10	led LED		·
11	led LED		·
12	yellow LED	공백	없음
13	led LED	L	·
14	green LED		–
15	led LED		·
16	led LED		·
17	yellow LED	공백	없음
18	green LED	O	–
19	green LED		–
20	green LED		–

연습문제

1. 이 장에서 소개하고 있는 Moss 프로그램에 시리얼 통신을 추가한 응용 프로그램을 완성해 보자.
2. 작성한 응용 프로그램을 수정하여 모스부호로 자신의 학번과 이름을 찍고 LED로 표현하도록 프로그램을 작성해서 결과 화면과 소스 코드를 제출하도록 하라.

제8장
UART 인터페이스를 이용한 모스부호 실습

[학습 목표]
Blink 프로그램을 수정하여 UART 인터페이스를 추가하고 PC와 mote간의 통신 실습을 진행한다. 실습을 통해 시리얼 통신을 통한 PC와 mote 간의 데이터를 주고 받는 기술을 이해한다

8.1 UART interface를 이용한 모스부호 응용

1. UART 모스부호 실습

7장에서 LED를 이용하여 Morse부호로 "HELLO"를 표현하였다.

LED가 점멸되는 것을 보고 신호를 일일이 적는 것이 여간 불편한 것이 아니다.

이번에는 7장에서 코딩한 Moss 부호 응용 프로그램이 LED로 표현하는 정보를 시리얼을 통해 모스부호를 표시하도록 확장해보자. /Moss 디렉토리에 작성해 놓은 Moss.nc 파일과 MossM.nc 파일을 수정해야 한다. 7장에서 작성한 코드를 아래를 보고 수정하여 보자.

수정된 코드는 통신을 위해 Moss.nc 구성(configuration) 파일에서 시리얼 통신을 할 수 있도록 구현이 된 tos/interface/HPLUART.nc를 불러와서 UART 를 실행시키게 된다.

8.2 UART 인터페이스를 이용한 모스부호 실습

1. 파일 수정 및 업로드(Moss.nc / MossM.nc)

1) Moss.nc 코드 수정

■ Moss.nc

```
configuration Moss{
}
implementation{
        components Main, MossM, TimerC, LedsC, HPLUARTC;
        Main.StdControl -> MossM;
        Main.StdControl -> TimerC;

        MossM.Timer -> TimerC.Timer[unique("Timer")];
        MossM.Leds -> LedsC;
        MossM.UART -> HPLUARTC;
        }
```

HPLUARTC 컴포넌트를 선언하고 인터페이스를 사용할 수 있도록 수정한다.

2) MossM.nc 코드

UART 컴포넌트를 추가하였다면 모듈파일에서 HPLUART 인터페이스를 UART로 명명하여 구현(implementation)에서 실행할 수 있도록 구현한다.

■ MossM.nc

```
#define MORSE_WPM 12 //speed, in words per minute
#define MORSE_UNIT (1200/ MORSE_WPM) // millisecond per units

module MossM{
        provides{
                interface StdControl;
```

```
        }
        uses{
                interface Timer;
                interface Leds;
            interface HPLUART as UART;
        }
}

implementation{
        int state;
         command result_t StdControl.init(){
        state=1;
         call UART.init();
         call Leds.init();
         call Leds.redOff();
         call Leds.yellowOff();
         call Leds.greenOff();
         return SUCCESS;
         }

         command result_t StdControl.start(){
                return call Timer.start(TIMER_ONE_SHOT,1000);
        }
         command result_t StdControl.stop(){
                return call Timer.stop();
        }
        event async result_t UART.get(uint8_t data) {
                return SUCCESS;
               }
        event async result_t UART.putDone() {
               return SUCCESS;
               }

         event result_t Timer.fired() {
         // A NesC compiler bug prevent us from declaring static char
         // morse[], so we need static char *morse
                static char *morse = ".... . .-.. .-.. ---";
         //The compiler won't let us in itialise a pointer to the start of the
         // array either, so we'll have to do it run time

         static char *current;
         if(!current)
                current = morse;
```

```
    switch(*current){
        case ' ': //pause: yellowLED on/off for two units
        if( !call Leds.get() ){
                call Leds.yellowOn();
                call Timer.start(TIMER_ONE_SHOT,2*MORSE_UNIT);
            call UART.put(' ');
        }else{
                call Leds.yellowOff();
                call Timer.start(TIMER_ONE_SHOT,2*MORSE_UNIT);
                current++;
        }
        break;
        case '.': //dot : redLED on/off for one units
        if( !call Leds.get() ){
                call Leds.redOn();
                call Timer.start(TIMER_ONE_SHOT, MORSE_UNIT);
            call UART.put('.');
        }else{
                call Leds.redOff();
                call Timer.start(TIMER_ONE_SHOT, MORSE_UNIT);
                current++;
        }
        break;
        case '-': // dash: redLED on for three units, off for one units
        if( !call Leds.get() ){
                call Leds.greenOn();
                call Timer.start(TIMER_ONE_SHOT,3*MORSE_UNIT);
            call UART.put('-');
        }else{
                call Leds.greenOff();
                call Timer.start(TIMER_ONE_SHOT,3*MORSE_UNIT);
                current++;
        }
        break;
        }
        if(!*current)
                current=morse;
                return SUCCESS;
    }
}
```

수정된 코드에서는 interface HPLUART as UART; 문을 통해 UART라는 별명으로 인터페이스를 사용하고 HPLUART를 형식에 맞게 구현하고 있다. 그리고 시리얼로 모스부호를 출력하기 위해 UART.put()을 호출하고 있다.

코드 수정이 완료되었다면 “make hybus” 명령을 이용하여 컴파일 과정에서 오류가 없는지 확인한다. 이상이 없으면 “make hybus reinstall” 명령으로 mote에 upload를 실행하고 mote의 동작은 7장의 동작 결과와 동일하므로 LED가 정상 동작하는지 확인한다.

2. UART 출력 확인(하이퍼 터미널 설정 및 실행)

1) 하이퍼 터미널 실행

mote가 정상적으로 동작한다면 이제부터 모트신호의 출력을 확인하여 보자. 시리얼포트를 통해 mote의 모스부호가 출력되는지 확인하기 위해서는 하이퍼터미널을 사용해야 한다. 시작 →모든 프로그램 → 보조프로그램 → 통신 → 하이퍼터미널을 열어보자.

연결할 이름을 임의로 정하고(예를 들어 mote1) 확인을 누른다.

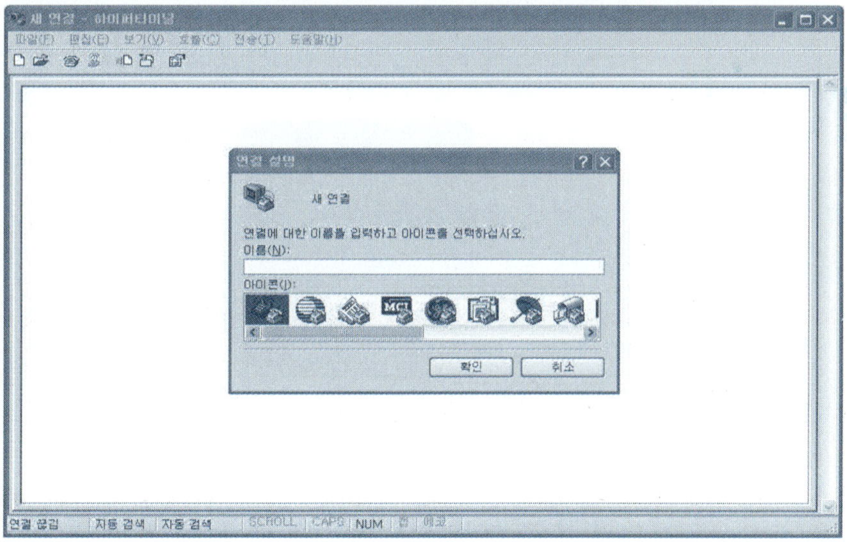

2) 포트 확인 및 선택

이번에는 연결할 포트를 설정해야 한다. 현재 연결된 포트를 모를 경우 시리얼포트를 확인하기 위해 Cygwin에서 motelist.exe를 입력한다.

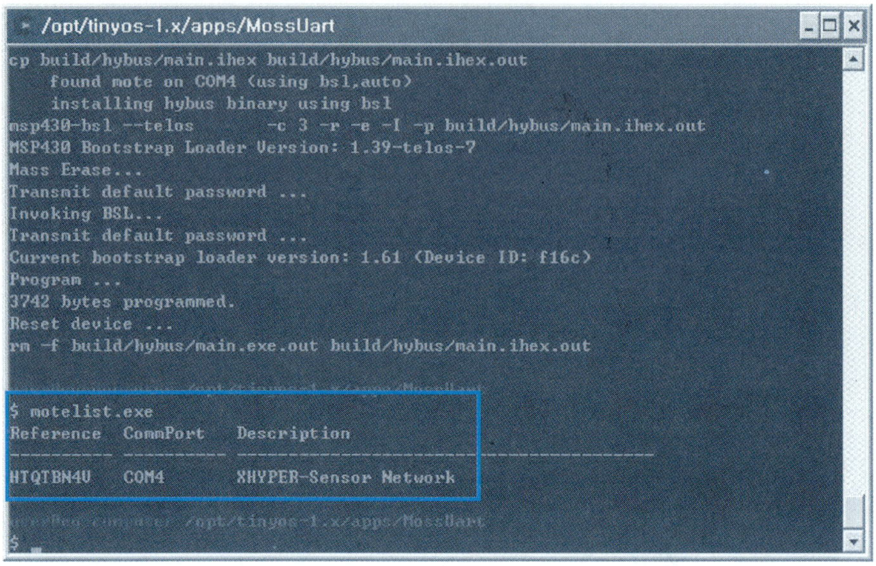

mote의 시리얼 포트를 확인하였으면 포트를 선택하자.

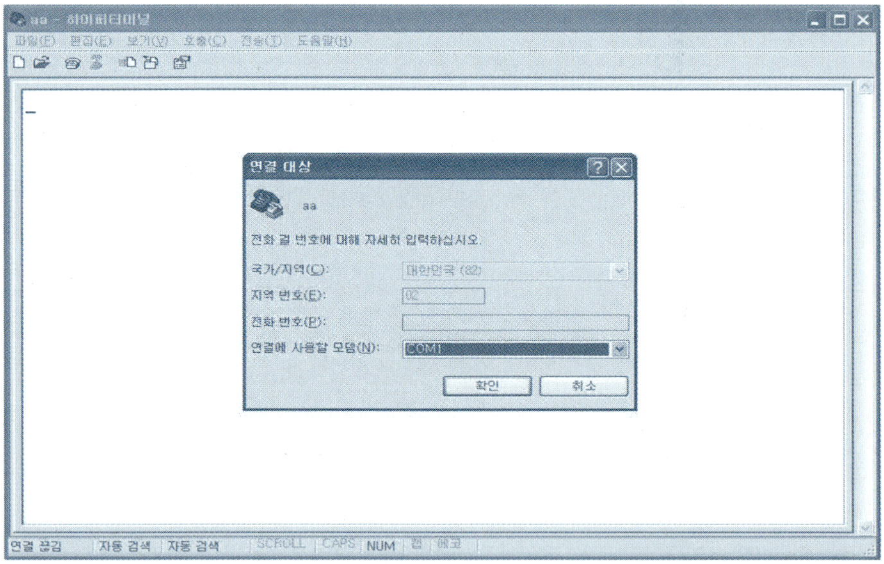

3) 포트 설정

다음으로 포트 설정을 해보도록 하자. 포트설정에서는 57600bit/sec와 흐름제어 없을 설정한다. 설정이 완료되었으면 확인을 눌러 mote와의 접속을 시도하여 보자.

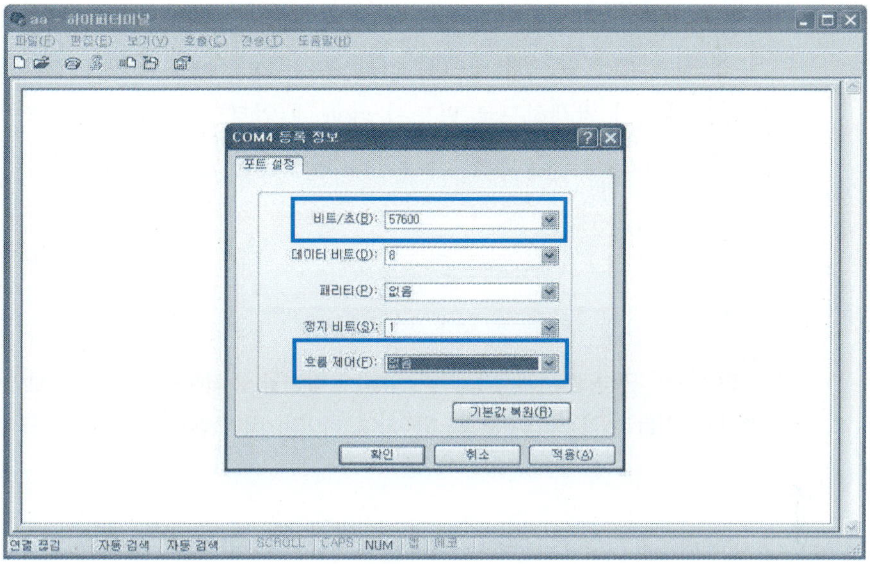

4) UART 출력확인

다음 그림은 모스부호의 출력이 하이퍼 터미널을 통해 출력하고 있는 결과 화면이다.

모스부호가 "hello"를 하이퍼 터미널을 통해 출력하고 있는 것을 확인할 수 있다.

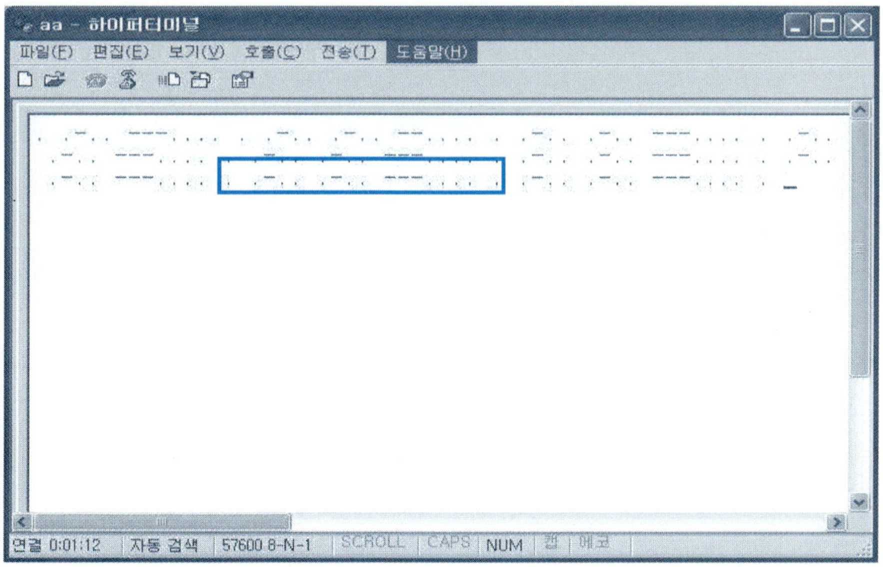

반복실습을 통해 UART 사용을 익숙하도록 한다. 실습 중 만약 하이퍼 터미널에 연결이 되어 있는 상태에서 mote에 Cygwin을 이용해 업로드(upload)를 시도하면 에러가 발생하므로 반드시 mote에 업로드 후에 하이퍼 터미널에 접속하도록 한다. mote는 한 번에 하나의 프로그램만 통신이 가능하다.

연 습 문 제

1. 7장의 2번 연습 문제에서 LED를 이용해 학번을 출력하도록 수정해 보았으면 이를 이용해 학번과 이름 등을 모스부호로 출력하여 하이퍼 터미널에서 확인해 보도록 하자.

제9장
조도 센서 제어 실습

[학습 목표]
Hmote에 기본 센서를 부착하고 센서(Sense) 프로그램을 이용하여 기본 센서에서 제공하는 조도 센서를 동작시켜 LED를 통해 센서의 동작을 확인한다. 이를 통해 센서의 동작방법과 mote의 기능을 이해한다.

9.1 조도 센서 프로그램의 분석

이 장에서는 빛의 세기를 읽어서 LED로 표현하는 단순한 센서 응용 프로그램을 다룬다. 여기서 나오는 소스는 apps/Sense에 있고 센서가 읽어온 값을 3bit를 LED를 통해 On/Off로 표현한다. configuration 파일은 Sense.nc이고 구현하는 module파일은 SenseM.nc 파일이다.

1. Module 분석 – SenseM.nc

/apps/Sense/SenseM.nc 모듈 컴포넌트를 열어보자.
다음의 코드는 SenseM.nc의 일부분이다.

```
module SenseM {
  provides {
    interface StdControl;
```

```
  }
  uses {
    interface Timer;
    interface ADC;
    interface StdControl as ADCControl;
    interface Leds;
  }
}
```

BlinkM처럼 이 컴포넌트는 인터페이스 StdControl를 제공(provides)하고, 인터페이스 Timer와 Leds를 사용(uses)한다. 그리고 두 가지 인터페이스가 추가되었는데, analogue-to-digital converter에서 나오는 값을 접근하는데 사용하는 인터페이스 ADC와 컴포넌트 ADC를 초기화하는데 사용되는 인터페이스 StdControl이다.

이 응용 프로그램은 SingleTimer에 있는 TimerC라는 새로운 컴포넌트를 사용한다. 그 이유는 SingleTimer가 하나의 컴포넌트만 사용할 수 있는 오직 하나의 타이머 인스턴스를 제공하하는 반면에 TimerC는 다수의 타이머 인스턴스를 허용하기 때문이다. Timer에 관해서는 잠시 후에 더 살펴보자. uses{}에 포함된 다음의 명령문을 주목해보자.

```
uses {
    interface Timer;
    interface ADC;
    interface StdControl as ADCControl;
    interface Leds;
}
```

이것은 이 컴포넌트가 인터페이스 StdControl를 사용하지만 ADCControl라는 이름으로 interface instance를 배정함을 뜻한다. 따라서 이와 같은 방법으로 컴포넌트는 하나의 인터페이스를 이용하여 다수의 인스턴스를 요구할 수 있다. 예를 들면, ADC와 sounder 컴포넌트 둘 다를 컨트롤하기 위해 인터페이스 StdControl를 사용하는 것이 필요로 하는 경우는 다음과 같이 처리한다.

```
interface StdControl as ADCControl;
interface StdControl as SounderControl;
```

이 모듈을 사용한 configuration은 각각의 인터페이스 인스턴스를 묶어서 어떤 실질적인 구현을 수행하게 된다. 만약 다음 예와 같이 인터페이스 인스턴스를 제공하지 않는다면 그때에는 인스턴스가 인테페이스와 같은 이름이 된다는 것을 기억하자.

Interface ADC은 interface ADC as ADC와 동일하다.

```
Interface ADC;  = interface ADC as ADC;
```

tos/interface에 있는 인터페이스 StdControl과 ADC를 살펴보자. StdControl은 보통 물리적 하드웨어의 한 부분인 컴포넌트를 초기화하고 구동하는 데 사용되고 ADC는 ADC 채널로부터 데이터를 획득하는 데 사용된다. ADC가 이벤트로 dataready()를 신호하면 데이터는 채널에서 준비된다. async 키워드가 인터페이스 ADC를 사용하는 점을 주목하자. 이것은 commands와 events가 비동기적인 코드로 선언되는 것으로, 예로 코드는 하드웨어 인터럽트에 대한 응답으로 구동할 수 있다.

apps/Sense/SenseM.nc 파일을 열어보자. 코드가 단순히 Timer.fired()에서 신호할 때마다 ADC.getData()를 호출하는 것을 볼 수 있다. 마찬가지로 ADC.dataReady()에서 신호(signal)가 발생할 때 내부 함수 display()가 호출되고 LED에 ADC 값의 최하의 3bit가 표시된다.

StdControl.init()의 구현에는 다음과 같이 rcombime()함수가 사용된다.

```
return rcombine(call ADCControl.init((), call Leds.init());
```

rcombine()함수는 반환 type이 result_t 인 두 command의 논리연산 and를 반환하는 특별한 NesC 결합 함수이다.

2. Configuration 분석 – Sense.nc

Sense 응용 프로그램에서 ADC 채널이 조도센서에 접근하여 데이터를 획득하게 된다.

다음은 configuration 컴포넌트 Sense.nc에 대해 알아보자. 처음으로 수행되는 것은 Sense.nc configuration을 정확히 모으는 것이다.

```
configuration Sense {
// this module does not provide any interface
}
implementation
{
  components Main, SenseM, LedsC, TimerC, DemoSensorC as Sensor;

  Main.StdControl -> Sensor;
  Main.StdControl -> TimerC;
  Main.StdControl -> SenseM;

  SenseM.ADC -> Sensor;
  SenseM.ADCControl -> Sensor;
  SenseM.Leds -> LedsC;
  SenseM.Timer -> TimerC.Timer[unique("Timer")];
}
```

대부분의 제어과정은 실습1의 Blink와 거의 유사하다. 따라서 Main.StdControl을 이용하여 SenseM. StdControl을 묶는다. Leds 묶음 또한 Blink와 유사하다. ADC를 묶음은 다음과 같다.

```
  SenseM.ADC -> Sensor;
  SenseM.ADCControl -> Sensor;
```

우리가 하는 모든 것은 DemoSensorC라는 새 컴포넌트를 SenseM에서 사용하는 인터페이스 ADC에 묶는 것이다. 마찬가지로 재호출한 인터페이스 ADCControl은 SenseM에 의해 사용되는 인터페이스 StdControl의 인스턴스이다.

다음의 내용을 기억하자.

```
SenseM.ADC -> Sensor;
```

는 단지 아래 코드의 축약이다.

```
SenseM.ADC -> Sensor.ADC;
```

반면에,

```
SenseM.ADControl -> Sensor;
```

는 아래 코드의 축약이 아니다.

```
SenseM.ADC -> Sensor.ADCControl
```

위의 설명을 정확히 이해하기 위해서 tos/sensorboards/micasb 내의 컴포넌트 DemoSensorC.nc를 살펴본다면, 인터페이스 ADC와 StdControl 둘 다를 제공하는 것을 알 수 있다. 이것은 ADCControl이라고 불리는 인터페이스가 아니다. ADCControl은 단지 컴포넌트 SenseM에서 StdControl 인스턴스에게 부여한 명칭에 불과하다. 분명히, NesC 컴파일러는 SenseM.ADCControl이 인터페이스 StdControl 인스턴스이기 때문에 DemoSensorC가 제공한 인터페이스 StdControl 인스턴스를 묶는다. (만약에 DemoSensorC가 2개의 StdControl 인스턴스를 제공하였다면 묶는 것이 모호한 참조가 되기 때문에 에러가 발생하게 된다.) 즉,

```
SenseM.ADCControl -> Sensor; 는
SenseM.ADCControl -> Sensor.StdControl;
```

의 축약된 형태인 것이다.

3. 타이머와 파라미터화한 인터페이스

다음 줄을 살펴보자.

```
SenseM.Timer -> TimerC.Timer[unique("Timer")];
```

여기서 다소 새로운 구문인 파라미터화된 인터페이스(parameterized interface)를 소개한다. 파라미터화한 인터페이스(parameterized interface)는 동작 중이나 컴파일 중에 인자 값에 의해서 파라미터화한 인터페이스의 다양한 인스턴스를 제공하는 컴포넌트를 허용한다. 컴포넌트가 다수의 인터페이스 인스턴스를 제공할 수 있는 것과 다른 이름으로 인스턴스가 제공되는 것을 앞서 학습하였다. 예를 들어보자면

```
provides {
  interface StdControl as fooControl;
  interface StdControl as barControl;
}
```

이것은 단지 동일한 개념의 생성에 지나지 않는다. 컴포넌트 TimerC는 다음처럼 선언한다.

```
provides interface Timer[uint8_t id];
```

위 줄을 바꾸어 말하면, 각 uint8_t id값을 위해 256개의 다른 인터페이스 Timer 인스턴스를 제공한다는 것이다.

응용 프로그램의 컴포넌트가 일정한 주기로 센서가 감지한 값을 얻기 위해 타이머가 fire되는 것을 필요로 하는 반면, 다른 컴포넌트는 무선 전송관리를 위해 다른 주기로 타이머가 fire되는 것을 요구한다. 이럴 경우 TinyOS 응용 프로그램은 독립적으로 관리할 수 있는 다수의 timer를 생성하고 사용하는 것을 원할 것이다. 이런 경우 TimerC에 의해 제공된 인터페이스 Timer를 각각의 컴포넌트들에

게 인터페이스 Timer로 묶는 방법을 사용해서 각 컴포넌트는 효과적으로 자신만의 개인적인 타이머를 얻을 수 있도록 한다.

TimerC.Timer[someval]는 괄호 안의 값(someval)에 기술하는 인터페이스 Timer의 인스턴스를 묶는다. 인자값은 부호 없는 정수의 형태로 8비트의 길이를 갖는다. 여기에는 8-bit의 양수가 될 수 있다. 만약 여기에 임의의 값(38이나 42 등)을 기술해 줄 경우 우연히 다른 컴포넌트와 같은 값을 사용하게 되면 다른 컴포넌트에 의해 충돌이 일어날 수 있다. 그래서, 컴파일 때에 주어진 문자열 인자값으로부터 유일한 8bit 구분자를 생성하는 상수 함수 unique()를 사용한다. 여기서, unique("Timer")는 Timer 문자열에 적합한 세트로부터 유일한 8bit 수를 생성한다. 따라서 문자열이 같은 인자를 사용하는 한 unique("Timer")를 사용하는 모든 컴포넌트가 다른 8bit 값을 얻는 것을 보장한다. 한 컴포넌트가 unique("Timer")를 사용하고 또한 컴포넌트가 unique("Mytimer")를 사용하면, 이 둘은 동일한 8bit 값을 얻게 된다. 그래서 여기서 소개된 unique() 함수 인자는 파라미터화한 인터페이스라고 한다. 그리고 uniqueCount("Timer")는 unique("Timer")를 사용한 횟수를 기록하는 역할을 한다.

9.2 조도 센서 제어 실습

기초지식에서 소개한 /opt/TinyOS1.x/apps/Sense 디렉토리에 위치한 Sense 프로그램을 컴파일하여 mote에 업로딩해 보자.

컴파일과 업로드 방법은 앞선 실습에서 여러 번 실습해 보았다. 컴파일 및 업로드에 앞서 현재 사용하고 있는 Hmote2420은 Hybus에서 제작한 모듈로 Cygwin에서 제공하는 기본 프로그램을 일부 수정해야 한다.

1. sensorboard.h 파일 내용 확인

먼저 opt/TinyOS-1.x/tos/sensorboards/hybus1/sensorboard.h 파일을 열어 다음과 같은지 확인한다. 설치가 잘못되었거나 설치버전이 다를 경우 아래와 같지 않고 내용의 일부가 빠져 있을 수도 있다. 만약 같지 않을 경우 다음과 같이 수정한다.

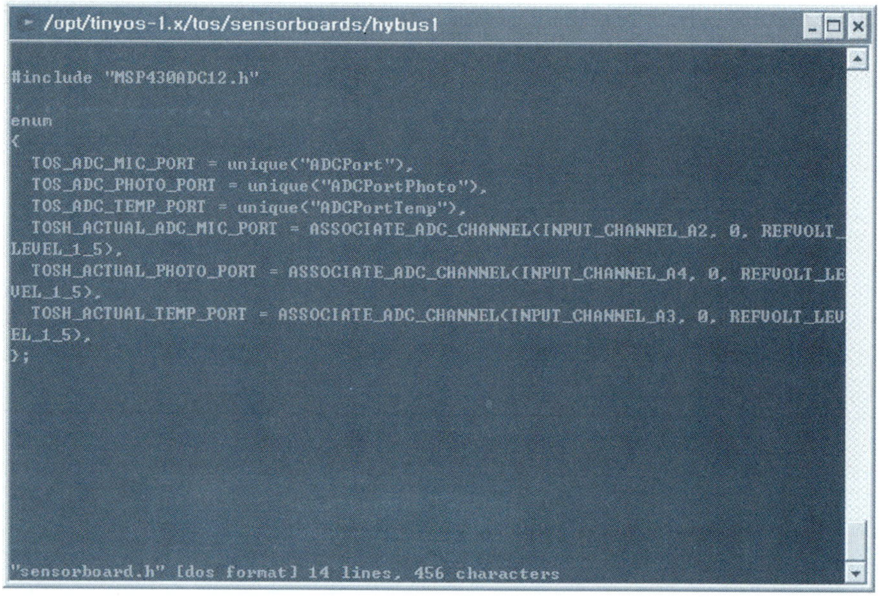


```
#include "MSP430ADC12.h"
enum
{
   TOS_ADC_MIC_PORT = unique("ADCPort"),
   TOS_ADC_PHOTO_PORT = unique("ADCPortPhoto"),
   TOS_ADC_TEMP_PORT = unique("ADCPortTemp"),
   TOSH_ACTUAL_ADC_MIC_PORT = ASSOCIATE_ADC_CHANNEL
(INPUT_CHANNEL_A2, 0, REFVOLT_LEVEL_1_5),
   TOSH_ACTUAL_PHOTO_PORT = ASSOCIATE_ADC_CHANNEL
(INPUT_CHANNEL_A4, 0, REFVOLT_LEVEL_1_5),
   TOSH_ACTUAL_TEMP_PORT = ASSOCIATE_ADC_CHANNEL
(INPUT_CHANNEL_A3, 0, REFVOLT_LEVEL_1_5),
};
```

2. Makefile 파일 확인 및 수정

다음으로 opt/TinyOS-1.x/apps/Makefile 파일을 열어 SENSORBOARD=hybus1 를 추가하여 아래와 같이 수정한다.

```
COMPONENT=Sense
SENSORBOARD=hybus1
include ../Makerules
```

3. DemoSensorC.nc 파일 확인

cygwin/opt/TinyOS-1.x/tos/sensorboards/hybus1 경로에 있는 DemoSensorC.nc파일을 열고 확인하여 조도 센서를 사용 할 수 있는 컴포넌트가 있는지 확인한다.

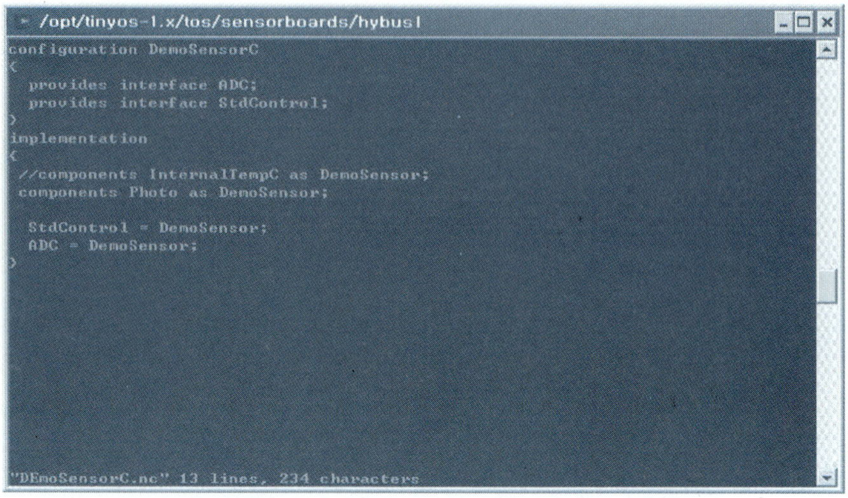


```
configuration DemoSensorC
{
   provides interface ADC;
   provides interface StdControl;
}
implementation
{
  //components InternalTempC as DemoSensor;
  components Photo as DemoSensor;

   StdControl = DemoSensor;
   ADC = DemoSensor;
}
```

4. SenseM.nc 파일 확인

다음으로는 opt/TinyOS-1.x/apps/sense/SenseM.nc 파일을 열어 다음과 같이 수정한다.

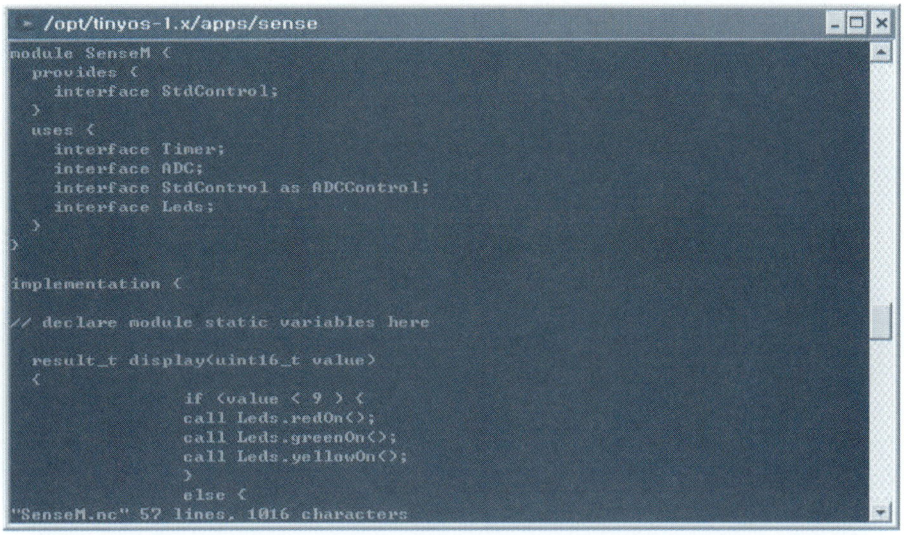


```
module SenseM {
  provides {
    interface StdControl;
  }
  uses {
    interface Timer;
    interface ADC;
    interface StdControl as ADCControl;
    interface Leds;
  }
}
implementation {
// declare module static variables here
   result_t display(uint16_t value)
  {
            if (value < 9 ) {
            call Leds.redOn();
            call Leds.greenOn();
            call Leds.yellowOn();
            }
            else {
            call Leds.redOff();
            call Leds.greenOff();
            call Leds.yellowOff();
            }
```

```
            return SUCCESS;
    }
    command result_t StdControl.init() {
            call ADCControl.init();
            return call Leds.init();
    }
    command result_t StdControl.start() {
            call ADCControl.start();
            return call Timer.start(TIMER_REPEAT, 500);
    }
    command result_t StdControl.stop() {
    return call Timer.stop();
        }
    event result_t Timer.fired() {
    return call ADC.getData();
        }
    async event result_t ADC.dataReady(uint16_t data) {
    display((data)>>7) - 1);
    return SUCCESS;
    }
}
```

5. 컴파일 및 업로드

수정이 완료되었다면 Hmote2420에 기본센서 모듈을 장착하고 make hybus 인스톨(install) 명령으로 컴파일과 업로드(upload)를 해보자.

```
$ make hybus install
```

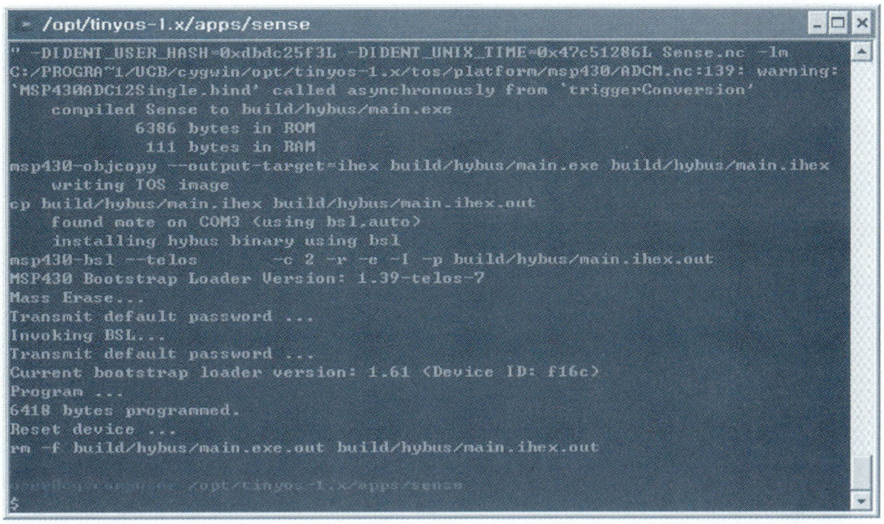

```
/opt/tinyos-1.x/apps/sense
" -DIDENT_USER_HASH=0xdbdc25f3L -DIDENT_UNIX_TIME=0x47c51286L Sense.nc -lm
C:/PROGRA~1/UCB/cygwin/opt/tinyos-1.x/tos/platform/msp430/ADCM.nc:139: warning:
`MSP430ADC12Single.bind' called asynchronously from `triggerConversion'
    compiled Sense to build/hybus/main.exe
            6386 bytes in ROM
             111 bytes in RAM
msp430-objcopy --output-target=ihex build/hybus/main.exe build/hybus/main.ihex
    writing TOS image
cp build/hybus/main.ihex build/hybus/main.ihex.out
    found mote on COM3 (using bsl,auto)
    installing hybus binary using bsl
msp430-bsl --telos        -c 2 -r -e -I -p build/hybus/main.ihex.out
MSP430 Bootstrap Loader Version: 1.39-telos-7
Mass Erase...
Transmit default password ...
Invoking BSL...
Transmit default password ...
Current bootstrap loader version: 1.61 (Device ID: f16c)
Program ...
6418 bytes programmed.
Reset device ...
rm -f build/hybus/main.exe.out build/hybus/main.ihex.out

$
```

6. 동작 확인

업로딩이 잘 되었다면 조도센서의 동작확인을 위해 기본 센서 모듈에 부착된 조도 센서에 손을 대어 어둡게 만들어 보자. mote에 부착되어 있는 3개의 LED가 발광한다면 정상 동작하는 것이다. 만일 제대로 동작하지 않는다면 수정한 소스코드에 오류가 없는지 다시 확인하여 보자.

밝을 때 - LED 꺼짐	어두울 때 - LED 켜짐
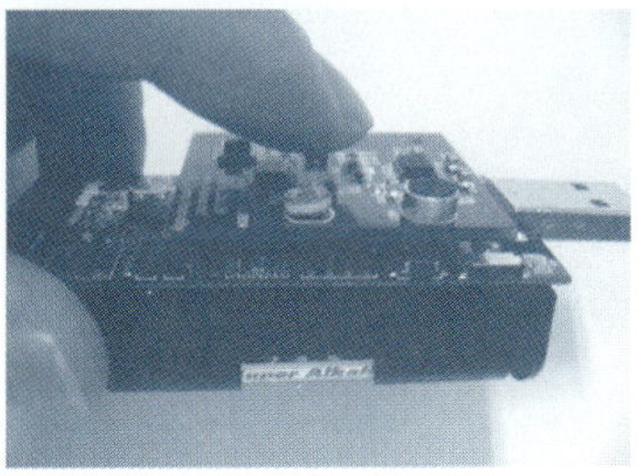	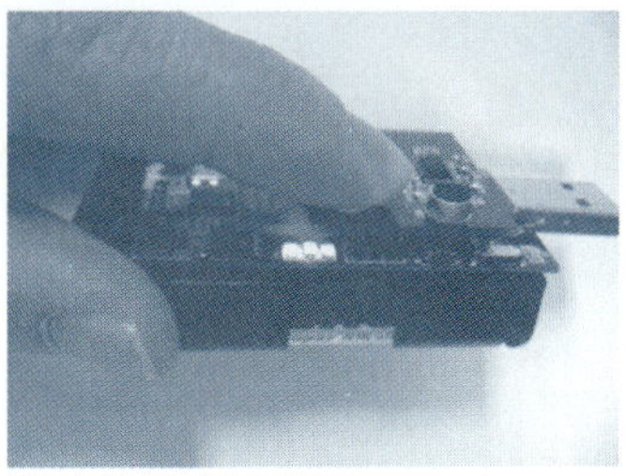

연 습 문 제

1. 실습결과 정상적으로 동작한다면 8장에서 이용한 UART interface를 추가하여 하이퍼 터미널에서 조도값이 출력되는 실습을 진행해 보도록 하자.

제10장
마이크 제어 실습

[학습 목표]
Hmote에 기본 센서를 부착하고 HyBus_MicTest 프로그램을 이용하여 기본 센서에서 제공하는 마이크를 동작시키고, 자바 프로그램을 이용한 신호확인 및 오실로스코프 프로그램의 그래프를 확인한다.

10.1 조도 센서 및 마이크의 개요

1. 조도 센서

기본 센서 모듈은 조도 센서와 마이크 온도, 습도를 측정할 수 있는 센서들이 부착되어 있어서 각종 센싱 데이터 수집 역할을 할 수 있는 기능을 가진다.

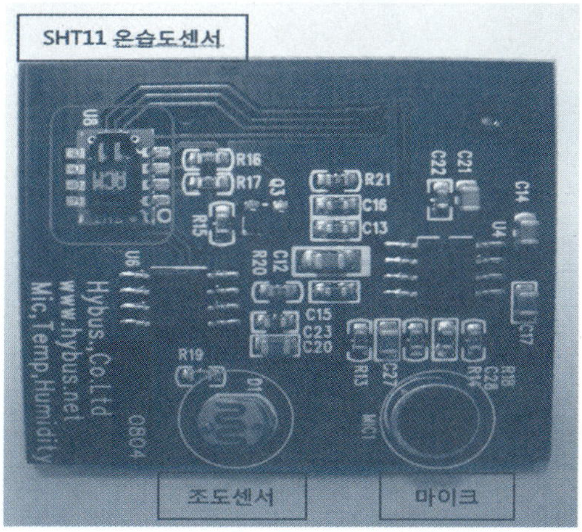

조도 센서는 빛의 양에 따라 저항값이 변하는 원리를 이용하여 일종의 가변저항과 비슷한 기능을 가진다. 빛의 양의 간섭에 따라 저항값이 달라지게 되므로 이에 따른 전압차이가 발생하게 되고 조도량에 따른 전압의 측정으로 조도값을 측정할 수 있게 된다.

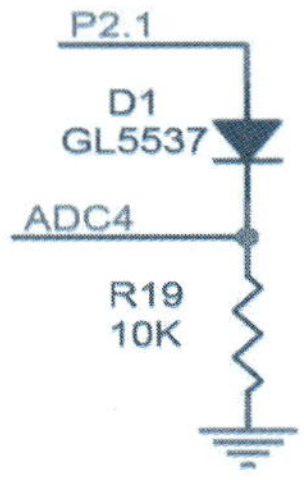

[그림 10-1] 조도 센서의 회로

2. 마이크

마이크는 일상주변에서 쉽게 접할 수 있는 센서의 종류이며, 소리의 진동을 전기 신호로 변환하는 기능을 가진다.

1) MIC 다이어그램(WM-62A)

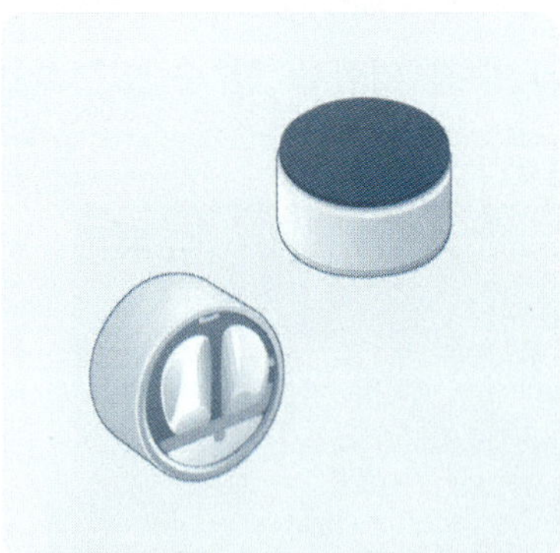

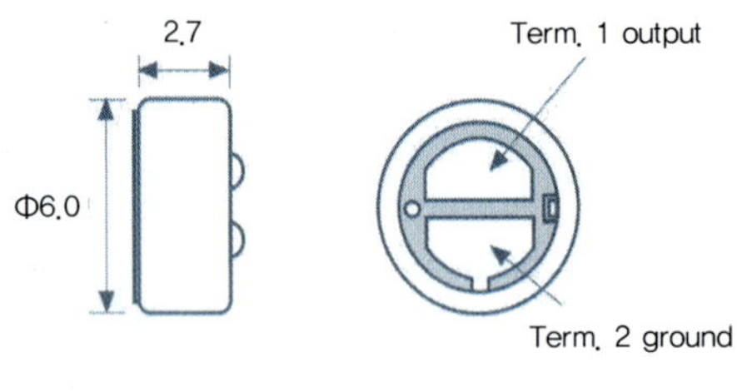

2) MIC 회로도

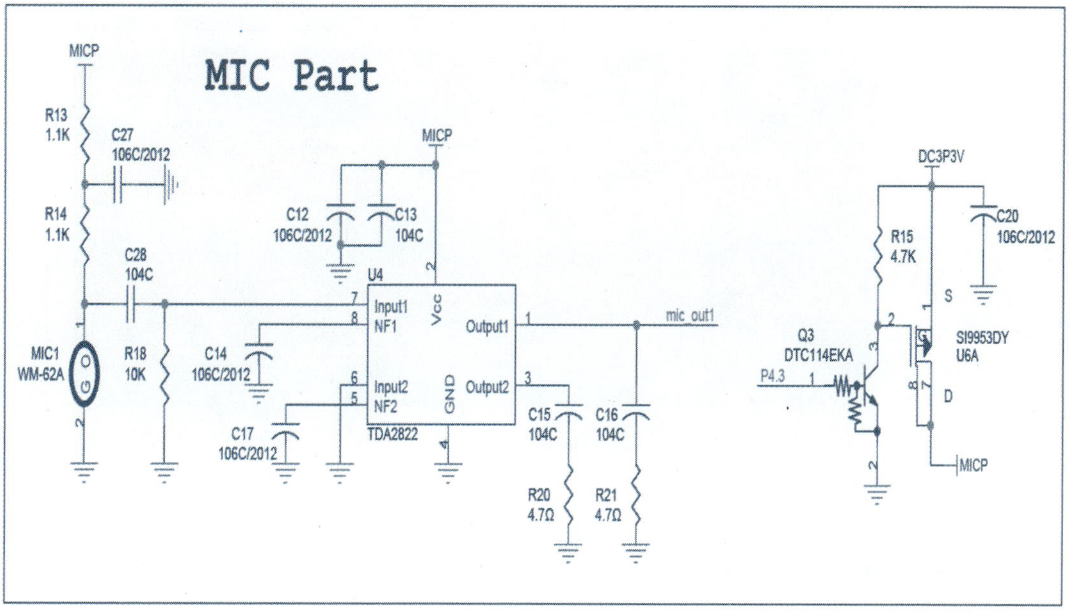

10.2 마이크 제어 프로그램 실습

Hmote2420의 마이크 센서를 제어하여 PC와 모트 간의 통신뿐만 아니라 마이크로부터 입력받는 음성신호를 PC에 전송하여 java 응용 프로그램을 통해 그래프를 확인하는 실습을 진행한다.

1. HyBus_MicTest 프로그램 확인

Cygwin을 열고 /opt/TinyOS-1.x/apps/HyBus_MicTest 디렉토리 안에 Hyper_MIC.nc 파일과 Hyper_MICM.nc 파일 그리고 Makefile 파일과 OscopeMsg.h 파일이 있는지 확인한다.

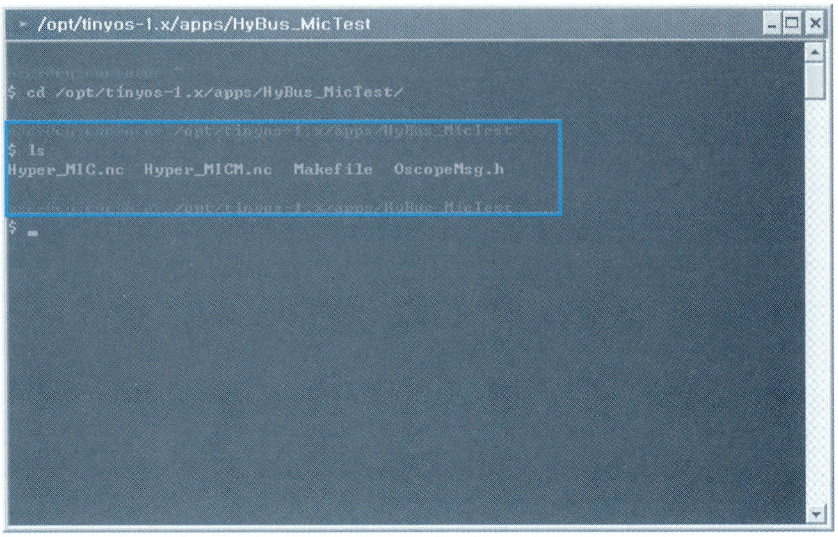

2. 컴파일 및 업로드

모트와 pc의 연결을 확인한 후 make hybus install 명령을 입력하여 컴파일 후 Hmote2420에 upload를 실행한다.

```
make hybus install
```

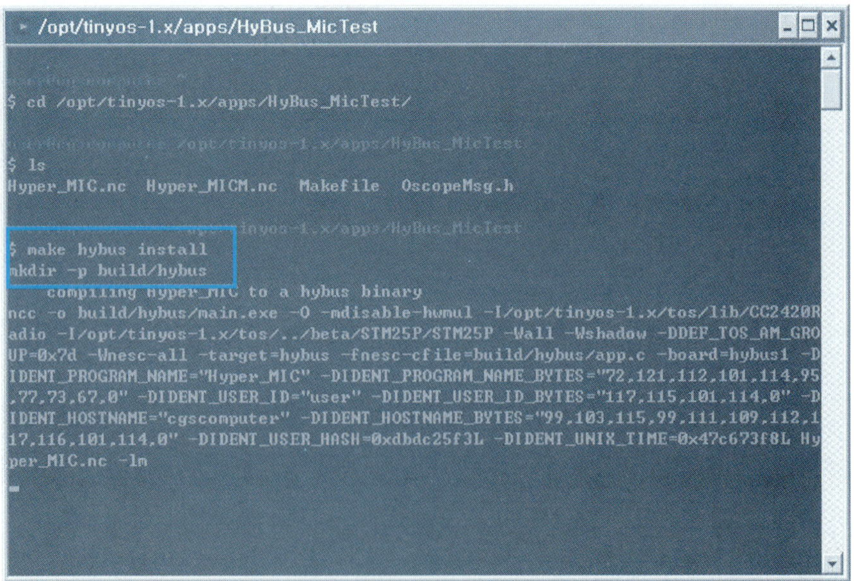

컴파일이 upload가 정상적으로 수행되었다면 모트에 red LED가 켜져 있고 yellow LED가 점멸되는 것을 확인할 수 있다.

3. 모트 포트 확인

upload를 수행하고 나서 모트와 pc의 통신을 위해 준비를 해보도록 하자. motelist를 통해 모트의 포트번호를 확인하자.

```
motelist
```

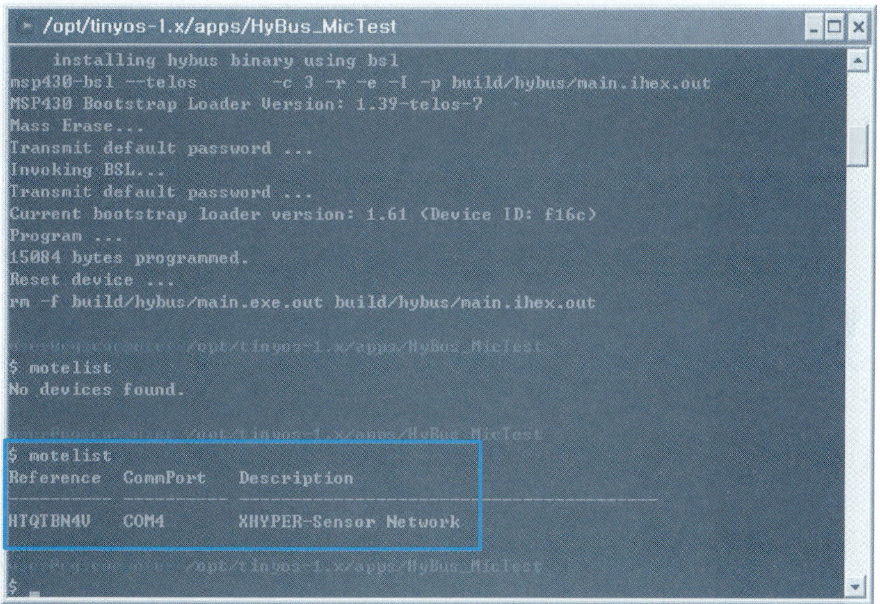

현재 pc에 연결되어 있는 모트의 포트번호를 확인할 수 있다.
그림상으로 COM4에 연결되어 있는 것을 확인할 수 있다.

4. java 패키지 설치 확인

Cygwin 창을 하나 더 열어서 /opt/TinyOS-1.x/tools/java 디렉토리로 이동하여 make를 실행하여 java 패키지 설치를 확인한다.

```
$ cd /opt/TinyOS-1.x/tools/java
$ make
```

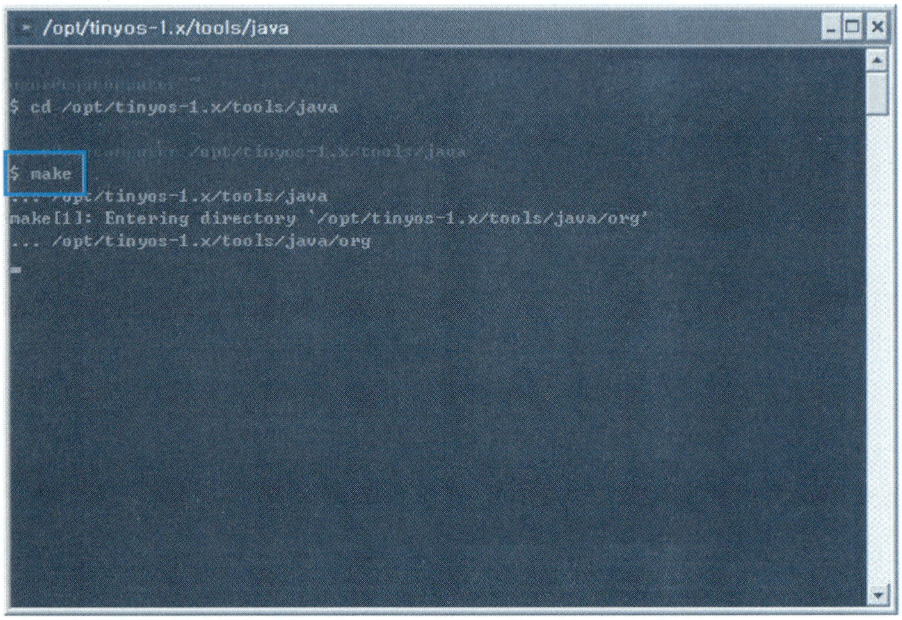

5. 모트와 PC 연결

완료되었다면 export MOTECOM=serial@serial port:baudrate를 입력하여 java Listem tool에서 모트로부터 통신할 수 있도록 설정한다.

```
$ export MOTECOM=serial@serial port:baudrate
```

환경변수 MOTECOM은 수신해야 할 패킷이 어떤 것인가를 java Listen tool에게 알려준다.

serial@serial port:baudrate는 시리얼 포트로 연결된 모트로부터 데이터를 수신함을 뜻한다. serial port는 프로그래밍 보드에 연결된 serial port이다. 즉, 위에서 motelist로 확인한 모트의 포트번호를 그대로 사용하면 된다. 여기서는 COM4로 확인되었으므로 COM4를 적어주면 된다. baudrate는 모트의 통신속도를 나타내는데, Hmote 는 baudrate이 57600이다. Baud rate 가 선택된 경우에는 모트 이름을 baudrate처럼 사용할 수 있다. 따라서 Hmote를 위해서 통신속도(57600)가 아닌 telos를 사용해도 된다. 즉, 아래와 같이 두 가지 방법을 사용할 수 있다.

```
$export MOTECOM=serial@COM4:57600
$ export MOTECOM=serial@COM4:telos
```

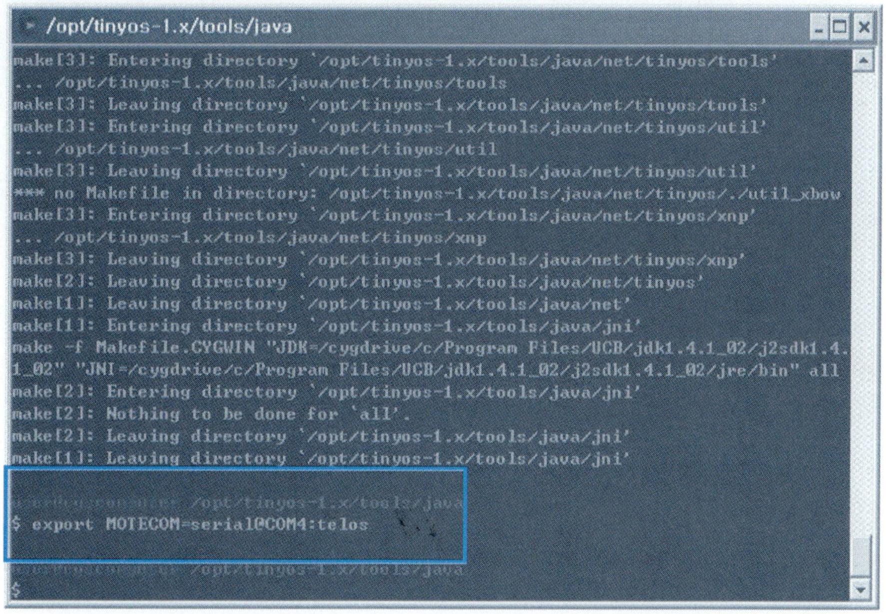

6. java Listen 실행

java net.TinyOS.tools.Listen을 동작시켜 입력받는 신호값을 확인한다.

```
java net.TinyOS.tools.Listen
```

신호값이 입력되는 것이 확인되었다면 java Listen 프로그램의 종료를 위해 Ctrl + C 키를 이용하여 중지시키도록 한다.

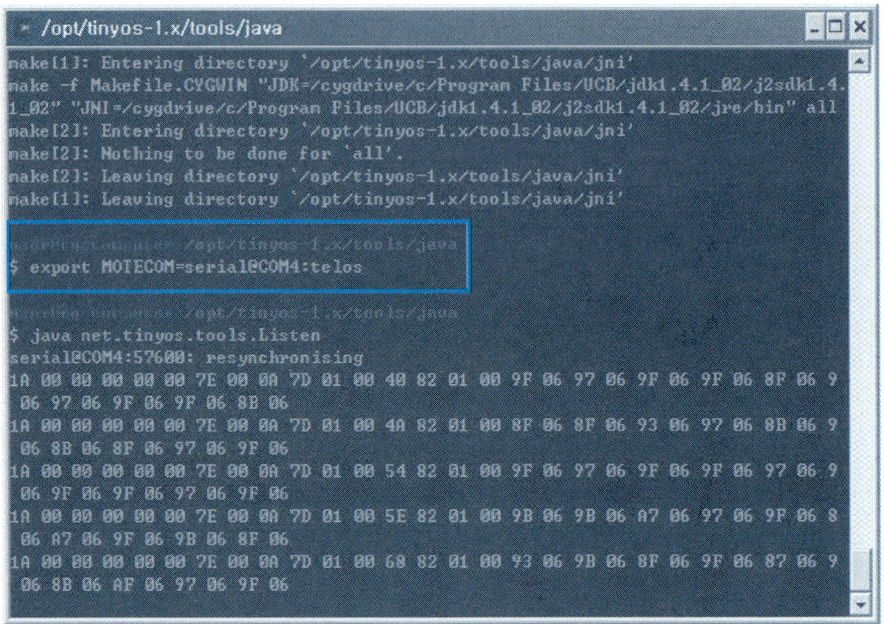

7. Serial Forwarder 프로그램을 실행

Cygwin의 다른 창을 이용하여 java net.TinyOS.sf.SerialForwarder -comm serial@seri port:baud rate를 입력하여 Serial Forwarder 프로그램을 실행시킨다.

Serial Forwarder 프로그램은 인터넷망을 통해 다른 프로그램에서 센서 네트워크와 통신하기 위하여 시리얼 포트로부터 패킷 데이터를 읽고 인터넷 연결을 통하여 전송하기 위하여 주로 사용된다.

```
$ java net.TinyOS.sf.SerialForwarder -comm serial@serialport:baud rate
```

serialport는 motelist로 확인된 모트의 COM 포트번호를 적고 baud rate에는 telos 또는 Hmote의 전송속도인 57600을 적용해 다음과 같이 입력하여야 한다.

```
$ java net.TinyOS.sf.SerialForwarder -comm serial@COM4:telos
```

모트의 COM 포트번호는 PC마다 다를 수 있으므로 반드시 자신의 포트를 확인하여 명령어를 입력할 때 각자의 포트번호를 적용시키도록 한다.

실행결과 다음과 같은 GUI 윈도우가 열린다.

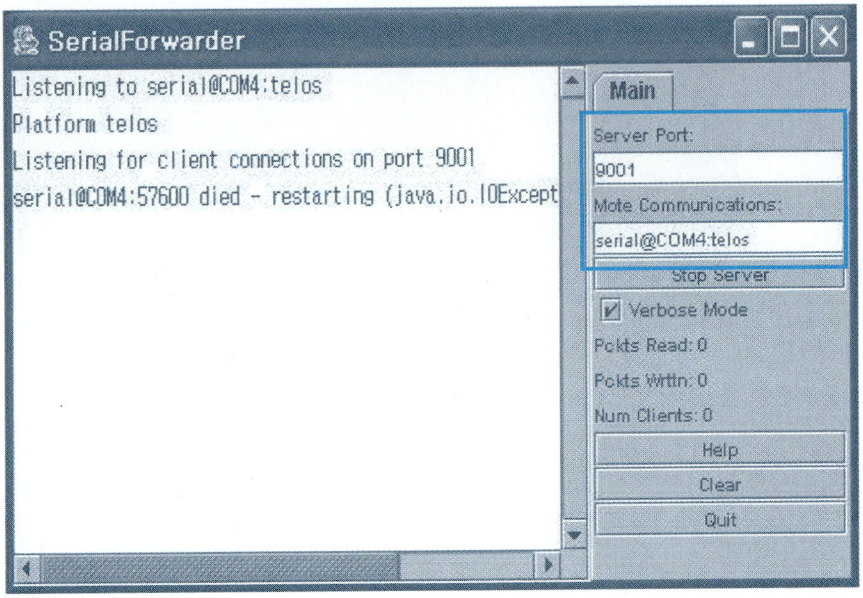

8. 오실로스코프(Oscilloscope) 프로그램 실행

다음으로 오실로스코프(Oscilloscope) GUI를 실행시켜 그래프로 표현되는 값을 확인한다.

오실로스코프(Oscilloscope) GUI 프로그램은 java로 이미 만들어져 있는 응용 프로그램이다. 명령어와 같은 경로에서 파일을 확인할 수 있으며 오실로스코프(Oscilloscope) GUI 프로그램은 신호의 입력값을 그래프로 표현해 주는 기능을 가진다.

```
$ java net.TinyOS.oscope.oscilloscope
```

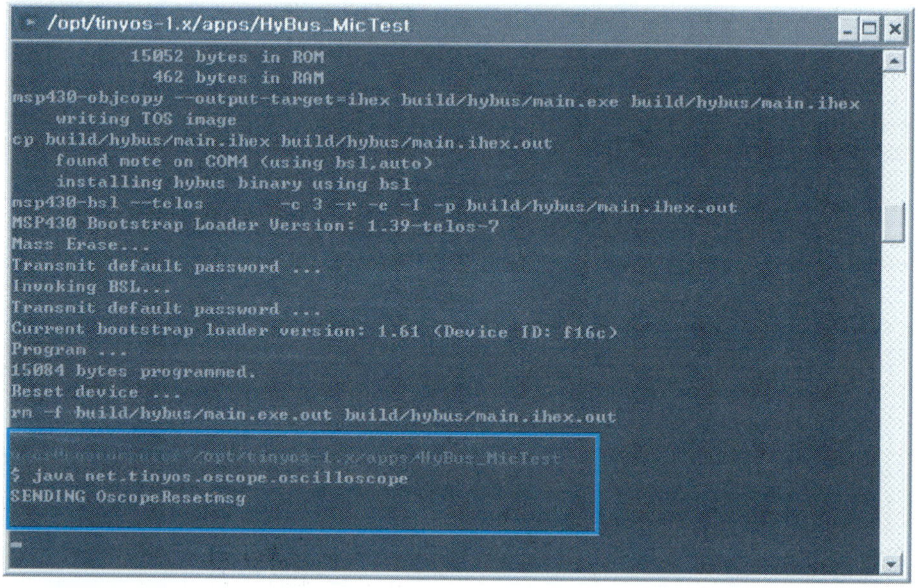

9. 오실로스코프 그래프 확인

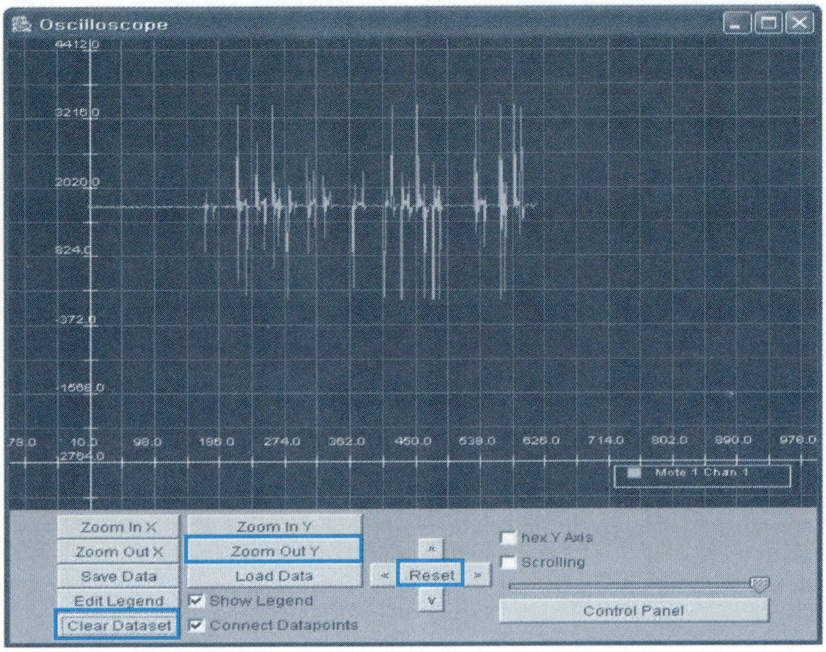

그래프가 나타나고 주파수가 그려지는 것을 확인할 수 있을 것이다.

만약 그래프가 보이지 않는다면 Zoom Out Y 버튼을 클릭하여 파형의 나오는 위치를 조정할 수 있다.

Reset 버튼은 Zoom 버튼을 이용하여 이동된 X, Y좌표를 복귀시키는 버튼이며 주변의 화살표들은 파형의 위치를 옮기는 기능을 가진다.

Clear Dataset 버튼으로 그래프의 파형을 초기화할 수 있다.

제11장
온도/습도 센서 제어 실습

[학습 목표]
Hmote에 기본 센서를 부착하고 HyBus_TempTestScope 프로그램을 이용하여 기본센서에서 온습도를 측정할 수 있는 SHT11 센서를 제어하여 오실로스코프 그래프를 확인하고 UART를 이용하여 입력되는 조도값을 확인한다.

11.1 온도/습도 센서의 개요

1. 온도/습도 센서(SHT11)의 기능 및 동작원리

기본 센서에 부착되어 있는 센서의 종류는 다음과 같다. SHT11(온도/습도 센서)와 빛을 감지하는 조도 센서 그리고 소리를 입력하는 마이크이다. 마이크와 조도센서는 앞선 실습에서 간단히 소개를 했다.

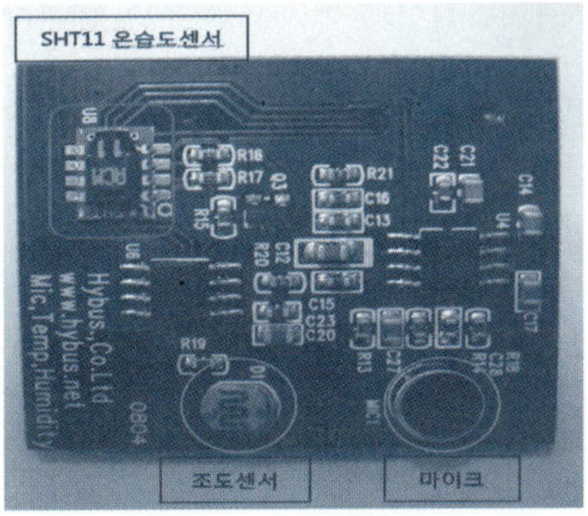

[그림 11-1] 기본 센서

2. SHT11(온도 / 습도 센서)의 기능

1) SHT11의 기능

온도 센서와 습도 센서를 내장하여 이를 감지하고, 감지된 아날로그 데이터 신호를 디지털 신호로 바꾸는 ADC기능 내장되어 있으므로 디지털 출력을 MCU와 직접적으로 연결하여 전송이 가능하다.

(2) SHT11 블록 다이어그램

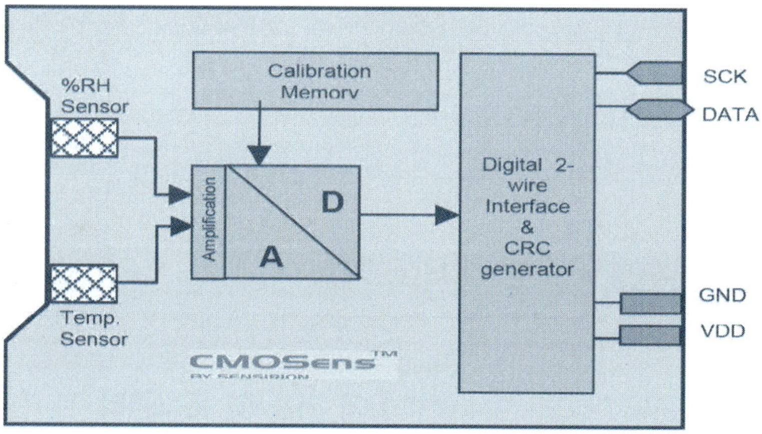

[그림 11-2] SHT11 블록 다이어그램

MCU와 SHT11 연결은 2개의 라인을 통해 클럭과 데이터를 전송한다. MCU는 이를 통해 클럭타이밍과 명령어를 주고 데이터를 전송받는다.

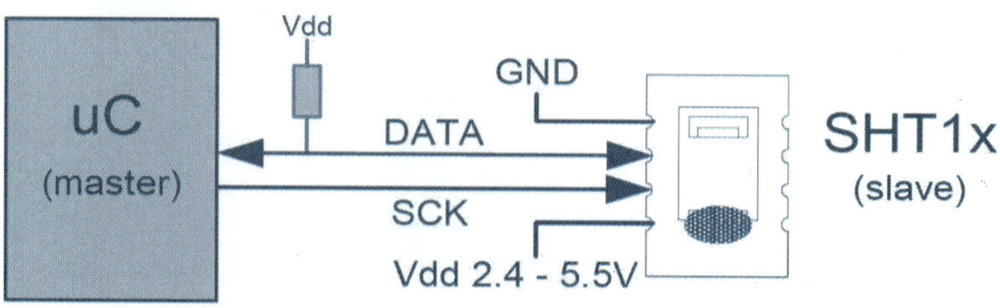

[그림 11-3] MCU와 SHT11 데이터 전송

(3) 센싱 데이터 읽어 오는 순서

전송을 시작하기 전, 전송을 알리는 펄스 입력 → 주소 비트 전송 → 명령어 전송 → 원하는 데이터를 읽어옴

(4) 동작의 이해

명령어 코드를 살펴보면 아래와 같은 코드의 입력으로 명령한다.

즉 습도를 센싱하기 위해서는 00101을 온도를 센싱하기 위해서는 00011을 명령한다.

Command	Code
Reserved	0000X
Measure Temperature	00011
Measure Humidity	00101
Read Status Register	00111
Write Status Register	00110
Reserved	0101X–1110X
Soft reset, resets the interface, clears the status register to default values wait minimum 11 ms before next command	11110

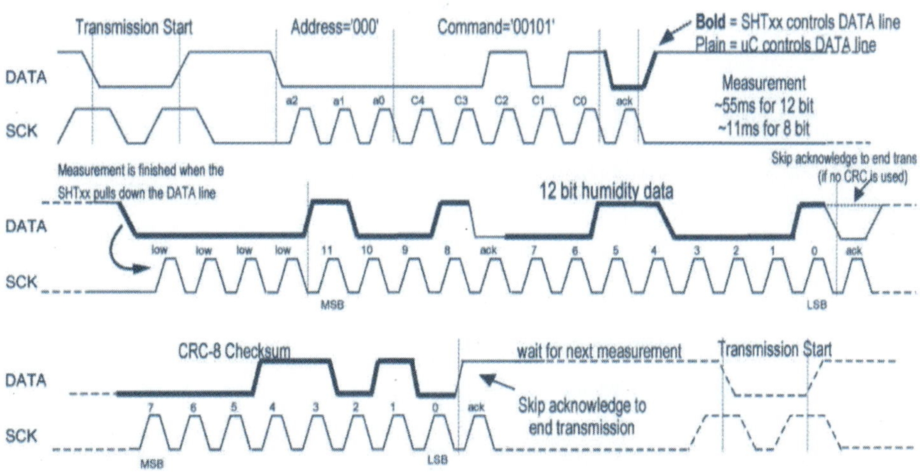

명령을 입력받은 후 12bit의 데이터를 입력받기 위해서는 ~55ms가 걸리고 8bit를 전송하기 위해서 ~11ms가 걸린다.

11.2 온도 / 습도 센서(SHT11) 제어 실습

1. HyBus_TempTestScope 프로그램을 이용한 온도 센서 실습

실습내용은 Hmote와 기본 센서를 결합하여 기본센서 모듈에 포함되어 있는 SHT11 칩을 제어하여 온도와 습도를 UART 또는 오실로스코프 프로그램으로 센서값을 출력받는 실습을 진행한다

1) /opt/TinyOS1.x/apps/HyBus_TempTestScope 디렉토리로 이동

먼저 온도 센서를 제어하여 이미 실습을 해보았던 오실로스코프 GUI의 프로그램을 통해 온도값을 출력하여 보도록 하자.

Cygwin을 실행하여 /opt/TinyOS1.x/apps/HyBus_TempTestScope 디렉토리로 이동한다.

```
/opt/TinyOS-1.x/apps/HyBus_TempTestScope
```

2) 소스 파일 확인

HyBus_TempTestScope 디렉토리로 이동한 다음 Hyper_TmpScope.nc 파일과 Hyper_TmpScopeM.nc 파일 그리고 Makefile 파일과 OscopeMsg.h 파일이 있는지 확인한다.

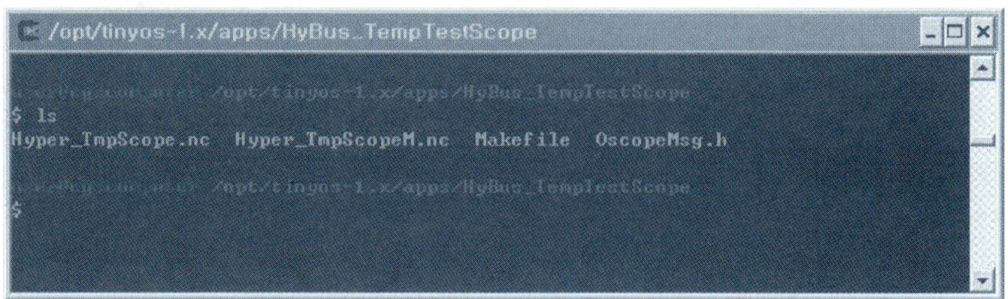

3) 컴파일 및 업로드

파일 확인이 끝났다면 모트와 PC와의 연결을 확인한 후, make hybus install 을 입력하여 컴파일하고 업로드를 해보자.

```
$ make hybus install
```

업로드가 정상적으로 수행되면 모트의 red LED가 켜져 있고 yellow LED가 주기적으로 점멸되는 것을 확인할 수 있다. yellow LED가 점멸될 때마다 모트가 PC로 온도측정 데이터를 전송한다.

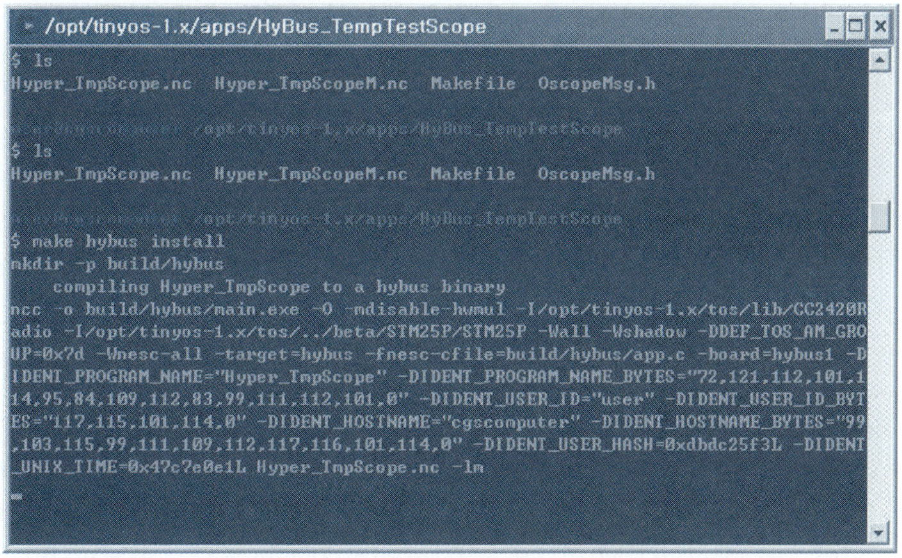

4) 모트 연결

upload를 수행하고나서 모트와 pc의 통신을 위해 준비를 해보도록 하자. motelist를 통해 모트의 포트번호를 하자.

```
$ motelist
```

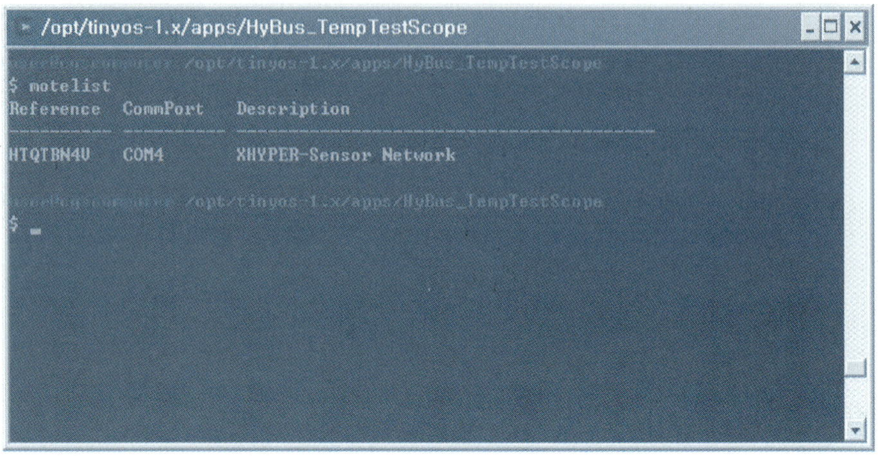

현재 pc에 연결되어 있는 모트의 포트번호를 확인할 수 있다.
그림에서 COM4에 연결되어 있는 것을 확인할 수 있다.

export MOTECOM=serial@serial port:baudrate를 입력하여 java Listem tool에서 모트로부터 통신할 수 있도록 설정한다.

```
export MOTECOM=serial@serial port:baudrate
```

환경변수 MOTECOM은 수신해야 할 패킷이 어떤 것인가를 java Listen tool에게 알려준다는 것을 이미 앞선 실습에서 학습하였다. serial@serial port:baudrate는 시리얼 포트로 연결된 모트로부터 데이터를 수신함을 뜻한다. serial port는 프로그래밍 보드에 연결된 serial port이다. baudrate는 모트의 통신속도를 나타내며, Hmote는 baudrate이 57600이므로 57600을 입력하여 주던가, telos 를 사용해도 된다. 즉, 아래와 같이 두 가지 방법을 사용할 수 있다.

```
nexport MOTECOM=serial@COM4:57600
export MOTECOM=serial@COM4:telos
```

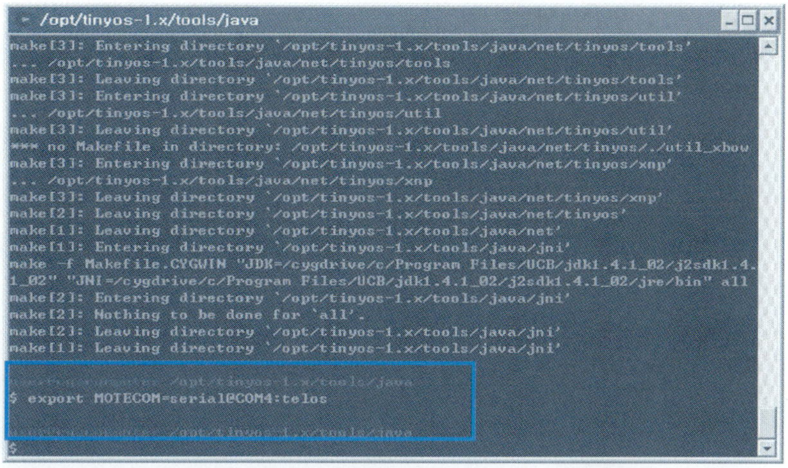

5) java 패키지 확인 및 실행

Cygwin 창을 열어서 /opt/TinyOS-1.x/tools/java 디렉토리로 이동하여 "make"를 실행하여 java 패키지설치를 확인한다.

java net.TinyOS.tools.Listen을 동작시켜 입력받는 신호값을 확인한다.

```
java net.TinyOS.tools.Listen
```

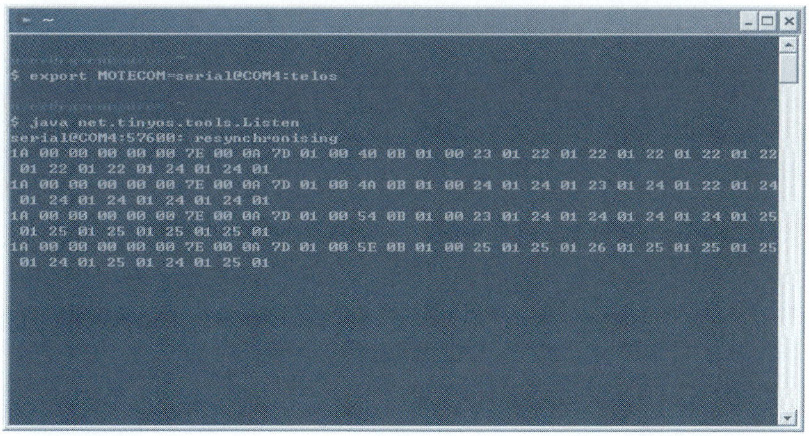

신호값이 모트로부터 주기적으로 정상적인 입력값이 확인되었다면 종료를 위해 "Ctrl + C" 키를 이용하여 중지시키도록 한다.

6) Serial Forwarder 프로그램을 실행

다음에는 java net.TinyOS.sf.SerialForwarder -comm serial@seri port:baud rate 를 입력하여 Serial Forwarder 프로그램을 실행시킨다.

```
java net.TinyOS.sf.SerialForwarder -comm serial@serialport:baud rate
```

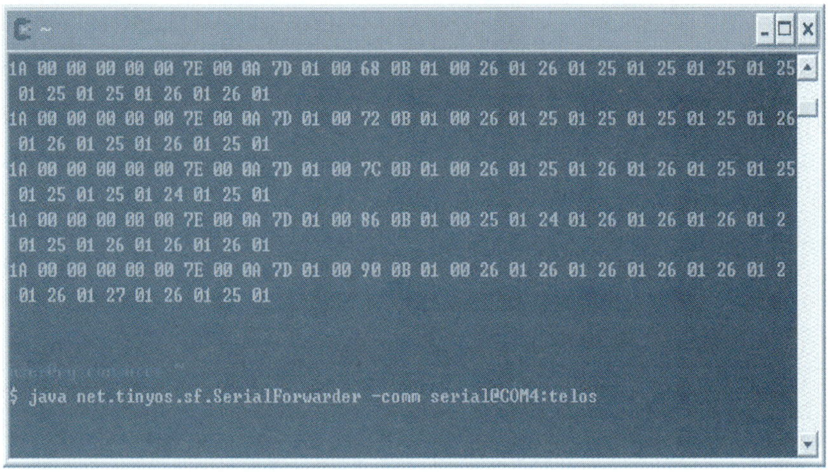

실행결과 다음과 같은 SerialForwarder 이라는 GUI 윈도우가 열린다.

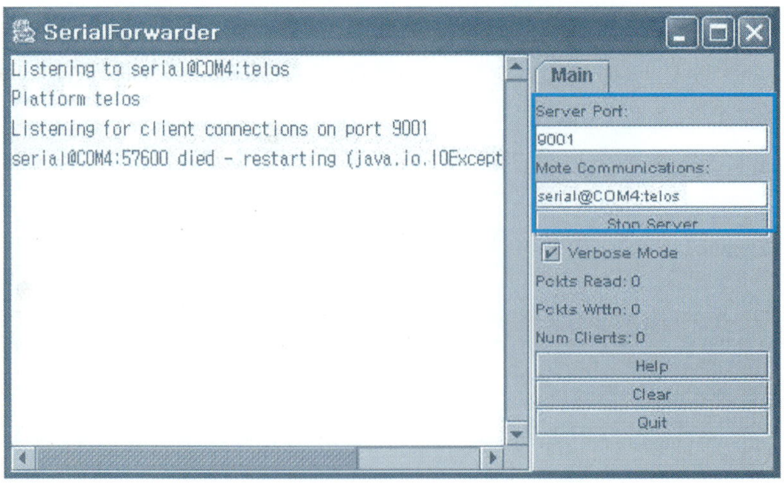

7) 오실로스코프(Oscilloscope) GUI 실행

다음으로 다른 Cygwin 창을 이용하여 오실로스코프(Oscilloscope) GUI를 실행시켜 그래프로 표현되는 값을 확인한다. SHT11 센서에 손가락을 대어 비비거나 입김을 불어보자 온도 변화에 따라 그래프가 변하는 것을 확인할 수 있다.

```
java net.TinyOS.oscope.oscilloscope
```

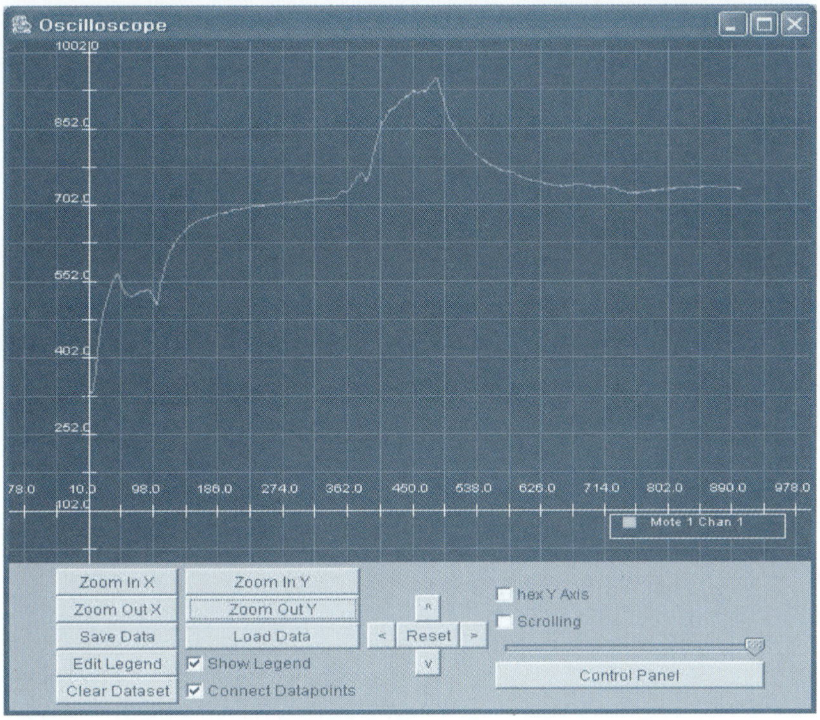

변화되는 그래프가 보이지 않는다면 모트의 리셋 버튼을 누르고 그래프의 Clear Dataset을 눌러 초기화하고, Zoom 버튼을 이용하여 그래프의 위치를 조정하자.

2. HyBus_Humidity Test 프로그램을 이용한 습도 센서 실습

다음은 습도 센싱을 통하여 UART 즉, 하이퍼 터미널 창을 통하여 값이 출력되는 것을 확인하는 실습을 해보도록 하자.

1) HyBus_Humidity Test 디렉토리 이동

/opt/TinyOS-1.x/apps/HyBus_Humidity Test 디렉토리로 이동하자.

```
/opt/TinyOS-1.x/apps/HyBus_Humidity Test
```

ls 명령을 통하여 파일을 확인한다. Makefile 파일과 Sense.nc 파일 그리고 SenseM.nc 파일이 있는 것을 확인할 수 있을 것이다. vi 편집기를 이용해 또는 다른 에디터 등을 이용해 Sense.nc 파일을 열어보자.

```
vi Sense.nc
```

2) 소스 코드 확인

파일의 내용이 아래와 같은지 확인하고 만약 다르다면 아래와 같이 코딩한다.

(1) Sense.nc

```
configuration Sense {
// this module does not provide any interface
}
implementation
{
  components Main, SenseM, LedsC, TimerC,HPLUARTC,ADCC,HumidityC;

  Main.StdControl -> TimerC;
  Main.StdControl -> SenseM;

  SenseM.Leds -> LedsC;
  SenseM.Timer -> TimerC.Timer[unique("Timer")];
  SenseM.UART -> HPLUARTC;

  SenseM.HumidControl -> HumidityC.SplitControl;
  SenseM.Humidity -> HumidityC.Humidity;
}
```

3) 컴파일 및 업로드

코딩이 완료되었다면 저장하고 나서 컴파일해보자.

컴파일 명령은 make hybus install이다.

컴파일과 업로드가 정상적으로 수행되면 모트는 습도 센싱을 하면서 red LED와 green LED가 번갈아 가면서 점멸된다.

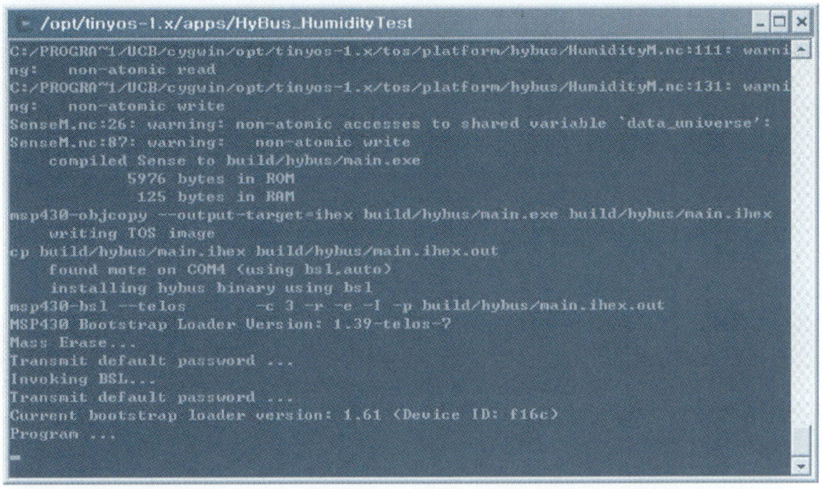

4) 하이퍼 터미널 설정

컴파일이 정상적으로 완료되었다면 하이퍼 터미널을 통하여 UART를 실행하여보자.

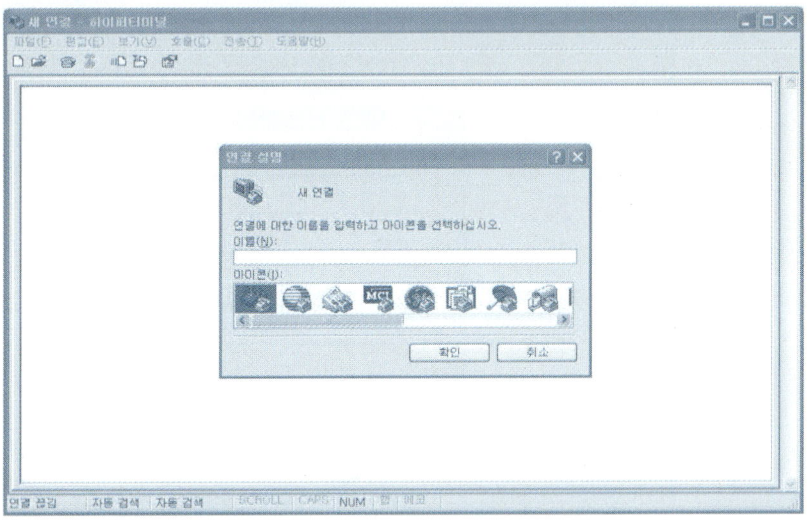

하이퍼 터미널 또한 이미 앞서 실습을 해보았다.
시작 →모든 프로그램 → 보조프로그램 → 통신 → 하이퍼 터미널을 열어보자.
연결할 이름을 정하고 확인을 누른다.

연결할 포트를 설정해야 한다.

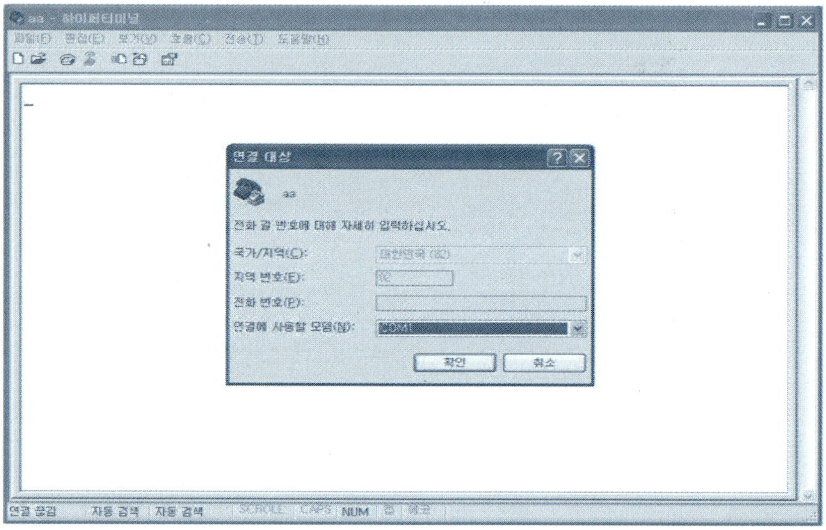

모트가 연결된 포트를 확인하는 명령어는 motelist이다. 현재 연결된 포트를 모를 경우 시리얼 포트를 확인하기 위해 Cygwin에서 motelist를 입력한다.

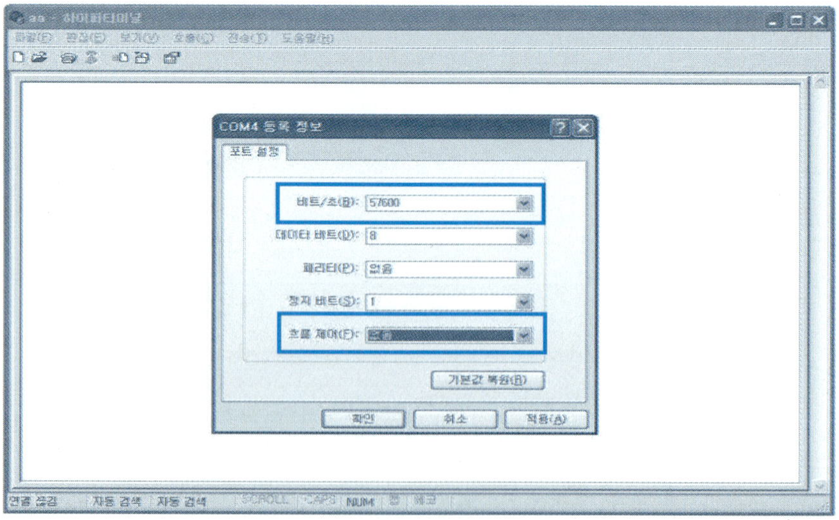

모트의 시리얼 포트를 확인하였으면 포트를 설정하자. 포트설정에서는 57600bit/sec와 흐름제어 없음을 설정하고, 확인을 눌러 모트와의 접속을 시도하여 보자.

5) 센싱 데이터 확인

접속이 되었다면 모트 센서의 입력값이 하이퍼 터미널을 통해 출력되는 것을 확인할 수 있다. 센서 가까이 입김을 불어 넣어 습도의 변화를 시도하자. 입력값이 변하는 것을 확인할 수 있다.

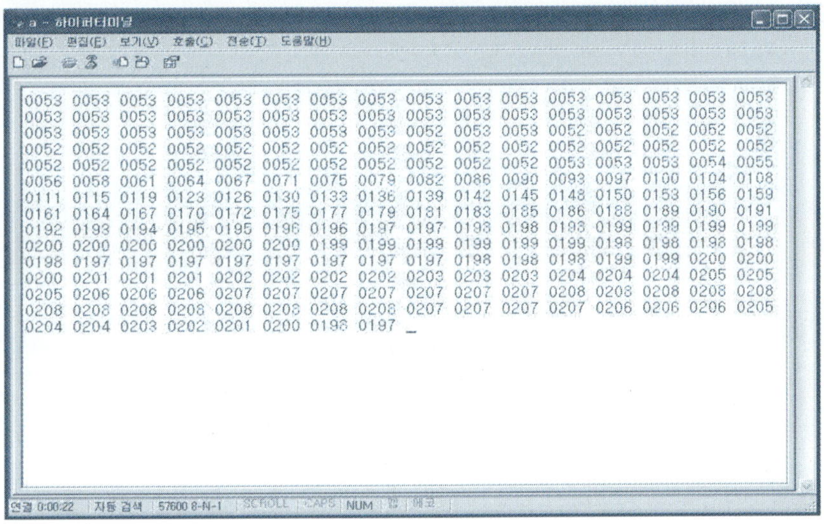

연 습 문 제

1. 온도 / 습도 센서를 이용하여 실생활에서 어떤 제품을 만들어 적용할 수 있을지 생각해 본다.

제12장
네트워크 설정 및 송신/수신 프로그램 실습

[학습 목표]
Hmote에 기본 센서를 부착하고 HyBus_TempTestScope 프로그램을 이용하여 기본센서에서 온습도를 측정할 수 있는 SHT11 센서를 제어하여 오실로스코프 그래프를 확인하고 UART를 이용하여 입력되는 조도값을 확인한다.

12.1 네트워크 및 송신/수신의 개요

이 장에서는 두 가지 개념을 소개한다. 즉, 컴포넌트 도표의 계층적 분해와 무선 통신 사용에 대해 다룬다. CntRoLedsAndRfm은 현재의 카운터 값을 다수의 출력 인터페이스(여기서는 LED와 무선 스택)로 내보내는 것으로 Blink의 변형이다. RfmToLeds는 무선으로 데이터를 받아서 LED에 표현해준다.

CntToLedsAndRfm으로 프로그래밍된 모트는 카운터 값을 무선으로 전송하는 일을 한다. RfmTo Leds로 프로그래밍된 모트는 수신한 카운터 값을 LED에 표현해준다.

1. LED를 이용한 RF 응용—CntToLedsAndRfm

/opt/TinyOS-1.x/apps/CntToLedsAndRfm/CntToLedsAndRfm.nc를 보자.

이 응용 프로그램은 단지 configuration 컴포넌트로만 이루어져 있고, module 컴포넌트는 라이브러리에 있다는 것을 참고하자.

```
configuration CntToLedsAndRfm {
}
implementation {
  components Main, Counter, IntToLeds, IntToRfm, TimerC;

  Main.StdControl -> Counter.StdControl;
  Main.StdControl -> IntToLeds.StdControl;
  Main.StdControl -> IntToRfm.StdControl;
  Main.StdControl -> TimerC.StdControl;
  Counter.Timer -> TimerC.Timer[unique("Timer")];
  IntToLeds <- Counter.IntOutput;
  Counter.IntOutput -> IntToRfm;
}
```

(Main.StdControl 또는 Counter.IntOutput같은) single 인터페이스의 요구사항은 다수의 implementations을 위해 팬아웃(fanned-out)될 수 있다. 여기서는 Main.StdControl를 컴포넌트 Counter, IntToLeds, IntRoRfm, TimerC와 묶었다.

이 컴포넌트는 tos/lib/Counter 디렉토리에 위치하고 있으며, 다양한 컴포넌트의 이름은 그 자신이 무슨 동작을 하는 것인지 말해 주고 있다.

카운터는 자신을 유지하기 위해 이벤트 Timer.fired()를 받는다.

IntToLeds와 IntToRfm은 16-bit값으로 호출하는 커맨드 output()과 result_t로 호출하는 이벤트 outputComplete()를 가진 인터페이스 IntOutput을 제공하며, IntToLeds는 LED에 자신의 값을 하위 3bit에 표현한다. 그리고 IntToRfm은 무선으로 16bit 값을 브로드캐스팅한다. 그래서 인터페이스 Counter.Timer를 TimerC.Timer에 묶고, Counter.IntOutput은 IntToLeds와 IntToRfm 모두를 묶는다.

NesC 컴파일러는 모든 Counter의 요청을 위해 코드를 생성한다.

커맨드 IntOutput.output()는 커맨드 IntToLeds와 IntToRfm 둘 모두를 요청한다. 묶기 화살표는 항상 어느 한쪽의 방향으로만 갈 수 있으므로 화살표는 항상 사용하는 interface로부터 제공해주는 implementation을 가리킨다.

2. 메시지 전송 컴포넌트–IntToRfm

IntToRfm은 인터페이스 IntOutput를 통해 출력값을 받고 이것을 무선으로 브로드캐스팅하는 단순한 컴포넌트이다. TinyOS의 무선 통신은 네트워크상에서 각 패킷에게 수신 노드가 요청하는 handler ID를 정해준 액티브 메시지(AM)에 따라서 이루어진다. 정수인 handler ID나 "포트 번호"는 메시지의 헤더에 포함되서 전송된다. 메시지가 수신되어질 때 수신 이벤트는 핸들러 ID에 신호를 주는 것과 관련이 있다. 그리고 다른 각각의 모트들이 서로 다른 이벤트를 수신하는 것은 핸들러 ID와 관련이 있다. 메시지 계층에서 성공적인 통신을 위해 필요한 5가지 측면이 있다.

① 보내는 메시지 데이터를 기술하는 것
② 메시지를 받는 노드를 기술하는 것
③ 송출되는 메시지와 관련있는 메모리가 재사용되어질 수 있는 때를 결정하는 것
④ 들어오는 메시지를 버퍼에 저장하기
⑤ 접수되는 메시지를 처리하기

작은 AM안에서 메모리 관리는 작은 크기의 임베디드 환경에서 매우 요구된다. /opt/TinyOS-1.x/tos/lib/Counters에 있는 IntToRfm.nc 파일을 보자.

```
includes IntMsg;
configuration IntToRfm{
  provides {
    interface IntOutput;
    interface StdControl;
  }
}
implementation{
  components IntToRfmM, GenericComm as Comm;
  IntOutput = IntToRfmM;
  StdControl = IntToRfmM;
  IntToRfmM.Send -> Comm.SendMsg[AM_INTMSG];
  IntToRfmM.SubControl -> Comm;
}
```

이 컴포넌트는 인터페이스 IntOutput과 StdControl를 제공한다. 여기서 우리는 처음 configuration이 interface를 제공하는 것을 볼 수 있었다. 앞 장들에서는 항상 다른 컴포넌트를 묶기 위해서 configuration을 사용하였다. 이번 경우에는 IntToRfm configuration 자신이 또 하나의 configration이 묶을 수 있는 컴포넌트로서 사용될 수 있음을 나타낸다.

이를 보다 구체적으로 설명하면 implementation 부분에서

```
components IntToRfmM, GenericComm as Comm;
```

"GenericComm as Comm" 구문은 이 configuration이 컴포넌트 GenericComm를 사용할 뿐 아니라, (local) 이름으로 Comm을 주고 있다. 여기에서처럼 한 라인만 변경하면 다른 통신 모듈에서 GenericComm을 대신하여 쉽게 교환이 될 수 있다. 따라서 Comm으로 묶인 모든 줄마다 변경할 필요가 없다. 아래 줄에서 몇 가지 새로운 구문을 살펴보자.

```
IntOutput = IntToRfmM;
StdConrol = IntToRfmM;
```

동등표시(=)는 IntToRfmM 안의 implementation과 IntToRfm에 의해 제공된 인터페이스 IntOutput이 "동등"하다는 것을 가리키는데 사용한다. 여기에서는 화살표(->)를 사용하지 않는다. 이 경우는 IntToRfmM에 있는 implementation과 함께 IntToRfm의해 제공된 인터페이스가 "동등하다"고 생각한다. 마지막 두 라인을 살펴보자.

```
IntToRfmM.Send -> Comm.SendMsg[AM_INTMSG]
IntToRfmM.StdControl -> Comm;
```

두 번째 명령구문은 단순히 IntToRfmM.StdControl을 GenericComm.StdControl에 묶는다.

하지만 첫 번째 명령은 파라미터화한 인터페이스의 또 다른 사용을 보여준다. 이 경우에는 IntToRfmM의 인터페이스 Send를 Comm에서 제공된 인터페이스 SendMsg에 묶고 있다.

컴포넌트 GenericComm은 다음과 같이 선언되어 있다.

```
        provides {
    ...
    interface SendMsg[uint8_t id];
    ...
  }
```

이 예는 각기 uint8_t 값을 가진 인터페이스 SendMsg의 인스턴스 256개를 제공하는 것이다. 이것은 액티브 메시지 핸들러 ID를 서로 묶는 방법이다.

IntToRfm에서 핸들러 ID AM_INTMSG에 부합하게 인터페이스 SendMsg을 GenericComm.SendMsg에게 묶고 있다.

AM_INTMSG는 tos/lib/Counters/IntMsg.h에 정의하고 있는 전역값이다. 커맨드 SendMsg가 요청되어질 때 필수적으로 추가적인 인자처럼 핸들러 ID가 제공된다.

```
command result_t SendMsg.send[unit8_t id]( ... ) { ... };
```

물론 여기서 파라미터화한 인터페이스가 정확히 필요한 것은 아니다. 만약 SendMsg.send가 인자값처럼 핸들러 ID를 취하는 경우에는 수행될 필요가 있다는 것이다.

3. 무선통신 구현 – IntToRfmM

이제는 IntToRfm이 묶여 있는 방법에 대하여 어느 정도 이해할 수 있을 것이다. 하지만 메시지 통신이 구현되는 방법에 대해서는 여전히 설명되지 않았다. 여기서는 무선통신의 구현방법을 설명한다.

다음 IntToRfmM.nc의 커맨드 IntOutput.output()를 자세히 살펴보자.

• IntToRfmM.nc

```
bool pending;
struct TOS_Msg data;
/* ... */
command result_t IntOutput.output(uint16_t value) {
    IntMsg *message = (IntMsg *)data.data;

    if (!pending) {
        pending = TRUE;
        message→val = value;
        atomic {
            message→src = TOS_LOCAL_ADDRESS;
        }
    if (call Send.send(TOS_BCAST_ADDR, sizeof(IntMsg), &data))
        return SUCCESS;
    pending = FALSE;
    }
    return FAIL;
}
```

여기서 커맨드는 tos/lib/Counter/IntMsg.h에서 선언되어 있는 IntMsg 메시지 구조가 사용되고 있다. val과 src 필드와 함께 사용된 단순한 구조이다. 첫 번째는 데이터 값이 되고, 두 번째는 메시지의 소스 주소가 된다.

지역 소스 주소를 위해 전역 상수 TOS_LOCAL_ADDRESS를 사용하는 두 개의 필드를 할당하고 목적지 주소(TOS_BCAST_ADDR은 무선 브로드캐스트 주소임), 메시지 크기와 메시지 데이터와 같이 Send.send()를 호출한다.

SendMsg.sned()에 의해 사용된 'row' 메시지 데이터 구조는 tos/system/AM.h에서 선언하고 있는 TOS_Msg를 구축하고 있다. 이것은 목적지 주소, 메시지 타입(AM 핸들러 ID), 길이, 유효탑재량 등을 위한 필드를 가지고 있다.

최대 유효탑재량 크기는 TOSH_DATA_LENGTH이고 default 값으로 29가 정해져 있다. 더 큰 데이터 패킷을 실험하고자 하는 것은 바람직한 시도이지만, 그 경우 코드의 변경이 요구된다. 따라서 여기서는 TOS_Msg 구조의 데이터 유효탑재량 필드 내에서 IntMsg를 요약해 본다. 커맨드 SendMsg.send()는 여러 단계로 나뉘어 있으며, 메시지 전송이 끝나면 이벤트 SendMsg.sendDone() 신호를 준다. 만약 Send()가 성공하면 메시지는 전송을 위해 큐에 저장되고, 실패하면 메시지 컴포넌트는 메시지를 받는 것이 불가능하다.

TinyOS AM 버퍼는 병렬작업을 허용하는 반면 메모리 관리상의 부담을 피하기 위해 엄격히 어느 하나를 선택해서 주인을 가진 프로토콜을 따른다. 만약 메시지 계층에서 커맨드 Send()를 수용한다면, send 버퍼를 자신의 것으로 가지게 되고 요청한 컴포넌트 send가 완료될 때(이벤트 sendDone()이 알려주는)까지 버퍼는 수정될 수 없다.

IntToRfmM은 버퍼 상태의 흔적을 유지하기 위한 의존적인 기호를 사용한다. 만약 이전의 메시지가 송신되는 중이라면 버퍼는 수정될 수 없다. 따라서 output() 연산에 떨어지게 되고 FAIL을 반환한다. 만약 send 버퍼가 사용가능하다면 버퍼를 채울 수 있으므로 메시지를 보낼 수 있다.

4. The GenericComm 네트워크 스택

IntToRfm의 인터페이스 SendMsg는 GenericComm이 묶여진다는 것을 앞에서 확인하였다. GenericComm.nc(tos/system/)을 살펴보면, 통신을 구현하기 위해 다수의 낮은 레벨의 인터페이스들을 사용하는 것을 알 수 있다.

이들은 AM 송수신을 구현하기 위한 AMStandard, 모트의 시리얼 포트로 통신하기 위한 UARTNoCRCPacket, 무선통신을 위한 RadioCRCPacket 등이 있다. 이 모듈 모두에 대하여 자세하게 알아두어야 할 필요는 없지만 GenericComm.nc의 묶임 상태는 따라야 한다.

만약, 궁금한 것이 있다면 어떻게 ActiveMessage 층을 빌드하는지에 대한 세세한 것을 보기 위해 AMStandard를 검사하자. 예를 들어, 메시지를 버퍼를 얻기 위하여 task를 posting해서 SendMsg.send()를 구현하고 그것을 시리얼 포트로 보낸다. (만약 도착 주소가 TOS_UART_ADDR이거나 아니면 그 밖에 다른 무선이라면 말이다.) 실제 무선이나 UART로 byte를 전송하는 메커니즘을 보기 위해 코드의 다양한 층을 살펴볼 수 있다.

5. 메시지 수신프로그램 – RfmToLeds

RfmToLeds 응용 프로그램은 메시지를 수신하기 위한 컴포넌트 RfmToInt를 사용하는 단순한 configuration의해 정의된다. 그리고 컴포넌트 IntToLeds는 수신된 값을 LED에 표시한다. IntToRfm처럼 컴포넌트 RfmToInt는 메시지를 받기 위해 GenericComm을 사용한다. RfmToInt.nc의 대부분은 앞의 예와 비슷하므로 이미 익숙하지만 다음의 명령문은 확인해 볼 필요가 있다.

```
RfmToIntM.ReceiveMsg → GenericComm.ReceiveMsg[AM_INTMSG];
```

이는 Active Message가 인터페이스 RfmToIntM.ReceiveMsg를 묶어야 하는 AM_INTMSG handler ID를 접수하는 방법을 설명한다.

tos/interfaces/ReceiveMsg.nc에 위치한 인터페이스 ReceiveMsg는 단지 수신된 메시지를 지적하는 것으로써 신호를 받은 receive() 이벤트를 선언한다. 그래서 비록 이 인터페이스는 어떠한 commands도 가지지 않지만 (단지 이벤트는 신호를 받기만 함) RfmToIntM은 인터페이스 ReceiveMsg를 사용한다.

수신되는 메시지를 위해 메모리는 동적으로 관리된다. 메시지는 수신되자마자 임시로 버퍼에 저장된다. 그리고 Active Message 층은 핸들러 타입을 해독하여 처리한다. 버퍼의 내용은 응용 프로그램 컴포넌트에 전달되며, 응용 프로그램 컴포넌트는 완성된 버퍼의 주소를 포인터로 반환한다. 예를 들어, 다음의 RfmToIntM.nc를 보자.

```
/* ... */
event TOS_MsgPtr ReceiveIntMsg.receive(TOS_MsgPtr m) {
IntMsg *message = (IntMsg *)m→data;
call IntOutput.output(message→val);
return m;
}
```

마지막 명령문인 원래의 메시지 버퍼를 반환하는 것으로 이 응용 프로그램은 수행이 완료된다. 만약 컴포넌트가 나중에 사용하기 위하여 메시지 내용을 저장할 필요가 있다면 새로운 버퍼에 메시지를 복사하여야 한다. 그렇지 않다면 네트워크 스택에 의해 사용될 수 있는 새로운(빈) 메시지 버퍼를 반환해 주어야 한다.

6. 무선에서의 그룹 ID 설정

TinyOS 메시지는 동일한 무선 주파수를 공유하여 사용하는 다수의 시로 다른 모트 그룹을 허락하기 위하여 '그룹 ID'를 헤더에 포함한다. 만약 실내에 다수의 모트 그룹이 존재한다면 다른 그룹의 수신 메시지와의 충돌을 피하기 위하여 그룹 ID에 unique 8비트값을 설정해야 한다.

디폴트 그룹 ID는 0x7D이다. 그룹 ID는 전처리기 심볼 DEFAULT_LOCAL_GROUP에서 값을 정의할 수 있다.

```
DEFAULT_LOCAL_GROUP = 0x42          #for example ...
```

모든 응용 프로그램에서 그룹 ID를 정하기 위해 Makedefaults 파일을 이용하여 사용한다. (경로: /opt/TinyOS-1.x/tools/make/Makedefaults)

추가적으로 메시지 헤더는 16비트 목적 노드 주소를 운반하므로 그룹 안의 각 통신 노드는 컴파일시 유일하게 할당된 주소를 부여받는다.

앞서 소개한 두 개의 일반적인 방법으로 예약된 목적 노드의 주소는 전체 노드에게 브로드캐스트하기 위한 TOS_ BCAST_ADDR(0xfff), 시리얼 포트로 전송하기 위한 TOS_UART_ADDR(0x007e)가 있다.

따라서 노드 주소는 위에서 설명한 두 개의 예약된 주소 외의 어떤 값으로 설정되어야 하며, 모트의 지역 주소를 자세히 적어주기 위하여 다음의 컴파일 및 업로드 명령문 사용한다.

```
$ make hybus install.<addr>
```

〈addr〉에는 모트에 프로그래밍하고자 하는 노드 ID를 다음 예와 같이 적어준다. 예를 들면,

```
$ make hybus install.38
```

이 예는 mica를 위한 응용 프로그램을 컴파일하고 ID 38번을 가진 모드를 프로그래밍한다.

12.2 네트워크 송신/수신 실습

이번 실습에서는 두 개의 모트를 필요로 한다. 각기 다른 프로그램을 업로드하여 하나는 송신기 기능을 다른 하나는 송신값을 입력받아 동작하는 수신기 기능을 수행하게 된다.

하나의 모트는 CntToLedsAndRfm(송신)으로 다른 모트는 RfmToLeds(수신)로 프로그래밍하자.

1. CntToLedsAndRfm(송신 기능) 실습

1) CntToLedsAndRfm(송신) 디렉토리 이동

모트를 PC와 연결하고 Cygwin을 실행시켜 cd /opt/TinyOS-1.x/apps/ CntToLedsAndRfm/ 디렉토리로 이동한다.

```
$ cd /opt/TinyOS-1.x/apps/CntToLedsAndRfm/
```

2) 컴파일 및 업로드

make hybus install을 입력하여 프로그램을 컴파일 및 업로드한다.

```
$ make hybus install
```

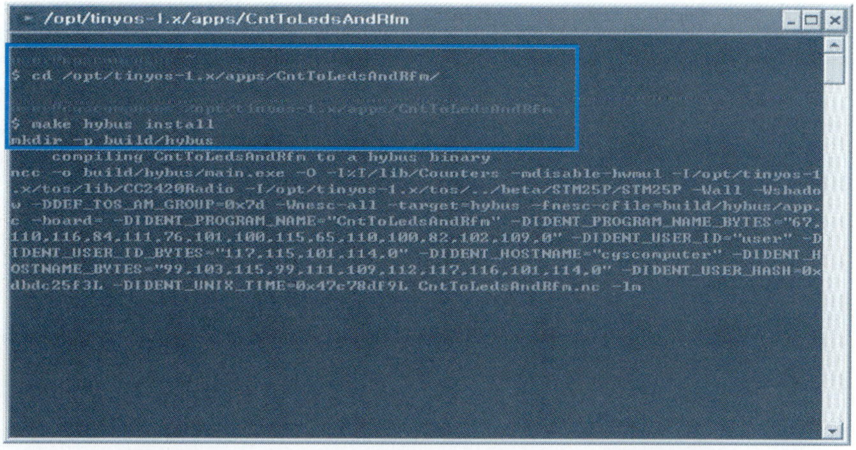

3) 모트 동작 확인

컴파일이 정상적으로 수행되었고, 모트에 헥사 이미지가 이상 없이 업로드되었다면 모트는 송신기의 기능을 담당하게 된다. LED가 번갈아가면서 점멸되는 것을 확인할 수 있을 것이다. 케이블에서 제거하고 mot에 배터리가 삽입되었는가를 확인한다. 배터리가 삽입되어 있다면 스위치를 이용해 on/off를 해보고 on시 LED가 정상적으로 점멸하는지 확인한다.

2. RfmToLeds(수신 기능)

1) RfmToLeds(수신) 디렉토리 이동

준비되어 있는 다른 모트를 PC와 연결하고 cd /opt/TinyOS-1.x/apps/RfmToLeds/ 디렉토리로 이동한다.

```
$ cd /opt/TinyOS-1.x/apps/RfmToLeds/
```

2) 컴파일 및 업로드

전과 같이 make hybus install을 입력하여 프로그램을 컴파일 및 업로드한다.

```
$ make hybus install
```

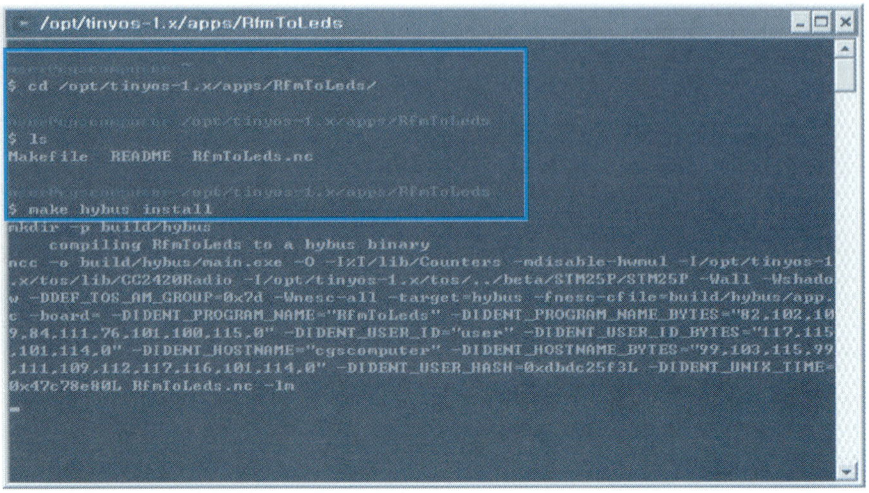

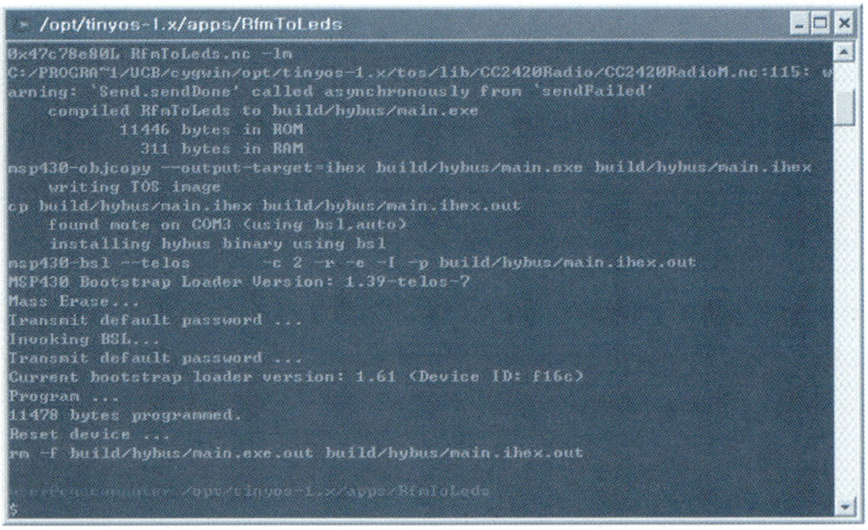

3) 수신 모트 동작 확인

컴파일이 정상적으로 수행되었고, 모트에 헥사 이미지가 이상 없이 업로드되었다면 이번 모트는 수신기의 기능을 하게 된다.

수신기의 모트는 아무런 동작도 보이지 않을 것이며, 처음 프로그램한 모트를 켜게 되면 수신기의 모트가 송신기 모트가 보내는 신호를 받아 송신기와 같은 LED가 점멸되는 것을 확인할 수 있다.

3. 송수신 모트 동작 확인

CntToLedsAndRfm으로 프로그래밍된 모트를 켜면 RfmToLeds의 카운터가 동작하는 것을 볼 수 있다. 정상적으로 동작된다면 무선 센서 네트워크가 정상적으로 구현된 것이다.

송신 모트

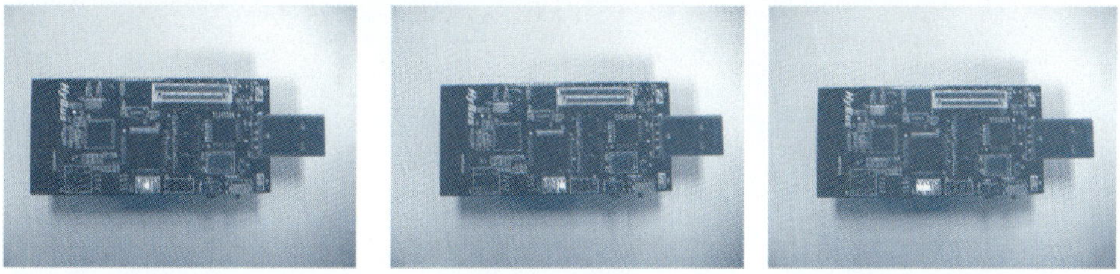

송신 모트를 켜면 LED가 주기적으로 점멸한다.

송/수신 테스트

1. 송/수신 모트를 준비한다

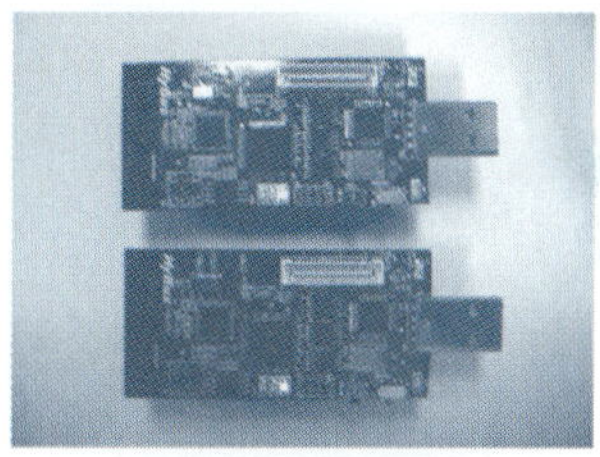

2. 수신 모트가 on 되어있는 상태에서 송신 모트를 on 시킨다.

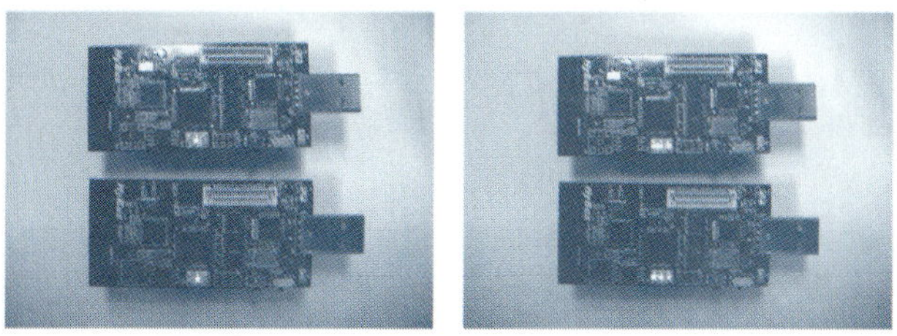

3. LED점멸이 송/수신기에 의해 동시에 이루어진다.

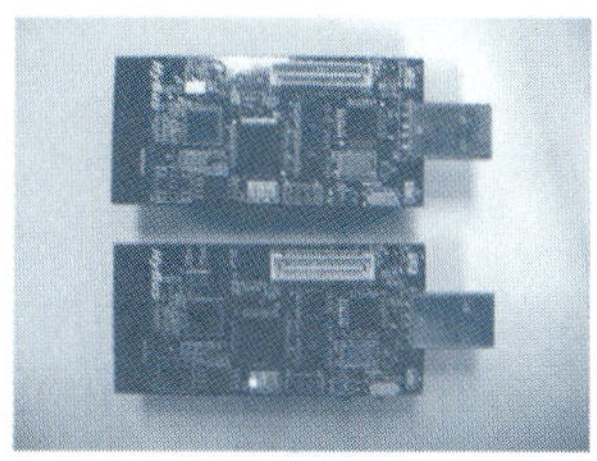

4. 수신 모트가 on되어 있는 상태에서 송신 모트를 off 하게 되면 수신 모트는 송신 모트로부터 마지막 전송받은 값을 표시한다.

▌연 습 문 제

1. 만약에 다수의 CntToLedsAndRfm 노드를 빌드해서 그들을 작동시키면 어떤 일이 발생하는지 테스트하여 보아라. 그리고 결과와 이유에 대해서 설명하라.
2. 1번의 문제에서와 같은 문제가 발생하게 될 경우 어떻게 하면 서로 다른 종류의 값을 보내야 하는 다수의 송신 모트를 구분해서 수신 모트가 원하는 값만 수신할 수 방법에 대해 논의해 보아라.

제13장
TOSMsg 패킷과 inject 실습

[학습 목표]
TOSMsg에 실려 전송되는 패킷의 구조를 이해하고 확인하고, 이에 따른 OscopeMsg의 패킷 구조를 확인한다.
입력되는 메시지 패킷을 확인하고 분석하여 무선 송수신(RF통신)의 개념을 이해한다.

13.1 TOSMsg의 구조

1. TOSMsg의 구조 이해

TOSMsg의 구조를 알기 위해서는 /Tos/platform/telos/AM.h파일에서 확인할 수 있다.

AM.h 파일에서는 TOSMsg를 구조체의 형태로 다음과 같이 선언해 두었다.

```
typedef struct TOS_Msg
{
  /* The following fields are transmitted/received on the radio. */
  uint8_t length;
  uint8_t fcfhi;
  uint8_t fcflo;
  uint8_t dsn;
  uint16_t destpan;
  uint16_t addr;
  uint8_t type;
```

```
uint8_t group;
int8_t data[TOSH_DATA_LENGTH];

/* The following fields are not actually transmitted or received
 * on the radio! They are used for internal accounting only.
 * The reason they are in this structure is that the AM interface
 * requires them to be part of the TOS_Msg that is passed to
 * send/receive operations.
 */
uint8_t strength;
uint8_t lqi;
bool crc;
bool ack;
uint16_t time;
```

파일의 내용을 보면 각각 다음과 같은 크기의 저장 공간을 가지고 있는 것을 알 수 있다.

```
uint8_t length;  =1바이트
uint8_t fcfhi;  =1바이트
uint8_t fcflo;  =1바이트
uint8_t dsn;  =1바이트
uint16_t destpan;  =2바이트
uint16_t addr;  =2바이트
uint8_t type;  =1바이트
uint8_t group;  =1바이트
int8_t data[TOSH_DATA_LENGTH];  =1바이트
int8_t strength;  =1바이트
uint8_t lqi;  =1바이트
bool crc;  =1바이트
bool ack;  =1바이트
uint16_t time;  =2바이트
```

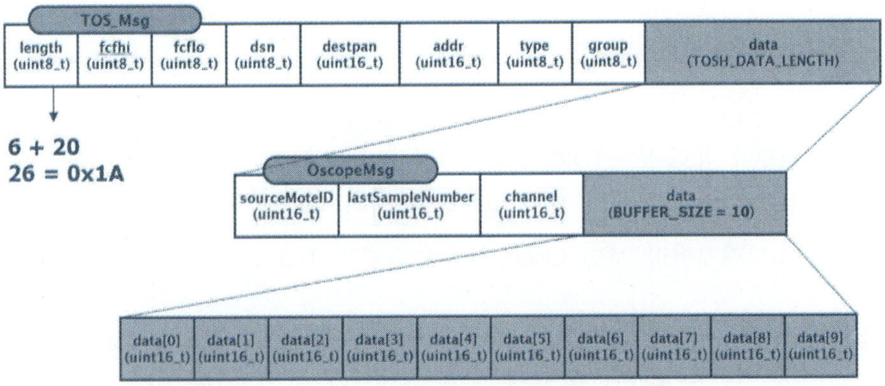

위의 그림을 보면 좀더 쉽게 이해할 수 있을 것이다.

위 그림에서는 [TOSH_DATA_LENGTH]가 10개이므로 데이터는 10바이트의 공간을 사용하므로 TOSMsg는 26바이트의 저장 공간을 확보하고 있다.

TinyOS에서 데이터 송수신을 함에 있어 TOSMsg의 형태로 데이터를 주고 받으면서, 데이터의 정보에 따라 수신을 하는 모트에서 자신의 데이터인지 아닌지를 구분하여 데이터를 주고받을 수 있다. 즉, 여러 개의 송신 모트들이 자신이 송신해야 할 정보를 TOSMsg의 주소에 목적지의 주소를 실어 보냄으로써 수신 모트에서 이를 구분하여 송신이 가능한 것이다.

2. OscopeMsg

OscilloscopeRF 프로그램의 경우 부가적인 정보를 보내기 위해 별도의 메시지 타입을 선언하여 TOSMsg 위에 실어서 보낸다 위 그림에서도 볼 수 있듯이 데이터를 실어 보내는 영역에 OscopeMsg이라는 구조체가 따로 있는 것을 알 수 있다. OscopeMsg의 소스 코드는 다음과 같다.

```
struct OscopeMsg
{
uint16_t sourceMoteID;
uint16_t lastSampleNumber;
uint16_t channel;
uint16_t data[BUFFER_SIZE];
};
```

TOSMsg의 uint16_t addr는 목적지 주소를 나타내며, uint8_t group은 그룹 ID 정보를 나타낸다.

마찬 가지로 OscopeMsg의 소스 코드에서 uint16_t sourceMoteID가 뜻하는 ID가 바로 노드 ID가 된다. 이러한 방식은 인터넷에서 사용되는 TCP/IP 프로토콜에서 IP 패킷위에 TCP 패킷을 실어서 보내는 방식과 유사하다. TOSMsg 패킷을 IP 패킷이라 보면 OscopeMsg 패킷은 TCP 패킷이 되는 것이다.

3. 모트에서의 데이터 구분

Hmote에서는 채널, 그룹 ID, 노드 ID, addr의 정보에 따라 송수신 모트들이 결정되게 된다. 다시 말해서 모트에서 송수신을 할 때 데이터 안에는 data뿐만 아니라 다른 정보들도 같이 송수신하게 되는데, 각각의 정보들의 종류에 대해서는 위에서 설명하였다. 그중에서도 송수신하는데 있어 중요한 요인이 되는 정보들에 대해서 알아보자.

1) 채 널

채널은 모트 간의 통신을 위한 주파수를 의미한다. 프로그램에서는 숫자로 표현하지만 채널을 변경함으로써 실제 통신 주파수가 달라지게 된다. 채널의 변경은 하드웨어를 제어함으로써 모트의 송수신이 결정되는 것이다. 그렇다면 채널이 같다면 결국 서로 주파수가 같다면 송수신이 가능하다.

2) 그룹 ID

같은 채널을 사용하더라고 그룹 ID가 다르면 정보의 교환이 이루어지지 않는다. 수신 모트는 다른 그룹 ID를 가진 송신 모트의 데이터를 수신하게 되지만 수신되는 패킷의 정보에 따라 자신의 그룹인지 아닌지를 판단하게 된다. 그러므로 자신의 그룹이 아닌 모트의 정보가 입력되었을 경우 이를 무시하게 되는 것이다. 예를 들어 어느 특정한 지역에 수십 개의 모트들이 온도 센싱과 습도 센싱을 하고 있다고 할 때, 온도 센싱과 습도 센싱의 정보가 송신이 될 것이다. 이때 수신 모트에서는 온도 센싱값과 습도 센싱값이 동시에 수신 되게 될 것이며 수신 모트에서는 그룹 ID를 통하여 자신의 정보를 걸러내게 되는 것이다.

3) 노드 ID

노드 ID는 같은 그룹 ID 안에서 적용되어지는 모트의 구분 ID이다. 기본적으로 노드 ID가 "0"인 모트가 Base 노드값을 가지게 되면서 수신 모트가 되고 나머지 모트들이 송신 모트가 되는 것이다. 온도 센싱을 하는 그룹이 있을 때 수신 모트(노드 ID가 "0"인 모트)와 수신이 어려운 지역에 있는 모트가 있을 경우 이 모트는 수신강도가 강한 다른 모트를 통하여 자신의 데이터를 실어 보낼 수 있다. 이것을 멀티홉이라고 하는데 노드 ID는 그룹 내에서 멀티홉을 구현하는데 주로 사용된다.

4) ADDR

모트의 경우 기본적으로 일반적인 PC에서처럼 주소지가 자신을 가리키는 패킷만 수신하게 되어 있다. 그러니까 패킷에 다른 모트의 주소가 있다면 이 패킷은 수신하지 않는다. 엄밀히 말하면 수신은 되나 자신의 데이터로 구분하지 않으므로 걸러 버리게 되는 것이다.

4. 브로드캐스트와 유니캐스트

일반적인 예제에서 데이터를 브로드캐스팅한다는 것은 데이터 송신시 수신할 모트의 ID로 브로드캐스팅 주소를 준다는 의미이다. 예를 들어 아래와 같은 소스 코드가 있다고 하면 TOS_BCAST_ADDR 가 브로드캐스팅 주소를 나타낸다.

```
if( call DataMsg.send(TOS_BCAST_ADDR, sizeof(struct OscopeMsg),
                      &msg[currentMsg]))
```

만약 특정한 모트에 송신을 하려면 TOS_BCAST_ADDR 대신에 수신을 받아야 하는 모트의 주소값이 들어가면 된다. 만약 3번의 주소 ID를 갖는 모트에 송신을 하기 위해서는 모트의 ID인 TOS_BCAST_ADDR 대신에 0x0003이라고 입력해 주면 된다.

브로드캐스트의 개념은 불특정 다수에게 전송하는 것을 말한다. 그러나 위와 같이 특정 모트에 데이터를 송신하기 위해 0x0003이라고 목적지 주소를 입력해

주면, 거기에 맞는 주소값을 가진 모트에서만 데이터를 수신하게 된다. 이것을 유니캐스트라고 한다. 예를 들어 기자회견 자리에서 회견자가 불특정 기자들에게 말하는 것을 브로드 캐스트라고 한다면 기자가 회견자에게 질문을 하는 것은 유니캐스트라고 생각할 수 있다.

13.2 TOSMsg 패킷과 inject 실습

이번 실습에서는 TOSBase 프로그램과 Hybus_PhotoTestScope 프로그램을 이용하여 TOSMsg가 전송하는 패킷을 확인하면서 실제 입력되는 데이터값을 확인한다. TOSBase 프로그램으로 업로드된 모트는 Base노드로 사용되며 Hybus_ PhotoTestScope 프로그램이 업로드된 모트로부터 센싱값이 inject 되면서 TOSMsg 형태로 패킷을 수신하게 된다. 반대로 Hybus_PhotoTestScope 프로그램으로 업로드된 모트는 조도값을 센싱하여 TOSBase 프로그램으로 업로드된 모트에 센싱값을 TOSMsg 형태로 패킷을 송신하는 역할을 한다.

우리는 Base 노드를 가지는 모트의 수신값을 확인하면서 TOSMsg 형태의 패킷에 대한 이해를 할 수 있다.

1. Hybus_PhotoTestScope 프로그램 실습

1) Hybus_PhotoTestScope 디렉토리로 이동

Hybus_PhotoTestScope 프로그램을 먼저 모트에 업로드한다. Cygwin을 실행하고 /opt/TinyOS1.x/apps/Hybus_PhotoTestScope 디렉토리로 이동한다.

2) 소스 코드 확인

설치오류 및 프로그램 수정에 의해 컴파일 에러가 발생할 수 있으므로 먼저 프로그램의 전반적인 소스를 확인해 보도록 한다.

```
$ cd /opt/TinyOS1.x/apps/Hybus_PhotoTestScope
$ vi Hyper_PhotoScopeM.nc
```

- Hyper_PhotoScopeM.nc

```
includes OscopeMsg;
module Hyper_PhotoScopeM {
    provides
    {
        interface StdControl;
    }
    uses
    {
        interface Timer;
        interface Leds;
        interface StdControl as CommControl;
        interface SendMsg as DataMsg;
        interface ReceiveMsg as ResetCounterMsg;
        interface ADC as PhotoADC;
         interface StdControl as PhotoControl;
    }
}
implementation {
  uint8_t packetReadingNumber;
  uint16_t readingNumber;
  TOS_Msg msg[2];
  uint8_t currentMsg;
  bool busy = FALSE;
  command result_t StdControl.init() {
           call Leds.init();
           call Leds.yellowOff(); call Leds.redOff(); call Leds.greenOff();
    atomic
    {
        currentMsg = 0;
        packetReadingNumber = 0;
        readingNumber = 0;
    }
    call PhotoControl.init();
    call CommControl.init();
    return SUCCESS;
  }
```

```
command result_t StdControl.start() {
  call PhotoControl.start();
  call CommControl.start();
  return call Timer.start(TIMER_REPEAT, 30);
}
command result_t StdControl.stop() {
  call PhotoControl.stop();
  call CommControl.stop();
  return call Timer.stop();
}
  task void dataTask()
  {
      struct OscopeMsg *pack;
      atomic {
          pack = (struct OscopeMsg *)msg[currentMsg].data;
          packetReadingNumber = 0;
          pack->lastSampleNumber = readingNumber;
      }
      pack->channel = 1;
      pack->sourceMoteID = TOS_LOCAL_ADDRESS;
    //  if( call DataMsg.send(TOS_UART_ADDR, sizeof(struct OscopeMsg),
      if( call DataMsg.send(TOS_BCAST_ADDR, sizeof(struct OscopeMsg),
                  &msg[currentMsg]))
      {
          atomic {
              currentMsg ^= 0x1;
          }
          call Leds.yellowToggle();
      }
  }
event result_t Timer.fired()
{
  return call PhotoADC.getData();
}
  event result_t DataMsg.sendDone(TOS_MsgPtr sent, result_t success)
  {
                  busy = FALSE;
      return SUCCESS;
  }
  event TOS_MsgPtr ResetCounterMsg.receive(TOS_MsgPtr m)
  {
      atomic {
          readingNumber = 0;
```

```
        }
        return m;
    }
    async event result_t PhotoADC.dataReady(uint16_t data)
    {
        struct OscopeMsg *pack;
        atomic
        {
            pack = (struct OscopeMsg *)msg[currentMsg].data;
            pack->data[packetReadingNumber++] = data;
            readingNumber++;
            if( packetReadingNumber == BUFFER_SIZE )
            {
                post dataTask();
            }
        }
        if( data > 0x0240 )
            call Leds.redOn();
        else
            call Leds.redOff();

        return SUCCESS;
    }
}
```

Hyper_PhotoScopeM.nc 변수와 LED를 초기화하고 타이머의 동작에 의해 주기적으로 센싱되는 값을 받아들여 구조체에 선언된 변수에 저장한다. 구조체에 전송된 데이터는 버퍼가 채워질 때까지 데이터값을 받아들이며 일정 조도값 이하일 경우에는 Red LED를 OFF한다.

3) 컴파일 및 업로드

소스 코드가 확인되었으면 컴파일 에러가 없으면 모트에 업로드를 실행한다.

```
$ make hybus
$ make hybus reinstall
```

모트를 분리하고 배터리를 확인한 다음 스위치를 켜고 LED가 점멸하는 것을 확인하자.

2. TOSBase 프로그램

TOSBase 프로그램으로 업로드된 모트는 Base 노드로 사용되며 Hybus_PhotoTestScope 프로그램이 업로드된 모트로부터 센싱값이 inject되면서 TOSMsg 형태로 패킷을 수신하게 된다.

1) TOSBase 디렉토리

모트가 정상적으로 동작한다면 TOSBase 프로그램의 소스 코드를 확인하고 업로드하도록 하자. TOSBase의 소스 코드는 /opt/TinyOS-1.x/apps/TOSBase 디렉토리에 위치한다.

```
$ cd /opt/TinyOS-1.x/apps/TOSBase
$ vi TOSBaseM.nc
```

2) 소스 코드 확인

- TOSBaseM.nc

```
#ifndef TOSBASE_BLINK_ON_DROP
#define TOSBASE_BLINK_ON_DROP
#endif

module TOSBaseM {
  provides interface StdControl;
  uses {
    interface StdControl as UARTControl;
    interface BareSendMsg as UARTSend;
    interface ReceiveMsg as UARTReceive;
    interface TokenReceiveMsg as UARTTokenReceive;

    interface StdControl as RadioControl;
    interface BareSendMsg as RadioSend;
    interface ReceiveMsg as RadioReceive;

    interface Leds;
  }
}

implementation
{
  enum {
    UART_QUEUE_LEN = 12,
    RADIO_QUEUE_LEN = 12,
  };

  TOS_Msg     uartQueueBufs[UART_QUEUE_LEN];
  TOS_MsgPtr uartQueue[UART_QUEUE_LEN];
  uint8_t     uartIn, uartOut;
  bool        uartBusy, uartFull;

  TOS_Msg     radioQueueBufs[RADIO_QUEUE_LEN];
  TOS_MsgPtr radioQueue[RADIO_QUEUE_LEN];
```

```
uint8_t      radioIn, radioOut;
bool         radioBusy, radioFull;

task void UARTSendTask();
task void RadioSendTask();

void failBlink();
void dropBlink();

command result_t StdControl.init() {
  result_t ok1, ok2, ok3;
  uint8_t i;

  for (i = 0; i < UART_QUEUE_LEN; i++) {
    uartQueue[i] = &uartQueueBufs[i];
  }
  uartIn = uartOut = 0;
  uartBusy = FALSE;
  uartFull = FALSE;

  for (i = 0; i < RADIO_QUEUE_LEN; i++) {
    radioQueue[i] = &radioQueueBufs[i];
  }
  radioIn = radioOut = 0;
  radioBusy = FALSE;
  radioFull = FALSE;

  ok1 = call UARTControl.init();
  ok2 = call RadioControl.init();
  ok3 = call Leds.init();

  dbg(DBG_BOOT, "TOSBase initialized₩n");

  return rcombine3(ok1, ok2, ok3);
}

command result_t StdControl.start() {
  result_t ok1, ok2;

  ok1 = call UARTControl.start();
  ok2 = call RadioControl.start();
```

```
  return rcombine(ok1, ok2);
}

command result_t StdControl.stop() {
  result_t ok1, ok2;

  ok1 = call UARTControl.stop();
  ok2 = call RadioControl.stop();

  return rcombine(ok1, ok2);
}

event TOS_MsgPtr RadioReceive.receive(TOS_MsgPtr Msg) {
  TOS_MsgPtr pBuf = Msg;

  dbg(DBG_USR1, "TOSBase received radio packet.₩n");

  if ((!Msg->crc) || (Msg->group != TOS_AM_GROUP))
    return Msg;

  atomic {
    if (!uartFull) {
       pBuf = uartQueue[uartIn];
       uartQueue[uartIn] = Msg;

       if( ++uartIn >= UART_QUEUE_LEN ) uartIn = 0;

       if (uartIn == uartOut) {
         uartFull = TRUE;
       }

       if (!uartBusy) {
         if (post UARTSendTask()) {
           uartBusy = TRUE;
         }
       }
    } else {
       dropBlink();
    }
  }

  return pBuf;
```

```
}

task void UARTSendTask() {
  bool noWork = FALSE;

  dbg (DBG_USR1, "TOSBase forwarding Radio packet to UART₩n");

  atomic {
    if (uartIn == uartOut && uartFull == FALSE) {
        uartBusy = FALSE;
        noWork = TRUE;
    }
  }
  if (noWork) {
    return;
  }
  if (call UARTSend.send(uartQueue[uartOut]) == SUCCESS) {
    call Leds.greenToggle();
  } else {
    failBlink();
    post UARTSendTask();
  }
}
event result_t UARTSend.sendDone(TOS_MsgPtr msg, result_t success) {
  if (!success) {
    failBlink();
  } else {
    atomic {
        if (msg == uartQueue[uartOut]) {
          if( ++uartOut >= UART_QUEUE_LEN ) uartOut = 0;
          if (uartFull) {
            uartFull = FALSE;
          }
        }
    }
  }
  post UARTSendTask();
  return SUCCESS;
}
event TOS_MsgPtr UARTReceive.receive(TOS_MsgPtr Msg) {
  return Msg;
}
```

```
event TOS_MsgPtr UARTTokenReceive.receive(TOS_MsgPtr Msg, uint8_t Token) {
  TOS_MsgPtr   pBuf = Msg;
  bool reflectToken = FALSE;
  dbg(DBG_USR1, "TOSBase received UART token packet.₩n");
  atomic {
    if (!radioFull) {
        reflectToken = TRUE;
        pBuf = radioQueue[radioIn];
        radioQueue[radioIn] = Msg;
        if( ++radioIn >= RADIO_QUEUE_LEN ) radioIn = 0;
        if (radioIn == radioOut)
          radioFull = TRUE;
        if (!radioBusy) {
          if (post RadioSendTask()) {
            radioBusy = TRUE;
          }
        }
    } else {
        dropBlink();
    }
  }
  if (reflectToken) {
    call UARTTokenReceive.ReflectToken(Token);
  }

  return pBuf;
}
task void RadioSendTask() {
  bool noWork = FALSE;
  dbg (DBG_USR1, "TOSBase forwarding UART packet to Radio₩n");
  atomic {
    if (radioIn == radioOut && radioFull == FALSE) {
        radioBusy = FALSE;
        noWork = TRUE;
    }
  }
  if (noWork)
    return;
  radioQueue[radioOut]->group = TOS_AM_GROUP;
      if (call RadioSend.send(radioQueue[radioOut]) == SUCCESS) {
    call Leds.redToggle();
  } else {
```

```
      failBlink();
      post RadioSendTask();
    }
  }
  event result_t RadioSend.sendDone(TOS_MsgPtr msg, result_t success) {
    if (!success) {
      failBlink();
    } else {
      atomic {
         if (msg == radioQueue[radioOut]) {
           if( ++radioOut >= RADIO_QUEUE_LEN ) radioOut = 0;
           if (radioFull)
             radioFull = FALSE;
         }
      }
    }
        post RadioSendTask();
    return SUCCESS;
  }
  void dropBlink() {
#ifdef TOSBASE_BLINK_ON_DROP
    call Leds.yellowToggle();
#endif
  }
  void failBlink() {
#ifdef TOSBASE_BLINK_ON_FAIL
    call Leds.yellowToggle();
#endif
  }
}
```

TOSBase 모듈은 데이터가 수신될 때 green LED를 점멸하면서 큐에 데이터를 저장하고 이를 전송하는 기능을 담당한다.

3) 컴파일 및 업로드

소스 코드를 확인하였으면 준비된 모트를 연결하고 위와 같은 방법으로 컴파일 후 업로딩하자.

```
$ make hybus
$ make hybus reinstall
```

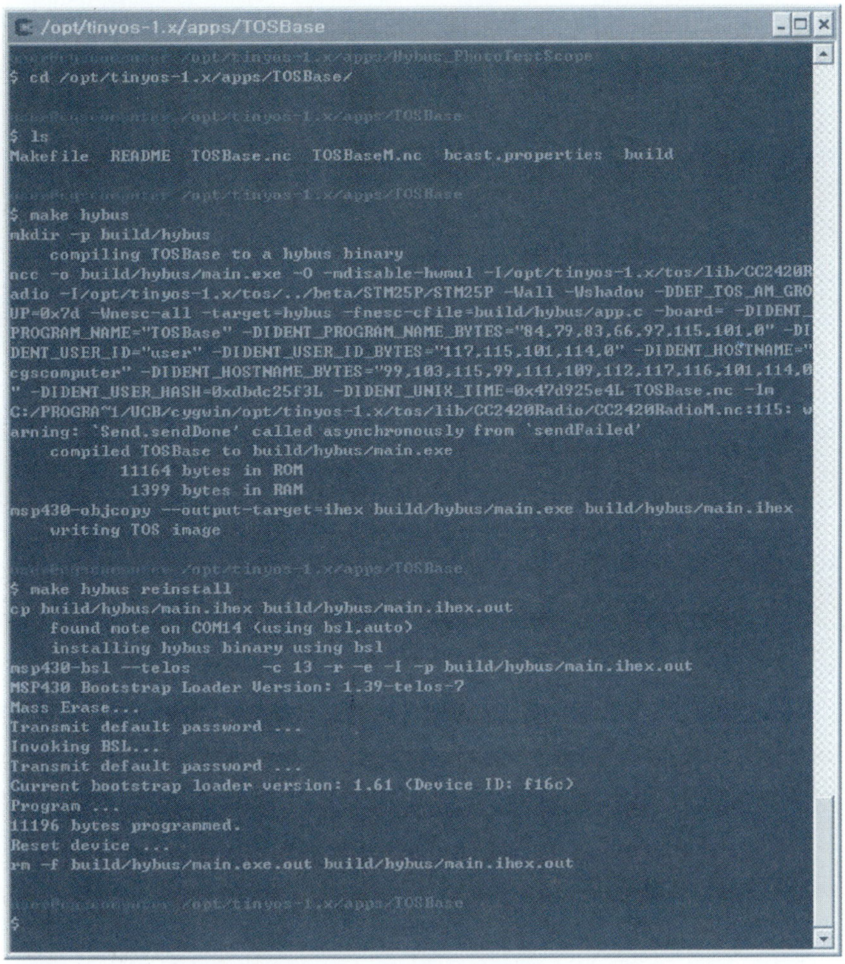

정상적으로 프로그램이 업로딩이 되었다면 TOSBase의 모트가 파란색 LED를 깜박거리면서 센싱된 데이터값을 수신하는 것을 볼 수 있다.

3. inject되는 패킷의 구조 확인

이제 센싱된 데이터의 값을 확인하고 패킷의 구조에 대해서 알아보도록 하자.

1) Cygwin 설정

먼저 Cygwin 창의 제목표시줄에 가서 오른쪽 마우스를 클릭하여 속성으로 들어간다.

아래와 같은 창이 열리면 창크기의 너비를 120정도로 조정하고 확인을 누른다.

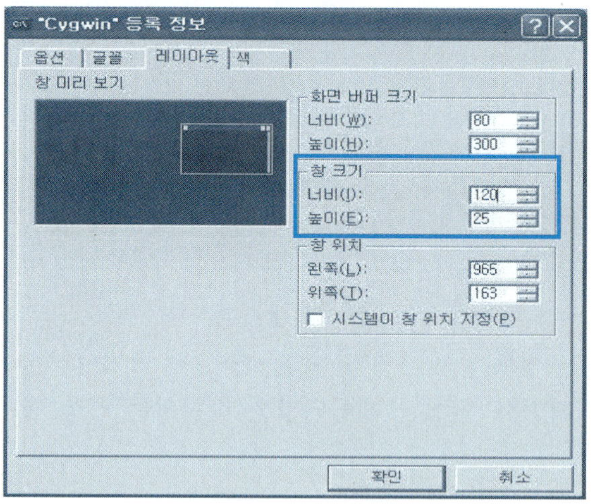

다음과 같은 화면에서 확인을 누르면 Cygwin 창이 옆으로 늘어난다.

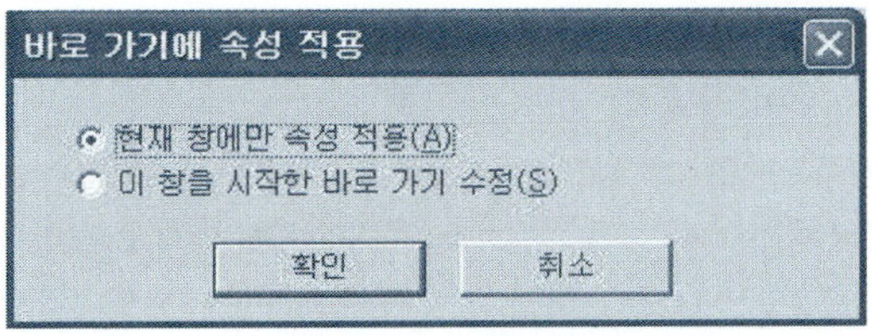

2) 모트의 포트 확인

PC에 센싱된 데이터값을 보여주기 위해 TOSBase 모트의 시리얼 번호를 확인해야 한다.

motelist로 확인하도록 하자.

```
$ motelist
```

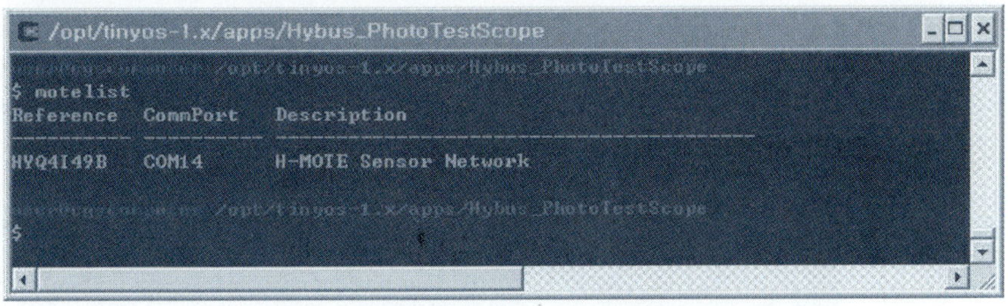

교재에 사용된 모트의 시리얼 포트번호는 14번이다.

3) 모트와 PC와의 연결(export)

이제 PC와 모트를 export하도록 하자.

```
$ export MOTECOM=serial@COM14:telos
```

앞서 여러 번 설명했지만 COM14에는 자신이 사용하는 모트의 포트번호를 입력해야 한다.

4) java Listen 실행

입력되는 값을 확인하기 위해 java net.TinyOS.tools.Listen을 입력하고 엔터를 친다.

```
$ java net.TinyOS.tools.Listen
```

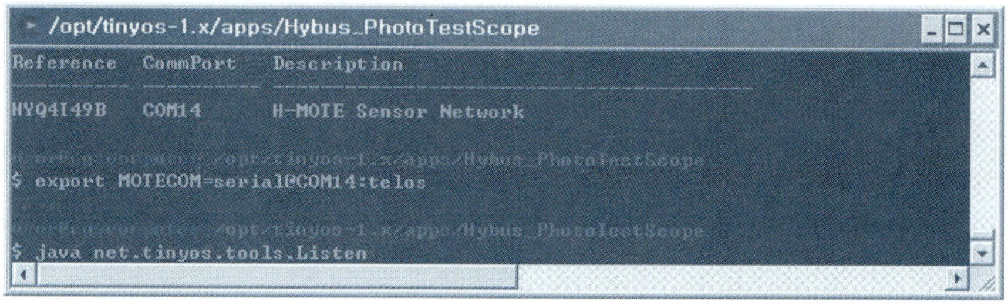

모트가 입력받는 조도값이 패킷 형태로 들어오는 것을 확인할 수 있을 것이다.

5) 입력 패킷 확인

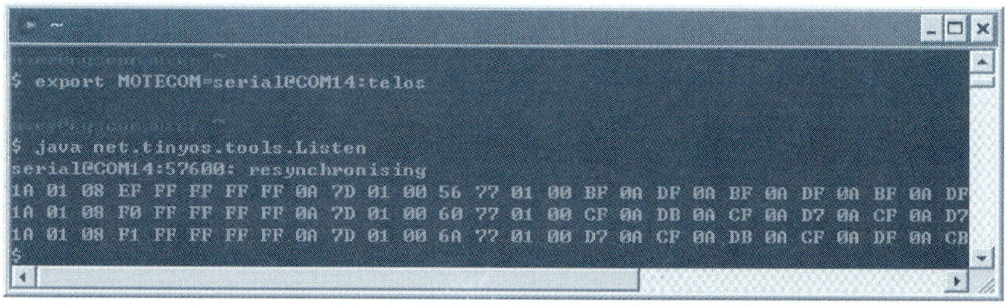

수신되는 패킷을 일렬로 확인하기 위해 Cygwin의 창을 옆으로 늘려 보도록 한다. 다음과 같이 입력되는 패킷의 정보를 알 수 있다.

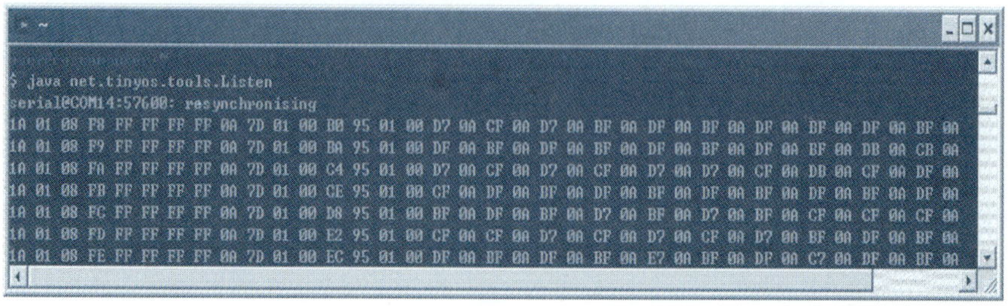

입력된 패킷 데이터를 표로 만들어 보면 다음과 같다.

〈표 13-1〉 입력 패킷 구분표

Header				
1A	01	08	F8	FF FF
length	fcfhi	fcflo	dsn	destpan

Header		
FF FF	0A	7D
addr	type	group

Data	
01	00
Mote ID	

Data					
B0	95	01	00	D7	0A
lastSampleNumber		channel		data[0]	

Data					
CF	0A	D7	0A	BF	0A
data[1]		data[2]		data[3]	

Data					
DF	0A	BF	0A	DF	0A
data[4]		data[5]		data[6]	

Data					
BF	0A	DF	0A	BF	0A
data[7]		data[8]		data[0]	

패킷 데이터를 표로 보게 되면 크게 헤더 부분과 데이터 부분으로 나누어지는 것을 볼 수 있다.

헤더 부분에 첫 번째에오는 length는 1A로 Data 부분의 길이를 나타낸다.

16진수 1A는 십진수 26을 나타내며 Data 부분의 길이를 보면 26바이트인 것을 알 수 있다.

헤더의 addr은 모트의 주소값을 나타내는데 주소값을 지정하지 않고 TOS_BCAST_ADDR이 입력되었으므로 ffff가 된다.

헤더의 group은 7D이다 기본적으로 설정되어있는 그룹 ID값이 0x7d이므로 그룹 ID는 7D인 것을 확인할 수 있다.

Data 부분의 MoteID는 0으로 Base 노드의 값을 가지고 있는 것을 확인할 수 있다.

연 습 문 제

1. TinyOS의 패킷의 구조에 대해서 설명해 보아라.

2. 위에서 받은 데이터값을 모두 1또는 그 외의 십진수로 변경하여 보아라.

3. 그룹 ID의 값을 변경하여 수신된 패킷의 정보를 보고 확인하라.

제14장
CC2420의 어드레스 필터 실습

[학습 목표]
TOSMsg에 실려 전송되는 패킷의 구조를 이해하고 확인하고, 이에 따른 OscopeMsg의 패킷 구조를 확인한다.
입력되는 메시지 패킷을 확인하고 분석하여 무선 송수신(RF통신)의 개념을 이해한다.

14.1 CC2420의 어드레스 필터 개요

1. CC2420의 어드레스 필터 기능

CC2420칩은 칩자체에 주소 필터링 기능을 포함하고 있다. 즉 소프트웨어적으로 주소를 확인하여 필터링을 하는 것이 아니라 하드웨어적으로 소프트웨어를 거치기 전에 자신에게로 전송된 데이터인지 아닌지를 구분할 수 있는 것이다. 이전의 제품인 CC1000칩은 칩에서 주소 필터링을 하지 않았다.

CC2420은 기본적으로 칩 주소 필터링 기능은 켜두게 되어 있으며 주소 필터링 기능을 끄기 위해서는 tos/lib/CC2420/CC2420RadioC에서 제공하고 CC2420ControlM에서 구현하는 MacControl 인터페이스를 이용하여야 한다. 즉, addr decode를 강제로 disable시켜줘야 한다.

```
/** Enable link layer hardware acknowledgements **/
  async command void MacControl.enableAck() {
    atomic bAckEnable = TRUE;
    call CC2420Control.enableAddrDecode();
    call CC2420Control.enableAutoAck();
  }

  /** Disable link layer hardware acknowledgements **/
  async command void MacControl.disableAck() {
    atomic bAckEnable = FALSE;
    call CC2420Control.disableAddrDecode();
    call CC2420Control.disableAutoAck();
  }
```

2. auto Ack의 기능

컴퓨팅에서 ACK, 곧 승인 코드(acknowledgement code)는 승인을 서명하거나, 응답을 보내기 위해 통신 프로토콜의 일부로서 통신 프로세서나 컴퓨터 사이를 지나가는 신호이다.

한 컴퓨터가 일련의 데이터를 네트워크를 통해 다른 컴퓨터로 보낼 때 만약 그 데이터 전송이 성공적이었다면 수신측 컴퓨터가 ACK 코드값을 송신측에 되돌려 준다. 이는 수신측 컴퓨터가 "준비 완료"의 뜻을 알리는 신호이기도 하다. 그러나, 만약 그 전송에서 에러가 발생하였다면 이때에는 negative ACK를 의미하는 코드, 즉 NAK 코드값이 되돌려진다. 일반적으로, 송신측 컴퓨터가 일정시간동안 ACK 코드값을 받지 못했거나, 또는 NAK 코드값을 받은 경우에는 원래의 데이터가 재송신된다.

네트워크 분야에선 어떤 패킷을 보냈을 때 그 패킷의 수신여부를 답장하는 개념으로 사용된다.

CC2420에서는 CC2420RadioC -> MacControl -> enableAck() / disableAck()을 통해 Ack 기능을 enable / disable할 수 있다.

```
/** Enable link layer hardware acknowledgements **/
  async command void MacControl.enableAck() {
```

```
    atomic bAckEnable = TRUE;
    call CC2420Control.enableAddrDecode();
    call CC2420Control.enableAutoAck();
}

/** Disable link layer hardware acknowledgements **/
async command void MacControl.disableAck() {
    atomic bAckEnable = FALSE;
    call CC2420Control.disableAddrDecode();
    call CC2420Control.disableAutoAck();
}
```

14.2 CC2420의 어드레스 필터 실습

이번 실습은 패킷에 목적지 주소값을 실어 보내 수신하는 모트가 이를 구분하여 수신하는지를 확인하는 실습을 하도록 한다. 13장에서 진행한 것과 같이 TOSBase 프로그램과 Hybus_PhotoTestScope 프로그램을 이용하여 실습을 진행한다. TOSBse 프로그램에 주소 필터링 기능을 추가하고 addr filter 기능을 enable했을 경우와 disable했을 경우의 수신 여부를 확인한다. 상대적으로 Hybus_ PhotoTestScope 프로그램에는 목적지 주소를 임의로 지정해서 데이터를 송신하며 TOSBase 프로그램에서는 필터링 여부에 따라 수신을 하거나 하지 않게 된다.

1. /opt/TinyOS-1.x/apps/TOSBase 디렉토리 소스 확인

기본 프로그램에서 추가되는 소스를 확인해보자.

1) TOSBase.nc

```
configuration TOSBase {
}
```

```
implementation {
  components Main, TOSBaseM, RadioCRCPacket as Comm, FramerM, UART, LedsC, CC2420RadioC;
  Main.StdControl -> TOSBaseM;
  TOSBaseM.UARTControl -> FramerM;
  TOSBaseM.UARTSend -> FramerM;
  TOSBaseM.UARTReceive -> FramerM;
  TOSBaseM.UARTTokenReceive -> FramerM;
  TOSBaseM.RadioControl -> Comm;
  TOSBaseM.RadioSend -> Comm;
  TOSBaseM.RadioReceive -> Comm;
  TOSBaseM.Leds -> LedsC;
  FramerM.ByteControl -> UART;
  FramerM.ByteComm -> UART;
  TOSBaseM.CC2420Control -> CC2420RadioC.CC2420Control;
  TOSBaseM.MacControl -> CC2420RadioC.MacControl;
}
```

TOSBase 프로그램은 송신 모트의 데이터를 수신하는 역할을 담당한다. 모트의 주소값 지정에 따른 수신 여부를 확인하기 위한 컴포넌트를 추가한다.

CC2420은 기본적으로 칩 주소 필터링 기능은 켜두게 되어 있으며 주소 필터링 기능을 끄기 위해서는 tos/lib/CC2420/CC2420RadioC에서 제공하고 CC2420ControlM에서 구현하는 MacControl 인터페이스를 이용하여야 하기 때문에 TOSBaseM.CC2420Control -> CC2420RadioC.CC2420Control;에서는 CC2420Control인터페이스를 CC2420RadioC의 CC2420Control 인터페이스를 사용하도록 와이어링하였고, TOSBaseM.MacControl -> CC2420RadioC.MacControl;에서는 MacControl 인터페이스를 CC2420RadioC의 MacControl 인터페이스를 사용하도록 와이어링하였다.

TOSBaseM.nc에서 역시 addrfilter를 enable/disable하기 위해 모듈에서 실행될 수 있도록 인터페이스를 이용하여 구현하여야 한다.

2) TOSBaseM.nc

```
#ifndef TOSBASE_BLINK_ON_DROP
#define TOSBASE_BLINK_ON_DROP
#endif
```

```
module TOSBaseM {
  provides interface StdControl;
  uses {
    interface StdControl as UARTControl;
    interface BareSendMsg as UARTSend;
    interface ReceiveMsg as UARTReceive;
    interface TokenReceiveMsg as UARTTokenReceive;
    interface StdControl as RadioControl;
    interface BareSendMsg as RadioSend;
    interface ReceiveMsg as RadioReceive;
    interface CC2420Control;
    interface MacControl;
    interface Leds;
  }
}
implementation
{
  enum {
    UART_QUEUE_LEN = 12,
    RADIO_QUEUE_LEN = 12,
  };
  TOS_Msg      uartQueueBufs[UART_QUEUE_LEN];
  TOS_MsgPtr uartQueue[UART_QUEUE_LEN];
  uint8_t      uartIn, uartOut;
  bool          uartBusy, uartFull;
  TOS_Msg      radioQueueBufs[RADIO_QUEUE_LEN];
  TOS_MsgPtr radioQueue[RADIO_QUEUE_LEN];
  uint8_t      radioIn, radioOut;
  bool          radioBusy, radioFull;

  task void UARTSendTask();
  task void RadioSendTask();

  void failBlink();
  void dropBlink();

  command result_t StdControl.init() {
    result_t ok1, ok2, ok3;
    uint8_t i;

    for (i = 0; i < UART_QUEUE_LEN; i++) {
      uartQueue[i] = &uartQueueBufs[i];
```

```
  }
  uartIn = uartOut = 0;
  uartBusy = FALSE;
  uartFull = FALSE;

  for (i = 0; i < RADIO_QUEUE_LEN; i++) {
    radioQueue[i] = &radioQueueBufs[i];
  }
  radioIn = radioOut = 0;
  radioBusy = FALSE;
  radioFull = FALSE;
  ok1 = call UARTControl.init();
  ok2 = call RadioControl.init();
  ok3 = call Leds.init();
  dbg(DBG_BOOT, "TOSBase initialized₩n");
  return rcombine3(ok1, ok2, ok3);
}
command result_t StdControl.start() {
  result_t ok1, ok2;
  ok1 = call UARTControl.start();
  ok2 = call RadioControl.start();
  call CC2420Control.enableAddrDecode();
  return rcombine(ok1, ok2);
}

command result_t StdControl.stop() {
  result_t ok1, ok2;
  ok1 = call UARTControl.stop();
  ok2 = call RadioControl.stop();
  return rcombine(ok1, ok2);
}
event TOS_MsgPtr RadioReceive.receive(TOS_MsgPtr Msg) {
  TOS_MsgPtr pBuf = Msg;
  dbg(DBG_USR1, "TOSBase received radio packet.₩n");
  if ((!Msg->crc) || (Msg->group != TOS_AM_GROUP))
    return Msg;
  atomic {
    if (!uartFull) {
        pBuf = uartQueue[uartIn];
        uartQueue[uartIn] = Msg;

        if( ++uartIn >= UART_QUEUE_LEN ) uartIn = 0;
```

```
          if (uartIn == uartOut) {
            uartFull = TRUE;
          }
          if (!uartBusy) {
            if (post UARTSendTask()) {
              uartBusy = TRUE;
            }
          }
      } else {
          dropBlink();
      }
    }
    return pBuf;
  }

  task void UARTSendTask() {
    bool noWork = FALSE;
        dbg (DBG_USR1, "TOSBase forwarding Radio packet to UART₩n");
    atomic {
      if (uartIn == uartOut && uartFull == FALSE) {
          uartBusy = FALSE;
          noWork = TRUE;
      }
    }
    if (noWork) {
      return;
    }
    if (call UARTSend.send(uartQueue[uartOut]) == SUCCESS) {
      call Leds.greenToggle();
    } else {
      failBlink();
      post UARTSendTask();
    }
  }
  event result_t UARTSend.sendDone(TOS_MsgPtr msg, result_t success) {
    if (!success) {
      failBlink();
    } else {
      atomic {
          if (msg == uartQueue[uartOut]) {
            if( ++uartOut >= UART_QUEUE_LEN ) uartOut = 0;
            if (uartFull) {
              uartFull = FALSE;
```

```
          }
        }
      }
    }
    post UARTSendTask();
    return SUCCESS;
  }
  event TOS_MsgPtr UARTReceive.receive(TOS_MsgPtr Msg) {
    return Msg;
  }
  event TOS_MsgPtr UARTTokenReceive.receive(TOS_MsgPtr Msg, uint8_t Token) {
    TOS_MsgPtr   pBuf = Msg;
    bool reflectToken = FALSE;
    dbg(DBG_USR1, "TOSBase received UART token packet.₩n");
    atomic {
      if (!radioFull) {
          reflectToken = TRUE;
          pBuf = radioQueue[radioIn];
          radioQueue[radioIn] = Msg;
          if( ++radioIn >= RADIO_QUEUE_LEN ) radioIn = 0;
          if (radioIn == radioOut)
          radioFull = TRUE;
          if (!radioBusy) {
            if (post RadioSendTask()) {
              radioBusy = TRUE;
            }
          }
      } else {
          dropBlink();
      }
    }
    if (reflectToken) {
      call UARTTokenReceive.ReflectToken(Token);
    }

    return pBuf;
  }
  task void RadioSendTask() {
    bool noWork = FALSE;
    dbg (DBG_USR1, "TOSBase forwarding UART packet to Radio₩n");
    atomic {
      if (radioIn == radioOut && radioFull == FALSE) {
          radioBusy = FALSE;
```

```
          noWork = TRUE;
        }
      }
      if (noWork)
        return;
      radioQueue[radioOut]->group = TOS_AM_GROUP;

      if (call RadioSend.send(radioQueue[radioOut]) == SUCCESS) {
        call Leds.redToggle();
      } else {
        failBlink();
        post RadioSendTask();
      }
    }
    event result_t RadioSend.sendDone(TOS_MsgPtr msg, result_t success) {
      if (!success) {
        failBlink();
      } else {
        atomic {
          if (msg == radioQueue[radioOut]) {
            if( ++radioOut >= RADIO_QUEUE_LEN ) radioOut = 0;
            if (radioFull)
              radioFull = FALSE;
          }
        }
      }
      post RadioSendTask();
      return SUCCESS;
    }
    void dropBlink() {
#ifdef TOSBASE_BLINK_ON_DROP
      call Leds.yellowToggle();
#endif
    }
    void failBlink() {
#ifdef TOSBASE_BLINK_ON_FAIL
      call Leds.yellowToggle();
#endif
    }
}
```

use{}에서 interface CC2420Control; 와 interface MacControl; 를 사용하도록 하였고, command result_t StdControl.start() { }에 call CC2420Control.enableAddrDecode(); 를 추가하여 모트가 수신할 때 addrfilter 기능을 enable하였다. 모트는 따로 설정하지 않을 경우 기본이 enable이므로 동작의 기능상 변화는 없으나 disable 기능을 테스트하기 위해 추가하였다.

2. /opt/TinyOS-1.x/apps/Hybus_PhotoTestScope 디렉토리 소스확인

Hyper_PhotoScope.nc 파일은 13장에서 사용한 파일의 변화가 없으면 수정할 부분이 따로 없으므로 그대로 사용하면 된다. Hyper_PhotoScopeM.nc 파일에서는 addr값을 지정해주기 위한 소스 코드를 확인하여 보자.

Hyper_PhotoScopeM.nc

```
if( call DataMsg.send(TOS_BCAST_ADDR, sizeof(struct OscopeMsg),
                        &msg[currentMsg]))
```

Hybus_PhotoTestScope 프로그램은 별도의 수정이 없으며, TOS_BCAST_ADDR가 위에서와 같이 설정되어 있는지 확인하고 넘어간다.

3. Hybus_PhotoTestScope 프로그램 업로드

다음과 같은 상황에서 13장과 같이 모트간의 송수신 테스트를 실행한다.

즉 TOSBase 프로그램과 Hybus_PhotoTestScope 프로그램을 모트에 업로드하여 송수신 데이터를 확인한다.

Hybus_PhotoTestScope 프로그램을 기본 센서를 장착한 후 make hybus install로 컴파일하고 업로드한다.

```
$ make hybus install
```

업로드가 완료되면 모트를 분리하고 배터리를 확인한 다음 LED의 점멸확인을 통해 정상 동작 여부를 확인한다.

4. TOSBase 프로그램 업로드

다음으로 TOSBase 프로그램을 위와 같은 방법으로 센서가 부착되지 않은(부착되어 있어도 상관은 없다) 모트에 업로드한다.

파일을 수정하였으므로 컴파일하여 에러가 없는지 확인하고 모트에 업로드한다.

```
$ make hybus
$ mak hybus reinstall
```

5. 데이터 전송확인 – (1)

업로드가 완료되었으면 Hybus_PhotoTestScope 프로그램이 업로드된 모트의 전원을 켜고 TOSBase 프로그램이 업로드된 모트의 푸른색 LED가 점멸되는지 확인한다.

점멸이 되면 데이터가 수신되고 있다는 뜻이다.

모트의 통신이 정상적인 것이 확인되었으면 송신 모트에 목적지 주소값을 실어 보냄으로써 수신 모트가 데이터를 수신하는지를 확인해야 한다.

6. 전송패킷의 주소값 수정

Hyper_PhotoScopeM.nc 파일의 TOS_BCAST_ADDR 부분은 현재 브로드캐스트값으로 목적지의 주소가 없이 송신하게 되어 있었다. 이번에는 다음과 같이 프로그램을 일부 수정하여 TOS_BCAST_ADDR 대신에 특정 주소값을 입력해주어 보자. 교재에서는 0x0003으로 입력하도록 한다. 목적지의 주소가 addr값이 3번인 모트가 수신할 수 있도록 하는 것이다.

다음은 Hyper_PhotoScopeM.nc 파일의 일부분이다.

```
if( call DataMsg.send(TOS_BCAST_ADDR, sizeof(struct OscopeMsg),
        &msg[currentMsg]))
```

아래와 같이 수정한다.

```
if( call DataMsg.send(0x0003, sizeof(struct OscopeMsg),
    &msg[currentMsg]))
```

```
task void dataTask0
{
   struct OscopeMsg *pack;
   atomic {
     pack = (struct OscopeMsg *)msg[currentMsg].data;
     packetReadingNumber = 0;
     pack->lastSampleNumber = readingNumber;
   }

     pack->channel = 1;
     pack->sourceMoteID = TOS_LOCAL-ADDRESS;

       ir(call DataMsg.send(0x0003, sizeof(struct OscopeMsg),

           &msg[currentMsg]))
```

저장후 송신 모트를 연결하고 다시 컴파일하고 업로드한다.

7. 데이터 전송확인 – (2)

TOSBase 프로그램이 업로드된 수신 모트는 현재 addrfilter 기능이 enable되어 있는 상태이다. 업로드가 완료되면 다시 수신 모트의 전원을 켠다. 수신 모트에 배터리가 있다면 PC에 연결되어 있지 않아도 상관없다. 모트가 아무 동작도 하지 않을 것이다. 수신 모트는 송신 모트에서 보내는 데이터의 주소값을 가지고 있지 않기 때문에 데이터를 수신하지 않는다. 그럼 다시 수신 모트의 addrfilter 기능을 다음과 같이 disable하고 확인해 보도록 하자.

8. TOSBase 프로그램 수정

TOSBaseM.nc 파일을 call CC2420Control.enableAddrDecode();를 확인하자.

```
command result_t StdControl.start() {
  result_t ok1, ok2;
  ok1 = call UARTControl.start();
  ok2 = call RadioControl.start();
  call CC2420Control.disableAddrDecode();
  return rcombine(ok1, ok2);
}
```

```
command result_t StdControl.start() {
  result_t ok1, ok2;

  ok1 = call UARTControl.start();
  ok2 = call RadioControl.start();

  call CC2420Control.disableAddrDecode();
  return rcombine(ok1, ok2);
}
```

위와 같이 addrfilter 기능을 오프하기 위해 call CC2420Control.disableAddr Decode(); 로 변경한다. 이제 addrfilter 기능이 disable 되었으므로 수신 모트는 송신되어지는 모트의 목적지 주소값과 상관없이 주소 필터링을 하지 않고 모두 수신하게 된다.

9. TOSBase 프로그램 재컴파일 및 업로드

파일을 저장하고 모트를 PC에 연결한 다음에 컴파일 및 업로드를 수행한다.

```
$ make hybus
$ mak hybus reinstall
```

송신 모트의 전원을 다시 인가하거나 리셋 버튼으로 재송신한다. 수신 모트가 데이터를 수신하는 것을 BLUE LED로 확인할 수 있을 것이다.

그럼 송신 모트는 현재 목적지 주소값을 3으로 전송하고 있으며, 수신 모트는 주소필터링 없이 수신을 하고 있다. 이것을 수신 모트의 패킷값을 보면 송신 모트의 목적지 주소값을 확인할 수 있다.

10. 전송패킷의 주소값 확인

수신 모트가 연결된 상태에서 motelist로 모트의 포트를 확인하고 수신되는 패킷의 값을 확인하자.

```
$ motelist
$ export MOTECOM=serial@COM14:telos
$ java net.TinyOS.tools.Listen
```

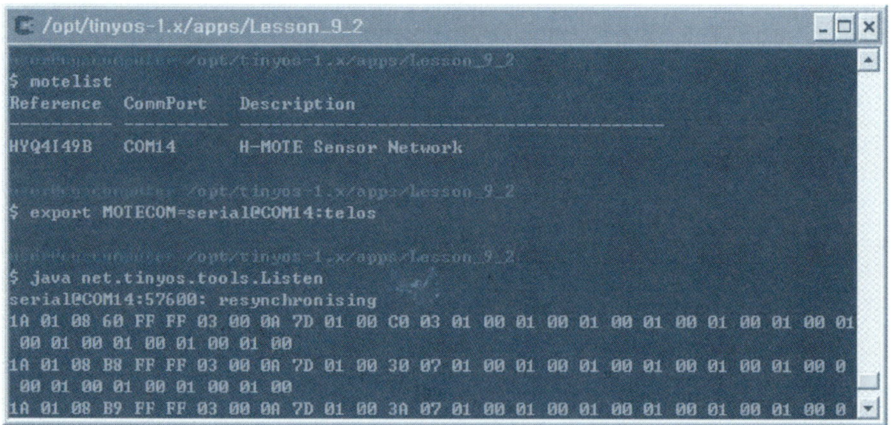

수신되는 패킷의 헤더부분의 아래의 표와 같다.

Header							
1A	01	08	60	FF FF	03 00	0A	7D
length	fcfhi	fcflo	dsn	destpan	addr	type	group

우리는 앞서 13장에서 데이터 패킷 구조에서 학습하였다. 따라서 수신되는 패킷을 보고 주소값을 확인할 수 있다.

13장에서 수신된 패킷의 구조를 보고 서로 비교를 해보도록 하자. 아래는 13장에서 수신된 패킷의 헤더 부분이다.

Header							
1A	01	08	F8	FF FF	FF FF	0A	7D
length	fcfhi	fcflo	dsn	destpan	addr	type	group

현재 수신되는 패킷의 주소값은 03이고 13장에서 수신된 패킷은 주소값이 ffff로 브로드캐스트된 주소값인 것을 확인할 수 있다.

우리는 이번 실습을 통해 주소 필터 기능에 대해서 학습하였다. 수신을 하는 모트는 송신 모트의 목적지 주소값이 다르면 데이터를 수신하지 않을 수 있는 기능을 가지며 이 기능은 상황에 따라 enable 또는 disable할 수 있다. 이것은 특정 지역에서 여러 개의 모트가 동시에 다른 목적으로 사용될시 중요한 의미를 가지는 기능이다.

연 습 문 제

1. 이번 장의 실습을 주소값을 다른 값으로 바꾸어 다시 필터링 실습을 진행해 보자. 같은 결과가 나오는가?

제15장 CC2420의 RSSI와 LQI 실습

[학습 목표]
CntToRfm와 HyBus_RSSI 프로그램을 이용하여 RSSI의 값과 LQI의 값이 출력되도록 하여 화면에서 출력되는 RSSI와 LQI의 값을 확인하여 보고 값을 계산하여 어떤 의미를 가지는지 확인한다.

15.1 CC2420의 RSSI와 LQI의 개요

1. RSSI와 LQI의 정의

RSSI(Received Signal Strength Indication)는 우리말로 수신신호강도라는 뜻이다. 말그대로 수신기에서 수신되는 전력이 얼마인지 그 수치를 말하는 것이다. 따라서 받는 쪽에서 RSSI값을 계산하게 된다.

CC2420경우 RSSI register가 있어서 일정한 계산식에 따라서 RSSI값을 계산하여 디지털값으로 넘겨준다. 끝의 I가 Indicator라고 쓰일 때는 이 RSSI(수신신호강도)를 측정해주는 검출기를 의미한다. 따라서, RSSI라고만 하면 [수신신호강도]를 말할 수도 있고, [수신신호강도측정기]를 의미하기도 하므로 상황에 맞게 알아서 잘 판단해야 한다.

통신시스템에 따라 이러한 수신신호강도를 측정하여 수신신호에 맞게 가변 증폭함으로써 전력 효율을 높일 수 있고, 그 외에도 수신신호측정을 통해 여러 가지 시스템에 반영시킬 수 있다.

LQI는 Link Quality Indication으로 통계적인 값이며, 단적인 경우 RSSI가 LQI

가 될 수도 있지만, 보통 0~255사이의 값을 가지며 일정한 계산식, 또는 테이블식 값을 갖기도 한다.

2. CC2420의 TOS_Msg의 구조

CC2420의 TOS_Msg의 구조를 보면 아래와 같다.

```
typedef struct TOS_Msg
{
  /* The following fields are transmitted/received on the radio. */
  uint8_t length;
  uint8_t fcfhi;
  uint8_t fcflo;
  uint8_t dsn;
  uint16_t destpan;
  uint16_t addr;
  uint8_t type;
  uint8_t group;
  int8_t data[TOSH_DATA_LENGTH];
  uint8_t strength;
  uint8_t lqi;
  bool crc;
  uint8_t ack;
  uint16_t time;
} TOS_Msg;
```

구조체 내에 즉, 송신하는 패킷에 uint8_t strength; 라는 곳에 RSSI값이 입력되어 있으며 그 아래에 있는 uint8_t lqi;에서 LQI값이 계산되어 저장되어진다. 출력되는 패킷에서 RSSI값과 LQI값을 확인할 수 있어야 하지만, 패킷 전송시에는 RSSI와 LQI의 데이터가 포함되어 있지만 전송값을 화면에 출력하지 않으므로 실제로 확인할 수는 없다.

3. CC2420의 RSSI 값 그래프

아래는 RSSI Register의 값에 대응하는 RF Level 값의 그래프이다.

일반적으로 출력되는 RSSI값에 -45를 하면 RF Level 값이 나온다.

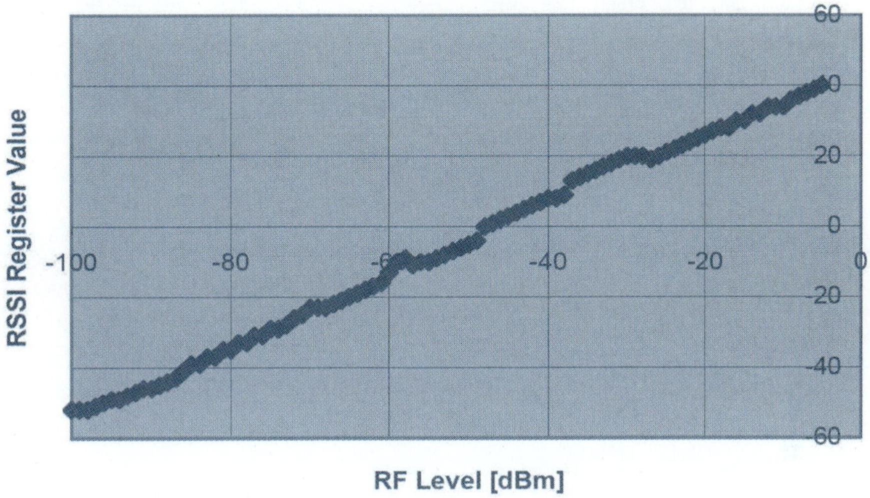

15.2 CC2420의 RSSI와 LQI 실습

실습에선 두 개 이상의 송신 모트를 준비하고, 다른 하나의 수신 모트를 PC에 연결하여 송신 모트의 신호를 입력받아 PC에서 java Listen으로 출력을 해보는 실습을 진행한다. RSSI와 LQI는 패킷 전송시 패킷의 tail 부분으로 데이터는 존재하지만 화면에 출력되지는 않는다. 따라서 이를 화면에 출력할 수 있도록 프로그램을 수정하여야 한다.

프로그램을 수정하여 RSSI의 값과 LQI의 값이 출력되도록 하여 화면에서 출력되는 RSSI와 LQI의 값을 확인하여 보고 값을 계산하여 어떤 의미를 가지는지 확인한다.

1. 실습 진행순서

이번 실습은 다음 과정을 거쳐 실습을 진행하도록 한다.

1. 무선 노드가 패킷을 보낸다 -> 2. 베이스 노드가 패킷을 받는다 -> 3. 베이스 노드가 패킷을 받으면, 그 수신된 패킷의 신호강도(rssi)를 확인한다 -> 4. RSSI 값을 원래 받았던 패킷안에 넣어 그 패킷을 시리얼 포트로 보낸다 -> 5. PC에서 시리얼 포트로 넘어온 값을 확인한다

2. CntToRfm 프로그램 확인

무선 노드는 기본예제 프로그램인 /opt/TinyOS-1.x/apps/CntToRfm을 사용한다.

```
$ cd /opt//TinyOS-1.x/apps/CntToRfm
$ vi CntToRfm.nc
```

- CntToRfm.nc

```
/**
This app sends counter values out over the radio.
**/

configuration CntToRfm {
}
implementation {
  components Main, Counter, IntToRfm, TimerC;

  Main.StdControl -> Counter.StdControl;
  Main.StdControl -> IntToRfm.StdControl;
  Counter.Timer -> TimerC.Timer[unique("Timer")];
  Counter.IntOutput -> IntToRfm.IntOutput;
}
```

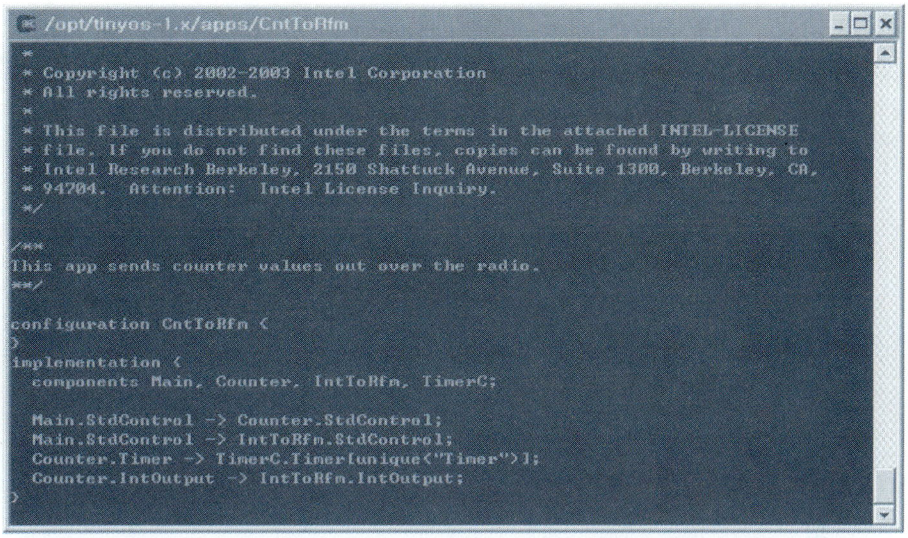

```
/opt/tinyos-1.x/apps/CntToRfm
 *
 * Copyright (c) 2002-2003 Intel Corporation
 * All rights reserved.
 *
 * This file is distributed under the terms in the attached INTEL-LICENSE
 * file. If you do not find these files, copies can be found by writing to
 * Intel Research Berkeley, 2150 Shattuck Avenue, Suite 1300, Berkeley, CA,
 * 94704.  Attention:  Intel License Inquiry.
 */

/**
This app sends counter values out over the radio.
**/

configuration CntToRfm {
}
implementation {
  components Main, Counter, IntToRfm, TimerC;

  Main.StdControl -> Counter.StdControl;
  Main.StdControl -> IntToRfm.StdControl;
  Counter.Timer -> TimerC.Timer[unique("Timer")];
  Counter.IntOutput -> IntToRfm.IntOutput;
}
```

무선 노드들을 TinyOS-1.x/apps/CntToRfm로 프로그래밍한다. CntToRfm.nc는 카운터값을 송신하는 모트 프로그램이다. CntToRfm 프로그램을 업로드한 모트는 지속적으로 데이터를 송신하고 이를 받는 HyBus_RSSI 프로그램으로 업로드된 모트는 수신하면서 RSSI 값과 LQI 값을 계산하여 PC로 전송한다.

```
$ cd /opt/TinyOS-1.x/apps/CntToRfm
$ make hybus install
```

3. HyBus_RSSI 프로그램 확인

베이스 노드는 /opt/TinyOS-1.x/apps/HyBus_RSSI에 있는 파일을 사용한다. 베이스 노드를 시리얼 포트로 연결하고, java Listen으로 수신된 패킷을 확인할 것이다.

HyBus_RSSI 디렉토리의 프로그램은 TOSBase와 유사하며 HyBus_RSSI 디렉토리가 없을 경우 TOSBase 디렉토리를 복사하여 HyBus_RSSI 디렉토리 이름을 바꾸어 해당 파일을 수정하여 사용한다.

1) Hyper_RSSI.nc

```
/*
****************
HyBus Co,.Ltd
TinyOS-1.x apps
****************
*/
configuration Hyper_RSSI {
}
implementation {
  components Main, Hyper_RSSIM,LedsC;
  components RadioCRCPacket as Comm;
  components FramerM, UART;

  Main.StdControl -> Hyper_RSSIM.StdControl;

  Hyper_RSSIM.Leds -> LedsC;

  // For UART send
  Hyper_RSSIM.UARTControl -> FramerM;
  Hyper_RSSIM.UARTSend -> FramerM;
  Hyper_RSSIM.UARTReceive -> FramerM;

  FramerM.ByteControl -> UART;
  FramerM.ByteComm -> UART;

  Hyper_RSSIM.RadioControl -> Comm;
  Hyper_RSSIM.RadioSend-> Comm;
  Hyper_RSSIM.RadioReceive -> Comm;
  }
```

컴포넌트 파일과 모듈 파일을 꼼꼼히 확인하고 수정하자.

2) Hyper_RSSIM.nc

아래는 Hyper_RSSIM.nc 모듈 파일이다.

```
/*
****************
```

```
HyBus Co.,Ltd
TinyOS-1.x apps
****************
*/
module Hyper_RSSIM {
    provides
    {
        interface StdControl;
    }
    uses
    {
        interface Leds;

                    interface StdControl as RadioControl;
                    interface BareSendMsg as RadioSend;
                    interface ReceiveMsg as RadioReceive;

                    interface ByteComm;
                    interface StdControl as ByteControl;

                    interface StdControl as UARTControl;
                    interface BareSendMsg as UARTSend;
                    interface ReceiveMsg as UARTReceive;
    }
}

implementation {

    enum { STRENGTH=0, LQI, CRC, ACK, TIME};

  #define MSG_LEN  5

  TOS_Msg msg_buf_uart;
  TOS_MsgPtr msg_uart;

  command result_t StdControl.init() {
          result_t ok1, ok2, ok3;
          atomic {
                  msg_uart = &msg_buf_uart;
     }

    ok1 = call UARTControl.init();
    ok2 = call RadioControl.init();
```

```
  ok3 = call Leds.init();
       return rcombine3(ok1, ok2, ok3);
}

command result_t StdControl.start() {
  result_t ok1, ok2;

  ok1 = call UARTControl.start();
  ok2 = call RadioControl.start();
  return rcombine(ok1, ok2);
}

command result_t StdControl.stop() {
 result_t ok1, ok2;

  ok1 = call UARTControl.stop();
  ok2 = call RadioControl.stop();
  return rcombine(ok1, ok2);
}
       task void uarttask()
       {
               msg_uart->addr = TOS_LOCAL_ADDRESS;
               msg_uart->type = 7;
               msg_uart->length = MSG_LEN;
               msg_uart->group = TOS_AM_GROUP;
               //call Leds.yellowToggle();
               call UARTSend.send(msg_uart);
       }
  event result_t RadioSend.sendDone(TOS_MsgPtr sent, result_t success)
  {
      return SUCCESS;
  }

       event TOS_MsgPtr RadioReceive.receive(TOS_MsgPtr Msg)
  {
               TOS_MsgPtr pBuf = Msg;
               if ((pBuf->strength) > 0xF)
                        call Leds.greenOn();
               else
                        call Leds.greenOff();

               msg_uart->data[STRENGTH]=pBuf->strength;
               msg_uart->data[LQI]=pBuf->lqi;
```

```
                msg_uart->data[CRC]=pBuf->crc;
                msg_uart->data[ACK]=pBuf->ack;
                msg_uart->data[TIME]=pBuf->time;
                post uarttask();
                return pBuf;
    }

        async event result_t ByteComm.txDone()
    {
                return SUCCESS;
        }

    async event result_t ByteComm.txByteReady(bool success)
        {
                return SUCCESS;
        }

    async event result_t ByteComm.rxByteReady(uint8_t data, bool error, uint16_t strength)
        {
                return SUCCESS;
        }

        event result_t UARTSend.sendDone(TOS_MsgPtr msg, result_t success)
        {
                        return SUCCESS;
        }
        event TOS_MsgPtr UARTReceive.receive(TOS_MsgPtr data) {
                        return data;
    }
}
```

소스 코드를 보면 addr = TOS_LOCAL_ADRESS / type = 7 / length = MSG_LEN /group = TOS_AM_GROUP으로 지정되어 TOS_MSG 패킷으로 입력된다. 따라서 length는 data의 길이인 5가 입력되고, group는 0x7d로 입력된다.

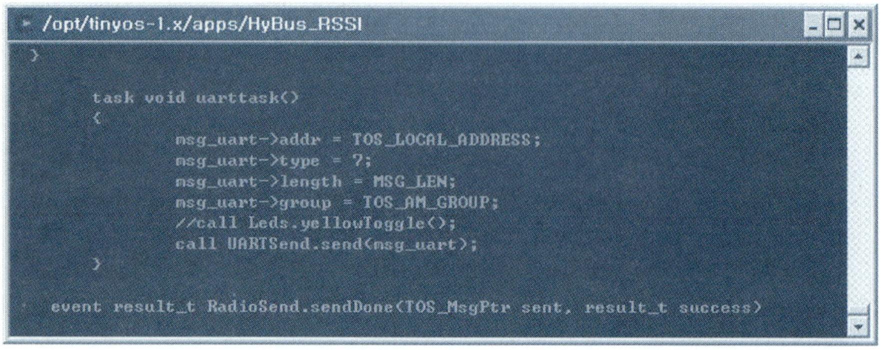

아래 그림은 메시지 패킷 구조에서 data 부분에 해당하는 값을 입력하는 코드이다. 여기에서 data[STRENGTH]=pBuf->strength;에 해당하는 부분이 RSSI 값을 입력하는 부분이다. msg_uart->data[LQI]=pBuf->lqi;에 해당하는 부분은 LQI 값을 입력한다.

그 외에도 CRC, ACK 등을 데이터에 입력해 준다.

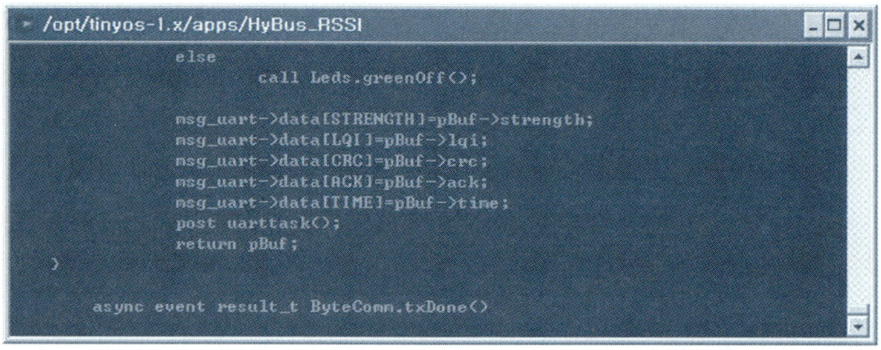

4. HyBus_RSSI 프로그램 컴파일 및 업로드

파일 수정이 완료되면 모트에 업로드한다. make hybus install 을 하여 컴파일과 업로드를 동시에 수행한다.

```
$ cd /opt/TinyOS-1.x/apps/Hyper_RSSIM
$ make hybus install
```

5. java Listen 프로그램을 이용한 패킷 확인

CntToRfm 프로그램으로 송신을 담당하는 모트가 준비되고 Hyper_RSSIM프로그램으로 수신 및 PC로 패킷을 전송하는 모트가 준비되면 송신 모트를 켜고 수신 모트를 PC에 연결한 채로 java Listen 프로그램을 실행하여 입력되는 패킷의 값을 알아보도록 하자.

```
$ motelist
$ export MOTECOM=serial@COM8:telos
$ java net.TinyOS.tools.Listen
```

아래 그림과 같이 수신되는 패킷의 값이 보일 것이다. 패킷은 TOS_MSG의 구조체 선언의 순서대로 출력된다.

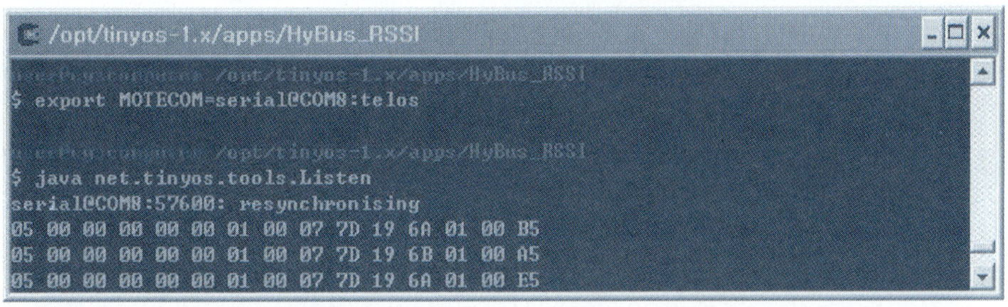

6. 패킷 분석

그럼 패킷을 분석하여 보자. 다음 그림은 TOS_MSG 구조체의 모습이다.

데이터 부분은 Hyper_RSSIM.nc 파일에서 RSSI 값과 LQI 그리고 CRC와 ACK 그리고 TIME 값으로 따로 대입을 해주었으므로 헤더부분 이후에 오는 데이터 부분에서는 입력한 순서대로 패킷이 출력될 것이다.

TOS_Msg							
length (uint8_t)	fcfhi (uint8_t)	fcflo (uint8_t)	destpan (uint16_t)	addr (uint16_t)	type (uint8_t)	group (uint8_t)	data (TOSH-DATA-LENGTH

아래 표는 위 그림의 첫 번째 라인에 출력된 헤더 부분의 값을 대입해 보았다.

Heder							
length	fcfhi	fcflo	dsn	destpan	addr	type	group
05	00	00	00	00 00	01	07	7D

위의 소스 코드에서 확인해보면 알 수 있듯이 헤더의 length에는 패킷 데이터만큼 05가 출력되었다. 이것으로 우리는 데이터 부분이 5바이트의 공간을 할당받고 있음을 알 수 있다.

그 외 addr과 type 역시 지정한대로 입력되어서 출력되는 것을 알 수 있고, group 또한 입력한대로 출력을 보여주는 것을 확인할 수 있다.

다음은 데이터 부분이다. 마찬가지로 소스 코드에서 순서대로 데이터 부분의 패킷을 지정해 주었으므로 그대로 해석하면 된다.

첫 번째는 STRENGTH로 즉 RSSI 값을 나타낸다. RSSI 값은 모트로부터 수신되는 수신 강도를 CC2420에서 처리하여 출력하는 것이다. LQI 또한 따로 전송받는 값이 아니라 수신 품질을 CC2420에서 계산하여 출력한다.

data				
STRENGTH	LQI	CRC	ACK	TIME
19	6A	01	00	B5

RSSI 값이 19로 출력되었다. 이를 데시벨(dB)로 변환하려면 RSSI 값에 -45를 해주면 된다. 즉, RSSI는 −26dB인 것을 알 수 있다.

LQI의 계산은 6A는 십진수로 106이 된다. LQI의 최대값은 110이므로 Link Quality Indication의 값은 106/110이 됨을 알 수가 있다.

지금까지 RSSI와 LQI의 값을 패킷으로 출력해 확인하는 것을 실습하였다. 일반적인 패킷 전송에는 포함되지 출력되지 않는 값이지만 RSSI와 LQI는 무선 통신에 있어서 중요한 의미를 가지는 데이터이다. 이를 이용하여 어떤 서비스를 제공 할 수 있을지 생각해보자.

연습문제

1. RSSI와 LQI는 어떻게 다르고 출력되는 RSSI 값과 LQI 값을 이용해 어떤 서비스를 제공할 수 있는지 생각해 보자.

2. 실습 과정에서 RSSI 값은 RF level에 대응한다. 즉 출력되는 RSSI 값은 데시벨 값이 아니며 이는 다시 데시벨로 나타낼 수 있다. 그럼 패킷 전송을 데시벨로 변환하여 출력하도록 소스 코드를 수정하여 보자.

3. LQI의 값은 RSSI 값과 마찬가지로 출력되는 값이 품질값이 아니므로 이를 프로그램 소스를 수정하여 품질값으로 변환하여 출력하는 프로그램을 만들어보자.

제16장 마이크 센서와 RF 송수신 실습

[학습 목표]
MIC에서 입력된 소리를 신호로 변환하여 전송하는 실습을 통해 주파수로 이루어지는 모트간의 RF 송수신을 확인하여, 휴대 전화 또는 무선 전화기의 송수신 기능을 이해한다.

16.1 마이크 센서와 RF 송수신 개요

휴대폰이나 무선 전화기에서 MIC로 입력된 소리는 신호로 변환되어 전송된다. 그럼 수신측에서 다시 신호를 소리로 변환하여 상호간의 의사소통이 가능하게 되는데 이런 기능중의 일부를 실습해보도록 한다.

MIC는 소리를 입력받아 신호로 변환하는 장치이다. 이번 실습에서는 MIC에서 입력된 소리를 신호로 변환하여 전송하는 실습을 한다. 모트간의 통신은 라디오 주파수로 이루어지며 모트간의 RF 송수신을 확인하여 휴대폰이나 무선 음성통화 기능을 이해할 수 있을 것이다.

소리를 입력받아서 신호로 전송하는 모트에는 /opt/TinyOS-1.x/apps/HyBus_MicTest 디렉토리의 프로그램을 사용하고 신호를 수신하여 화면에 출력하는 프로그램으로는 이미 익숙한 TOSBase 프로그램을 사용하도록 한다.

16.2 마이크 센서와 RF 송수신 실습

1. HyBus_MicTest 프로그램 분석

먼저 Cygwin을 실행하여 /opt/TinyOS-1.x/apps/HyBus_MicTest 디렉토리로 이동하여 수정사항을 확인하자.

- OscopeMsg.h

```
/* Message types used by Oscope. */

/**
 * @author Nelson Lee
 */

enum {
  BUFFER_SIZE = 10
};

struct OscopeMsg
{
    uint16_t sourceMoteID;
    uint16_t lastSampleNumber;
    uint16_t channel;
    uint16_t data[BUFFER_SIZE];
};

struct OscopeResetMsg
{
    /* Empty payload! */
};

enum {
  AM_OSCOPEMSG = 10,
  AM_OSCOPERESETMSG = 32
};
```

OscopeMsg.h 파일에서는 struct OscopeMsg에서 구조체를 재정의한 것을 볼 수 있다.

이것은 TOS_MSG 구조체내에 data 부분에 새로이 정의한 것으로 다음과 같은 구조로 data가 전송되게 된다.

모두 16비트 크기의 sourceMoteID, lastSampleNumber, channel, data가 정의되었는데 data의 BUFFER_SIZE는 10이므로 OscopeMsg 구조체는 모두 26바이트의 크기를 가진다.

2바이트크기의 data 10개에는 앞으로 입력되는 MIC 신호가 채워저 전송될 것이고 그 외에 MoteID나 channel 값이 입력되어 전송되어진다.

- Hyper_MIC.nc

```
/*
****************
HyBus Co,.Ltd
TinyOS-1.x apps
****************
*/

includes OscopeMsg;

configuration Hyper_MIC {
// this module does not provide any interface
}
implementation {
    components Main, Hyper_MICM, TimerC, LedsC, MicC, GenericComm as Comm;

  Main.StdControl -> Hyper_MICM.StdControl;
  Main.StdControl -> TimerC;

  Hyper_MICM.Timer -> TimerC.Timer[unique("Timer")];
  Hyper_MICM.Leds -> LedsC;
  Hyper_MICM.MicControl -> MicC;
  Hyper_MICM.MicADC -> MicC;
  Hyper_MICM.CommControl -> Comm;
  Hyper_MICM.ResetCounterMsg -> Comm.ReceiveMsg[AM_OSCOPERESETMSG];
  Hyper_MICM.DataMsg -> Comm.SendMsg[AM_OSCOPEMSG];
}
```

Configuration 파일에서는 컴포넌트와 인터페이스의 관계를 연결해 놓았다.

여기서는 Hyper_MICM.MicADC -> MicC;에서 MicADC는 MicC.MicADC를 사용하고 메시지 입력과 전송하는데 필요한 ResetCounterMsg와 DataMsg 인터페이스는 Comm으로 명명한 GenericComm 컴포넌트의 ReceiveMsg와 SendMsg 인터페이스를 사용하게 된다.

- Hyper_MICM.nc

```
/*
****************
HyBus Co,.Ltd
TinyOS-1.x apps
****************
*/

includes OscopeMsg;

module Hyper_MICM {
    provides
    {
        interface StdControl;
    }

    uses
    {
        interface Timer;
        interface Leds;
        interface StdControl as MicControl;
        interface StdControl as CommControl;
        interface ADC as MicADC;
        interface Mic;
        interface SendMsg as DataMsg;
        interface ReceiveMsg as ResetCounterMsg;
    }
}
```

모듈내에 implementation에서 실제 실행되는 프로그래밍을 구현한다.

provides에서는 제공하는 인터페이스를 uses에서는 사용하는 인터페이스를 정의한 후 implementation에서 프로그램에 사용되어질 변수 및 배열을 선언하고 각

장치의 LED를 각각 초기화하였다. 또한 사용하는 인터페이스 Timer, MicControl, CommControl을 준비하고 종료하는 command를 구현한다.

```
implementation {

  uint8_t packetReadingNumber;
  uint16_t readingNumber;
  TOS_Msg msg[2];
  uint8_t currentMsg;
  bool busy = FALSE;

  command result_t StdControl.init() {
          call Leds.init();
          call Leds.yellowOff(); call Leds.redOff(); call Leds.greenOff();

    atomic
    {
        currentMsg = 0;
        packetReadingNumber = 0;
        readingNumber = 0;
    }

    call MicControl.init();
    call CommControl.init();

    return SUCCESS;
  }

  command result_t StdControl.start() {
    call MicControl.start();
    call CommControl.start();

    return call Timer.start(TIMER_REPEAT, 8);
  }

  command result_t StdControl.stop() {
    call MicControl.stop();
    call CommControl.stop();

    return call Timer.stop();
  }
```

```
task void dataTask()
{
    struct OscopeMsg *pack;
    atomic {
        pack = (struct OscopeMsg *)msg[currentMsg].data;
        packetReadingNumber = 0;
        pack->lastSampleNumber = readingNumber;
    }

    pack->channel = 1;
    pack->sourceMoteID = TOS_LOCAL_ADDRESS;

  //  if( call DataMsg.send(TOS_UART_ADDR, sizeof(struct OscopeMsg),
    if( call DataMsg.send(TOS_BCAST_ADDR, sizeof(struct OscopeMsg),
                &msg[currentMsg]))
    {
        atomic {
            currentMsg ^= 0x1;
        }
        call Leds.yellowToggle();
    }
}
event result_t Timer.fired()
{
 return call MicADC.getData();
}

event result_t DataMsg.sendDone(TOS_MsgPtr sent, result_t success)
{
                busy = FALSE;
    return SUCCESS;
}
```

OscopeMsg 구조체에 msg배열에 입력된 데이터를 *pack을 이용하여 Oscope Msg를 넣는다. 그리고 packetReadingNumber를 0으로 초기화시켜 다시 신호를 입력받을 수 있도록 준비한다. dataTask가 실행되면 호출하면 OscopeMsg구조체에 입력된 data와 channel sourceMoteID를 구조체에 포함하여 전송하게 된다. 이때 msg로 선언된 배열을 교차시켜 전송 중 입력되는 data를 또 다른 배열에 저장시키게 된다. 전송이 완료되면 다시 전송 준비를 한다.

```
        event TOS_MsgPtr ResetCounterMsg.receive(TOS_MsgPtr m)
        {
            atomic {
                readingNumber = 0;
            }

            return m;
        }

    }
        async event result_t MicADC.dataReady(uint16_t data)
        {
            struct OscopeMsg *pack;
            atomic
            {
                pack = (struct OscopeMsg *)msg[currentMsg].data;
                pack->data[packetReadingNumber++] = data;
                readingNumber++;
                if( packetReadingNumber == BUFFER_SIZE )
                {
                    post dataTask();
                }
            }

            if( data > 0x0240 )
                call Leds.redOn();
            else
                call Leds.redOff();

            return SUCCESS;
        }
```

dataReady는 신호값을 입력받아 배열에 저장하게 된다.

이때 packetReadingNumber를 체크하여 packetReadingNumber가 BUFFER_SIZE만큼 차게 되면 dataTask를 호출하여 입력된 신호 데이터를 전송을 시킨다.

2. HyBus_MicTest 컴파일 및 업로드

TOSBase 디렉토리에 있는 프로그램은 별도의 수정없이 그대로 사용하면 된다. 소스코드의 준비가 완료되었으면 모트에 업로드해보도록 하자.

먼저 HyBus_MicTest 디렉토리로 이동하여 기본 센서가 부착된 모트를 PC와 연결하고 프로그램해보자.

```
$ cd /opt/TinyOS-1.x/apps/HyBus_MicTest
$ make hybus
$ make hybus reinstall
```

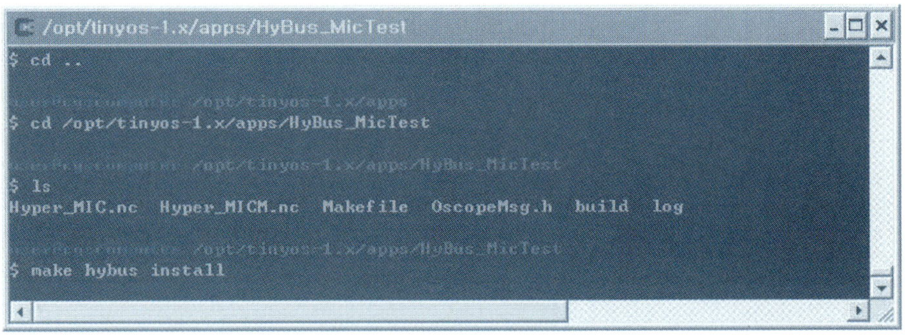

업로딩이 완료되었으면 모트를 PC와 분리하고 배터리를 확인한 다음 전원을 ON시켜 놓도록 하자.

3. TOSBase 컴파일 및 업로드

다음은 TOSBase 디렉토리로 이동하여 같은 방법으로 모트에 업로드한다.

```
$ cd /opt/TinyOS-1.x/apps/TOSBase
$ make hybus
$ make hybus reinstall
```

모트에 업로드가 완료되었으면 TOSBase로 업로드한 모트가 BLUE LED를 점멸하면서 신호를 수신하고 있는 것을 볼 수 있다.

4. java Listen 실행

수신 모트의 포트번호를 확인하고 java Listen을 실행시켜 보자.

```
$ motelist
$ export MOTECOM=serial@COM8:telos
$ java net.TinyOS.tools.Listen
```

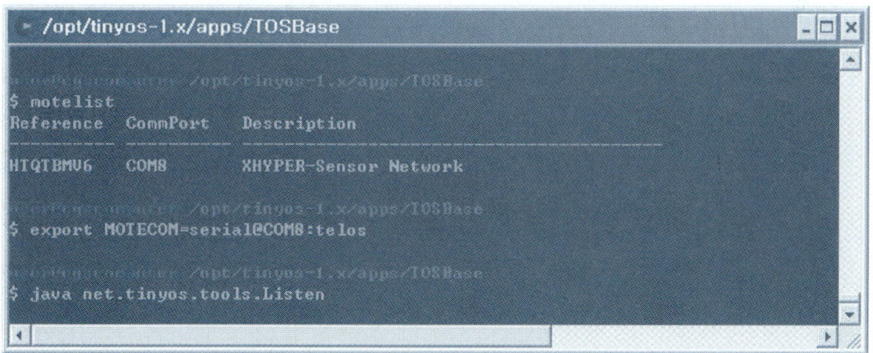

다음과 같은 패킷 메시지가 출력되는 것을 볼 수 있다. 패킷 메시지의 내용을 확인하여 보도록 하자.

5. 출력 패킷 분석

다음은 위 그림에 출력된 두 번째 패킷 라인의 패킷이다.

헤 더										DATA					
1A	01	08	44	FF	FF	FF	FF	0A	7D	01	00	A8	5C	01	00

DATA (실제 데이터)																			
7F	06	8F	06	8F	06	8F	06	8F	06	93	06	93	06	8F	06	7F	06	8F	06
MIC 소리 신호 입력 값																			

패킷은 16진수 두 자리로 표현되는데 먼저 헤더 제일 처음에 1A는 십진수로 26이며 이것은 데이터가 26바이트의 크기를 가지고 있음을 의미한다. 위에서 OscopeMsg.h 파일에서 이 값으로 선언된 것을 이미 확인하였다.

열 번째 패킷값이 7D로 이것은 그룹 ID를 의미한다. 기본설정에 그룹 ID는 7D로 되어 있다. TOS_MSG 구조에서 그룹 ID 뒤에 오는 패킷값이 데이터값이 된다. 즉 01~06까지가 데이터가 되며 이것이 26바이트의 크기를 가진다는 의미이다.

즉 숫자 두 개의 패킷은 1바이트를 의미하므로 7D 이후에 오는 26바이트의 데이터는 두 개의 숫자가 붙어 있는 패킷이 26개가 된다는 말이다. source MoteID가 16비트, 즉 2바이트이므로 01 00이 source MoteID가 되며 1을 의미한다. last Sample Number는 A8 5C이다.

그러므로 channel 01 00이며, 즉 1을 의미한다. 실제 데이터값은 channel 이후에 오는 20바이트 크기의 데이터가 실제 센싱 데이터가 된다.

지금까지 MIC에서 입력된 신호가 TOSBase 를 사용하는 모트에서 수신하여 출력하는 패킷을 확인해 보았다. 즉, 음성신호를 무선으로 송신하여 수신하는 기능을 구현해 보았다. 더 나아가 수신 신호를 다시 스피커로 출력할 수 있는 방법에 대해서 생각해 보자.

제17장
제어문을 이용한 조도 제어 실습

[학습 목표]
조도 센서를 이용하여 센싱된 조도값을 이용하여 조명기구를 제어함으로써 가정에서 창을 통해 들어오는 빛의 양에 따라 실내밝기를 조정하거나 TV의 밝기나 공부방의 조명을 자동으로 조정할 수 있는 유용한 기능을 이해한다.

17.1 제어문을 이용한 조도 제어의 개요

이번 실습은 조도를 센싱하는 모트에 제어문을 추가하여 일정 조도값 이하일 때 전등을 켜라는 신호를 보내고 다시 일정 조도값 이상이 되면 전등을 끄라는 신호를 보내게 하는 프로그램을 구현해 본다. 이 실습은 실제 가정에서 창을 통해 들어오는 빛의 양에 따라 실내밝기를 조정할 수 있고, 또한 더욱 응용되어 실내밝기에 따라 TV의 밝기나 공부방의 조명을 조정할 수 있는 유용한 기능의 기초가 될 수 있다.

먼저 하나의 모트를 준비하자. [그림 17-1]과 같이 기본 센서를 부착한 상태에서 프로그램을 구현하여 업로드한다.

조도 센서에 손가락을 갖다 대어 어둡게 하면 불을 켜라는 신호를 패킷신호에 담아 전송하게 되고 다시 밝아지면 불을 끄라는 신호를 패킷신호에 담아 전송하는 기능을 담당하게 될 것이다. 기본 센서가 부착된 모트에는 조도를 센싱하는 프로그램인 Hybus_PhotoTestScope 디렉토리내에 있는 소스 프로그램을 수정하여 사용한다.

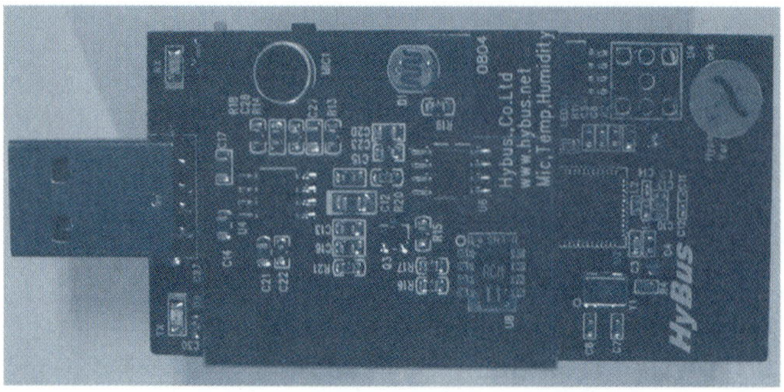

[그림 17-1] Hmote2420 + 기본센서

17.2 제어문을 이용한 조도제어 실습

1. Hybus_PhotoTestScope 프로그램 디렉토리 이동

먼저 Cygwin을 실행하여 /opt/TinyOS-1.x/apps/Hybus_PhotoTestScope 디렉토리로 이동하여 소스 프로그램을 수정하여 보도록 하자.

디렉토리 내에는 OscopeMsg.h 파일과 Hyper_PhotoScope.nc 파일 그리고 make 파일과 실제 기능을 구현하는 모듈파일인 Hyper_PhotoScopeM.nc 파일이 있다.

2. OscopeMsg.h 파일 수정 및 분석

소스 코드인 Hybus_PhotoTestScope 프로그램의 본래의 기능은 조도값을 센싱하여 java tool인 oscope 프로그램에서 그래프로 보여주는 기능을 하는 프로그램이다. OscopeMsg.h 파일과 모듈파일인 Hyper_PhotoScopeM.nc 파일을 수정하여 우리가 원하는 무선제어 프로그램으로 수정해 보자. 먼저 OscopeMsg.h 파일을 보고 다음과 같이 수정을 한다.

- OscopeMsg.h

```
/* Message types used by Oscope. */

enum {
  BUFFER_SIZE = 10
};

enum {
  GAS_ON = 1,
  GAS_OFF = 2,
  MOTOR_ON   = 3,
  MOTOR_OFF = 4,
  LIGHT_ON = 5,
  LIGHT_OFF = 6
};

struct OscopeMsg
{
    uint8_t seqno;
    uint8_t action;
};

struct OscopeResetMsg
{
    /* Empty payload! */
};
enum {
  AM_OSCOPEMSG = 8,
  AM_OSCOPERESETMSG = 32
};
```

- enum{GAS_ON = 1, GAS_OFF = 2, ...}에서 명령을 입력하면 대응하는 값을 넣게 되도록 해놓았다. 전등을 제어하는 것은 LIGHT_ON, LIGHT_OFF로서 각각 5와 6의 값을 가진다. 즉 액션을 취해야 하는 상태가 오면 데이터 메시지에 5 또는 6을 실어 보냄으로써 LIGHT_ON, LIGHT_OFF의 기능을 취하게 된다.
- struct OscopeMsg{}; 에서는 구조체를 변경하므로 payload에 모트가 보내는 명령을 입력할 수 있도록 수정하였다.
- AM_OSCOPEMSG = 8에서 수신하는 link의 ID와 AM_OSCOPERESETMSG = 32에서 송신하는 link의 ID를 지정해 주었다.

3. Hyper_PhotoScopeM.nc 파일 수정 및 분석

다음은 Hyper_PhotoScopeM.nc 파일을 수정해 보자.

- Hyper_PhotoScopeM.nc

```
/*
****************
HyBus Co,.Ltd
TinyOS-1.x apps
****************
*/
includes OscopeMsg;
module Hyper_PhotoScopeM {
    provides
    {
        interface StdControl;
    }
    uses
    {
        interface Timer;
        interface Leds;
        interface StdControl as CommControl;
        interface SendMsg as DataMsg;
        interface ReceiveMsg as ResetCounterMsg;
        interface ADC as PhotoADC;
         interface StdControl as PhotoControl;
    }
}
implementation {
  uint8_t packetReadingNumber;
  uint16_t readingNumber;
  TOS_Msg msg[2];
  uint8_t currentMsg;
  bool busy = FALSE;
  int i=0;
  norace int status, status2 = 0;

  command result_t StdControl.init() {
          call Leds.init();
          call Leds.yellowOff(); call Leds.redOff(); call Leds.greenOff();
```

```
  atomic
  {
      currentMsg = 0;
      packetReadingNumber = 0;
      readingNumber = 0;
  }
  call PhotoControl.init();
  call CommControl.init();
  return SUCCESS;
}
command result_t StdControl.start() {
  call PhotoControl.start();
  call CommControl.start();
  return call Timer.start(TIMER_REPEAT, 50);
}
command result_t StdControl.stop() {
  call PhotoControl.stop();
  call CommControl.stop();
  return call Timer.stop();
}
  task void dataTask()
  {
      struct OscopeMsg *pack;
      atomic {
          pack = (struct OscopeMsg *)msg[currentMsg].data;
          pack->action = LIGHT_ON;
      }
      pack->seqno = i++;

      if( call DataMsg.send(TOS_UART_ADDR, sizeof(struct OscopeMsg),
   //  if( call DataMsg.send(TOS_BCAST_ADDR, sizeof(struct OscopeMsg),
                &msg[currentMsg]))
      {
          atomic {
              currentMsg ^= 0x1;
          }

          call Leds.yellowToggle();
      }
  }
  task void dataTask2()
  {
      struct OscopeMsg *pack;
```

```
        atomic {
            pack = (struct OscopeMsg *)msg[currentMsg].data;
            pack->action = LIGHT_OFF;
        }
        pack->seqno = i++;

        if( call DataMsg.send(TOS_UART_ADDR, sizeof(struct OscopeMsg),
      // if( call DataMsg.send(TOS_BCAST_ADDR, sizeof(struct OscopeMsg),
                    &msg[currentMsg]))
        {
            atomic {
                currentMsg ^= 0x1;
            }

            call Leds.blueToggle();
        }
    }
event result_t Timer.fired()
{
  return call PhotoADC.getData();
}
  event result_t DataMsg.sendDone(TOS_MsgPtr sent, result_t success)
  {
                busy = FALSE;
      return SUCCESS;
  }
  event TOS_MsgPtr ResetCounterMsg.receive(TOS_MsgPtr m)
  {
      atomic {
          readingNumber = 0;
      }
      return m;
  }
  async event result_t PhotoADC.dataReady(uint16_t data)
  {
        if(data < 1500)
        {
          if(status == 0)
          {
            status = 1;
            status2 = 0;
            post dataTask();
          }
```

```
            }
            else
            {
                if(status2 == 0)
                {
                    status2 = 1;
                    status = 0;
                    post dataTask2();
                }
            }
            return SUCCESS;
        }
}
```

- implementation에서 int i=0;과 norace int status, status2 = 0;의 변수를 추가하고, return call Timer.start(TIMER_REPEAT, 50);로 타이머의 동작 속도를 약간 늦추었다.
- async event result_t PhotoADC.dataReady(uint16_t data){}에서 입력받는 조도값의 크기에 따라 task void dataTask() 와 task void dataTask2()의 실행 여부가 결정되는데 조도값이 낮을 때는 task void dataTask()이 수행되어 LIGHT_ON의 액션을 취하고 pack->seqno = i++;로 OscopeMsg내의 구조체 변수에 seqno를 하나씩 증가시킨다. 반대로 조도값이 높을 경우에는 task void dataTask2()에서는 LIGHT_OFF의 반대 액션을 취하면서 seqno를 하나씩 증가시킨다. 액션을 취할 때마다 액션에 해당하는 (헤더파일에 정의되어 있는 것과 마찬가지로) 값이 패킷의 데이터 부분에 입력되어 액션을 행하는 곳(상황에 따라 수신 모트 또는 PC 또는 기타 제어장치)으로 전달된다.
- task void dataTask( )과 task void dataTask2( )는 데이터를 송신하는 기능을 가지면서 수신 모트에 LIGHT_ON 또는 LIGHT_OFF의 액션을 취함으로써 헤더파일에서 정의되었던 명령값이 대입되어 송신하면서 HyBus_CONTROL 프로그램을 사용하는 수신 모트에서 명령을 구분하여 전등을 점멸하는 제어를 하게 된다.

4. Hybus_PhotoTestScope 프로그램의 컴파일 및 업로드

그럼 모트에 업로드할 프로그램이 준비가 되었다. 기본 센서를 부착한 모트를 PC와 연결하여 위와 같이 컴파일하고 업로드를 실행한다.

/opt/TinyOS-1.x/apps/Hybus_PhotoTestScope 디렉토리에서 송신 기능 및 조도값에 의해 점멸을 제어하는 프로그램을 컴파일하고 업로드하도록 하자.

```
$ cd /opt/TinyOS-1.x/apps/Hybus_PhotoTestScope
$ make hybus
$ make hybus install
```

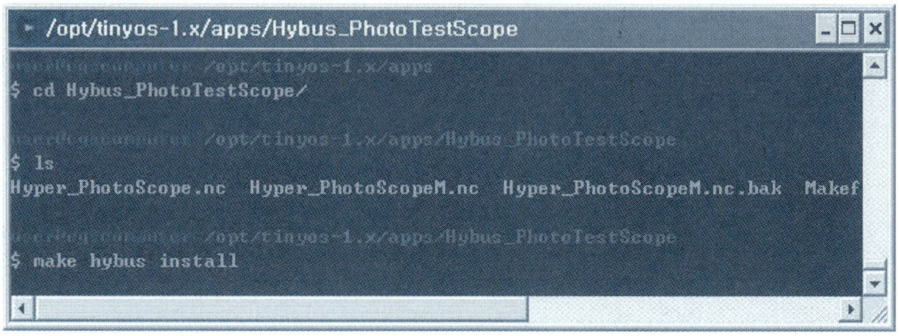

컴파일과 업로드가 이상 없이 진행되었다면 준비는 완료되었다. 조도 센서부분에 손가락을 반복적으로 조도센서에 붙였다 떼어보자. 모트의 Blue LED와 Green LED가 번갈아 가면서 점멸되는 것이 확인된다면 정상 동작하는 것이다.

모트가 정상적인 동작을 보이면 java Listen을 사용하여 입력되는 패킷을 확인해 보도록 하자.

5. Hmote의 연결과 java Listen 실행

먼저 모트의 시리얼 포트를 확인하여 모트와 PC를 export 한다. 그리고 java 애플리케이션을 실행시켜 모트에서 센싱되는 값에 따라 전송하는 패킷의 신호를 확인한다.

```
$ motelist
$ export MOTECOM=serial@COM14:telos
$ java net.TinyOS.tools.Listen
```

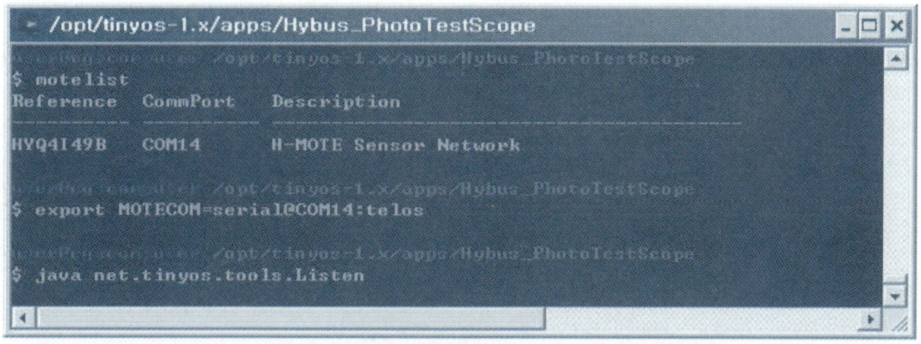

6. 조도값 센싱

java Listen이 실행되면 조도 센싱에 손가락을 붙였다 떼었다를 반복해 보자. 입력되는 패킷의 값을 확인할 수 있을 것이다.

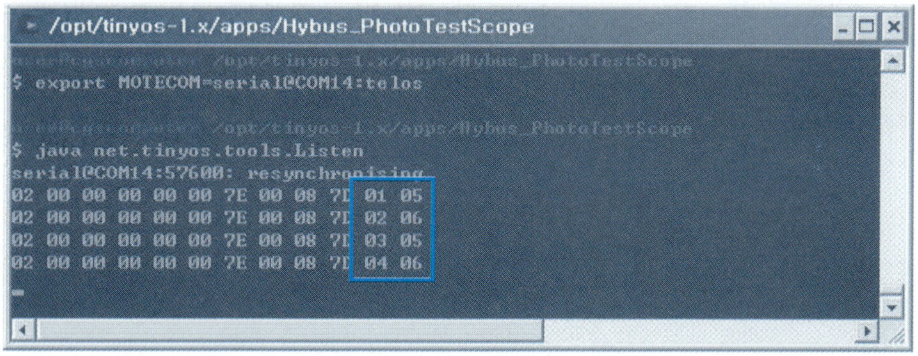

위의 그림으로 패킷의 구조를 알 수 있다.

첫 번째 오는 02는 패킷 데이터의 길이이다. 즉 2바이트의 데이터를 전송하고 있는 것을 알 수 있다.

열 번째 오는 7D는 그룹 ID로 여기까지가 패킷의 헤더부분이다. 즉 실제 데이터 값은 이후에 오는 2바이트 길이의 값이 데이터가 된다. 그 중에서 첫 번째 01, 02, 03.....으로 순차적으로 증가하는 것은 카운터인 것을 쉽게 알 수가 있다. 프로그램에서 헤더에서 정의한 struct OscopeMsg{}의 action, 변수와 seqno 변수에 해당되는 분이다. 두 변수는 프로그램에서 데이터 전송시 같이 실행되며 action 변수는 동작에 해당하는 명령 데이터를 전송하고 seqno 변수는 순차적으로 카운터되면서 순서에 관한 정보를 전송한다.

마지막으로 action 변수의 값이 출력되는데 05와 06의 값이 반복적으로 나타나는 것을 알 수 있다. 프로그램에서 LIGHT_ON은 05의 값을 갖고 LIGHT_OFF는 06을 값을 갖는 것을 이미 알고 있다. 즉, 위 그림에서처럼 05가 전송되면 전등을 켜라는 신호이고 06이 전송되면 전등을 끄라는 신호이다. 손가락을 갖다대면 어두워지면서 전등을 켜라는 05가 전송되고, 반대로 손가락을 떼면 전등을 끄라는 06이 전송되는 것이다.

이번 실습에선 조도 센싱 값을 비교하여 전등을 점등하거나 소등할 수 있는 프로그램을 구현해 보았다. 또한 ON/ OFF 명령이 어떻게 패킷으로 전달되어 컨트롤 할 수 있게 되는지도 알아보았다.

연 습 문 제

1. 전등을 점등 또는 소등하는 것을 PC가 아닌 모트에서 컨트롤할 수 있도록 프로그램을 수정하고 HyBus_CONTROL 디렉토리의 프로그램을 이용하여 실제 전등을 켜거나 끄는 테스트를 진행하여라.

제18장
온도/습도 센서와 멀티홉 네트워크 실습

[학습 목표]

여러 개의 센서 모트들을 이용해 네트워크를 구성하여 데이터 전송 상태를 확인한다. 네트워크 구성방법 중의 하나인 Multyhop 방식을 프로그램을 통해 구현하고 이해한다.

18.1 멀티홉의 개념

1. 멀티홉이란

멀티홉이란 무선 중계기(기지국)가 설치된 고정 또는 이동 접속점을 도약해 무선 네트워크를 구성하는 기술을 말하는데, 네트워크를 확장하지 않아도 가청 범위를 넓힐 수 있으며, 무선 중계기가 탑재되어 있는 일부 수신 장치를 이용해 기지국 역할을 담당하는 것이다. 전주, 건물, 휴대 단말기 등을 연결해 무선 통신망을 구성하거나 차량을 이용해 송수신 장치와 라우터를 탑재, 대도시 무선 통신망을 구축할 수 있으며, 개발 도상국에서는 고정 광대역 서비스 제공에 적용할 수 있다.

결국 기존에 네트워크를 구성해서 중심을 두고 여러 단말기가 중심 기지국을 통해 통신하던 방법과는 달리 단말기가 작은 기지국이 되어 징검다리 역할을 하면서 네트워크를 구성하는 방법을 말한다. 결국 전체 네트워크 내에 라우터 역할을 하는 많은 노드들만 있다면 상대적으로 적은 비용으로 큰 지역을 커버할 수 있는 네트워크망을 형성할 수 있다. RF로 통신할 때 멀리 떨어진 노드로 데이터를 보내기 위해선 신호의 세기를 강하게 해야만 멀리 도달할 수 있는데, 멀티홉 방식을 이용하여 중간에 라우터 역할을 하는 많은 노드들이 있다면 약한 신호(도달거리가 짧은)를 가지고도 충분히 먼 곳까지 통신을 할 수 있게 된다. 긴 거리를 바톤을 주고받으며 여러 명이 나누어 달리는 릴레이 경주를 하듯이 데이터를 여러 개의 노드들이 서로 전송해서 멀리까지 전송하는 방식이라고 생각할 수 있다.

즉, 중간 노드들이 패킷을 전달해 주는 것을 Multihop이라 말한다.

2. 멀티홉의 이해

그림과 같이 노드 ID 2번은 중심 노드 ID 0번과 직접 데이터를 전송하지 않고 노드 ID 3을 통해 노드 ID 0으로 데이터를 전송하는 것을 볼 수 있다. 이와 같은 방법으로 데이터를 전송할 수 있는 방법을 Multihop라고 한다.

18.2 온도/습도 센서와 멀티홉 네트워크 실습

RF 실습 전에 설정해야 하는 것들에 대해서 알아보자.

1. RF channel 설정 확인

RF 실습에 관계된 디렉토리의 설정을 확인해야 한다.

먼저 RF channel 설정을 확인하자. 설정 디렉토리는 다음과 같다.

```
/opt/TinyOS-1.x/tos/lib/CC2420Radio
```

위의 설정 디렉토리 경로로 이동한 후 C2420Const.h 파일을 찾아서 설정을 확인 및 수정한다. 수정할 사항은 CC2420_DEF_CHANNEL이며, 범위는(0x03~0x1F)이다.

기본적으로 채널 설정이 같아야 모트 간의 통신을 할 수 있다. 범위안의 채널 중 같이 사용할 모트들과 같은 채널을 설정하면 된다. 기본적으로 채널을 설정한 다음 프로그램을 업로드하는 모트들은 채널을 변경하여 업로드하기 전까지 같은 채널을 사용하게 된다. 실습에서는 기본적으로 채널 20을 사용하였다. 원하는 채널로 수정이 완료되었다면 실습을 진행하도록 한다.

다음은 그룹 ID 설정을 확인하자.

```
/opt/TinyOS-1.x/tools/make
```

수정할 파일 : Makedefaults로서 DEFAULT_LOCAL_GROUP ?= 0x7d 라인을 찾아서 그룹 ID가 07xd로 설정되어 있는지 확인하자. 그룹 ID 설정 범위 : (0x 00 ~ 0xFF) 중에서 선택하면 된다. 교재에서는 기본적인 채널인 "0x7d"를 사용하였다.

2. 온도 / 습도 센서와 Multihop 네트워크 실습

이번 실습은 여러 개의 Hmote2420을 프로그래밍하여 온도와 습도를 센싱하여 노드 ID : 0번의 모트에게 센싱값을 전송하는 것이다.

노드 ID : 0번을 통해 입력된 데이터들은 java 프로그램을 통해 모트의 연결상태와 온도/습도값을 출력한다. 또한 Multihop을 구현하여 모트가 노드 ID : 0번을 통해서만 데이터가 전송되는 것이 아닌, 중간에 다른 노드 ID를 가진 모트를 통해 값을 전송하는 상태를 GUI 프로그램을 통하여 확인할 수 있을 것이다.

1) Hybus_Surge_app 디렉토리로 이동

Cygwin을 실행하여 /opt/TinyOS-1.x/apps/Hybus_Surge_app 디렉토리로 이동한다.

```
$ cd /opt/TinyOS-1.x/apps/Hybus_Surge_app
```

2) Hybus_Surge_app 디렉토리 소스 파일 확인

Hybus_Surge_app 디렉토리를 보면 Makefile 파일, Surge.h 파일과 SurgeCmd.h 파일 SurgeM.nc Surge.nc 파일을 확인할 수 있다. 파일을 확인해 보자.

- Surge.nc

```
includes Surge;
includes SurgeCmd;
includes MultiHop;

configuration Surge {
}
implementation {
  components Main
          , SurgeM
          , TimerC
          , LedsC
          , RandomLFSR
          , GenericComm as Comm
          , CC2420RadioC
          , LQIMultiHopRouter as multihopM

//for Humidity and temperature
          , ADCC
          , HumidityC
          ;
  Main.StdControl -> TimerC;
  Main.StdControl -> Comm;
  Main.StdControl -> multihopM.StdControl;
  Main.StdControl -> SurgeM.StdControl;
```

```
  SurgeM.Timer -> TimerC.Timer[unique("Timer")];
  SurgeM.Leds  -> LedsC; // NoLeds;
  SurgeM.Random -> RandomLFSR;

  SurgeM.CC2420Control -> CC2420RadioC.CC2420Control;
  SurgeM.MacControl -> CC2420RadioC.MacControl;

  SurgeM.RouteControl -> multihopM;
  SurgeM.Send -> multihopM.Send[AM_SURGEMSG];
  multihopM.ReceiveMsg[AM_SURGEMSG] -> Comm.ReceiveMsg[AM_SURGEMSG];

//  for Humidity and temperature
  SurgeM.HumidControl -> HumidityC.SplitControl;
  SurgeM.Humidity -> HumidityC.Humidity;
  SurgeM.TempControl -> HumidityC.SplitControl;
  SurgeM.Temperature -> HumidityC.Temperature;
}
```

이번 실습은 TinyOS-1.x 설치가 제대로 되었다면 별도의 수정없이 컴파일과 업로드를 수행한다. 그러나 간혹 잘못 설치되는 경우도 있으니 파일을 다시 한번 확인해 보도록 하자.

- SurgeM.nc

```
includes Surge;
includes SurgeCmd;

module SurgeM {
  provides {
    interface StdControl;
  }
  uses {
    interface Timer;
    interface Leds;
    interface CC2420Control;
    interface MacControl;
    interface Send;
    interface RouteControl;
    interface Random;
```

```
    interface ADC as Humidity;
    interface ADC as Temperature;
    interface SplitControl as HumidControl;
    interface SplitControl as TempControl;
  }
}
implementation {

  enum {
    TIMER_GETADC_COUNT = 1,              // Timer ticks for ADC
    TIMER_CHIRP_COUNT = 10,              // Timer on/off chirp count
  };

  bool sleeping;                         // application command state
  bool focused;
  bool rebroadcast_adc_packet;

  TOS_Msg gMsgBuffer;
  uint32_t seqno;
  bool initTimer;
  bool gfSendBusy;

  int timer_rate;
  int timer_ticks;

  bool gfSensorBusy;
  norace uint16_t gSensorHumid;
  norace uint16_t gSensorTempur;
  /************************************************************************
   * Initialization
   ************************************************************************/

  static void initialize() {
    timer_rate = INITIAL_TIMER_RATE;
    atomic gfSendBusy = FALSE;
    atomic gfSensorBusy = FALSE;

    sleeping = FALSE;
    seqno = 0;
    initTimer = TRUE;
    rebroadcast_adc_packet = FALSE;
    focused = FALSE;
  }
```

```
  task void SendData() {
    SurgeMsg *pReading;
    uint16_t Len;

    if ((pReading = (SurgeMsg *)call Send.getBuffer(&gMsgBuffer,&Len)) != NULL) {
      pReading->type = SURGE_TYPE_SENSORREADING;
      pReading->parentaddr = call RouteControl.getParent();
      pReading->seq_no = seqno++;

      pReading->humid = gSensorHumid;
      pReading->tempur = gSensorTempur;

#ifdef MHOP_LEDS
      call Leds.redOn();
#endif
      if ((call Send.send(&gMsgBuffer,sizeof(SurgeMsg))) != SUCCESS)
          atomic gfSendBusy = FALSE;
    }
  }

  command result_t StdControl.init() {
    initialize();
    call HumidControl.init();
    call TempControl.init();
    return SUCCESS;
  }

  command result_t StdControl.start() {
    uint16_t randomtimer;
    call CC2420Control.SetRFPower(15);
    call MacControl.enableAck();
    randomtimer = (call Random.rand() & 0xfff) + 1;

    call HumidControl.start();
    call TempControl.start();

    return call Timer.start(TIMER_ONE_SHOT, randomtimer);
  }

  command result_t StdControl.stop() {

    call HumidControl.stop();
    call TempControl.stop();
```

```
    return call Timer.stop();
  }
  /************************************************************************
   * Commands and events
   ************************************************************************/
  event result_t Timer.fired() {

    if (initTimer) {
      initTimer = FALSE;
      return call Timer.start(TIMER_REPEAT, timer_rate);
    }

    timer_ticks++;
    if (timer_ticks % 2 == 0)  call Humidity.getData();
    else call Temperature.getData();

    return SUCCESS;
  }
  event result_t Send.sendDone(TOS_MsgPtr pMsg, result_t success) {
    dbg(DBG_USR2, "SurgeM: output complete 0x%x/n", success);
#ifdef MHOP_LEDS
    call Leds.redOff();
#endif
    atomic gfSendBusy = FALSE;
    return SUCCESS;
  }
  // LEGACY CODE from previous Surge instances. No current use of
  // BCast for SurgeTelos (will be added back in using Drip in the future)
#if 0
  /* Command interpreter for broadcasts
   *
   */
  event TOS_MsgPtr Bcast.receive(TOS_MsgPtr pMsg, void* payload, uint16_t payloadLen) {
    SurgeCmdMsg *pCmdMsg = (SurgeCmdMsg *)payload;

    dbg(DBG_USR2, "SurgeM: Bcast  type 0x%02x/n", pCmdMsg->type);
    if (pCmdMsg->type == SURGE_TYPE_SETRATE) {        // Set timer rate
      timer_rate = pCmdMsg->args.newrate;
      dbg(DBG_USR2, "SurgeM: set rate %d/n", timer_rate);
      call Timer.stop();
      call Timer.start(TIMER_REPEAT, timer_rate);
    }
```

```
      else if (pCmdMsg->type == SURGE_TYPE_SLEEP) {
       // Go to sleep - ignore everything until a SURGE_TYPE_WAKEUP
       dbg(DBG_USR2, "SurgeM: sleep/n");
       sleeping = TRUE;
       call Timer.stop();
     }
       else if (pCmdMsg->type == SURGE_TYPE_WAKEUP) {
       dbg(DBG_USR2, "SurgeM: wakeup/n");

       // Wake up from sleep state
       if (sleeping) {
           initialize();
         call Timer.start(TIMER_REPEAT, timer_rate);
           sleeping = FALSE;
       }
     } else if (pCmdMsg->type == SURGE_TYPE_FOCUS) {
       dbg(DBG_USR2, "SurgeM: focus %d/n", pCmdMsg->args.focusaddr);
       // Cause just one node to chirp and increase its sample rate;
       // all other nodes stop sending samples (for demo)
       if (pCmdMsg->args.focusaddr == TOS_LOCAL_ADDRESS) {
           // OK, we're focusing on me
           focused = TRUE;
           call Timer.stop();
           call Timer.start(TIMER_REPEAT, FOCUS_TIMER_RATE);
       } else {
           // Focusing on someone else
           call Timer.stop();
           call Timer.start(TIMER_REPEAT, FOCUS_NOTME_TIMER_RATE);
       }
     } else if (pCmdMsg->type == SURGE_TYPE_UNFOCUS) {
       // Return to normal after focus command
       dbg(DBG_USR2, "SurgeM: unfocus/n");
       focused = FALSE;
       call Timer.stop();
       call Timer.start(TIMER_REPEAT, timer_rate);
     }
     return pMsg;
   }
#endif //BCast processing
  async event result_t Humidity.dataReady(uint16_t data) {
     atomic {
      if (!gfSendBusy) {
           gfSendBusy = TRUE;
```

```
          gSensorHumid = data;
          gfSensorBusy = FALSE;
      }
    }
          return SUCCESS;
  }
  async event result_t Temperature.dataReady(uint16_t data) {
    atomic {
      if (!gfSensorBusy) {
          gfSendBusy = TRUE;
          gSensorTempur = data;
          gfSensorBusy = TRUE;
          post SendData();
      }
    }
          return SUCCESS;
  }
           event result_t HumidControl.initDone()
           {
                     return SUCCESS;
          }
           event result_t HumidControl.startDone()
           {
                     return SUCCESS;
          }
           event result_t HumidControl.stopDone()
           {
                     return SUCCESS;
          }
          event result_t TempControl.initDone()
          {
                     return SUCCESS;
          }
          event result_t TempControl.startDone()
          {
                     return SUCCESS;
          }
          event result_t TempControl.stopDone()
          {
                     return SUCCESS;
          }
}
```

3) 컴파일 및 업로드 방법

컴파일과 업로드를 분리하는 것은 이미 앞선 실습에서 학습하였지만 다시 한번 확인해 보도록 하자.

① 컴파일만 수행할 경우 make hybus라고 입력한다.

```
make hybus
```

② 업로드만 수행할 경우 make hybus reinstall.노드 ID를 입력한다.
이것은 컴파일 과정을 생략하고 업로드만 수행하는 명령이다. 만약 노드 ID가 불필요할 시에는 생략해도 상관없다.

```
make hybus reinstall.노드 ID
```

③ 컴파일과 업로드를 동시에 수행할 경우 make hybus install이라고 입력한다.

```
make hybus install
```

④ 또한 make hybus install.노드 ID를 추가해서 업로드할 때마다 컴파일을 다시 해도 상관은 없다. 다만 불필요한 컴파일을 계속함으로써 시간의 낭비를 초래하므로 많은 모트를 프로그램할 경우 컴파일만 수행한 후 반복적으로 프로그램 업로드만 하는 방법이 적절하다.

```
make hybus install.노드 ID
```

4) 컴파일

파일확인 후 이상이 없다면 컴파일과 업로딩을 해보자.

먼저 make hybus 명령으로 컴파일만 수행하도록 한다.

```
$ make hybus
```

컴파일이 정상적으로 수행이 되었다면 이제 여러 개의 모트 하나하나 업로드를 해야 한다.

5) 업로드

실습 편의상 마지막으로 PC에 연결되어 있어야 할 모트의 노드ID는 '0'이다. 그러므로 세 개의 모트를 가지고 테스트한다면 make hybus reinstall.2라고 입력한다.

즉, 네 개의 모트를 사용하는 경우 make hybus로 컴파일을 한 후 make hybus reistall.3을 입력하여 업로딩한다.

```
make hybus reinstall.3
```

업로딩이 완료되었다면 모트를 빼고 다음 모트에 업로딩한다.
이번에는 다른 노드ID를 가져야 하므로 make hybus reinstall.2라고 입력하자.

```
make hybus reinstall.2
```

같은 방법으로 나머지 모트들도 업로딩한다.

```
make hybus reinstall.1
```

마지막 모트가 노드 ID 0을 가지게 되며 PC와 그대로 연결해둔다.

```
make hybus reinstall.0
```

6) 송신 모트들의 준비

PC와 연결된 모트를 제외하고 나머지 다른 모트들은 배터리를 확인하고 스위치를 ON시킨다. 모트들은 red LED를 주기적으로 깜박거리며 신호를 보내는 것을 확인할 수 있다.

7) Base 모트의 PC와의 연결

다음으로 java를 실행하기에 앞서 motelist를 확인하고 모트로부터 통신할 수 있도록 설정을 하도록 하자.

motelist를 입력하여 모트번호를 확인한다.

```
$ motelist
```

연결설정을 하기 위해 export MOTECOM=serial@COM포트넘버):telos를 입력한다.

```
export MOTECOM=serial@COM포트넘버:telos
```

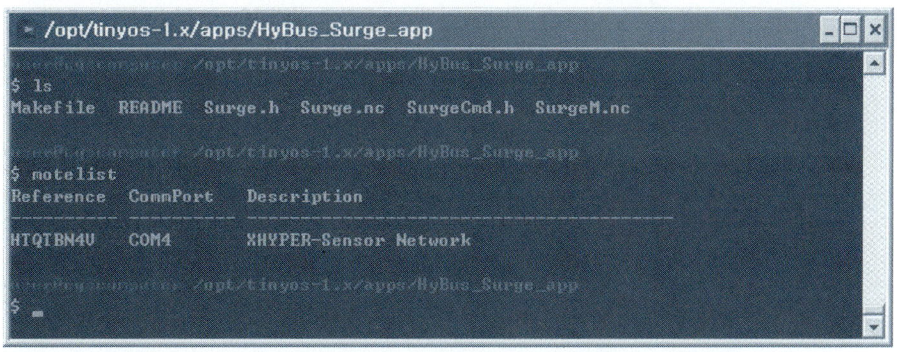

그림에서는 모트 CommPort 번호가 COM4 확인되었다. 그렇다면 다음과 같이 입력해서 통신 설정을 하도록 한다.

```
export MOTECOM=serial@COM4:telos
```

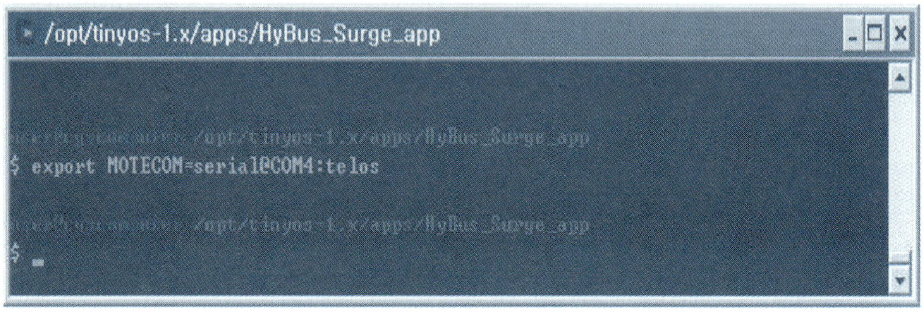

8) java Class 실행

통신을 하기 위한 포트 설정이 끝났으면 Java Class를 실행하여 보자.

Java oscope 출력을 위한 방법은 아래와 같다.

마지막에 '0x7d'는 Group ID를 뜻하는데 교재에서는 0x7d로 설정되어 있으므로 그대로 입력한다.

```
java net.TinyOS.surge_java_humidity.MainClass 0x7d
```

java 프로그램이 열릴 것이다.

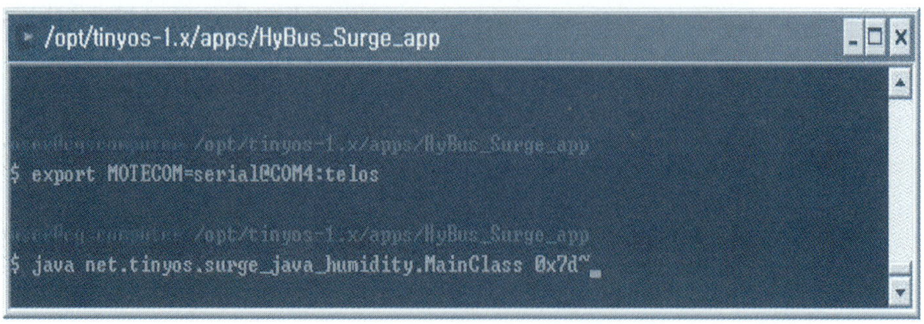

9) 프로그램 실행 확인

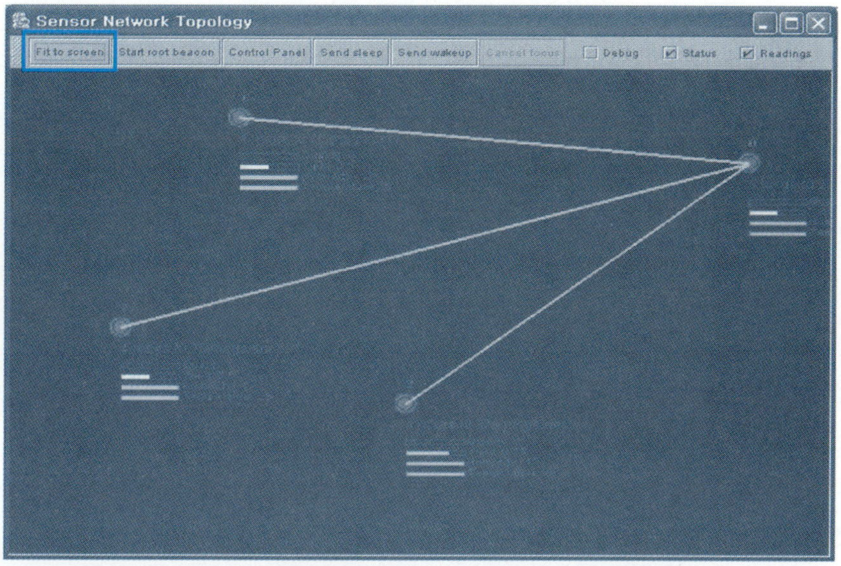

노드 ID 0번을 통해 다른 노드 ID를 가진 모트들이 통신하는 것을 볼 수 있는데 모트의 상태가 잘 보이지 않는다면 마우스로 모트를 클릭하여 옮길 수도 있다. 또한, 모트의 위치는 실제 위치와 상관없이 화면상에서 마음대로 배치 할 수 있다.

다른 방법으론 배치한 상태에서 Fit to screen을 클릭하면 전체 화면의 배치가 보기 좋게 이동한다.

각 노드의 아래에는 현재의 습도값과 온도가 센싱되어 데이터로 들어오며, 노드 ID 0번의 모트는 yellow LED가 점멸할 때 자신의 센싱 데이터를 전송하고, yellow LED와 red LED가 번갈아 점멸할 때 다른 모트의 센싱 데이터를 전송하는데 반해, 위성 모트들은 red LED가 주기적으로 점멸하면서 센싱 테이터를 전송한다.

특정 모트를 가지고 입김을 불어넣어보자. 온도와 습도가 올라가는 것을 확인할 수 있을 것이다. 이런 테스트를 통해 우리는 반응하는 모트의 노드 ID를 알 수 있다.

화면상에 나타난 굵은 녹색 선은 현재 모트의 연결 상태를 보여준다. 그러므로 그림상의 모트들은 모두 노드 ID 0번의 모트와 연결되어 통신하고 있다는 걸 알 수 있다. 그렇다면, 이번 실습의 목적은 온습도 센서를 이용한 멀티홉 네트워크 실습을 하고 이해하기 위함으로써 앞에서 학습하였던 멀티홉을 확인해 보도록 하자.

10) 멀티홉 구현 확인

일단 여러 모트들을 서로 멀리 떨어뜨려 보면 연결된 녹색선이 일관되게 노드 ID 0번의 모트로 연결되어 있었는데, 통신장애를 느낀 특정 모트는 다른 노드ID를 가진 모트를 통해 센싱된 데이터를 전송하는 것을 확인할 수 있을 것이다.

이것으로 멀티홉 네트워크 구현을 확인할 수 있다. 멀티홉이 구현되었다면 다음과 유사한 화면을 볼 수 있을 것이다. 노드ID 2번인 모트가 노드 ID 3번인 모트를 통해 노드ID 0번의 모트에게 센싱 데이터를 전송하는 것을 확인할 수 있다. 이처럼 굳이 중앙을 거치지 않더라도 무수히 많은 소형 노드들을 통해 데이터를 전송할 수 있는 네트워크 구성을 멀티홉이라고 한다. 실습에선 한 개의 노드를 거쳐서 전송하였지만 더욱 여러 경로를 거쳐 데이터를 전송할 수 있다.

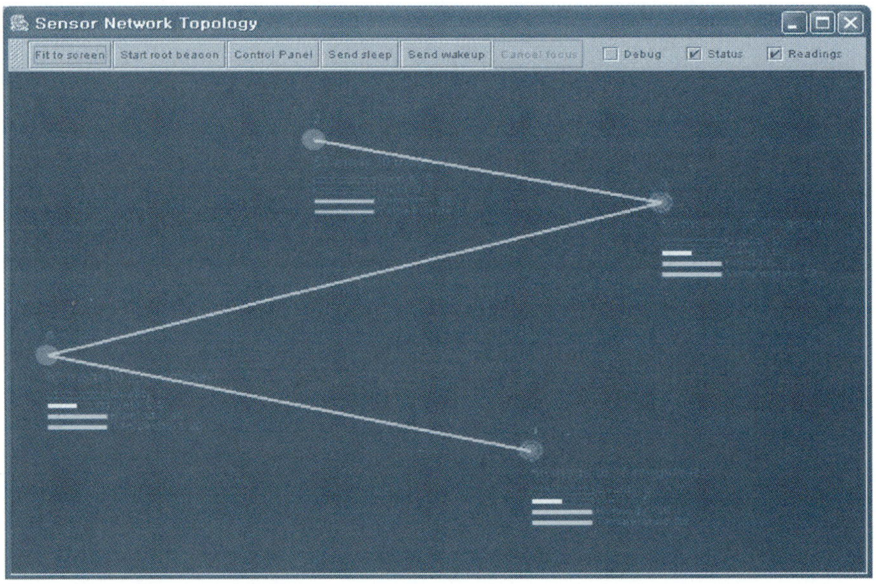

▌연 습 문 제

1. 모두 똑같은 Hybus_Surge_app 프로그램으로 업로드하였다. 그렇다면 다른 노드ID를 갖는 모트를 PC에 연결하여 통신설정을 새로 하고 java 프로그램을 실행시켜 보자. 어떻게 되는가? 그렇다면 그 이유는 무엇인가?

2. Multihop을 구현하는 네트워크에는 어떤 것들이 있는지 알아보자.

제19장
네트워크를 이용한 Hmote2420 제어 실습

[학습 목표]

PC를 통해 연결된 모트에 제어 명령을 내림으로서 모트가 제어 명령을 받아 무선으로 연결된 다른 모트에게 제어명령을 송신하여 제어 명령을 수신한 모트의 동작을 제어하는 실습을 통하여 무선제어의 개념을 이해한다.

19.1 네트워크를 이용한 Hmote2420 제어

네트워크를 이용하여 하나의 모트를 통해 무선 네트워크로 연결된 또 다른 모트의 동작을 제어하는 실습을 하도록 한다.

1. SimpleCmd 프로그램

1) SimpleCmd 디렉토리 이동

모트는 2개를 필요로 하며 별도의 센서보드를 필요로 하지 않는다.

먼저 /opt/TinyOS-1.x/apps/SimpleCmd 디렉토리로 이동하여 SimpleCmd.nc 파일을 다음과 같이 코딩한다.

```
$ cd /opt/TinyOS-1.x/apps/SimpleCmd
```

2) SimpleCmd.nc 파일 확인

기존에 있는 코드와 비교확인해 보고 다른 점이 있으면 수정하도록 한다.

- SimpleCmd.nc

```
includes SimpleCmdMsg;

configuration SimpleCmd {
  provides interface ProcessCmd;
}
implementation {
  components Main, SimpleCmdM, GenericComm as Comm, PotC, LedsC;

  Main.StdControl -> SimpleCmdM;
  SimpleCmdM.Leds -> LedsC;
  ProcessCmd = SimpleCmdM.ProcessCmd;
  SimpleCmdM.CommControl -> Comm;
  SimpleCmdM.ReceiveCmdMsg -> Comm.ReceiveMsg[AM_SIMPLECMDMSG];

  SimpleCmdM.Pot -> PotC;
}
```

다음은 SimpleCmdM.nc 파일을 확인해 보자.

SimpleCmd.nc파일과 SimpleCmdM.nc은 제어모트로부터 무선으로 명령을 입력받아서 입력받은 대로 동작을 하는, 즉 제어를 당하는 모트의 기능을 담당하는 프로그램이다.

3) SimpleCmdM.nc 파일 확인

다음은 SimpleCmdM.nc 파일을 기존의 파일과 비교해 보고 다른 점이 있으면 수정하여 코딩한다.

- SimpleCmdM.nc

```
includes SimpleCmdMsg;

module SimpleCmdM {
  provides          {
    interface StdControl;
    interface ProcessCmd;
  }
  uses {
    interface Leds;
    interface Pot;
    interface ReceiveMsg as ReceiveCmdMsg;
    interface StdControl as CommControl;
  }
}
implementation
{
  // module scoped variables
  TOS_MsgPtr msg;
  int8_t pending;
  TOS_Msg buf;

task void cmdInterpret() {
    struct SimpleCmdMsg * cmd = (struct SimpleCmdMsg *) msg->data;
    // do local packet modifications: update the hop count and packet source

    cmd->hop_count++;
    cmd->source = TOS_LOCAL_ADDRESS;

    // Interpret the command: Display the level on red and green led
    if (cmd->hop_count & 0x1)
      call Leds.greenOn();
    else
      call Leds.greenOff();
    if (cmd->hop_count & 0x2)
      call Leds.redOn();
    else
      call Leds.redOff();

    // Execute the command
    switch (cmd->action) {
   case LED_ON:
```

```
                    call Leds.yellowOn();
                    call Leds.redOn();
                    call Leds.greenOn();
                    break;
  case LED_OFF:
                    call Leds.yellowOff();
                    call Leds.redOff();
                    call Leds.greenOff();
                    break;
  case RADIO_QUIETER:
                    call Pot.increase();
                    break;
  case RADIO_LOUDER:
                    call Pot.decrease();
                    break;
   }
   pending =0;
   signal ProcessCmd.done(msg, SUCCESS);
 }
 command result_t StdControl.init() {
   msg = &buf;
   pending = 0;
   return rcombine(call CommControl.init(), call Leds.init());
 }
 command result_t StdControl.start(){
   return (call CommControl.start());
 }
 command result_t StdControl.stop(){
   return (call CommControl.stop());
 }
 command result_t ProcessCmd.execute(TOS_MsgPtr pmsg) {
   pending =1;
   msg = pmsg;
   post cmdInterpret();
   return SUCCESS;
 }
event TOS_MsgPtr ReceiveCmdMsg.receive(TOS_MsgPtr pmsg){
   TOS_MsgPtr ret = msg;
   result_t retval;
   retval = call ProcessCmd.execute(pmsg) ;
   if (retval==SUCCESS) {
     return ret;
   } else {
```

```
        return pmsg;
      }
  }
    default event result_t ProcessCmd.done(TOS_MsgPtr pmsg, result_t status) {
      return status;
                              }
      }
```

4) SimpleCmdMsg.h 파일 확인

다음 파일은 SimpleCmdMsg.h 파일이다. 별도로 수정할 사항은 없으며 참고만 하도록 한다.

- SimpleCmdMsg.h

```
enum {
  AM_SIMPLECMDMSG = 8,
  AM_LOGMSG=9
};
enum {
   LED_ON = 1,
   LED_OFF = 2,
   RADIO_LOUDER   = 3,
   RADIO_QUIETER = 4,
   START_SENSING = 5,
   READ_LOG = 6
};
typedef struct {
     int nsamples;
     uint32_t interval;
} start_sense_args;

typedef struct {
     uint16_t destaddr;
} read_log_args;

// SimpleCmd message structure
typedef struct SimpleCmdMsg {
     int8_t seqno;
```

```
    int8_t action;
    uint16_t source;
    uint8_t hop_count;
    union {
      start_sense_args ss_args;
      read_log_args rl_args;
      uint8_t untyped_args[0];
    } args;
} SimpleCmdMsg;

// Log message structure
typedef struct LogMsg {
    uint16_t sourceaddr;
    uint8_t log[16];
} LogMsg;
```

위의 파일의 확인이 끝났다면 컴파일하여 업로드해보도록 하자.

5) SimpleCmd 프로그램의 컴파일 및 업로드

컴파일 + 업로드 명령은 다음과 같다.

```
$ make hybus isntall
```

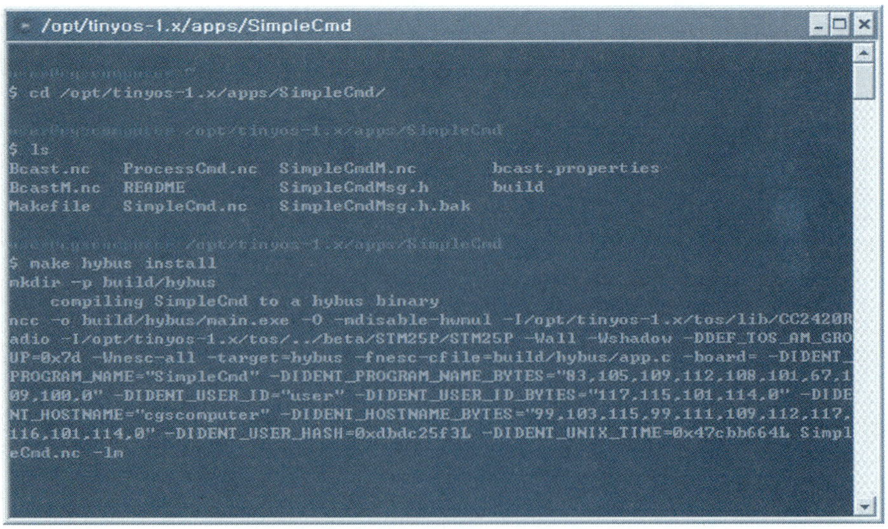

업로딩된 모트는 아무런 동작이나 LED를 표시하지 않는다. 제어를 당하는 모트이므로 케이블과 연결을 해제하고 배터리를 확인한다. 확인이 끝났다면 이번엔 제어를 하는 모트를 컴파일하도록 한다.

2. TOSBase 프로그램

/opt/TinyOS-1.x/apps/TOSBase 디렉토리로 이동하여 TOSBase 프로그램을 위와 같은 방법으로 프로그램의 소스를 확인하자.

1) TOSBase.nc 파일 확인

- TOSBase.nc

```
configuration TOSBase {
}
implementation {
  components Main, TOSBaseM, RadioCRCPacket as Comm, FramerM, UART, LedsC;

  Main.StdControl -> TOSBaseM;

  TOSBaseM.UARTControl -> FramerM;
  TOSBaseM.UARTSend -> FramerM;
  TOSBaseM.UARTReceive -> FramerM;
  TOSBaseM.UARTTokenReceive -> FramerM;

  TOSBaseM.RadioControl -> Comm;
  TOSBaseM.RadioSend -> Comm;
  TOSBaseM.RadioReceive -> Comm;

  TOSBaseM.Leds -> LedsC;

  FramerM.ByteControl -> UART;
  FramerM.ByteComm -> UART;
}
```

2) TOSBaseM.nc 파일 확인

- TOSBaseM.nc

```
#ifndef TOSBASE_BLINK_ON_DROP
#define TOSBASE_BLINK_ON_DROP
#endif

module TOSBaseM {
  provides interface StdControl;
  uses {
    interface StdControl as UARTControl;
    interface BareSendMsg as UARTSend;
    interface ReceiveMsg as UARTReceive;
    interface TokenReceiveMsg as UARTTokenReceive;

    interface StdControl as RadioControl;
    interface BareSendMsg as RadioSend;
    interface ReceiveMsg as RadioReceive;

    interface Leds;
  }
}

implementation
{
  enum {
    UART_QUEUE_LEN = 12,
    RADIO_QUEUE_LEN = 12,
  };

  TOS_Msg       uartQueueBufs[UART_QUEUE_LEN];
  TOS_MsgPtr uartQueue[UART_QUEUE_LEN];
  uint8_t       uartIn, uartOut;
  bool          uartBusy, uartFull;

  TOS_Msg       radioQueueBufs[RADIO_QUEUE_LEN];
  TOS_MsgPtr radioQueue[RADIO_QUEUE_LEN];
  uint8_t       radioIn, radioOut;
  bool          radioBusy, radioFull;

  task void UARTSendTask();
  task void RadioSendTask();
```

```
void failBlink();
void dropBlink();

command result_t StdControl.init() {
  result_t ok1, ok2, ok3;
  uint8_t i;

  for (i = 0; i < UART_QUEUE_LEN; i++) {
    uartQueue[i] = &uartQueueBufs[i];
  }
  uartIn = uartOut = 0;
  uartBusy = FALSE;
  uartFull = FALSE;

  for (i = 0; i < RADIO_QUEUE_LEN; i++) {
    radioQueue[i] = &radioQueueBufs[i];
  }
  radioIn = radioOut = 0;
  radioBusy = FALSE;
  radioFull = FALSE;

  ok1 = call UARTControl.init();
  ok2 = call RadioControl.init();
  ok3 = call Leds.init();

  dbg(DBG_BOOT, "TOSBase initialized/n");

  return rcombine3(ok1, ok2, ok3);
}

command result_t StdControl.start() {
  result_t ok1, ok2;

  ok1 = call UARTControl.start();
  ok2 = call RadioControl.start();

  return rcombine(ok1, ok2);
}

command result_t StdControl.stop() {
  result_t ok1, ok2;
```

```
  ok1 = call UARTControl.stop();
  ok2 = call RadioControl.stop();

  return rcombine(ok1, ok2);
}

event TOS_MsgPtr RadioReceive.receive(TOS_MsgPtr Msg) {
  TOS_MsgPtr pBuf = Msg;

  dbg(DBG_USR1, "TOSBase received radio packet./n");

  if ((!Msg->crc) || (Msg->group != TOS_AM_GROUP))
    return Msg;

  atomic {
    if (!uartFull) {
        pBuf = uartQueue[uartIn];
        uartQueue[uartIn] = Msg;

        if( ++uartIn >= UART_QUEUE_LEN ) uartIn = 0;

        if (uartIn == uartOut) {
          uartFull = TRUE;
        }

        if (!uartBusy) {
          if (post UARTSendTask()) {
            uartBusy = TRUE;
          }
        }
    } else {
        dropBlink();
    }
  }

  return pBuf;
}

task void UARTSendTask() {
  bool noWork = FALSE;

  dbg (DBG_USR1, "TOSBase forwarding Radio packet to UART/n");
```

```
    atomic {
      if (uartIn == uartOut && uartFull == FALSE) {
         uartBusy = FALSE;
         noWork = TRUE;
      }
    }
    if (noWork) {
      return;
    }

    if (call UARTSend.send(uartQueue[uartOut]) == SUCCESS) {
      call Leds.greenToggle();
    } else {
      failBlink();
      post UARTSendTask();
    }
  }

  event result_t UARTSend.sendDone(TOS_MsgPtr msg, result_t success) {

    if (!success) {
      failBlink();
    } else {

      atomic {
         if (msg == uartQueue[uartOut]) {
           if( ++uartOut >= UART_QUEUE_LEN ) uartOut = 0;
           if (uartFull) {
             uartFull = FALSE;
           }
         }
      }
    }

    post UARTSendTask();

    return SUCCESS;
  }

  event TOS_MsgPtr UARTReceive.receive(TOS_MsgPtr Msg) {
    return Msg;
  }
```

```
event TOS_MsgPtr UARTTokenReceive.receive(TOS_MsgPtr Msg, uint8_t Token) {
  TOS_MsgPtr  pBuf = Msg;
  bool reflectToken = FALSE;

  dbg(DBG_USR1, "TOSBase received UART token packet./n");

  atomic {
    if (!radioFull) {
        reflectToken = TRUE;
        pBuf = radioQueue[radioIn];
        radioQueue[radioIn] = Msg;
        if( ++radioIn >= RADIO_QUEUE_LEN ) radioIn = 0;
        if (radioIn == radioOut)
          radioFull = TRUE;

        if (!radioBusy) {
          if (post RadioSendTask()) {
            radioBusy = TRUE;
          }
        }
    } else {
        dropBlink();
    }
  }

  if (reflectToken) {
    call UARTTokenReceive.ReflectToken(Token);
  }

  return pBuf;
}

task void RadioSendTask() {

  bool noWork = FALSE;

  dbg (DBG_USR1, "TOSBase forwarding UART packet to Radio/n");

  atomic {
    if (radioIn == radioOut && radioFull == FALSE) {
        radioBusy = FALSE;
        noWork = TRUE;
    }
```

```
    }
    if (noWork)
      return;

    radioQueue[radioOut]->group = TOS_AM_GROUP;

    if (call RadioSend.send(radioQueue[radioOut]) == SUCCESS) {
      call Leds.redToggle();
    } else {
      failBlink();
      post RadioSendTask();
    }
  }

  event result_t RadioSend.sendDone(TOS_MsgPtr msg, result_t success) {

    if (!success) {
      failBlink();
    } else {
      atomic {
          if (msg == radioQueue[radioOut]) {
            if( ++radioOut >= RADIO_QUEUE_LEN ) radioOut = 0;
            if (radioFull)
              radioFull = FALSE;
          }
      }
    }

    post RadioSendTask();
    return SUCCESS;
  }

  void dropBlink() {
#ifdef TOSBASE_BLINK_ON_DROP
    call Leds.yellowToggle();
#endif
  }

  void failBlink() {
#ifdef TOSBASE_BLINK_ON_FAIL
    call Leds.yellowToggle();
#endif
  }
}
```

3) TOSBase 프로그램 컴파일 및 업로드

확인이 끝났다면 TOSBase 프로그램을 컴파일하고 업로드하자.
방법은 이미 여러 번 반복했으므로 익숙할 것이다.

```
$ make hybus isntall
```

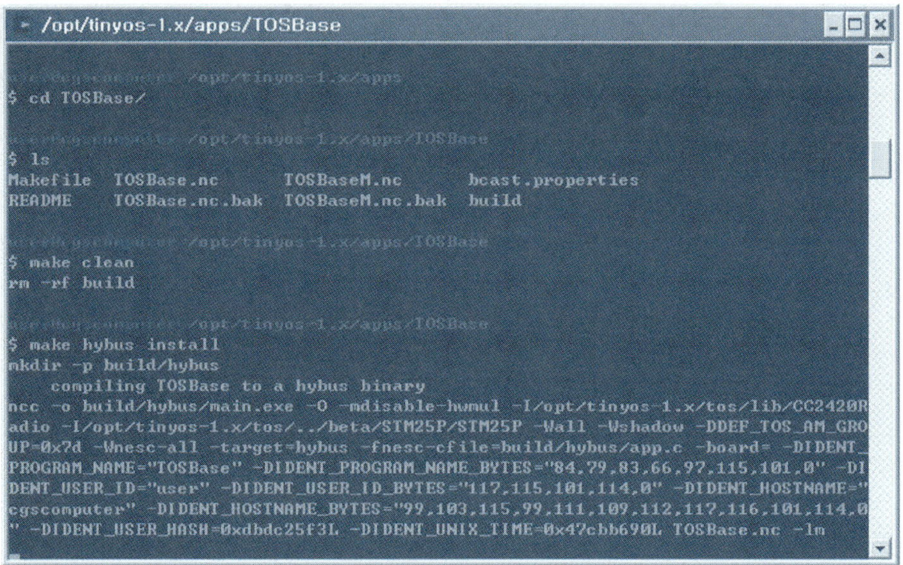

컴파일과정에 오류는 없는지 확인하고 정상적인 업로딩되었다면 파란색 LED가 주기적으로 점멸한다. 이 모트는 제어를 하는 기능을 담당하게 된다.

pc를 통해 TOSBase 프로그램이 업로드된 모트로 제어명령을 내리고 모트는 다시 SimpleCmd 프로그램으로 업로드된 모트를 무선신호로 제어하게 된다.

4) 모트의 포트 확인

이번에는 TOSBase 프로그램이 업로드된 모트를 통해 SimpleCmd 프로그램으로 업로드된 모트에게 명령을 내려보자. TOSBase 프로그램이 업로드된 모트가 PC와 연결되어 SimpleCmd 프로그램으로 업로드된 모트에게 명령을 내려 동작시키게 된다.

motelist 명령으로 모트의 포트를 확인해 보자.

```
$ motelist
```

이번 모트의 포트는 COM8로 확인되었다.

5) 모트와 PC와의 연결

완료되었다면 export MOTECOM=serial@serial port:baudrate를 입력하여 java Listem tool에서 모트로부터 통신할 수 있도록 설정한다.

환경변수 MOTECOM은 수신해야 할 패킷이 어떤 것인가를 java Listen tool에게 알려준다.

serial@serial port:baudrate는 시리얼 포트로 연결된 모트로부터 데이터를 수신함을 뜻한다. serial port는 프로그래밍 보드에 연결된 serial 포트이다. 즉, 위에서 motelist로 확인한 모트의 포트 번호를 그대로 사용하면 된다. 여기서는 COM8로 확인되었으므로 COM8를 적어주면 된다.

형식	$ export MOTECOM=serial@serial port:baudrate

예문	$ export MOTECOM=serial@COM8:telos

다음과 같이 입력하여 통신설정을 한다.

```
$ export MOTECOM=serial@COM8:telos
```

19.2 java 프로그램을 이용한 모트 제어

1. java 프로그램을 이용한 모트 제어

통신설정이 끝나면 이제 명령을 입력해 줄 순서이다.

java net.TinyOS.toolsBcastInject 프로그램으로 PC에서 제어 명령을 내리면 TOSBase 프로그램이 업로드된 모트가 PC로부터 제어 신호를 받아 SimpleCmd 프로그램으로 업로드된 모트에게 명령을 송신하게 된다.

"java net.TinyOS.toolsBcastInject"만 입력하여 명령어 옵션을 확인할 수 있다.

2. 제어 명령 입력

교재에서는 led_on / led_off 명령으로 모트를 제어하는 실습을 한다. 다음과 같이 명령을 입력해 보도록 하자.

```
java net.TinyOS.toolsBcastInject led_on
```

위와 같이 입력해 보자. SimpleCmd 프로그램으로 업로드된 모트의 LED에 불이 들어오는 것을 확인할 수 있을 것이다.

LED를 끄기 위해 다시 명령을 입력해 보자.

```
java net.TinyOS.toolsBcastInject led_off
```

LED가 꺼진 것을 확인할 수 있을 것이다.

3. 동작확인

java net.TinyOS.toolsBcastInject led_on으로 명령을 입력했을 경우	java net.TinyOS.toolsBcastInject led_off으로 명령을 입력했을 경우
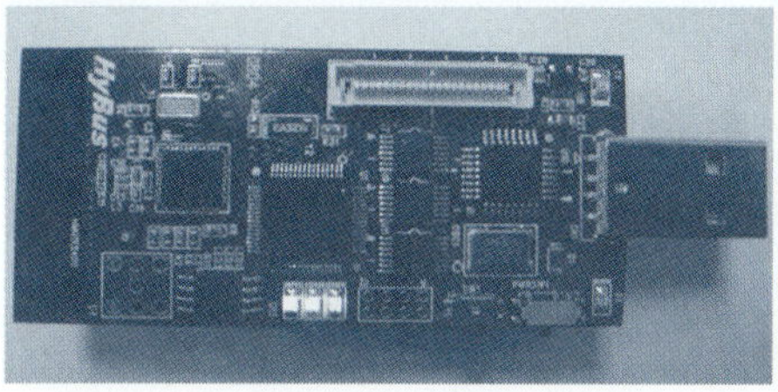	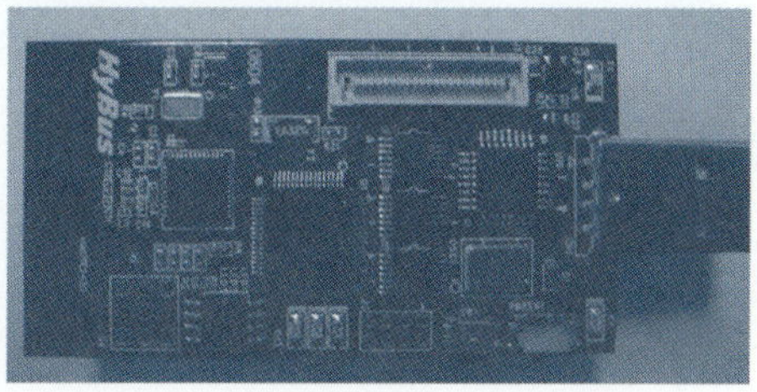

▌연 습 문 제

1. SimpleCmd를 응용하여 어떤 시스템을 만들 수 있을까 생각해 보자.

20

제20장 채팅 프로그램

[학습 목표]

준비된 채팅 프로그램을 이용하여 두 개의 모트에 프로그램을 업로드하여 채팅 프로그램을 학습하여 모트의 다양한 활용방안을 구상해 본다.

20.1 채팅 프로그램의 환경설정

이번 실습은 Hmote 2개를 이용하여 채팅 프로그램을 구현해 보도록 하자. 2개의 모트에 준비된 프로그램을 업로드하면 하이퍼 터미널을 통하여 모트에 데이터를 입력하고 데이터를 입력받은 모트를 통해 준비된 다른 모트로 데이터가 전송되어 다시 하이퍼 터미널을 통하여 전송한 문자를 출력하는 기능을 실습할 것이다. 문자 메시지를 주고받는 것과도 유사하며 모트로 구성된 네트워크를 이용하여 송수신하여 문자를 전송하거나 받는 기능을 구현하도록 한다.

1. HyBus_Chating 디렉토리 이동

실습을 위해 Cygwin을 실행하여 HyBus_Chating 디렉토리로 이동한다.

```
$ cd /opt/TinyOS-1.x/apps/HyBus_Chating
```

2. HyBus_Chating 디렉토리 파일 확인

예전과 같은 방법으로 디렉토리의 파일을 먼저 확인하자. 디렉토리에는 Make 기능을 구현하게 하는 Makefile 파일과 무선 송수신 기능을 구현하여 데이터를 전송 또는 수신할 수 있게 하는 RFmChatting.nc와 RFmChattingM.nc 그리고, UartDebug.nc와 UartDebugM.nc UartDebugC.nc 파일이 있다.

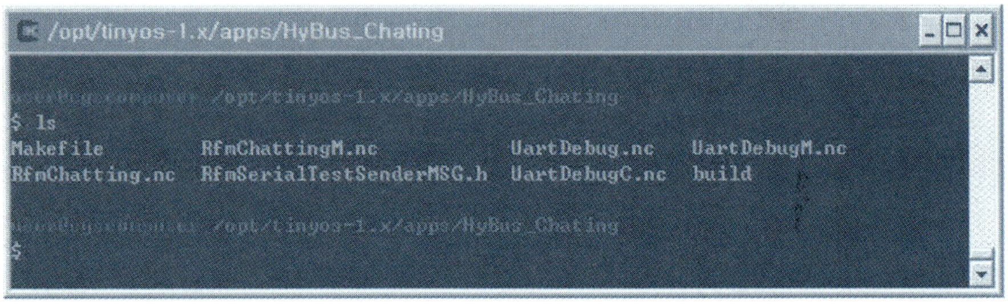

파일을 확인하였으면 파일의 내용을 확인하고 수정해 보도록 하자.

3. UartDebug.nc 파일 확인

- UartDebug.nc

```
interface UartDebug {
  async command result_t writeString(char* str, uint8_t len);
}
```

4. UartDebugC.nc 파일 확인 및 수정

- UartDebugC.nc

```
configuration UartDebugC {
  provides interface StdControl;
  provides interface UartDebug;
```

```
}
implementation
{

 //components UartDebugM, UART2;
  components UartDebugM, UART;

  StdControl = UartDebugM;
  UartDebug = UartDebugM;

 //UartDebugM.ByteControl -> UART2;
   UartDebugM.ByteControl -> UART;

 //UartDebugM.ByteComm -> UART2;
   UartDebugM.ByteComm -> UART;

}
```

정상적으로 설치된 디렉토리의 파일을 확인해 보면 몇 가지 수정할 사항이 있다. 위 소스 파일과 같이 UART2를 UART로 수정을 한다. UART2는 시리얼 통신을 센서 모듈과 통신하도록 하드웨어적으로 설계되어 있으므로 우리는 UART를 이용하여 PC와 시리얼 통신을 할 수 있도록 한다.

5. UartDebugM.nc 파일 확인 및 수정

- UartDebugM.nc

```
module UartDebugM {
  provides interface StdControl;
  provides interface UartDebug;
  uses interface ByteComm;
  uses interface StdControl as ByteControl;
}
implementation
{
  bool sending;
  uint8_t txlen;
```

```
uint8_t txcnt;
char* pStr;

command result_t StdControl.init() {
        call ByteControl.init();
        atomic txlen = txcnt = 0;
        atomic sending = FALSE;
        return SUCCESS;
}
command result_t StdControl.start() {
        call ByteControl.start();
        return SUCCESS;
}
command result_t StdControl.stop() {
        call ByteControl.stop();
        return SUCCESS;
}
async event result_t ByteComm.rxByteReady(uint8_t data, bool error, uint16_t strength)
{
        return SUCCESS;
}
async event result_t ByteComm.txDone()
{
        atomic
        {
                if(txcnt == txlen)
                        sending = FALSE;
        }
        return SUCCESS;
}
async event result_t ByteComm.txByteReady(bool success)
{
        if(success){
                if(txcnt < txlen)
                {
                        call ByteComm.txByte(pStr[txcnt]);
                        atomic txcnt++;
                }
        }
        return SUCCESS;
}
static inline result_t write(char* str,uint8_t len)
{
```

```
        if(sending)
                return FAIL;
        call ByteComm.txByte(str[0]);
        atomic{
                pStr = str;
                txlen = len;
                txcnt = 1;
                sending = TRUE;
        }
        return SUCCESS;
  }
  async command result_t UartDebug.writeString(char* str, uint8_t len)
  {
        uint8_t rv;
        while(!(rv = write(str,len)));
        return SUCCESS;
  }
}
```

6. RFmChatting.nc 파일 확인 및 수정

- RFmChatting.nc

```
includes RfmSerialTestSenderMSG;

configuration RfmChatting { }
implementation
{
  components Main, RfmChattingM
            , LedsC
            //,UART2
            , UART
            , UartDebugC
            , GenericComm as Comm;

  Main.StdControl -> RfmChattingM;
  RfmChattingM.Leds -> LedsC;
 //RfmChattingM.ByteControl ->UART2;
 //RfmChattingM.ByteComm ->UART2;
  RfmChattingM.ByteControl ->UART;
```

```
    RfmChattingM.ByteComm ->UART;
    RfmChattingM.ByteControl2 ->UartDebugC;
    RfmChattingM.UartDebug -> UartDebugC;
    RfmChattingM.CommControl -> Comm;
    RfmChattingM.RadioSendMsg -> Comm.SendMsg[AM_RADIONUMMSG];
    RfmChattingM.RadioReceiveMsg -> Comm.ReceiveMsg[AM_RADIONUMMSG];
}
```

RfmChattingM.RadioSendMsg -> Comm.SendMsg[AM_RADIONUMMSG] 송신측을 연결하고 RfmChattingM.RadioReceiveMsg -> Comm.ReceiveMsg[AM_RADIONUMMSG]는 수신측을 연결한다.

7. RFmChattingM.nc 파일 확인 및 수정

RFmChattingM.nc

```
includes RfmSerialTestSenderMSG;
module    RfmChattingM
{
  provides interface StdControl;
  uses {
    interface Leds;
    interface ByteComm;
    interface StdControl as ByteControl2;
    interface StdControl as ByteControl;
    interface StdControl as CommControl;
    interface SendMsg as RadioSendMsg;
    interface ReceiveMsg as RadioReceiveMsg;
    interface UartDebug;
  }
}
implementation
{
  TOS_MsgPtr pmsg;
  TOS_Msg msg;
  int ledvalue;
  char temp[100];
  int i;                                   // 문자열의 길이(배열위치)
```

```
task void radioSendTask();
command result_t StdControl.init() {
  call Leds.init();
  call Leds.yellowOff();
  call Leds.redOff();
  call Leds.greenOff();
  call ByteControl.init();
  call ByteControl2.init();
  call CommControl.init();
  i =0;
  memset(temp,0,strlen(temp));
      return SUCCESS;
}
command result_t StdControl.start() {
  call ByteControl.start();
  call ByteControl2.start();
  call CommControl.start();
  return SUCCESS;
}
command result_t StdControl.stop() {
  call ByteControl.stop();
  call ByteControl2.stop();
  call CommControl.stop();
  return SUCCESS;
}

async event result_t ByteComm.rxByteReady(uint8_t data, bool error, uint16_t strength)
{
 // call Leds.redToggle();
        uint8_t tmp;
        tmp = data;
        atomic{
                ledvalue = tmp-'0';
        }
        if(ledvalue != 0)
                call ByteComm.txByte(tmp);

        post radioSendTask();  //데이터 송신
        return SUCCESS;
}
async event result_t ByteComm.txDone()
{
        return SUCCESS;
```

```
  }
  event TOS_MsgPtr RadioReceiveMsg.receive(TOS_MsgPtr m)  // 메시지 수신부분
  {
        TOS_MsgPtr tmp;                              // RfmLedReceiver 모듈과 동일
        struct stLedNumData* pack;
        tmp = pmsg;
        pmsg = m;
        pack = (struct stLedNumData*)m->data;

        temp[i]=pack->data+48;

        i++;                               // 문자형배열에 입력위치 증가
        atomic{
        if(pack->data == 0)                // 송신자가 숫자 0을 입력하면
        {
                i--;
// 문자열 마지막이 0이 입력되어 있기 때문에 -1해준다
                call UartDebug.writeString(temp, i);
// UartDeBug의 함수 writeString을 이용하여 문자열의 주소와 길이를 넘겨준다.
                i = 0;
// 새로운 문자열을 입력받아야 하므로 문자열의 길이(배열위치)를 0으로 설정.
        }
  }
        return tmp;
}
  async event result_t ByteComm.txByteReady(bool success)
  {
        return SUCCESS;
  }
  task void radioSendTask()
  {
        struct stLedNumData *pack;
        atomic {
                pack = (struct stLedNumData *)msg.data;
                pack->data = ledvalue;
                pmsg = &msg;
                pmsg->addr = TOS_BCAST_ADDR;
                pmsg->type = AM_RADIONUMMSG;
                pmsg->group = TOS_AM_GROUP;
                pmsg->length = sizeof(struct stLedNumData);
        }
        call RadioSendMsg.send(TOS_BCAST_ADDR,sizeof(struct stLedNumData),pmsg);
  }
```

```
  event result_t RadioSendMsg.sendDone(TOS_MsgPtr m, result_t success)
  {
          return SUCCESS;
  }
}
```

user{}에서 interface SendMsg as RadioSendMsg 는 Comfiguration 파일에서 송신측을 연결하였고 모듈파일에서 인터페이스로 사용한다. 마찬가지로 interface ReceiveMsg as RadioReceiveMsg는 수신측 인터페이스로 사용한다.

char temp[100]; 문자형 배열을 선언하여 배열에 수신된 문자열을 저장한다.

if(ledvalue != 0)를 보면 숫자0을 입력하면 전송된 문자열이 수신자측에 뿌려주게 된다.

temp[i]=pack->data+48;에서는 입력되고 있는 데이터를 문자형배열 temp에 입력하는데 pack->data에 48을 더해주는 이유는 위에서 ledvalue에서 '0'을 해줬기 때문이며 숫자 '0'이 ASCII 코드 값으로 48이기 때문이다.

8. 컴파일과 업로드

프로그램 코드의 확인이 되었으면 컴파일을 해보자.

```
$ make hybus
```

컴파일이 정상적으로 수행되었다면 다음으로는 준비된 모트 2개에 프로그램을 업로드한다. 하나의 모트가 송/수신을 모두 해야 하므로 같은 프로그램을 업로드하면 된다.

```
$ make hybus install
```

각 모트에 프로그램이 정상적으로 업로드되었다면 하이퍼 터미널을 이용하여 실제 채팅을 구현해 보자. 두 대의 PC에 모트를 한 개씩 연결하고 서로의 PC에서 모트의 포트를 확인하여 하이퍼 터미널을 연결하여 보자. 상황에 따라 한 대의 PC에 두 개의 모트를 연결하여 테스트할 수도 있다. 교재에서는 실습 진행상 한 대의 PC에서 두 개의 모트를 이용하여 하이퍼 터미널 창을 통해 메시지가 전송되는 것을 확인할 것이다.

20.2 하이퍼 터미널 연결 설정

1. 모트의 포트 확인

먼저 motelist 명령을 이용해 모트의 포트를 확인한다.

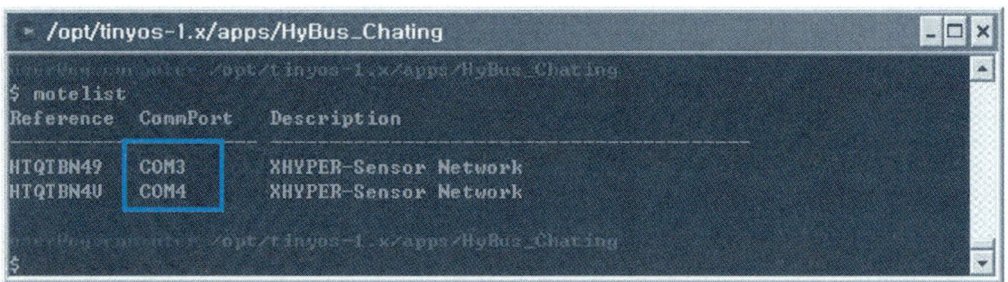

한 대의 PC에 2개의 모트를 연결하였으므로 포트가 두 개가 확인된다.

만약 한 대의 PC에 한 개의 모트를 연결하여서 한다면 앞서 실습했던 것과 같이 한 개의 포트만 확인될 것이다. 실습 진행방법은 동일하다.

2. 하이퍼 터미널 실행

포트가 확인되었다면 시작 →모든 프로그램 → 보조프로그램 → 통신 → 하이퍼 터미널을 열어보자.

연결할 이름을 임의로 모트 1이라고 정하고 확인을 누른다.

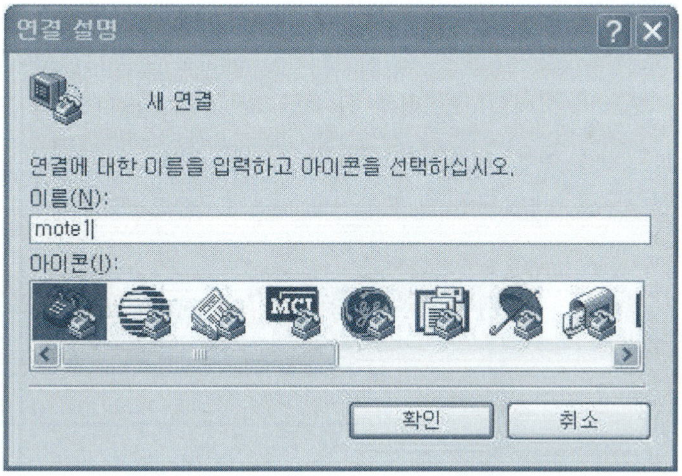

연결할 포트를 설정해야 하는데, 한 대의 PC에 두 개의 모트를 사용할 경우 포트번호를 꼭 기억하도록 한다. 두 번째 모트를 연결하기 위해서 다른 포트를 선택해야 한다. 예를 들어 교재에서와 같이 포트가 COM3과 COM4로 확인되었다면 하나의 하이퍼 터미널에선 COM3을 선택하고 다른 하나의 하이퍼 터미널에서는 COM4를 선택해야 한다.

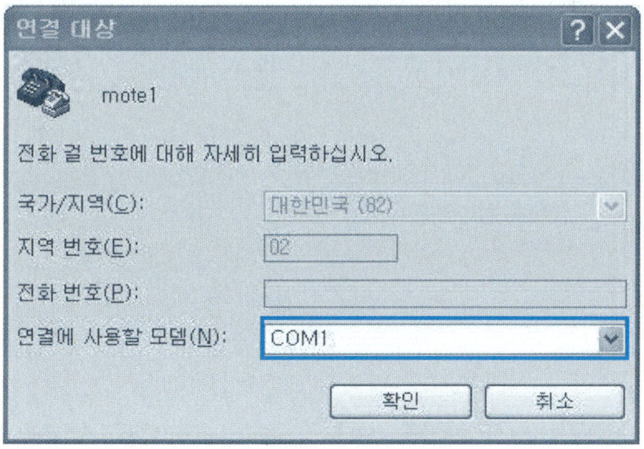

3. 포트 설정

모트의 시리얼 포트번호 선택을 하였으면 다음으로는 포트를 설정하자. 포트설정에서는 모트의 데이터 속도인 57600bit/sec을 선택하고 흐름제어 없음을 선택한다.

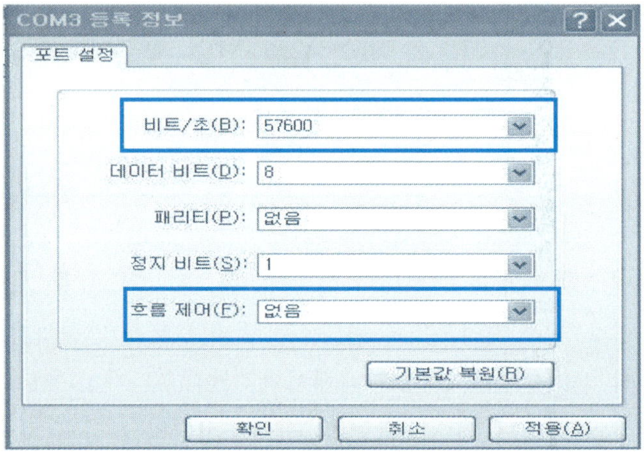

설정이 완료되었으면 확인을 눌러 모트와의 접속을 시도한다.

한 대의 PC에 두 개의 모트를 사용할 경우에는 하이퍼 터미널을 추가로 열어서 임의의 연결이름 모트 2로 하고 같은 방법으로 설정한다. 이때 주의할 점은 포트번호를 같은 번호를 설정하지 않도록 한다. 두 대의 PC에 각각 모트를 사용할 경우에는 각각의 PC에서 위와 같은 방법으로 연결을 하면 설정이 완료된 것이다.

20.3 채팅 프로그램 실습

그렇다면 실제로 메시지를 전송하여 보도록 하자.

1. 메시지 전송-(1)

모트1 : 하이퍼 터미널에서 특정 단어를 입력하여 전송해보자.

프로그램 소스에서 전송 명령은 '0'이므로 메시지를 입력하고 전송시 '0'을 누른다.

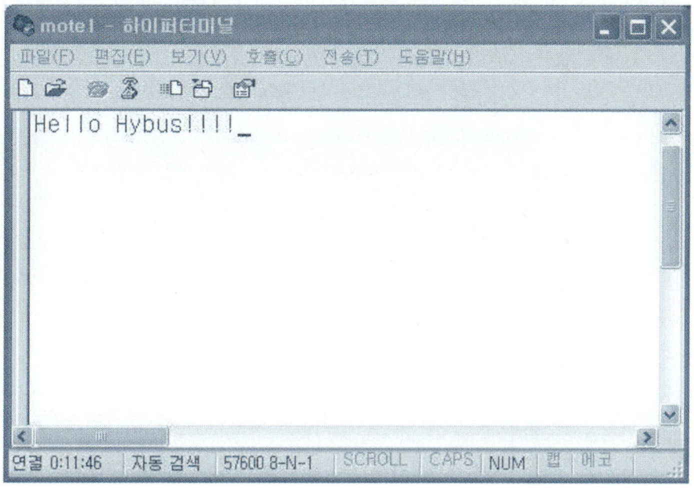

2. 메시지 전송 확인

모트2 : 하이퍼 터미널에서 모트1-하이퍼 터미널에서 전송한 메시지가 출력될 것이다.

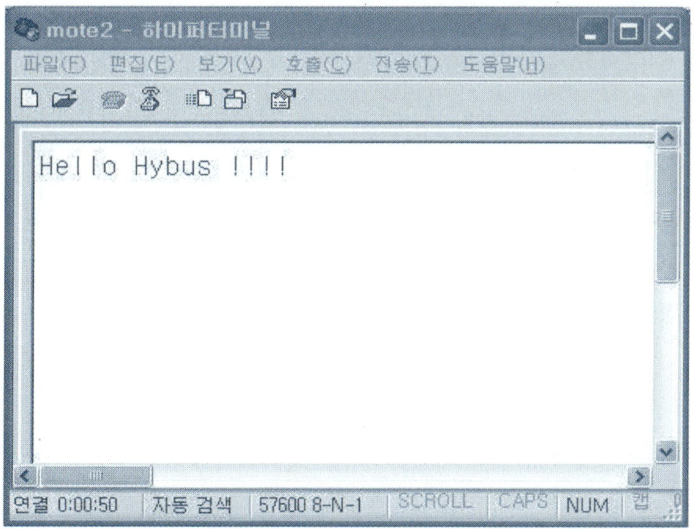

3. 메시지 전송-(2)

역할을 바꾸어 모트2-하이퍼 터미널에서 메시지를 전송해 보자.

모트2-하이퍼 터미널에서 엔터를 치면 커서가 앞으로 이동한다. 그리고 새로 입력하는 메시지는 기존의 출력된 메시지 위에 덮어쓰기 된다. 메시지를 입력하였다면 다시 '0'을 눌러 메시지를 전송한다.

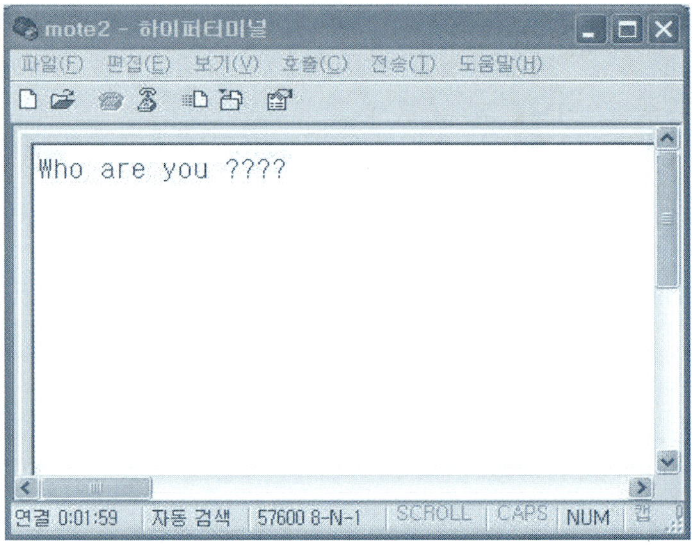

4. 메시지 전송 확인

모트1로 메시지가 전송된 것을 확인할 수 있다.

이번 실습에서 완벽하진 않지만 채팅 프로그램과 유사한 메시지 송수신 프로그램 실습을 하였다. 하이퍼 터미널이 아닌 다른 터미널 프로그램을 통해서도 메시지 송수신이 가능한데, 예를 들면 Tera Term 프로그램 등을 이용해 메시지 전송 테스트를 해보아도 좋을 것이다.

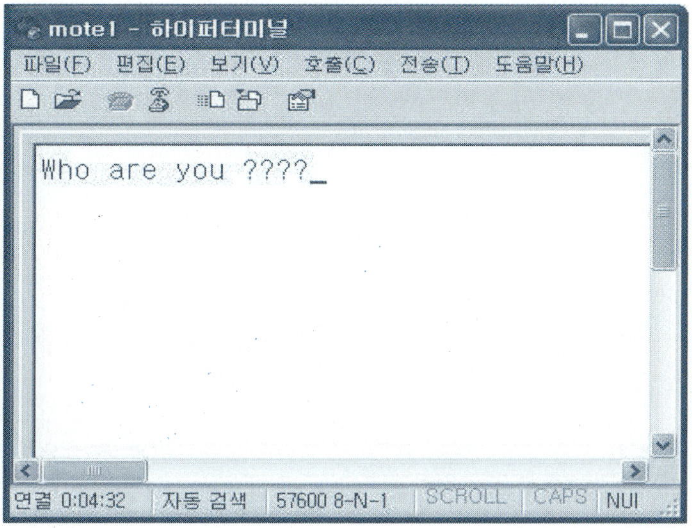

▌연 습 문 제

1. 전송명령 '0'을 사용하지 않고 입력하는 대로 메시지가 전달될 수 있도록 소스 프로그램을 수정해 보자.

2. Hmote와 NesC 프로그램을 이용하여 어떤 프로그램을 만들어 보고 싶은가?
   교재에서 배운 지식을 기초로 발전된 응용 실습 프로그램을 구상해 보자.

연습문제 해답

※ 실습과 연습문제에 필요한 소스는 제공된 CD에 포함되어 있다.

05장__TinyOS-1.x 설치 및 Hmote2420 패치

1. TinyOS를 직접 설치해 보고, 설치가 제대로 되었는지 디렉토리를 살펴보자.

☞ 실습과정을 따라 해본다.

① TinyOS 설치 → ② Cgwin 설치 → ③ 체인툴 설치 → ④ 자바컴파일 → ⑤ 설치 폴더 확인 → ⑥ rpm버전 업데이트 → ⑦ update된 rpm확인 → ⑧ Patch 적용하기

2. TinyOS를 삭제 후 다시 직접 설치해 보도록 하자.

☞실습과정을 따라 해본다.

① 제어판의 프로그램 추가제거에서 TinyOS를 찾아서 삭제
② C:/Program Files에서 TinyOS가 설치되었던 UCB 폴더를 찾아 삭제
③ 윈도우의 시작 버튼을 눌러 → 실행 → "regedit"를 입력
④ 내 컴퓨터 HKEY_LOCAL_MACHINE → Software에서 Cygnus Solution 폴더를 찾아서 전체를 삭제
⑤ 내컴퓨터 HKEY_CURRENT_USER → Software에서 "Cygnus Solution" 폴더를 찾아서 전체를 삭제

06장__간단한 LED 제어 실습

1. LED의 점멸 주기를 원하는 대로 바꾸어 보고 각각의 LED(RED/GREEN/YELLOW)를 번갈아 가면서 테스트해 보자. 모든 LED가 정상적으로 동작하는가?

☞ BlinkM.nc 파일에서 다음과 같이 LED와 Timer 값을 수정해 본다.

BlinkM.nc

```
module BlinkM {
  provides {
    interface StdControl;
  }
  uses {
    interface Timer;
    interface Leds;
  }
}
implementation {

  command result_t StdControl.init() {
    call Leds.init();
    return SUCCESS;
  }

  command result_t StdControl.start() {
    // Start a repeating timer that fires every 1000ms
    return call Timer.start(TIMER_REPEAT, 500); // 값을 마음대로 수정해본다
  }

  command result_t StdControl.stop() {
    return call Timer.stop();
  }


  event result_t Timer.fired()
  {
    call Leds.greenToggle(); //red, green, yellow 로 각각 수정해 본다.
    return SUCCESS;
  }
}
```

2. Blink 파일을 응용하여 MOTE에 있는 3개의 LED를 동시에 깜박거리게 하여 보자.

BlinkM.nc

```
module BlinkM {
  provides {
```

```
    interface StdControl;
  }
  uses {
    interface Timer;
    interface Leds;
  }
}
implementation {

  command result_t StdControl.init() {
    call Leds.init();
    return SUCCESS;
  }

  command result_t StdControl.start() {
    // Start a repeating timer that fires every 1000ms
    return call Timer.start(TIMER_REPEAT, 500);
  }

  command result_t StdControl.stop() {
    return call Timer.stop();
  }


  event result_t Timer.fired()
  {
    call Leds.redToggle();       //red, green, yellow 를 각각 추가한다.
    call Leds.greenToggle();
    call Leds.yellowToggle();
    return SUCCESS;
  }
}
```

07장 Timer을 이용한 모스부호 실습

1. 이 장에서 소개하고 있는 Moss프로그램에 시리얼 통신을 추가한 응용 프로그램을 완성해 보자.

☞ Moss.nc 파일과 MossM.nc 파일에서 다음과 같이 UART 인터페이스를 추가한다.

Moss.nc

```
configuration Moss{
}
implementation{
        components Main, MossM, TimerC, LedsC, HPLUARTC;
        Main.StdControl -> MossM;
        Main.StdControl -> TimerC;

        MossM.Timer -> TimerC.Timer[unique("Timer")];
        MossM.Leds -> LedsC;
        MossM.UART -> HPLUARTC;
        }
```

MossM.nc

```
#define MORSE_WPM 12 //speed, in words per minute
#define MORSE_UNIT (1200/ MORSE_WPM) // millisecond per units

module MossM{
        provides{
                interface StdControl;
        }
        uses{
                interface Timer;
                interface Leds;
                interface HPLUART as UART;
        }
}

implementation{
        int state;
        command result_t StdControl.init(){
        state=1;
        call UART.init();
        call Leds.init();
        call Leds.redOff();
        call Leds.yellowOff();
        call Leds.greenOff();
        return SUCCESS;
        }
```

```
command result_t StdControl.start(){
        return call Timer.start(TIMER_ONE_SHOT,1000);
}
command result_t StdControl.stop(){
        return call Timer.stop();
}
event async result_t UART.get(uint8_t data) {
        return SUCCESS;
    }
event async result_t UART.putDone() {
        return SUCCESS;
        }

event result_t Timer.fired() {
static char *morse = ".... . .-.. .-.. ---";
static char *current;
if(!current)
        current = morse;

switch(*current){
        case ' ': //pause: yellowLED on/off for two units
        if( !call Leds.get() ){
                call Leds.yellowOn();
                call Timer.start(TIMER_ONE_SHOT,2*MORSE_UNIT);
                call UART.put(' ');
        }else{
                call Leds.yellowOff();
                call Timer.start(TIMER_ONE_SHOT,2*MORSE_UNIT);
                current++;
        }
        break;
        case '.': //dot : redLED on/off for one units
        if( !call Leds.get() ){
                call Leds.redOn();
                call Timer.start(TIMER_ONE_SHOT, MORSE_UNIT);
                call UART.put('.');
        }else{
                call Leds.redOff();
                call Timer.start(TIMER_ONE_SHOT, MORSE_UNIT);
                current++;
        }
        break;
```

```
                    case '-': // dash: redLED on for three units, off for one units
                    if( !call Leds.get() ){
                            call Leds.greenOn();
                            call Timer.start(TIMER_ONE_SHOT,3*MORSE_UNIT);
                            call UART.put('-');
                    }else{
                            call Leds.greenOff();
                            call Timer.start(TIMER_ONE_SHOT,3*MORSE_UNIT);
                            current++;
                    }
                    break;
                    }
                    if(!*current)
                            current=morse;
                            return SUCCESS;

        }
}
```

2. 작성한 응용 프로그램을 수정하여 모스부호로 자신의 학번과 이름을 찍고 LED로 표현하도록 프로그램을 작성해서 결과 화면과 소스코드를 제출하도록 하라.

☞ MossM.nc 파일에서 아래와 같이 학번과 이름을 출력할 수 있도록 수정한다.

MossM.nc

```
#define MORSE_WPM 12 //speed, in words per minute
#define MORSE_UNIT (3000/ MORSE_WPM) // millisecond per unit

module MossM{
        provides{
                interface StdControl;
        }
        uses{
                interface Timer;
                interface Leds;
        }
}

implementation{
        command result_t StdControl.init(){
        call Leds.init();
```

```
call Leds.redOff();
call Leds.yellowOff();
call Leds.greenOff();
return SUCCESS;
}

command result_t StdControl.start(){
          return call Timer.start(TIMER_ONE_SHOT,1000);
}
command result_t StdControl.stop(){
          return call Timer.stop();
}
event result_t Timer.fired() {
static char *morse = ".... . .-.. .-.. ---";
                         //  자신의 학번과 이름으로 수정한다
static char *current;
if(!current)
          current = morse;

switch(*current){
          case ' ': //pause: yellowLED on/off for two units
          if( !call Leds.get() ){
                    call Leds.yellowOn();
                    call Timer.start(TIMER_ONE_SHOT,2*MORSE_UNIT);
          }else{
                    call Leds.yellowOff();
                    call Timer.start(TIMER_ONE_SHOT,2*MORSE_UNIT);
                    current++;
          }
          break;
          case '.': //dot : redLED on/off for one uints
          if( !call Leds.get() ){
                    call Leds.redOn();
                    call Timer.start(TIMER_ONE_SHOT, MORSE_UNIT);
          }else{
                    call Leds.redOff();
                    call Timer.start(TIMER_ONE_SHOT, MORSE_UNIT);
                    current++;
          }
          break;
          case '-': // dash: redLED on for three units, off for one units
          if( !call Leds.get() ){
```

```
                        call Leds.greenOn();
                        call Timer.start(TIMER_ONE_SHOT,3*MORSE_UNIT);
                }else{
                        call Leds.greenOff();
                        call Timer.start(TIMER_ONE_SHOT,3*MORSE_UNIT);
                        current++;
                }
                break;
                }
                if(!*current)
                        current=morse;
                        return SUCCESS;
        }
}
```

08장__UART interface를 이용한 모스부호 응용

1. 7장의 2번 연습문제에서 LED를 이용해 학번을 출력하도록 수정해 보았으면 이를 이용해 학번과 이름 등을 모스부호로 출력하여 하이퍼 터미널에서 확인해 보도록 하자.

☞ 7장의 연습문제를 해결하였다면 매우 간단하게 해결되는 문제이다. 6장의 1번과 2번 문제의 소스를 동시에 수정하면 해결된다.

Moss.nc

```
configuration Moss{
}
implementation{
        components Main, MossM, TimerC, LedsC, HPLUARTC;
        Main.StdControl -> MossM;
        Main.StdControl -> TimerC;

        MossM.Timer -> TimerC.Timer[unique("Timer")];
        MossM.Leds -> LedsC;
        MossM.UART -> HPLUARTC;
        }
```

MossM.nc

```
#define MORSE_WPM 12 //speed, in words per minute
#define MORSE_UNIT (1200/ MORSE_WPM) // millisecond per units

module MossM{
        provides{
                interface StdControl;
        }
        uses{
                interface Timer;
                interface Leds;
                interface HPLUART as UART;
        }
}

implementation{
        int state;
        command result_t StdControl.init(){
        state=1;
        call UART.init();
        call Leds.init();
        call Leds.redOff();
        call Leds.yellowOff();
        call Leds.greenOff();
        return SUCCESS;
        }
        command result_t StdControl.start(){
                return call Timer.start(TIMER_ONE_SHOT,1000);
        }
        command result_t StdControl.stop(){
                return call Timer.stop();
        }
        event async result_t UART.get(uint8_t data) {
                return SUCCESS;
                }
        event async result_t UART.putDone() {
                return SUCCESS;
                }

        event result_t Timer.fired() {
        static char *morse = ".... . .-.. .-.. ---";
                                        //  자신의 학번과 이름으로 수정한다
        static char *current;
```

```
        if(!current)
                current = morse;

        switch(*current){
                case ' ': //pause: yellowLED on/off for two units
                if( !call Leds.get() ){
                        call Leds.yellowOn();
                        call Timer.start(TIMER_ONE_SHOT,2*MORSE_UNIT);
                        call UART.put(' ');
                }else{
                        call Leds.yellowOff();
                        call Timer.start(TIMER_ONE_SHOT,2*MORSE_UNIT);
                        current++;
                }
                break;
                case '.': //dot : redLED on/off for one units
                if( !call Leds.get() ){
                        call Leds.redOn();
                        call Timer.start(TIMER_ONE_SHOT, MORSE_UNIT);
                        call UART.put('.');
                }else{
                        call Leds.redOff();
                        call Timer.start(TIMER_ONE_SHOT, MORSE_UNIT);
                        current++;
                }
                break;
                case '-': // dash: redLED on for three units, off for one units
                if( !call Leds.get() ){
                        call Leds.greenOn();
                        call Timer.start(TIMER_ONE_SHOT,3*MORSE_UNIT);
                        call UART.put('-');
                }else{
                        call Leds.greenOff();
                        call Timer.start(TIMER_ONE_SHOT,3*MORSE_UNIT);
                        current++;
                }
                break;
                }
                if(!*current)
                        current=morse;
                        return SUCCESS;
        }
}
```

09장__조도 센서 제어 실습

1. 실습결과 정상적으로 동작한다면 7장에서 이용한 UART interface를 추가하여 하이퍼 터미널에서 조도값이 출력되는 실습을 진행해 보도록 하자.

☞ Sense 프로그램에서 UART 인터페이스를 추가한다.

Sense.nc

```
configuration Sense {
// this module does not provide any interface
}
implementation
{
  components Main, SenseM, LedsC, TimerC, DemoSensorC as Sensor, HPLUARTC;

  Main.StdControl -> Sensor;
  Main.StdControl -> TimerC;
  Main.StdControl -> SenseM;

  SenseM.ADC -> Sensor;
  SenseM.ADCControl -> Sensor;
  SenseM.Leds -> LedsC;
  SenseM.Timer -> TimerC.Timer[unique("Timer")];
  SenseM.UART -> HPLUARTC;
}
```

SenseM.nc

```
module SenseM {
  provides {
    interface StdControl;
  }
  uses {
    interface Timer;
    interface ADC;
    interface StdControl as ADCControl;
    interface Leds;
    interface HPLUART as UART;
```

```
  }
}

implementation {

// declare module static variables here

  result_t display(uint16_t value)
  {
  atomic {
        uint8_t i;
        uint16_t dec, result, lightdata;
        lightdata = value;
        for(i = 0; i < 5; i++)
        {
                result  = lightdata + '0';
                if(i == 4) result = ' ';
                call UART.put(result);
        }
}
                if (value < 9 ) {
                call Leds.redOn();
                call Leds.greenOn();
                call Leds.yellowOn();
                }
                else {
                call Leds.redOff();
                    call Leds.greenOff();
                call Leds.yellowOff();
                }
                return SUCCESS;
   }


   command result_t StdControl.init() {
   call ADCControl.init();
   call UART.init();
   return call Leds.init();
  }

  command result_t StdControl.start() {
                    call ADCControl.start();
```

```
                    return call Timer.start(TIMER_REPEAT, 500);
                    }
  command result_t StdControl.stop() {
         return call Timer.stop();
                    }
  event result_t Timer.fired() {
     return call ADC.getData();
       }

  async event result_t ADC.dataReady(uint16_t data) {
  display((data)>>7) - 1);
  return SUCCESS;
  }
 event async result_t UART.get(uint8_t data) {
               return SUCCESS;
        }
        event async result_t UART.putDone() {
               return SUCCESS;
        }

}
```

11장__온도/습도(SHT11) 제어 실습

1. 온도/습도 센서를 이용하여 실생활에서 어떤 제품을 만들어 적용할 수 있을지 생각해 본다.

☞ 예) 가습기, 자동 실내온도 조절기, 에어컨, 보일러, 중앙난방시스템, 온도/습도 제어기, 회복실, 계절별 습도조절기, 등을 생각해 보자.

12장__네트워크 설정과 기본 송수신 프로그램 실습

1. 만약에 다수의 CntToLedsAndRfm 노드를 빌드해서 그들을 작동시키면 어떤 일이 발생하는지 테스트하여 보아라. 그리고 결과와 이유에 대해서 설명하라.

☞ 하나의 베이스 노드를 가지는 mote에 다수의 송신 mote가 동작하면 수신 mote에서는 송신하는 데이터를 모두 받아야 하므로 입력되는 데이터에 따라 불규칙하게 LED를 점멸하게 된다. 이것은 일률적인 패턴을 기대하기 어렵고 원하는 센싱값을 확인하는데 문제가 있다.

2. 1번의 문제에서와 같은 문제가 발생하게 될 경우 어떻게 하면 서로 다른 종류의 값을 보내야 하는 다수의 송신 mote를 구분해서 수신 mote가 원하는 값만 수신할 수 방법에 대해 논의해 보라.

☞ 패킷의 구조에 대해서 학습하고 답을 찾아보도록 한다.

패킷에 따라 mote에는 그룹 ID와 주소 등을 패킷정보에 실어서 데이터를 송신할 수 있게 되며 수신 mote에서도 이를 구분하여 입력값을 구분할 수 있게 된다.

즉, 온도를 센싱하는 mote들과 습도를 센싱하는 mote들이 있을 때 그룹ID범위내의 서로 다른 ID를 갖게 하여 수신 mote에서 이를 구분하여 수신할 수 있도록 할 수 있다.

그 외에도 주소값으로 구분을 한다든지 RF 채널을 다르게 사용해서 구분할 수도 있다.

13장__TOSmsg 패킷과 메시지 inject 실습

1. TinyOS의 패킷의 구조에 대해서 설명해 보라.

☞ 교재의 내용을 참조한다.

```
uint8_t length;   =1Byte
uint8_t fcfhi;   =1Byte
uint8_t fcflo;   =1Byte
uint8_t dsn;   =1Byte
uint16_t destpan;   =2Byte
uint16_t addr;   =2Byte
uint8_t type;   =1Byte
uint8_t group;   =1Byte
int8_t data[TOSH_DATA_LENGTH];   =1Byte
int8_t strength;   =1Byte
uint8_t lqi;   =1Byte
bool crc;   =1Byte
bool ack;   =1Byte
uint16_t time;   =2Byte
```

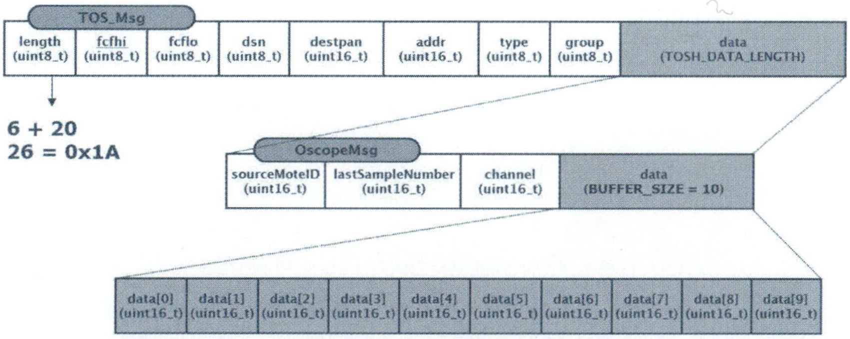

2. 위에서 받은 데이터값을 모두 1 또는 그 외의 십진수로 변경하여 보라.

3. 그룹 ID의 값을 변경하여 수신된 패킷의 정보를 보고 확인하라.

14장__CC2420의 어드레스 필터 실습

1. 이번 장의 실습을 addr값을 다른 값으로 바꾸어 다시 필터링 실습을 진행해 보자. 같은 결과가 나오는가?

☞ 같은 결과가 나온다. 예를 들어 실습에서 지정해 주었던 주소값을 3이 아닌 다른 값으로 주고 addr Filter를 켜두었다면 당연히 패킷값은 출력되지 않는다.

15장__CC2420의 RSSI와 LQI 실습

1. RSSI와 LQI는 어떻게 다르고 출력되는 RSSI 값과 LQI 값을 이용해 어떤 서비스를 제공할 수 있는지 생각해 보자.

☞ 통화품질, 수신감도가 중요한 각종 모바일 기기, 무선 네트워크 기술 기반의 개인용 단말기 등에 적용할 수 있는 기술을 생각해 본다.

2. 실습 과정에서 RSSI 값은 RF level에 대응한다. 즉 출력되는 RSSI 값은 데시벨 값이 아니며 이는 다시 데시벨로 나타낼 수 있다. 그럼 패킷 전송을 데시벨로 변환하여 출력하도록 소스 코드를 수정하여 보자.
3. LQI의 값은 RSSI 값과 마찬 가지로 출력되는 값이 품질값이 아니므로 이를 프로그램 소스를 수정하여 품질값으로 변환하여 출력하는 프로그램을 만들어 보자.

17장__제어문을 이용한 조도 제어 실습

1. 전등을 점등 또는 소등하는 것을 PC가 아닌 mote에서 컨트롤할 수 있도록 프로그램을 수정하고 HyBus_CONTROL 디렉토리의 프로그램을 이용하여 실제 전등을 켜거나 끄는 테스트를 진행하여라.

☞ HyBus_CONTROL프로그램과 Hybus_PhotoTestScope 프로그램을 이용해서 조도값을 받아서 센싱값을 HyBus_CONTROL 프로그램으로 업로드된 mote에 신호를 보내면 HyBus_CONTROL 프로그램으로 업로드된 mote에서 백열등을 제어하여 점등 또는 소등을 하는 시스템을 만든다.

1. HyBus_CONTROL 프로그램

Hyper_CmdMsg.h

```
enum {

 //AM_SIMPLECMDMSG = 0,
 AM_SIMPLECMDMSG = 8,
};

enum {
  GAS_ON = 1,
  GAS_OFF = 2,
  MOTOR_ON   = 3,
  MOTOR_OFF = 4,
  LIGHT_ON = 5,
  LIGHT_OFF = 6
};


// Hybus_control message structure
typedef struct Hyper_CmdMsg {
      int8_t seqno;
      int8_t action;
} Hyper_CmdMsg;
```

ProcessCmd.nc

```
/*
****************
```

```
HyBus Co,.Ltd
TinyOS-1.x apps
****************
*/

includes AM;

interface ProcessCmd
{
  /**
   * This command  extracts the command from the message 'pmsg' and
   * executes the command.
   * @return Command execution result.
   */
  command result_t execute(TOS_MsgPtr pmsg);

  /**
   * Indicate that the command contained in 'pmsg' has finished executing.
   * @param status The status of the command completion.
   * @return Always returns SUCCESS.
   */
  event result_t done(TOS_MsgPtr pmsg, result_t status);
}
```

Hyper_Cmd.nc

```
/*
****************
HyBus Co,.Ltd
TinyOS-1.x apps
****************
*/

includes Hyper_CmdMsg;

configuration Hyper_Cmd {
  provides interface ProcessCmd;
}
implementation {
  components Main, Hyper_CmdM, GenericComm as Comm, PotC, LedsC ,ActsC;
```

```
  Main.StdControl -> Hyper_CmdM;
  Hyper_CmdM.Leds -> LedsC;
  Hyper_CmdM.Acts -> ActsC;
  ProcessCmd = Hyper_CmdM.ProcessCmd;
  Hyper_CmdM.CommControl -> Comm;
  Hyper_CmdM.ReceiveCmdMsg -> Comm.ReceiveMsg[AM_SIMPLECMDMSG];

  Hyper_CmdM.Pot -> PotC;
}
```

Hyper_CmdM.nc

```
/*
****************
HyBus Co,.Ltd
TinyOS-1.x apps
****************
*/

includes Hyper_CmdMsg;

module Hyper_CmdM {
  provides         {
    interface StdControl;
    interface ProcessCmd;
  }

  uses {
    interface Leds;
    interface Acts;
    interface Pot;
    interface ReceiveMsg as ReceiveCmdMsg;
    interface StdControl as CommControl;
  }
}


implementation
{
```

```
TOS_MsgPtr msg;
int8_t pending;
TOS_Msg buf;

task void cmdInterpret() {
  struct Hyper_CmdMsg * cmd = (struct Hyper_CmdMsg *) msg->data;    //

  // Execute the command
  switch (cmd->action) {
                case GAS_ON:                    //  1
                        TOSH_uwait(200);        // delay
                        call Acts.gasdownOff();
                        TOSH_uwait(200);
                        call Acts.gasupOn();
                        call Leds.yellowOn();
                        break;
                case GAS_OFF:                   //  2
                        TOSH_uwait(200);
                        call Acts.gasupOff();
                        TOSH_uwait(200);
                        call Acts.gasdownOn();
                        call Leds.yellowOff();
                        break;
                case MOTOR_OFF:                 //  3
                        TOSH_uwait(200);
                        call Acts.motorOff();
                        call Leds.redOff();
                        break;
                case MOTOR_ON:                  //  4
                        TOSH_uwait(200);
                        call Acts.motorOn();
                        call Leds.redOn();
                        break;
                case LIGHT_ON:                  //  5
                        TOSH_uwait(200);
                        call Acts.lightOn();
                        call Leds.blueOn();
                        break;
                case LIGHT_OFF:         //          6
                        TOSH_uwait(200);
                        call Acts.lightOff();
                        call Leds.blueOff();
```

```
                                        break;
    }
    pending =0;
    signal ProcessCmd.done(msg, SUCCESS);
  }

  command result_t StdControl.init() {
    msg = &buf;
    pending = 0;
    call Acts.init();
    return rcombine(call CommControl.init(), call Leds.init());
  }

  command result_t StdControl.start(){
    call Acts.gasupOff();
    call Acts.gasdownOff();
    call Acts.motorOff();
    call Acts.lightOff();
    return (call CommControl.start());
  }

  command result_t StdControl.stop(){
    call Leds.greenOn();
    return (call CommControl.stop());
  }

  command result_t ProcessCmd.execute(TOS_MsgPtr pmsg) {
    pending =1;
    msg = pmsg;
    post cmdInterpret();
    return SUCCESS;
  }

  /**
   * Called upon message reception and invokes the ProcessCmd.execute()
   * command.
   * @return Returns a pointer to a TOS_Msg buffer
   **/
  event TOS_MsgPtr ReceiveCmdMsg.receive(TOS_MsgPtr pmsg){
    TOS_MsgPtr ret = msg;
    result_t retval;
    retval = call ProcessCmd.execute(pmsg) ;
```

```
        if (retval==SUCCESS) {
            return ret;
        } else {
            return pmsg;
        }
    }

    default event result_t ProcessCmd.done(TOS_MsgPtr pmsg, result_t status) {
        return status;
    }

}
```

2. Hybus_PhotoTestScope 프로그램

OscopeMsg.h

```
/* Message types used by Oscope. */

/**
 * @author Nelson Lee
 */

enum {
    BUFFER_SIZE = 10
};

enum {
    GAS_ON = 1,
    GAS_OFF = 2,
    MOTOR_ON   = 3,
    MOTOR_OFF = 4,
    LIGHT_ON = 5,
    LIGHT_OFF = 6
};

struct OscopeMsg
{
        uint8_t seqno;
```

```
    uint8_t action;
};

struct OscopeResetMsg
{
    /* Empty payload! */
};

enum {
  AM_OSCOPEMSG = 8,
  AM_OSCOPERESETMSG = 32
};
```

Hyper_PhotoScope.nc

```
/*
****************
HyBus Co.,Ltd
TinyOS-1.x apps
****************
*/

includes OscopeMsg;

configuration Hyper_PhotoScope {
// this module does not provide any interface
}
implementation {
  components Main, Hyper_PhotoScopeM, TimerC, LedsC, Photo, GenericComm as Comm;

  Main.StdControl -> Hyper_PhotoScopeM.StdControl;
  Main.StdControl -> TimerC;
//   Main.StdControl -> Sensor;

  Hyper_PhotoScopeM.Timer -> TimerC.Timer[unique("Timer")];
  Hyper_PhotoScopeM.Leds -> LedsC;

  Hyper_PhotoScopeM.PhotoControl -> Photo;
  Hyper_PhotoScopeM.PhotoADC -> Photo;
  Hyper_PhotoScopeM.CommControl -> Comm;
  Hyper_PhotoScopeM.ResetCounterMsg -> Comm.ReceiveMsg[AM_OSCOPERESETMSG];
```

```
  Hyper_PhotoScopeM.DataMsg -> Comm.SendMsg[AM_OSCOPEMSG];

}
```

Hyper_PhotoScopeM.nc

```
/*
****************
HyBus Co,.Ltd
TinyOS-1.x apps
****************
*/

includes OscopeMsg;

module Hyper_PhotoScopeM {
    provides
    {
        interface StdControl;
    }

    uses
    {
        interface Timer;
        interface Leds;
        interface StdControl as CommControl;
        interface SendMsg as DataMsg;
        interface ReceiveMsg as ResetCounterMsg;
        interface ADC as PhotoADC;
              interface StdControl as PhotoControl;
    }
}

implementation {

  uint8_t packetReadingNumber;
  uint16_t readingNumber;
  TOS_Msg msg[2];
  uint8_t currentMsg;
  bool busy = FALSE;
  int i=0;
```

```
norace int status, status2 = 0;

command result_t StdControl.init() {
          call Leds.init();
          call Leds.yellowOff(); call Leds.redOff(); call Leds.greenOff();

  atomic
  {
      currentMsg = 0;
      packetReadingNumber = 0;
      readingNumber = 0;
  }

  call PhotoControl.init();
  call CommControl.init();

  return SUCCESS;
}

command result_t StdControl.start() {
  call PhotoControl.start();
  call CommControl.start();

  return call Timer.start(TIMER_REPEAT, 50);
}

command result_t StdControl.stop() {
  call PhotoControl.stop();
  call CommControl.stop();

  return call Timer.stop();
}


  task void dataTask()
  {
      struct OscopeMsg *pack;
      atomic {
          pack = (struct OscopeMsg *)msg[currentMsg].data;
          pack->action = LIGHT_ON;
      }
      pack->seqno = i++;
```

```
        //if( call DataMsg.send(TOS_UART_ADDR, sizeof(struct OscopeMsg),
        if( call DataMsg.send(TOS_BCAST_ADDR, sizeof(struct OscopeMsg),
                    &msg[currentMsg]))
        {
            atomic {
                currentMsg ^= 0x1;
            }

            call Leds.yellowToggle();
        }
    }

    task void dataTask2()
    {
        struct OscopeMsg *pack;
        atomic {
            pack = (struct OscopeMsg *)msg[currentMsg].data;
            pack->action = LIGHT_OFF;
        }
        pack->seqno = i++;

        //if( call DataMsg.send(TOS_UART_ADDR, sizeof(struct OscopeMsg),
        if( call DataMsg.send(TOS_BCAST_ADDR, sizeof(struct OscopeMsg),
                    &msg[currentMsg]))
        {
            atomic {
                currentMsg ^= 0x1;
            }

            call Leds.blueToggle();
        }
    }

  event result_t Timer.fired()
  {
    return call PhotoADC.getData();
  }

    event result_t DataMsg.sendDone(TOS_MsgPtr sent, result_t success)
    {
                busy = FALSE;
```

```
            return SUCCESS;
        }

        event TOS_MsgPtr ResetCounterMsg.receive(TOS_MsgPtr m)
        {
            atomic {
                readingNumber = 0;
            }

            return m;
        }

        async event result_t PhotoADC.dataReady(uint16_t data)
        {
             if(data < 1500)
             {
                if(status == 0)
                {
                    status = 1;
                    status2 = 0;
                    post dataTask();
                }
            }
             else
             {
                if(status2 == 0)
                {
                    status2 = 1;
                    status = 0;
                    post dataTask2();
                }
            }
            return SUCCESS;
        }
    }
```

18장___온도/습도 센서와 Mlutihop 네트워크 실습

1. 모두 똑같은 Hybus_Surge_app 프로그램으로 업로드하였다. 그렇다면 다른 노드 ID를 갖는 mote를 PC에 연결하여 통신설정을 새로 하고 java 프로그램을 실행시켜 보

자. 어떻게 되는가?
그렇다면 그 이유는 무엇인가?

☞ 예를 들어 4개의 mote에 Hybus_Surge_app 프로그램으로 업로딩을 하고 하나의 mote를 베이스 노드로 하였다. 이 상태에서 베이스 노드가 2인 mote를 PC에 연결하면 java Class 화면에는 아무것도 표시되지 않는다. mote는 베이스 노드를 "0"으로 사용하고 이를 통해 베이스 노드를 갖지 않는 다른 노드를 가지는 mote들로부터 센싱 데이터를 입력받게 된다. 그러므로 만약 노드 ID가 2인 mote를 PC에 연결해서 java Class를 실행시켜도 아무런 센싱 데이터를 입력받을 수 없다.

만약 두 개의 베이스 노드를 가지는 mote를 만들어서 센싱 데이터를 수집해보도록 하자. 그렇게 되면 PC와 연결되지 않은 베이스 노드를 가지는 mote로부터는 아무런 센싱 데이터도 입력되지 않을 것이다.

또한 하나의 베이스 노드를 설정하고 나머지 mote에는 노드를 설정하지 않고 프로그램을 업로드해 보도록 하자. 그럴 경우 센싱 데이터 입력은 어떻게 될까?

노드 ID "0"을 갖는 mote는 하나이고 이 mote는 PC와 연결되어 있다. 그리고 나머지 mote들은 노드 ID를 입력하지 않고 업로드하였다. 그러면 베이스 노드 ID를 가지는 mote는 하나의 mote와의 통신만 가능해진다. 즉 mote가 아무리 많아도 센싱 데이터값은 노드 ID "1"을 갖는 mote로부터만 센싱 데이터를 입력받게 된다.

2. Multihop을 구현하는 네트워크에는 어떤 것들이 있는지 알아보자.

☞ 애드혹 노드(node)들에 의해 자율적으로 구성되는 기반 구조가 없는 네트워크. 네트워크의 구성 및 유지를 위해 기지국이나 액세스 포인트와 같은 기반 네트워크 장치를 필요로 하지 않는다. 애드혹(Ad-hoc) 노드들은 무선 인터페이스를 사용하여 서로 통신하고, 멀티홉 라우팅 기능에 의해 무선 인터페이스가 가지는 통신 거리상의 제약을 극복하며, 노드들의 이동이 자유롭기 때문에 네트워크 토폴로지가 동적으로 변화되는 특징이 있다. 애드혹 네트워크는 완전 독립형이 될 수도 있고, 인터넷 게이트웨이를 거쳐 인터넷과 같은 기반 네트워크와 연동될 수도 있다. 응용 분야로는 긴급 구조, 긴급 회의, 전쟁터에서의 군사 네트워크 등이 있다.

Ad-hoc 네트워킹의 개념과 특징

통신기기간 특별한 무선 통신을 'Ad-hoc 네트워킹'이라고 부른다. Ad-hoc 네트워킹은 중앙 시스템의 도움없이 언제, 어디서나 기기간 통신을 가능하게 해준다. 사실, Ad-hoc 네트워킹은 그리 새로운 개념은 아니다. 하지만 그 설정과 용법, 사용되는 통신기기들은 전혀 새롭다고 할 수 있다. 과거에는 Ad-hoc 네트워킹이라 하면 전장이나 재해지역에서의 통신과 연관됐지만 블루투스(Bluetooth) 같은 최신 기술이 실현됨에 따라 이제 Ad-hoc 네트워킹이 변하고 있으며, 그 중요성도 더욱 커질 것으로 예상된다.

사람들은 개인적 혹은 직업적 필요에 의해 노트북 컴퓨터나 휴대폰, PDA, MP3 플레이어와 같은 휴대용 기기들을 들고 다닌다. 대체로 이들 기기들은 독립적으로 사용된다. 즉, 애플리케이션간 연동이 안된다.

그런데 만약 직접 연동이 된다면 어떨까? 가령, 회의 참석자들이 프리젠테이션 자료나 문서를 공유할 수 있다면? 명함으로 노트북의 주소 레지스터와 휴대폰의 번호 레지스터에 자동으로 도달할 수 있다면? 통근 열차를 빠져나올 때, 노트북은 여전히 온라인 상태로 남아 있을 수 있다면? 수신 이메일이 PDA로 전환될 수 있다면? 마침내 사무실에 들어서는 순간, 모든 통신이 무선 사내망을 통해 자동적으로 라우팅될 수 있다면?

Ad-hoc 네트워크란 무엇인가

흔히 무선 Ad-hoc 네트워크라 하면 무선 인터페이스를 사용해 패킷 데이터를 전송하는 무선 노드로 구성된 중앙 관리(central administration) 없이 형성된 네트워크를 뜻한다. 이같은 유형의 네트워크에 있는 노드는 라우터나 호스트로 이용될 수 있기 때문에 다른 노드 대신 패킷을 전송할 수도 있고, 사용자 애플리케이션들을 실행할 수도 있다. Ad-hoc 네트워킹의 가장 매력적인 점은 중앙통제로부터 완전히 독립해 사용자가 네트워크 사용에 더 많은 자유와 유연성을 얻게 된다는 것이다.

멀티호핑의 또 한 가지 장점은 네트워크 용량을 증가시켰다는 점이다.

이후 여러 실험적 packet-radio 무선 네트워크가 개발됐지만 이같은 무선 시스템들은 진정한 의미에서 상업화되지는 못했다. 무선 LAN 표준인 IEEE 802.11을 개발하면서 IEEE는 'packet-radio 네트워크'라는 용어 대신 'Ad-hoc 네트워크'라고 명명했다.

Ad-hoc 네트워킹을 이용하면 사용자의 통신기기간 연동이 가능하며, 비행기 출발시간, 게이트 변경 등의 업데이트 정보를 조회하는 등의 현지 정보 포인트에 연결할 수 있다. 또한 통신범위를 벗어난 통신기기 간에 트래픽을 중계해준다.

Ad-hoc 네트워킹에 대한 올바른 관점을 세우기 위해 현재의 무선 시스템으로 시작되는 무선통신에 대해 고찰해 보자.

현재는 통신 커버리지를 기지국이 제공하고 있고, 중앙에서 무선 자원을 관리하며 서비스가 시스템에 통합돼 있다. 이로써 오늘날 무선 시스템은 양질의, 예측 가능한 서비스를 제공하는 것이다.

중앙통제식 관리 비중이 줄어들수록 순수한 의미의 Ad-hoc 운영으로 나아가게 된다. 중앙통제를 그대로 유지하면서도, HiperLAN/2의 직접 통신 방식을 이용해 인접 단말기간 직접 통신이 가능하다. 따라서 트래픽 전달은 액세스 포인트가 제공하는 커버리지에만 전적으로 의존하는 것은 아니다.

중앙집중식에 대한 의존도는 최종사용자 단말기가 다른 단말기들과 기지국간에 트래픽을 멀티홉으로 중계할 때 더욱 줄어든다. 이와 유사한 접근방식이 상용 혹은 주거용 WLL(Wireless Local Loop) 멀티홉 액세스 시스템에 적용된다.

블루투스, IEEE 802.11 Ad-hoc 방식, 무선 Ad-hoc 네트워크(MANET), PAN (Personal Area Network) 등에 의해 현실화된 완전 분산식 무선, 액세스, 라우팅 기술이 Ad-hoc 네트워킹의 영역에 들어간다. IETF가 주도한 MANET은 인터넷에 연결된 유선 인프라를 통한 서비스 제공을 목표로 하고 있다.

블루투스와 PAN

지금까지 Ad-hoc 네트워킹은 군용 애플리케이션을 위한 것으로 주로 인식돼 왔으며, 대규모로 상용화하기에는 무선 장비 가격이 너무 비쌌다. 하지만 무선 컴퓨터 용량이 꾸준히 늘어남에 따라 무제한의 네트워킹에 대한 요구 역시 커질 전망이다. 상용 Ad-hoc 네트워크는 유·무선 인프라가 없는 상황에서 사용될 수 있다. 가령 오지에서의 구조 활동이나 멀리 떨어진 건설 현장 등에서 사용될 수 있다. 또한 도시 지역의 무선 공중 액세스로 사용돼 빠른 구축과 확장된 커버리지를 제공할 수 있으며 노트북에 연결된 Ad-hoc 네트워크를 이용해 회의 참석자간 정보를 공유할 수도 있다.

단거리 Ad-hoc 네트워크는 PAN을 형성해 휴대폰 등 여러 무선 통신기기간의 통신을 간소화함으로써 사용자가 더 이상 전선을 잇느라 고생할 필요가 없다. 또한 유선 네트워크(무선 IP)가 제공하는 통신 이동성을 Ad-hoc 네트워크 도메인 내에 있는 노드들로 확장시킬 수 있다. 블루투스는 이같은 PAN에서 가장 뛰어난 기술로 인정받고 있다.

블루투스의 주된 목적은 저가의 무선 칩을 사용해 전화, PDA, 노트북 컴퓨터, 디지털 카메라, 프린터, 팩스 등의 전자제품들 간에 연결된 복잡한 전선들을 없애는 것이다.

블루투스 기반의 PAN은 무선 네트워크를 사용자 도메인으로 확장시킬 수 있는 새로운 방식을 제공한다. 가령 블루투스 PAN에 접속할 수 있는 사람이 여행 중에 자신의 GPRS/UMTS 휴대폰을 게이트웨이로 사용해 인터넷이나 회사 IP망에 접속할 수 있다.

PAN에는 Ad-hoc 기능을 이용한 여러 다른 액세스 기술이 포함될 수 있다. 예를 들어, 노트북 컴퓨터가 실내에서 사용될 때 네트워크 액세스를 제공하는 무선 LAN 인터페이스를 가질 수 있다. 무엇보다 Ad-hoc 운영이 지닌 유연성과 사용상의 편리함이 그에 대한 수요를 증폭시키고 있다.

Ad-hoc 네트워킹의 특징 및 요구사항

기존 유무선 네트워크와는 달리, Ad-hoc 네트워크는 노드 일부나 전체가 무선인 네트워크 환경 속에서 작동할 수 있다. 이같은 다이나믹한 환경에서는 노드가 갑자기 사라지거나 나타날 수 있기 때문에 네트워크 기능이 분산 방식으로 작동돼야 한다. 하지만, 일반적으로는 기존 네트워크에 적용되는 것과 같은 접속 및 트래픽 요구사항들이 Ad-hoc 네트워크에도 요구된다. Ad-hoc 네트워킹의 일반적 특징은 다음과 같다.

- 분산 운영 : Ad-hoc 네트워크상의 노드는 보안 및 라우팅 기능 지원을 백그라운드 네트워크에 의존할 수 없다. 그 대신 이들 기능이 설계되어 분산된 조건 하에서도 효율적으로 운영될 수 있어야 한다.
- 다이나믹한 네트워크 형태 : 노드가 무선이기 때문에 네트워크 형태가 다양해지지만, 그럼에도 불구하고 네트워크 연결이 유지돼 애플리케이션과 서비스를 차질없이 제공해야 한다. 특히 이점이 라우팅 프로토콜 설계에 영향을 미친다. 또한 Ad-hoc 네트워크 사용자는 노드가 이리 저리 움직이는 상황에서도 인터넷과 같은 유선 네트워크에의 접속을 요구한다. 이동성 관리(mobility-management) 기능을 통해 어느 한 네트워크 액세스 포인트에서 몇 개 무선 홉 떨어진 거리에 있는 통신기기에 접속할 수 있게 된다.
- 불규칙한 링크 용량 : 모든 링크 오류의 합이 멀티홉 경로에 영향을 미치기 때문에 높은 비트 오류율이 미치는 영향은 멀티홉 Ad-hoc 네트워크에서 더욱 명확히 나타난다. 여기에 하나 이상의 종간(end-to-end) 경로가 주어진 링크를 사용할 수 있기 때문에 만약 링크가 끊기면, 비트 오류율이 높을 경우 여러 세션에 장애를 일으킬 수도 있다. 하지만 링크 계층 보호 기능으로 링크 품질을 상당수준 개선할 수 있다.
- 소전력 기기 : 대개 네트워크 노드는 건전지로 작동되기 때문에 전력 여유가 별로 없다. 이는 곧 CPU 프로세싱, 메모리, 신호처리 등의 전력소모적인 부품에 영향을 미친다. 통신관

련 기능들은 기기상에서 작동되는 애플리케이션과 서비스에 직접 부담으로 작용한다. 따라서 네트워킹 기능을 구현하는 알고리즘과 메커니즘은 최소한의 전력만을 소모하도록 최적화돼야 한다.

Ad-hoc 네트워크의 기능

1) 보안

기본적으로 Ad-hoc 네트워크의 보안 요구조건은 다른 통신 네트워크에서 요구되는 것과 동일하다. 다만 무선 Ad-hoc 네트워크의 경우, 매체를 신뢰할 수 없는 상황에서 암호를 사용할 수밖에 없어 암호 키에 크게 의존한다. 따라서 키 사이에 신뢰할 수 있는 관계를 형성하고, 이를 Ad-hoc 네트워크 전반에 분배하는 것이 주요 과제가 된다.

Ad-hoc 네트워크에서 주로 사용하는 방식은 공개키(public key : 지정된 인증기관에 의해 제공되는 키 값) 접근 방식에 기반하고 있다. 예를 들어, Ad-hoc 네트워크내 A, B, C라는 그룹들이 각각 존재한다고 할 때, 그룹 A의 대표 노드가 서버 노드 역할을 하며 신뢰위임(trust delegation) 절차를 주도한다. 그러면 각각 그룹의 대표 노드들은 자기 그룹이 정한 공개키를 다른 그룹과 교환하며 그룹간 신뢰관계를 형성하게 되는 것이다. 이같은 방식은 임의의 Ad-hoc 네트워크에서 신뢰를 분배하는 역할을 담당하는 프로토콜로 일반화할 수 있다.

2) 라우팅

무선 Ad-hoc 네트워크의 경우 노드가 네트워크 내에서 제대로 움직이기 때문에 노드간 패킷을 라우팅하는 문제가 중요한 이슈가 된다. 그런데 기존 라우팅 프로토콜은 트래픽이 아무런 영향을 받지 않는 경우에도 변화에 반응을 보이고, 네트워크상의 모든 노드에 루트를 유지하기 위해 주기적으로 컨트롤 메시지를 보내야 한다.

이를 위해서는 Ad-hoc 네트워크처럼 노드 이동성이 심한 경우 전원이나 링크 대역폭 등 더욱이 부족한 자원들이 더 자주 소모되는 단점이 있다. 이에 대한 대안으로 설정된 것이 반응 루트(reactive route)이다. 이 방식을 통해 패킷 라우팅이 분명히 필요한 경우에만 노드간 루트가 성립되도록 할 수 있다.

3) 이동성

오늘날 무선 네트워크의 경우 노드와 사용자 이동성은 주로 포워딩을 통해 처리된다. 하지만 이같은 포워딩 방식은 네트워크 가장자리에 있는 노드(단말기)가 움직일 때만 적용되기 때문에 Ad-hoc 네트워크처럼 네트워크 중앙에 위치한 노드가 움직이거나 통신 기기가 라우터와 호스트 기능을 동시에 수행하는 경우에는 불가능하다.

따라서 Ad-hoc 네트워크의 경우 라우팅 알고리즘이 이동성을 직접 처리한다. 만약 노드가 움직여 트래픽을 다른 쪽으로 강제로 옮기면, 라우팅 프로토콜은 노드의 라우팅 테이블에 일어난 변화를 관리한다.

결 론

타고난 유연성으로 Ad-hoc 네트워킹의 구축은 매우 용이하다. Ad-hoc 네트워킹의 개념이 가장 잘 적용되는 것은 단거리의 개인 사용자 영역일 것이다. Ad-hoc 네트워킹은 동일인의 통신 기기간 통신을 원활히 해 지역 교통정보를 얻거나 인터넷 게이트웨이로 사용될 수도 있고, 또는 서로 다른 사용자 기기간 통신을 가능하게 할 수도 있다. 이처럼 휴대용 통신기기를 통해 소규모 Ad-hoc 네트워크를 구성할 수 있는 능력이 향후 Ad-hoc 네트워크 기반의 다양한 애플리케이션 개발을 촉진시키게 될 것이다.

[출처] http://blog.naver.com/dawn6535?Redirect=Log&logNo=40003952434 Ad-hoc

19장__네트워크를 이용한 Hmote2420제어

1. SimpleCmd를 응용하여 어떤 시스템을 만들 수 있을까 생각해 보자.

20장__채팅 프로그램

1. 전송명령 '0'을 사용하지 않고 입력하는 대로 메시지가 전달될 수 있도록 소스 프로그램을 수정해 보자.

☞ 채팅 프로그램을 다음과 같이 수정해 보자.

RfmSerialTestSenderMSG.h

```
struct stLedNumData
{
    uint8_t data;
};

enum {
  AM_RADIONUMMSG= 10
};
```

RfmChatting.nc

```
/*
****************
HyBus Co,.Ltd
TinyOS-1.x apps
****************
*/

includes RfmSerialTestSenderMSG;
```

```
configuration RfmChatting { }
implementation
{
  components Main, RfmChattingM
             , LedsC
             , UART
             , UartDebugC
             , GenericComm as Comm;

  Main.StdControl -> RfmChattingM;


  RfmChattingM.Leds -> LedsC;
  RfmChattingM.ByteControl ->UART;
  RfmChattingM.ByteComm ->UART;
  RfmChattingM.ByteControl2 ->UartDebugC;
  RfmChattingM.UartDebug -> UartDebugC;
  RfmChattingM.CommControl -> Comm;

  RfmChattingM.RadioSendMsg -> Comm.SendMsg[AM_RADIONUMMSG];
        //송신부분 연결
  RfmChattingM.RadioReceiveMsg -> Comm.ReceiveMsg[AM_RADIONUMMSG];//수신부분 연결

}
```

RfmChattingM.nc

```
/*
****************
HyBus Co,.Ltd
TinyOS-1.x apps
****************
*/

includes RfmSerialTestSenderMSG;

module   RfmChattingM
{
  provides interface StdControl;
  uses {
    interface Leds;
```

```
    interface ByteComm;
    interface StdControl as ByteControl2;
    interface StdControl as ByteControl;
    interface StdControl as CommControl;
    interface SendMsg as RadioSendMsg;              // 송신
    interface ReceiveMsg as RadioReceiveMsg;        // 수신
    interface UartDebug;

  }
}
implementation
{

  TOS_MsgPtr pmsg;
  TOS_Msg msg;
  int ledvalue;
  char temp[100];                        // 수신된 문자열 저장할 배열
  int i;                                 // 문자열의 길이(배열위치)
  task void radioSendTask();

  command result_t StdControl.init() {
    call Leds.init();
    call Leds.yellowOff();
    call Leds.redOff();
    call Leds.greenOff();

    call ByteControl.init();
         call ByteControl2.init();
    call CommControl.init();
    i =0;
    memset(temp,0,strlen(temp));

    return SUCCESS;
  }

  command result_t StdControl.start() {
    call ByteControl.start();
    call ByteControl2.start();
    call CommControl.start();
    return SUCCESS;
  }
```

```
command result_t StdControl.stop() {
  call ByteControl.stop();
        call ByteControl2.stop();
  call CommControl.stop();
  return SUCCESS;
}


async event result_t ByteComm.rxByteReady(uint8_t data, bool error, uint16_t strength)
{
        uint8_t tmp;
        tmp = data;
        atomic{
                ledvalue = tmp-'0';
        }

        post radioSendTask();  //데이터 송신

        return SUCCESS;
}

async event result_t ByteComm.txDone()
{
        return SUCCESS;
}

event TOS_MsgPtr RadioReceiveMsg.receive(TOS_MsgPtr m)        // 메세지 수신부분
{
        TOS_MsgPtr tmp;        // RfmLedReceiver 모듈과 동일
        struct stLedNumData* pack;
        tmp = pmsg;
        pmsg = m;
        pack = (struct stLedNumData*)m->data;

        temp[0]=pack->data+48; // 데이터를 문자형배열 temp에 입력

        i++;                   // 문자형배열에 입력위치 증가

        atomic{
                call UartDebug.writeString(temp, 1);
        }
        return tmp;
```

```
}

  async event result_t ByteComm.txByteReady(bool success)
  {
          return SUCCESS;
  }

  task void radioSendTask()
  {
          struct stLedNumData *pack;
          atomic {
                    pack = (struct stLedNumData *)msg.data;
                    pack->data = ledvalue;
                    pmsg = &msg;
                    pmsg->addr = TOS_BCAST_ADDR;
                    pmsg->type = AM_RADIONUMMSG;
                    pmsg->group = TOS_AM_GROUP;
                    pmsg->length = sizeof(struct stLedNumData);
          }

          call RadioSendMsg.send(TOS_BCAST_ADDR,sizeof(struct stLedNumData),pmsg);
  }

  event result_t RadioSendMsg.sendDone(TOS_MsgPtr m, result_t success)
  {
          return SUCCESS;
  }

}
```

UartDebug.nc

```
/*
****************
HyBus Co,.Ltd
TinyOS-1.x apps
****************
*/

interface UartDebug {
  async command result_t writeString(char* str, uint8_t len);
```

```
}
```

UartDebugC.nc

```
/*
****************
HyBus Co,.Ltd
TinyOS-1.x apps
****************
*/

configuration UartDebugC {
  provides interface StdControl;
  provides interface UartDebug;
}
implementation
{
  components UartDebugM, UART;

  StdControl = UartDebugM;
  UartDebug = UartDebugM;
  UartDebugM.ByteControl -> UART;
  UartDebugM.ByteComm -> UART;
}
```

UartDebugM.nc

```
/*
****************
HyBus Co,.Ltd
TinyOS-1.x apps
****************
*/

module UartDebugM {
  provides interface StdControl;
  provides interface UartDebug;
  uses interface ByteComm;
  uses interface StdControl as ByteControl;
}
```

```
implementation
{

  bool sending;
  uint8_t txlen;
  uint8_t txcnt;
  char* pStr;


  command result_t StdControl.init() {
          call ByteControl.init();
          atomic txlen = txcnt = 0;
          atomic sending = FALSE;
          return SUCCESS;
  }

  command result_t StdControl.start() {
          call ByteControl.start();
          return SUCCESS;
  }

  command result_t StdControl.stop() {
          call ByteControl.stop();
          return SUCCESS;
  }

  async event result_t ByteComm.rxByteReady(uint8_t data, bool error, uint16_t strength)
  {
          return SUCCESS;
  }

  async event result_t ByteComm.txDone()
  {
          atomic
          {
                  if(txcnt == txlen)
                          sending = FALSE;
          }
          return SUCCESS;
  }

  async event result_t ByteComm.txByteReady(bool success)
```

```
{
        if(success){
                if(txcnt < txlen)
                {
                        call ByteComm.txByte(pStr[txcnt]);
                        atomic txcnt++;
                }
        }
        return SUCCESS;
}

static inline result_t write(char* str,uint8_t len)
{
        if(sending)
                return FAIL;
        call ByteComm.txByte(str[0]);
        atomic{
                pStr = str;
                txlen = len;
                txcnt = 1;
                sending = TRUE;
        }
        return SUCCESS;
}

async command result_t UartDebug.writeString(char* str, uint8_t len)
{
        uint8_t rv;
        while(!(rv = write(str,len)));
        return SUCCESS;
}

}
```

2. Hmote와 NesC 프로그램을 이용하여 어떤 프로그램을 만들어 보고 싶은가? 교재에서 배운 지식을 기초로 발전된 응용 실습 프로그램을 구상해 보자.

참고문헌

[1] 오세근, "최근 IP-USN Trend와 발전 전망," 주간기술동향, 통권 1300호, 2007년 6월, pp.12-20.

[2] 김은숙, 김용운 "6LoWPAN 기반의 IP-USN 기술표준화동향," 전자통신동향분석, 제22권 제6호, 2007년 12월,pp.24-32.

[3] 김석우, "센서 네트워크 연구개발 및 상용화 사례," 주간기술동향, 통권 1325호, 2007년 12월 5일, pp.1-14.

[4] 박수홍, "미국 주도의 센서 네트워크 라우팅 기술 표준화 에 대한 국내 대처 방안 시급," 한국정보통신기술협회, 2007. 11.

[5] 김재윤, "유비쿼터스 컴퓨팅: 비즈니스 모델과 전망," 삼성경제 연구소, 2003. 12.

[6] 연승준, 박상현, 하원규, "유비쿼터스 컴퓨팅의 시스템적 함의와 관련기술 동향," 전자통신동향분석 제19권 제2호 2004년 4월, pp1-8

[7] 김완석, "유비쿼터스 프로젝트와 IT 메가 트랜드," 2003. 10, http://justit.gigaro.net/

[8] 권혜연 외 5인, "이동 Ad Hoc 네트워크 기술 동향," 전자통신동향분석, 제 18권 2호, 2003. 4.

[9] 양대헌 외 4인, "차세대 컴퓨팅 환경에서 디바이스 인증을 위한 PKI 적용기술 연구," 한국정보보호진흥원, 2003. 12.

[10] 이정구, "BQTF 국제 시험서비스 및 블루투스 표준화 동향," TTA 저널 제 92호, 2004. 4.

[11] 윤준, "블루투스 및 휴대장비 보안," 한국정보보호진흥원, 2002. 9.

[12] 이상오, 무선랜 시장의 구조와 전개방향, KISDI IT FOCUS 2001년 6월호, pp. 5-33

[13] 홍승표, 정현수, 무선 LAN 기술의 개요 및 시장 동향, IT Find Mailzine, 2002. 12. 66호

[14] 기술표준원, RFID 기술 및 표준화 동향, 12월 2004년.

[15] 박승창, RFID/USN 실증실험 및 시범서비스의 기술개발 방향, 전자정보센터, 전자부품연구원,11월 2004년.

[16] 김창환, u-센서 네트워크에서의 RFID 역할, 전자정보센터, 전자부품연구원,10월 2004년.

[17] 서울신문 (http://www.seoul.co.kr)

[18] 전자신문 (http://www.etnews.co.kr)

[19] 디지털 타임즈 (http://www.dt.co.kr)

[20] 전자신문 (http://www.etimesi.com)

[21] Digital Times (http://www.dt.co.kr)

[22] 유승화, 아주대학교, RFID 기술 동향과 적용사례

[23] 채종석(ETRI), USN의 발전 방향과 Application

[24] 김형준(ETRI), 모바일 RFID

[25] 권수갑, "정보통신기술사" 자격대비 핵심 정리, 신화전산기획, 2005.

[26] 김형수, "무선랜의 기술과 시장 전망," 한국전파진흥협회, 2003. 8.

[27] 이근호 외 3 공역, "RFID HANDBOOK," 영진.com, 2004.

[28] 이근호, "무선식별 RFID 기술," TTA 저널 제 89호, 2003. 10.

[29] "IPv6 over Low power WPAN WG(6lowpan)," http://www.ietf.org/html.charters/6lowpan-charter. html

[30] Alexandra Dmitrienko, "ZIGBEE-TO-TCP/IP GATEWAY: NEW OPPORTUNITIES FOR ZIGBEE- BASED SENSOR NETWORKS," IWES 2007, Sep. 2007.

[31] David E. Culler, "Building Wireless Sensor Applicatins as Wireless Web Services," The Industrial Wireless Book, July 2007.

[32] Shu Lei et al., "Connecting Sensor Networks with TCP/IP Network," International Workshop on Sensor Networks(IWSN 2006), Jan. 2006.

[33] Archrock corporation, "A Sensor Network Architecture for the IP Enterprise," IPSN 07, Apr. 2007.

[34] "아이비트, IP-USN 모듈 및 라우터 장비 개발," 전자신문, 2006년 11월 21일.

[35] P Levis et al., "TinyOS: An Operating System for Sensor Networks," Ambient Intelligence, Springer 2005, pp.115-148.

[36] Adam Dunkels, "Protothreads: Simplifying Event-Driven Programming of Memory-Constrained Embedded System," ACM Sensys 2006, Boulder, Colorado,Nov. 2006.

[37] "nanoQplus," http://www.qplus.or.kr

[38] A. Eswaran, A. Rowe, and R. Rajkumar, "Nano-RK: An Energy-Aware Resource-Centric Operating System for Sensor Networks," IEEE Real-Time Systems Symp., Dec. 2005.

[39] "freeRTOS," http://www.freertos.org

[40] Adam Dunkels, Juan Alonso, and Thiemo Voigt, "Making TCP/IP Vialbe for Wireless Sensor Networks, "EWSN, 2004.

[41] Adam Dunkels, "RIME - A lightweight Layered Communication Stack for Sensor Networks," EWSN 2007, Netherlands, Jan. 2007.

[42] Fredrik Osterlind et al., "Cross-Level Sensor Network Simulation with COOJA," Sense App 2006, Florida, USA, Nov. 2006.

[43] Adam Dunkels et al., "Software-based On-line Energy Estimation for Sensor Nodes," In Proc. of the Fourth Workshop on Embedded Neworked Sensors(Emnets IV), Cork, Ireland, June 2007.

[44] "SensiNode," http://www.sensinode.com

[45] A. Eswaran, A. Rowe, and R. Rajkumar, "Nano-RK: An Energy-Aware Resource-Centric Operating System for Sensor Networks," IEEE Real-Time Systems Symp., Dec. 2005.

[46] A. Rowe, R. Mangharam, and R. Rajkumar, "RTLink: A Time-Synchronized Link Protocol for Energy Constrained Multi-hop Wireless Networks, "SECON 2006, Sep. 2006.

[47] J. Polastre, J. Hill, and D. Culler, "Versatile Low Power Media Access for Wireless Sensor Networks,"Sensys 04, Nov. 2004.

[48] "SLIPstream," http://www.nanork.org/nano-RK/wiki/SLIPstream
[49] Ian F.Akyildiz et al., "A survey on Sensor Networks," IEEE Communications Magazine, Vol.40, No.8, Aug. 2002, pp.102-114.
[50] Carlos de Morais et al., "Mobile Ad-hoc Networking," In 20th Brazilian Symposium on Computer Networks., Short Course, 2002. pp.125-186.
[51] C. Intanagonwiwat et al., "Directed diffusion for wireless sensor networking," Ieee/Acm Transactions on Networking, Vol.11, No.1, Feb. 2003, pp.2-16.
[52] W.R. Heizelman et al., "Adaptive Protocols for Information Dissemination in Wireless Sensor Networks," Proc. ACM Mobicom' 99, 1999, pp.174-185.
[53] K. Sorabi et al., "Protocols for Self-Organization of a Wireless Sensor Network," IEEE Personal Communication, Vol.7, No.5, 2000, pp.16-27.
[54] Fan Ye, et al., "A scalable solution to minimum cost forwarding in large sensor networks," Proc. Tenth International Conference on Computer Communications and Networks, 2001, pp.304-309.
[55] Wendi B. Heinzelman et al., "An Application-Specific Protocol Architecture for Wireless Microsensor Networks," IEEE Trans. on Wireless Communications, Vol.1, No.4, Oct. 2002, pp.660-670.
[56] Arati Manjeshwar et al., "TEEN: A Routing Protocol for Enhanced Efficiency in Wireless Sensor Networks," Proc. Second Int'l Workshop Parallel and Distributed Computing Issues in Wireless Networks and Mobile Computing, 2001.
[57] Arati Manjeshwar et al., "APTEEN: A Hybrid Protocol for Efficient Routing and Comprehensive Information Retrieval in Wireless Sensor Networks," IEEE Proc. Of the Int'l. Parallel and Distributed Processing Symposium(IPDPS'02), Apr. 2002, pp.195-202.
[58] Jason Hill, Robert Szewczyk, Alex Woo, Seth Hollar, David Culler, Kristofer Pister, "System Architecture Directions for Networked Sensors," International Conference on Architectural Support for Programming Languages and Operating Systems, 2000. 11.
[59] Jaein Jeong, David Culler, "Incremental Network Programming for Wireless Sensors," IEEE SECON 2004, 2004. 10.
[60] Simon Han, Ramkumar Rengaswamy, Roy S Shea, Eddie Kohler, Mani B Srivastava, "A Dynamic Operating System for Sensor Nodes," Third International Conference on Mobile Systems, Applications and Services(Mobisys), 2005. 6.
[61] Hyungjoo Song,Daeyoung Kim, Kangwoo Lee, Jongwoo Sung, "UPnP-based Sensor Network Management Architecture and Implementation," Second International Conference on Mobile Computing and Ubiquitous Networking(ICMU 2005), April 2005, Osaka University, Osaka, JAPAN
[62] A. Murphy and W. Heinzelman, "MiLAN: Middleware Linking Applications and Networks,"

TR-795, University of Rochester, Computer Science, Nov. 2002

[63] Y. Yao and J. E. Gehrke, "The Cougar Approach to In-Network Query Processing in Sensor Networks," Sigmod Record, Vol.31, No.3, Sep. 2002.

[64] T. Liu and M.Martonosi, "Impala: A MiddlewareSystem for Managing Autonomic, Parallel Sensor Systems," Proc. of ACM SIGPLAN symposium on Principles and practice of parallel programming, 2003, pp.107-118.

[65] S. Li, S. Son, and J. Stankovic, "Event Detection Services Using Data Service Middleware in Distributed Sensor Networks," Int'l Workshop on Information Processing in Sensor Networks (IPSN'03), Palo Alto, CA, Apr. 2003.

[66] C.Shen, C. Srisathapornphat, C. Jaikeo, "Sensor Information Networking Architecture and Applications," IEEE Personal Communications, Vol.8, No.4, Aug. 2001, pp.52-59.

[67] Shneidman, J. et al. Hourglass: An Infrastructure for Connecting Sensor Networks and Applications. Havard Technical Report TR-21-04, 2004

[68] P. chramm, E. Naroska, P. Resch, J. Platte, H. Linde, G. Stromberg, T. Sturm, "A service gateway for networked sensor systems", Pervasive Computing, IEEE Volume 3, Issue 1, Jan.-March 2004 pp.66-74.

[69] Joseph P. Macker, M. Scott Corson, "Mobile Computing and Communications Review," Vol.2, No.4.

[70] Lidong Zhou, Zygmunt J. Haas, "Securing Ad Hoc Networks," IEEE Network 1999.

[71] C.K. Toh, "Ad Hoc MobileWireless Networks: Protocols and System," Addison-Wesley

[72] Charles E. Perkins, "Ad Hoc Networking," Addison-Wesley, 2001. 6.

[73] http://www.ietf.org

[74] http://www.itfind.or.kr

[75] http://www.bluetooth.org

[76] Stephen A. Weis, "Security and Privacy in Radio-Frequency Identification Devices," MIT, 2003. 3.

[77] Ari Juels and Ronald L. Rivest and Michael Szydlo, "The Blocker Tag: Selective Blocking of RFID Tags for Consumer Privacy," RSA Laboratory, MIT

[78] ZigBee Alliance Homepage. http://www.zigbee.org

[79] Z-Wave Alliance Homepage, http://www.zwavealliance.org

저자 약력

남 상 엽
- 공학박사
- 삼성종합기술원 정보시스템연구소 근무
- 모토로라 반도체통신(주) 기술연구소 근무
- (현) 국제대학 정보통신과 교수

윤 명 현
- Iowa State University 전자공학 박사
- 한전 전력연구원 책임연구원 근무
- (현) 전자부품연구원 유비쿼터스연구센터 센터장

이 석 환
- (현) 하이버스(주) 기술연구소 USN 주임연구원

유비쿼터스 센서 네트워크 응용과 실습

2008년 6월 20일 1판 1쇄 발행

저 자 남상엽 · 윤명현 · 이석환
발행인 남 승 우

발행처 도서출판 상尚 학學 당堂
서울특별시 동작구 사당3동 220-43
TEL : 02) 595-1692~4
FAX : 02) 595-1394
E-mail : namdoo6@unitel.co.kr
신고 : 2-155호 (1968. 11. 29)

(CD 포함) **정가 24,000원**

ISBN 978-89-85437-87-5 93560

Hmote2430

CC2430(8051Core + CC2420)

TI CC2430 One Chip 기반 고성능 MOTE

- 초소형 설계가 가능한 TI CC2430 SoC 사용 (8051 core + CC2420 RF, Small-Low Power, Very Fast transition)
- 최신의 센서 네트워크 OS인 TinyOS2.0 지원
- ETRI Nano Qplus 지원
- IP-based USN Solution (6LoWPAN IPv6 지원)
- USB를 통한 프로그래밍 및 센싱된 데이터 수집
- 확장 슬롯을 통한 다양한 센서보드 확장 가능
- 고성능의 PCB 안테나 지원, 외부 확장 안테나 지원

구성요소

구분	구성항목	구분	구성항목
MPU	TI CC2430 – MPU Block (Enhanced 8051 core) speed : 32MHz , RAM : 8KByte, Program space : 128Kbyte – Radio Block (CC2420 core) frequency : 2400 ~ 2483MHz, data rate : 250kbps (max) H-sensor Board(Light, Temperature, Humidity, Mic)	USB Interface	USB를 통한 Programming, data collection
		LED	Tx LED, Rx LED / Red LED, Yellow LED
		S/W	Power S/W 1EA, Reset button 1EA
		확장 슬롯	센서 확장 1 슬롯, JTAG 디버거용 8 pin
		Power	1.5V AA 2ea
Antenna	PCB Antenna	Size	33 x 68 mm

Hmote2430-Professional Kit

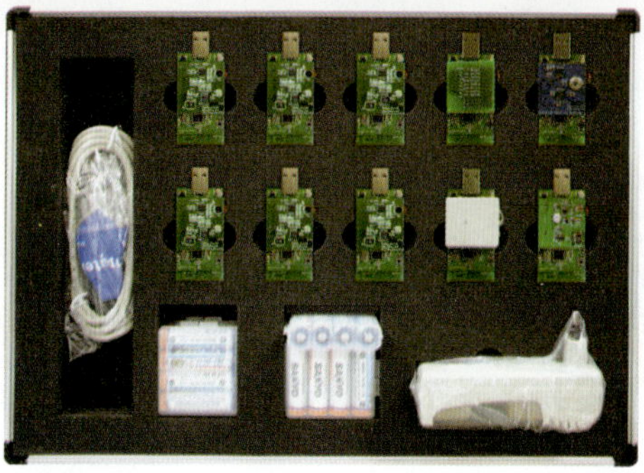

TI CC2430 기반의 USN Special **교육용** 실습장비

강력한 성능의 USN One Chip 솔루션인 TI CC2430 Chip을 사용하여 IEEE802.15.4 스텍을 지원하며 최신의 센서 네트워크 OS인 TinyOS2.0을 지원하여 강력한 성능을 자랑합니다. 또한, NanoStack을 통하여 국내 유일한 IP-based USN 솔루션이 가능하여 가장 관심 많은 IPv6 USN 실현이 가능합니다.

One Chip의 특징으로 소형의 USN 장비 개발이 가능하며 USB 인테페이스를 통해 데이터 프로그래밍 및 센싱된 데이터의 수집이 가능하며 확장 슬롯을 통해 다양한 센서 보드의 확장이 가능합니다.

제품특징

- 강력한 성능의 USN One Chip 솔루션인 TI CC2430 사용
- 최신의 센서 네트워크 OS인 TinyOS2.0 지원
- IP-based USN Solution (6LoWPAN IPv6 지원)
- One Chip CC2430을 통해 소형의 USN 장비 개발 가능 (8051 core + CC2420 RF Chip, Low Power)
- USB를 통한 프로그래밍 및 센싱된 데이터 수집
- 기본 센서 보드 탑재 (온도, 조도, 습도, 마이크 센서)
- 확장 슬롯을 통한 다양한 센서보드 확장 가능
- 수업용 자료 제공 (이론, 실습(16주) 교재, 강의용 PPT)
- 오프라인 교육 지원(월 1회 정기 교육과정 운영)
- 철저한 A/S 지원

구성요소

구분	구성항목	수량
H/W	Hmote2430 (IEEE802.15.4 Processor/Radio Board)	10
	H-sensor Board(Light, Temperature, Humidity, Mic)	6
	응용 Sensor Board (GPS, 적외선 온도, 가속도, Bread Board)	4
	Charger	1
	Rechargeable Battery	20
S/W	TinyOS Development Tools	1
	Sensor Networking and Test Applications	1
	Sensor Network Monitoring S/W	1
	CC2430 ZDK (Z-Stack)	1
교재	Hmote2430 기반 무선센서네트워크 응용과 실습	1
	강의 PPT 교재	1
악세사리	Aluminium Hard Case, USB Cable	1

Hmote2430-Study Kit

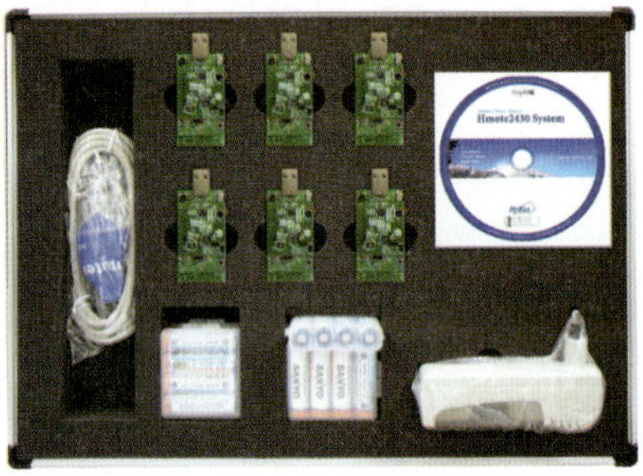

TI CC2430 기반의 USN **보급형 교육용** 실습장비

Hmote2430-Professional Kit와 동일한 MOTE를 사용하고 MOTE 수를 10개가 아닌 6개로 구성하여 비용 부담이 적은 보급형 USN 교육장비입니다. 기본 센서(온도, 조도, 습도, 마이크)가 탑재되어 학교 교육에 적합하고 다양한 센서 확장이 가능하므로 프로젝트용으로 활용이 가능합니다.

Nanostack ping test

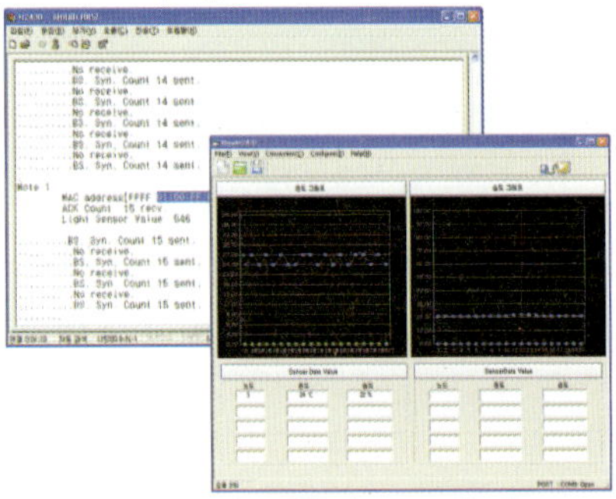

Window application

구성요소

구분	구성항목	수량
H/W	Hmote2430 (IEEE802.15.4 Processor/Radio Board)	6
	H-sensor Board(Light, Temperature, Humidity, Mic)	6
	Charger	1
	Rechargeable Battery	12
S/W	TinyOS Development Tools	1
	Sensor Networking and Test Applications	1
	Sensor Network Monitoring S/W	1
	C-컴파일러 (옵션)	1
교재	Hmote2430 기반 무선센서네트워크 응용과 실습	1
	강의 PPT 교재	1
악세사리	Aluminium Hard Case, USB Cable	1

Hmote2430-LAB Kit

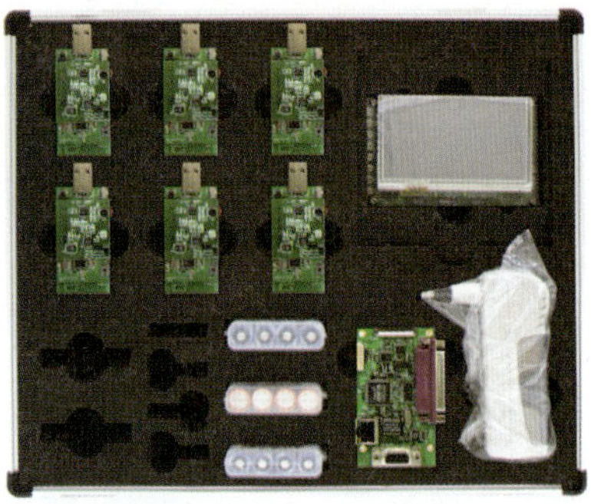

TI CC2430 기반의 USN **연구용** 실습장비

Hmote2430과 PXA270기반의 센서 네트워크 게이트웨이 장비를 혼합하여 연구용으로 패키징한 USN 실습 장비입니다.
학교 연구실에서 프로젝트 및 논문 연구용으로 사용하시면 좋습니다.

OpenGL application

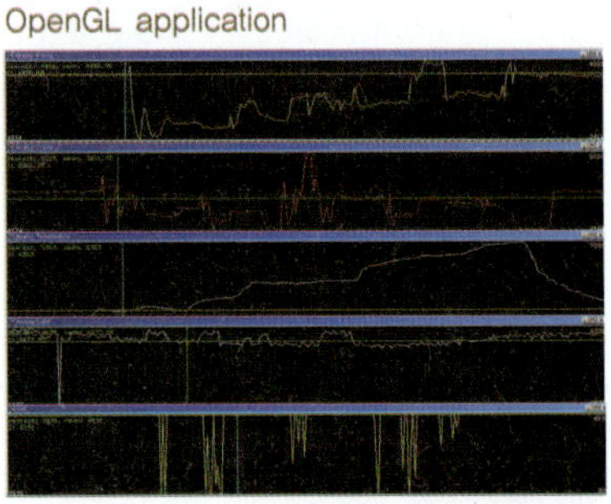

구성요소

구분	구성항목	수량
H/W	Hmote2430 (IEEE802.15.4 Processor/Radio Board)	6
	H-sensor Board(Light, Temperature, Humidity, Mic)	6
	X-Hyper270WN Embedded Linux Gateway System	1
	Charger	1
	Rechargeable Battery	12
S/W	TinyOS Development Tools	1
	Sensor Networking and Test Applications	1
	Sensor Network Monitoring S/W	1
	C-컴파일러 (옵션)	1
교재	Hmote2430 기반 무선센서네트워크 응용과 실습	1
	강의 PPT 교재	1
악세사리	Aluminium Hard Case, USB Cable	1

Hmote2420

- 저전력 고성능 16Bit TI MSP430 Processor 탑재
- RF CC2420 (2.4GHz, 250kbps, IEEE802.15.4)
- 편리한 USB Interface 지원, 외부 Flash 8Mbit 지원
- 고성능의 PCB Antenna
- 최신의 TinyOS1.x, 2.x 지원, ETRI Nano-Qlus USN O/S 지원
- Ultralow-Power Consumption (MSP430)
  - Active Mode : Receive Mode – 19.7mA, 3V
    Transmit Mode – 17.4mA, 3V
  - Standby Mode : 1.1uA
  - Off Mode (RAM Retention) : 0.2uA
- 확장 슬롯을 통한 각종 센서 보드 사용 가능
- 개발 환경 무상 지원, 각종 application 소스 레벨 제공
- 교재 제공

구성요소

구분	구성항목	구분	구성항목
MPU	TI MSP430 16bit Processor – Speed : 8MHz / 32KHz – 내부 Flash : 48Kbyte+256byte, SDRAM : 10Kbyte H-sensor Board (Light, Temperature, Humidity, Mic)	USB Interface	USB를 통한 Programming , data collection
		LED	Tx LED, Rx LED, Red LED, Green LED, Yellow LED
		S/W	Power S/W 1EA, Reset button 1EA
		확장 슬롯	센서 확장 1 슬롯, JTAG 디버거용 8 pin
RF Chip	TI CC2420 RF Chip (2.4GHz)	Power	1.5V AA 2ea
Antenna	PCB Antenna	Size	33 x 68 mm

Hmote2420-Professional Kit

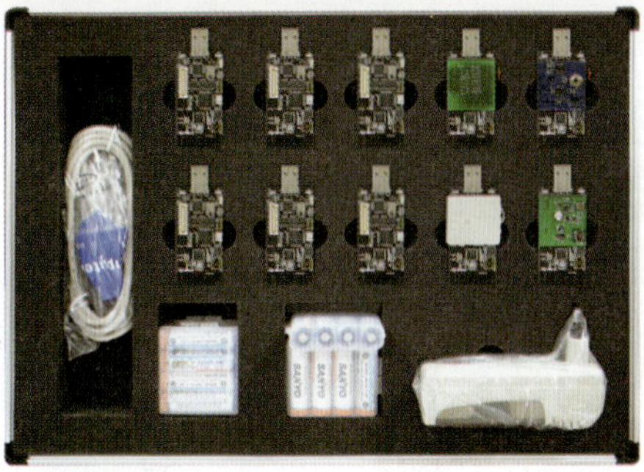

TI MSP430, CC2420 기반의 USN 교육용 실습장비

고성능 저전력의 MSP430 MPU를 사용하였으며 RF Chip은 TI CC2420을 사용하여 IEEE802.15.4 스텍을 지원합니다.

편리한 USB 인테페이스를 통해 데이터 프로그래밍 및 센싱된 데이터의 수집이 가능하며 확장 슬롯을 통해 다양한 센서 보드의 확장이 가능한 USN 표준 실습 장비입니다.
또한 임베디드 시스템 및 홈네트워크 시스템 연동이 가능합니다.

제품특징

- 다른 IEEE 802.15.4 디바이스와의 정보 처리 상호 운영
- Texas Instruments MSP430 microcontroller (10k RAM, 48k Flash) 사용
- Onboard 안테나 (50m range indoors / 125m range outdoors)
- Speep mode로 부터 빠른 wakeup (<6us)
- Connector를 통한 다양한 센서 보드 확장 가능
- Optional SMA antenna connector 내장
- USB를 통한 Programming and data collection
- TinyOS 지원 : mesh networking and communication implementation

구성요소

구분	구성항목	수량
H/W	Hmote2420 MOTE (MSP430 Processor, CC2420 RF Chip (IEEE802.15.4, 2.4GHz)	10
	H-sensor Board(Light, Temperature, Humidity, Mic)	6
	응용 Sensor Board (GPS, 적외선온도, 가속도, Bread Board)	4
	Charger	1
	Rechargeable Battery	20
S/W	TinyOS Development Tools	1
	Sensor Networking and Test Applications	1
	Sensor Network Monitoring S/W	1
교재	Hmote2420 기반 무선센서네트워크 응용과 실습	1
	강의 PPT 교재	1
악세사리	Aluminium Hard Case, USB Cable	1

Hmote2420-Study Kit

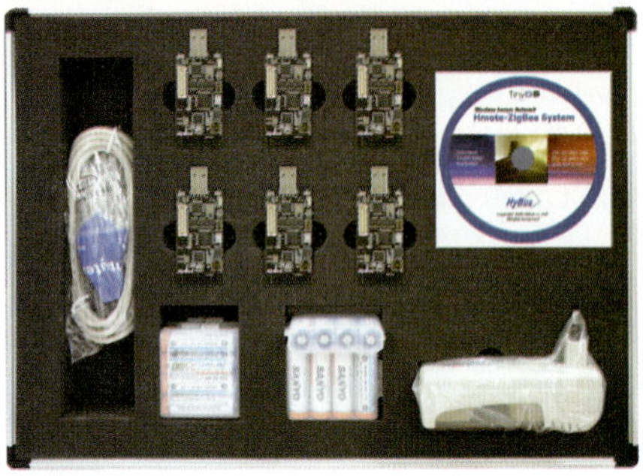

Surge (multihop)

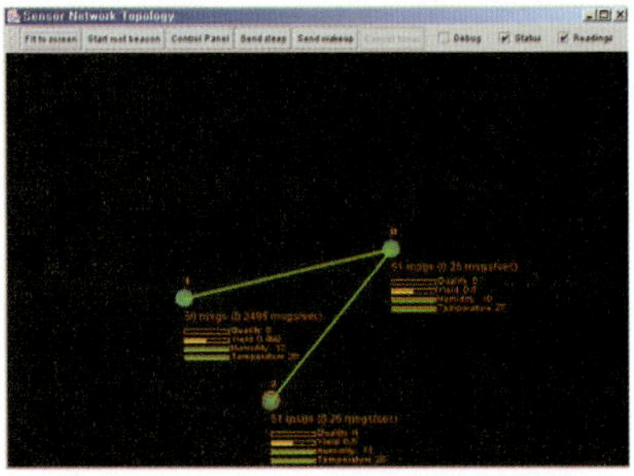

TI MSP430, CC2420 기반의 USN **보급형** 실습 장비

Hmote2420-Professional Kit와 동일한 노드인 Hmote2420을 사용하지만 구성요소를 10개가 아닌 6개로 구성하여 비용 부담이 적은 보급형 USN 교육장비입니다.
Hmote2420-Professional Kit 와 동일한 특징과 성능을 자랑합니다.

구성요소

구분	구성항목	수량
H/W	Hmote2420 MOTE (MSP430 Processor, CC2420 RF Chip (IEEE802.15.4, 2.4GHz)	6
	H-sensor Board(Light, Temperature, Humidity, Mic)	6
	Charger	1
	Rechargeable Battery	12
S/W	TinyOS Development Tools	1
	Sensor Networking and Test Applications	1
	Sensor Network Monitoring S/W	1
교재	Hmote2420 기반 무선센서네트워크 응용과 실습	1
	강의 PPT 교재	1
악세사리	Aluminium Hard Case, USB Cable	1

Hmote2420-LAB Kit

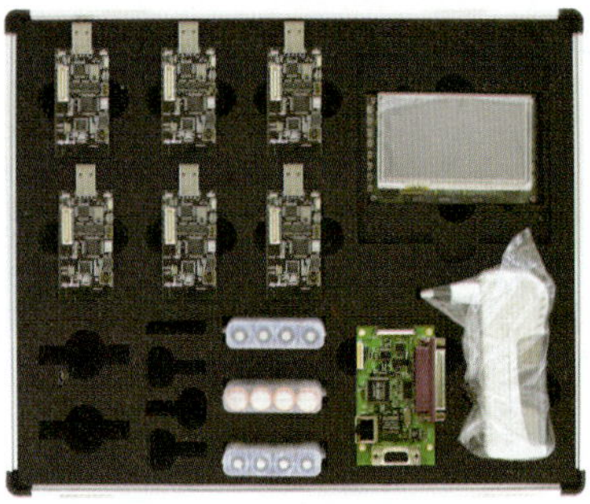

Oscilloscope(Mic test)

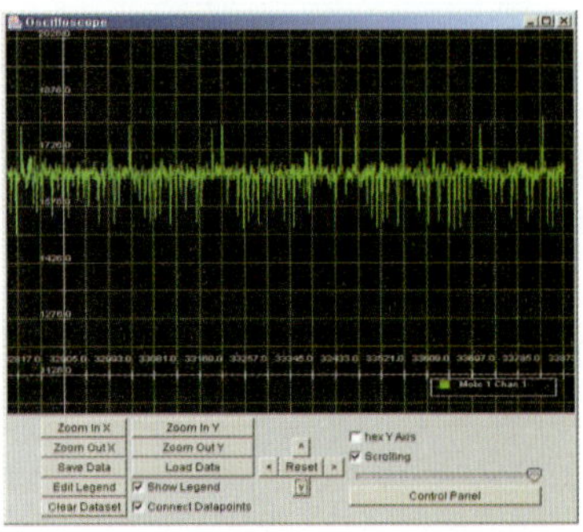

TI MSP430, CC2420 기반의 USN **연구용** 실습 장비

Hmote2420과 PXA270기반의 센서 네트워크 게이트웨이 장비를 혼합하여 연구용으로 패키징한 USN 실습 장비입니다.
학교 연구실에서 프로젝트 및 논문 연구용으로 사용하시면 좋습니다.

구성요소

구분	구성항목	수량
H/W	Hmote2420 MOTE (MSP430 Processor, CC2420 RF Chip (IEEE802.15.4, 2.4GHz)	6
	H-sensor Board(Light, Temperature, Humidity, Mic)	6
	X-Hyper270WN Embedded Linux Gateway System	1
	Charger	1
	Rechargeable Battery	12
S/W	TinyOS Development Tools	1
	Sensor Networking and Test Applications	1
	Sensor Network Monitoring S/W	1
교재	Hmote2420 기반 무선센서네트워크 응용과 실습	1
	강의 PPT 교재	1
악세사리	Aluminium Hard Case, USB Cable	1

위치 추적 센서 모듈

초음파 센서를 통한 실내 위치 추적
- 초음파 센서
- 온도 센서
- 습도 센서
- 조도 센서
- Tone 감지 센서

GPS를 통한 실외 위치 추적
- GPS Antenna
- 3.3V 전원 공급
- Baud rate 9600bps

홈네트워크 가전기기 제어 모듈

가전기기 제어 DC 보드

12V 릴레이 사용으로 12V DC On/Off 3.3V Signal로 제어

가전기기 제어 AC 보드

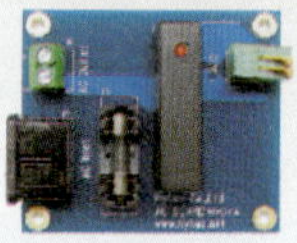

3.3V Signal로 220V AC ON/OFF

신호 변환 보드

Serial Data
Data Signal
Input Output
2 channel power on/off Signal

헬스 케어 센서 모듈

EKG 센서 모듈
- 심전도 센서
- Analog input & Analog signal 증폭
- 회로 내장

Pulse Oximeter 모듈 : 맥박 센서
- 맥박 측정 기능/혈중 산소 농도(SpO_2) 측정 기능 (Smith medical figure sensor 사용)
- 저전력 설계된 모듈
- 현재 의료기기로 사용중

혈압 센서 모듈 : 혈압 센서
- 수축/이완기 혈압 및 맥박 측정 기능
- 혈당 측정 기능 (손목형)

적외선 온도 센서
- 적외선 센서 사용
- 비접촉 체온 측정용

건물 구조 센서 모듈

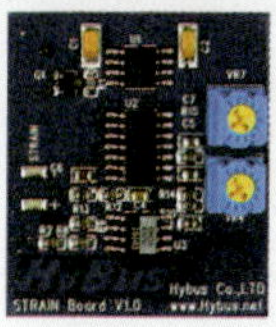

Strain gage 센서 모듈
- 구조물의 뒤틀림 감지

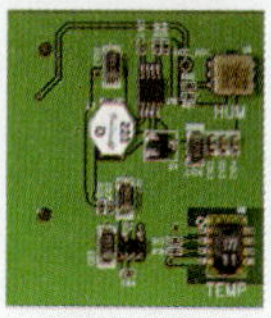

가속도 센서
- 1축 가속센서(AXDC103)
- 온/습도 센서(SHT11)
- 가속 및 기울임 감지 및 온/습도 측정

환경 센서 모듈

대기 센서 모듈
- CO_2 측정 기능(절대값) (CO : 10~1000ppm)
- VOCs 측정 기능(상대값) (NO_2 : 0.05~5ppm)
- NO_2 측정 기능(상대값)
- Dust 측정 기능 : 0.1㎛의 미세먼지 측정
- 온도/습도 측정 기능 (Sensirion Shill)

기타 센서 모듈

LED 모듈

- MSP430의 GPIO를 통해 LED를 실험해 볼 수 있는 보드

센서 확장 보드

- Hmote2420의 외부확장 Port를 사용할 수 있도록 제작된 보드

X-Hyper270WN

X-Hyper270WN

PXA270기반의 Hand Held형 Embedded System

센서네트워크 게이트웨이 X-Hyper270WN

- 무선통신 장치를 위한 강력한 전원 관리 기능
- PMIC 장착
- 각 통신 모듈별 사용 전원 on/off 기능을 회로적으로 설계
- WLAN/Bluetooth/CC2420/USB 관련 절전기능 구현
- LCD BLU 및 LCD 자체 전원공급회로에 절전을 위한 회로 구현 및 제어
- 2A ~ 3A 용량의 Battery를 사용하도록 설계
- 무선 통신 모듈 장착 (센서 네트워크 시스템의 다양한 게이트웨이 기능)
- WLAN / Bluetooth / CC2420 / Ethernet 기능
- USB 2.0 High Speed 지원되는 Chip 국내 최초 사용(UWB를 위한 기능)
- PXA270 Processor 사용
- 4.3" TFT LCD 사용

Debugger

구성요소

구분	구성항목
H/W	PXA270 Processor 64MB SDRAM, 64MB Flash Memory 4.3" TFT LCD (Include Touch Screen) SD/MMC, WLAN, CC2420 IEEE802.15.4, GPS (EM407), AC97, External RTC USB Host 2.0 (TD1120) UWB사용을 고려한 High Speed 지원 USB Slave Power Management (PMIC), GPIO Key 10/100BaseT Ethernet 1port Debug Serial 1 port, JTAG 1 port

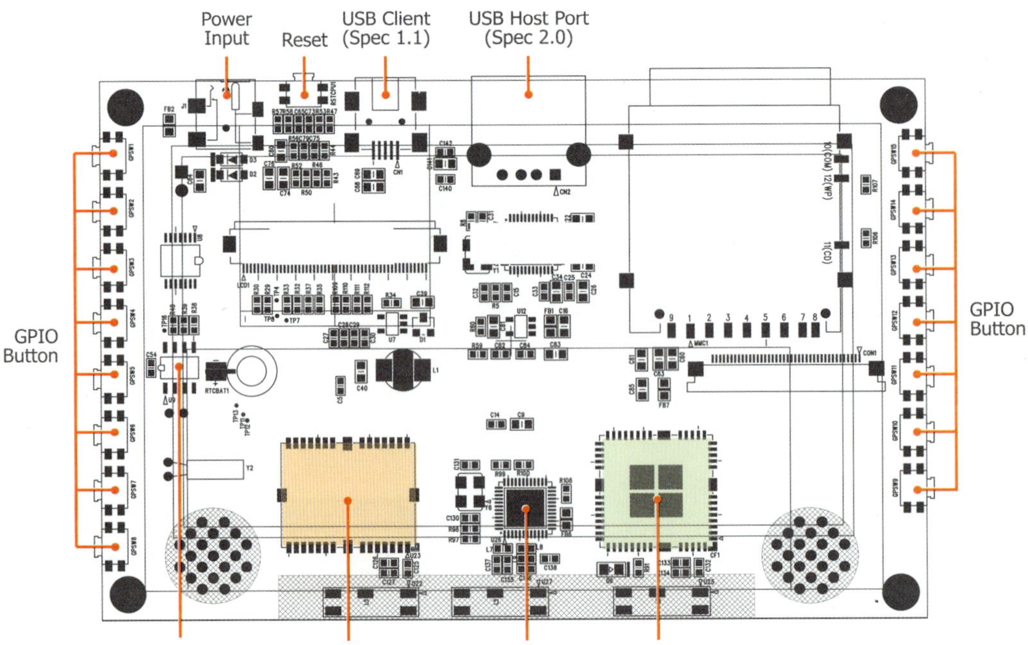

무선 홈 네트워크 시스템

Wireless **Home** Network System은 USN 기술을 이용하여 집안의 환경을 모니터링 하고 모든 가전기기를 무선으로 제어함으로써 거주자에게 최적의 환경을 서비스 할 수 있습니다.

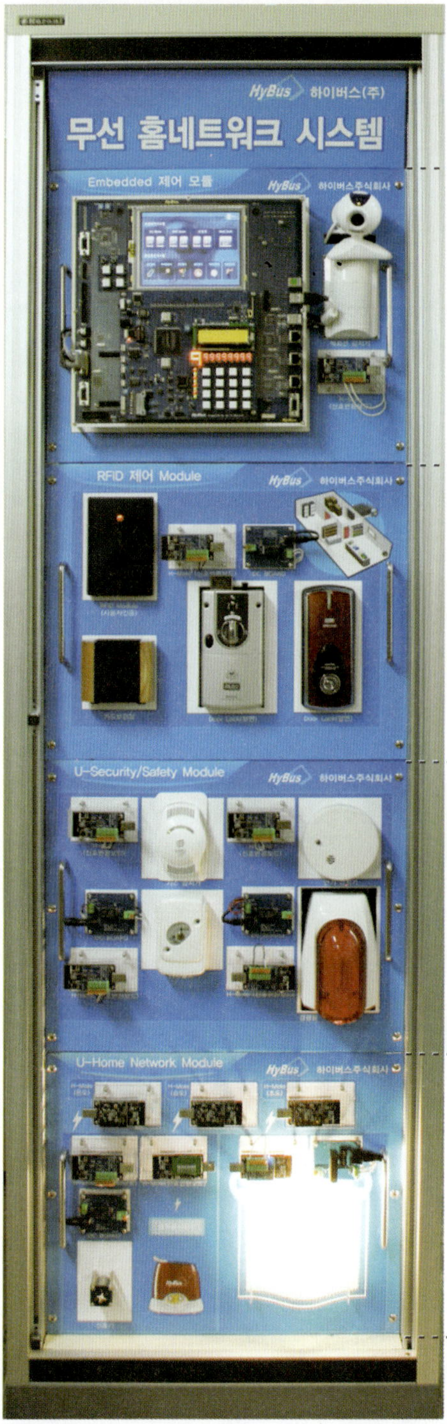

Hmote2420과 Hmote2430 Mote 기반으로 운영되어 프로젝트, 졸업작품으로 응용하여 활용할 수 있습니다.

Embedded 제어 Module

H/W	• XHyper270TKU Embedded Board • USB Camera/적외선 인체 감지기 • Hmote2420 • DC 제어 보드/판넬기구물	1 1 1 1
S/W	• XHyper270TKU Embedded Board S/W • Embedded System과 USN 연동 S/W • USB Camera 구동 S/W • 적외선 인체 감지기 제어 S/W	1 1 1 1

RFID 제어 Module

H/W	• RFID Reader/보관함 • RFID Tag • Door Lock • Hmote2420 • DC 제어/신호 변환 보드 • 판넬기구물	1 5 1 1 1 1
S/W	• RFID/도어 락 구동 S/W • 임베디드 서버 모듈을 통한 RFID 인증 S/W	1 1

U-Security/Safety Module

H/W	• 가스/연기 감지기/가스 벨브기 • 화재 알림 경광등 • Hmote2420 • DC 제어 보드 • 신호 변환 보드 • 판넬 기구물	1 1 4 2 4 1
S/W	• 가스/연기 감지기 제어 S/W • 가스 벨브/경광등 구동 S/W	1 1

U-Home Network Module

H/W	• 선풍기/백열등(기구물 포함) • Hmote2420 • H Sensor 보드(온도, 조도, 습도) • LED 표시/DC 제어/AC 제어 보드 • 신호 변환 보드 • 판넬기구물	1 6 3 1 2 1
S/W	• 온도/습도/조도 센서 수집 S/W • 선풍기/백열등 구동 S/W	1 1

* Module 별로 판매 가능 (별도 전원 공급으로 독립적인 실험 가능)
* 모든 Module은 PC로도 제어 가능

"Embedded + U-Sensor Network + RFID 간의 연동이 가능한 제품입니다."

무선 홈 네트워크 시스템

U-Health Module

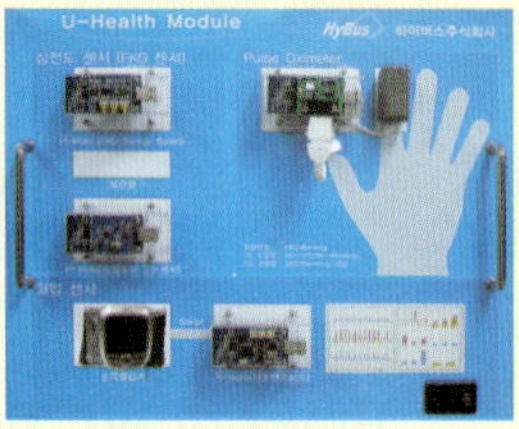

H/W	• 심전도(EKG) 센서	1
	• Hmote2420	4
	• 비접촉식 온도 센서	1
	• Pulse Oximeter 센서	1
	• 손목혈압계 센서	1
	• 신호 변환 보드	1
S/W	• TinyOS 기반 S/W	1

동작도

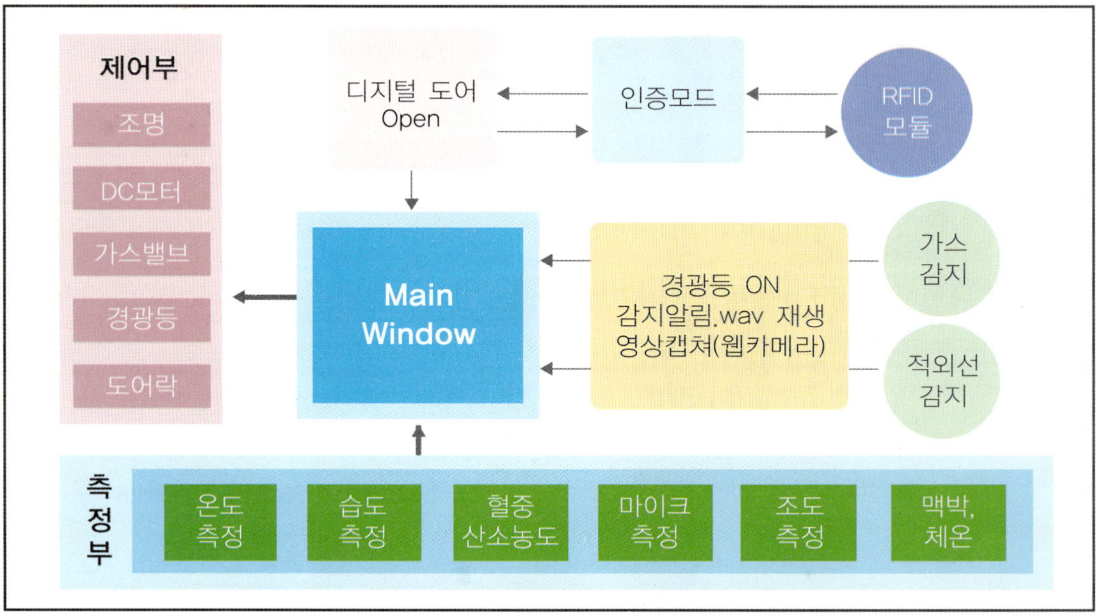

Hmote-ZigBee Ubiquitous Sensor Network 동작 화면

유비쿼터스 센서 네트워크 초기 화면

유비쿼터스 센서 네트워크 모드 화면

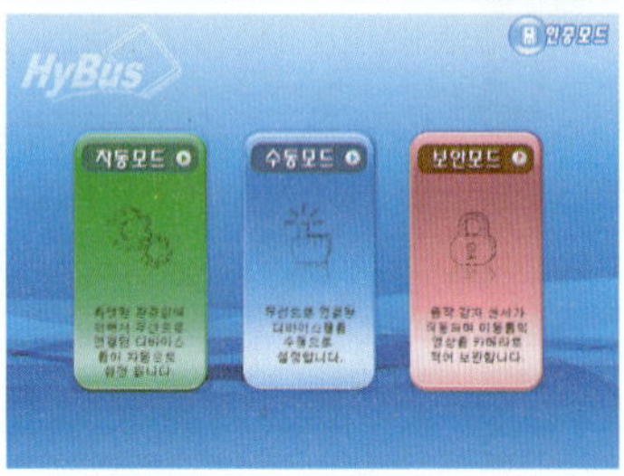

유비쿼터스 센서 네트워크 메인 화면

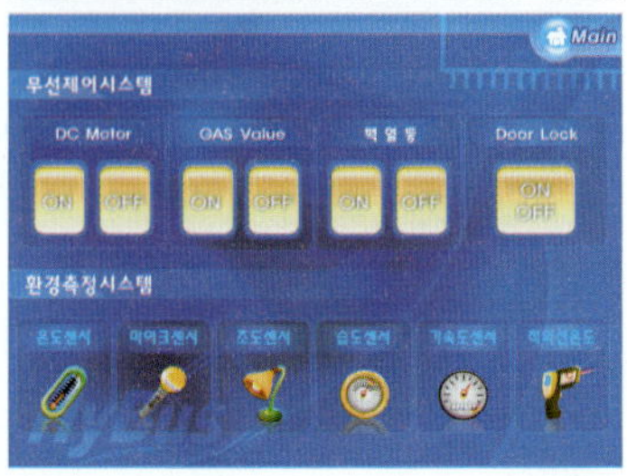

〈RFID 인증을 통해 메인 화면 로그인〉

"**Embedded 제어 Module**의 LCD로 모든 제어 및 디스플레이가 가능합니다."
(X-Hyper270TKU 사용)